Hildebrand Walter

# Kompaktkurs Regelungstechnik

Aus dem Programm
Automatisierungstechnik

**Regelungstechnik I**
Klassische Verfahren zur Analyse und Synthese linearer kontinuierlicher Regelsysteme, Fuzzy-Regelsysteme
von H. Unbehauen

**Regelungstechnik II**
Zustandsregelungen, digitale und nichtlineare Regelsysteme
von H. Unbehauen

**Regelungstechnik III**
Identifikation, Adaption, Optimierung
von H. Unbehauen

**Regelungstechnik Aufgaben I**
von H. Unbehauen

**Kompaktkurs Regelungstechnik**
von H. Walter

**Regelungstechnik und Simulation**
von A. Makarov

**Regelungstechnik für Ingenieure**
von M. Reuter

**Methoden der Automatisierungstechnik**
von E. Schnieder

**Prozeßinformatik**
von E. Schnieder

Hildebrand Walter

# Kompaktkurs Regelungstechnik

## Lehr- und Übungsbuch

Mit 229 Abbildungen

vieweg

Die Deutsche Bibliothek – CIP-Einheitsaufnahme
Ein Titeldatensatz für diese Publikation ist bei
Der Deutschen Bibliothek erhältlich.

1. Auflage Dezember 2001



Der Verlag Vieweg ist ein Unternehmen der Fachverlagsgruppe BertelsmannSpringer.
www.vieweg.de



Konzeption und Layout des Umschlags: Ulrike Weigel, www.CorporateDesignGroup.de
Druck und buchbinderische Verarbeitung: Lengericher Handelsdruckerei, Lengerich
Gedruckt auf säurefreiem Papier
Printed in Germany

ISBN 3-528-03827-6

# Vorwort

Der vorliegende *„Kompaktkurs Regelungstechnik“* wendet sich an Studierende der Fachrichtungen Maschinenbau, Elektrotechnik und der allgemeinen Ingenieurwissenschaften von Berufsakademien, Fachhochschulen und Technischen Universitäten sowie an die in der Praxis stehenden Ingenieure, die ihre regelungstechnischen Kenntnisse auffrischen, vertiefen oder erweitern wollen.

Das Buch entstand aus Erfahrungen des Autors in Vorlesungen und Praktika mit Studierenden des Maschinenbaues und der Elektrotechnik an der Fachhochschule Offenburg und an der Berufsakademie Karlsruhe. Deshalb wurde auch dem eigentlichen Thema die beiden mathematischen Kapitel „Einführung in die komplexe Zahlen und Funktionen“ und „Einführung in die LAPLACE-Transformation“ vorangestellt, weil das hier vorgestellte und besprochene Formelwerk ein wichtiges und unerläßliches Werkzeug bei der Beschreibung und Lösung regelungstechnischer Aufgaben darstellt.

Die Stoffauswahl stellt einen Auszug aus der Fülle von Methoden und Verfahren dar, die heute zu den Grundlagen der Regelungstechnik zählen. Um den Rahmen des Buches nicht zu sprengen, habe ich mich bei der Zusammenstellung der einzelnen Kapitel auf die Behandlung linearer kontinuierlicher Systeme beschränkt.

Ziel meines Kompaktkurses Regelungstechnik ist es, dem Leser ein grundlegendes Verständnis regelungstechnischer Zusammenhänge zu vermitteln und nicht nur Rezepte zur Lösung der umfangreichen Aufgabensammlung in die Hand zu geben.

Danken möchte ich meiner Kollegin, Frau Prof. Dr. Angelika Erhardt-Ferron, für das aufwendige Korrekturlesen, die Kapiteldurchsicht und die Überprüfung der Beispiele und Übungsaufgaben.
Ebenso danken möchte ich an dieser Stelle dem Vieweg Verlag für die jederzeit gute konstruktive Zusammenarbeit.

Offenburg, im Herbst 2001 Hildebrand WALTER

# Formelzeichen

| | |
|---|---|
| $A(\omega)$ | Amplitudengang eines Frequenzganges ( = $\lvert G(j\omega)\rvert$ ) |
| $a, b$ | Hebelarmlänge |
| $a, b, c,\ldots A, B, C, \ldots$ | Konstanten |
| $a_0, a_1, a_2, \ldots b_0, b_1, b_2, \ldots$ | Koeffizienten einer Differentialgleichung |
| $A_a$ | Ausflußquerschnitt in einem Auslauf |
| $A_{abs}$ | Betragsregelfläche |
| $A_{abst}$ | Zeitgewichtete Betragsregelfläche |
| $A_B$ | Behälterbodenfläche, Behälteroberfläche |
| $A_{Lin}$ | Lineare Regelfläche |
| $A_r$ | Amplitudenreserve |
| $\arg z$ | Argument einer komplexen Zahl |
| $A_{sqr}$ | Quadratische Regelfläche |
| $A_z$ | Zuflußquerschnitt in einem Zulauf |
| $c$ | allgemeine Konstante |
| $C$ | Kapazität |
| $\mathbb{C}$ | Menge der komplexen Zahlen |
| $c_1, c_2, \ldots, c_n$ | Integrationskonstanten |
| $c_A, c_R$ | Federsteifigkeit bei einem mechanischen System |
| $D$ | Dämpfungszahl, Determinante |
| $d_A, d_R$ | Dämpfungsbeiwerte bei einem mechanischen System |
| $D_n$ | Determinante $n$-ter Ordnung |
| $D_{Str}$ | Dämpfungszahl einer Strecke |
| $e(\infty)$ | Positionsfehler, Geschwindigkeitsfehler |
| $e(t)$ | Sprungerregung |
| $F$ | Kraft |
| $f(t-t_0)$ | verschobene Zeitfunktion mit $f(t-t_0) = 0$ für $t \le 0$ |
| $f(t)$ | zeitabhängige Funktion |
| $f(x)$ | Funktion einer reellen Veränderlichen |
| $g$ | Erdbeschleunigung |
| $G$ | Gewicht |
| $\lvert G(j\omega)\rvert$ | Betrag eines Frequenzganges, Amplitudengang |
| $\lvert G(j\omega)\rvert_{dB}$ | Betrag eines Frequenzganges in Dezibel ( = $20\log\lvert G(j\omega)\rvert$ ) |
| $G(j\omega)$ | Frequenzgang eines LZI-Gliedes |
| $G(s)$ | Übertragungsfunktion (= $v(s)/u(s)$), LAPLACE-Transformierte Gewichtsfunktion |
| $g(t)$ | Gewichtsfunktion |
| $G_0(j\omega)$ | Frequenzgang eines aufgeschnittenen Regelkreises |
| $G_0(s)$ | Übertragungsfunktion eines aufgeschnittenen Regelkreises |
| $G_{ges}(s)$ | Gesamtübertragungsfunktion eines Netzwerkes |
| $G_i(s)$ | Übetragungsfunktion des $i$-ten Übertragungsgliedes |
| $G_{Lag}(j\omega)$ | Frequenzgang eines Lag-Gliedes |
| $G_{Lag}(s)$ | Übertragungsfunktion eines Lag-Gliedes |

| | |
|---|---|
| $G_{Lead}(j\omega)$ | Frequenzgang eines Lead-Gliedes |
| $G_{Lead}(s)$ | Übertragungsfunktion eines Lead-Gliedes |
| $G_{LL}(j\omega)$ | Frequenzgang eines Lag-Lead-Gliedes |
| $G_{LL}(s)$ | Übertragungsfunktion eines Lag-Lead-Gliedes |
| $G_R(j\omega)$ | Frequenzgang eines Reglers |
| $G_R(s)$ | Übertragungsfunktion eines Reglers |
| $G_S(j\omega)$ | Frequenzgang einer Regelstrecke |
| $G_S(s)$ | Übertragungsfunktion einer Regelstrecke |
| $G_w(j\omega)$ | Führungsfrequenzgang |
| $G_w(s)$ | Führungsübertragungsfunktion ( = $x(s)/w(s)$ bei $z(s) = 0$) |
| $G_z(j\omega)$ | Störfrequenzgang |
| $G_z(s)$ | Störübertragungsfunktion ( = $x(s)/z(s)$ bei $w(s) = 0$) |
| $h$ | Höhenstand bei einem hydraulischen System, Behälterhöhe |
| $h^*_{z0}$ | Stellbereich eines Ventils |
| $h(\infty)$ | Stationärer Wert einer Übergangsfunktion |
| $h(+0)$ | Anfangswert einer Übergangsfunktion |
| $\Delta h$ | Höhenänderung |
| $h(t)$ | Übergangsfunktion |
| $h_0$ | Flüssigkeitsstand bezüglich eines Arbeitspunktes |
| $h_m$ | Überschwingweite |
| $h_z$ | Ventilstellung |
| $h_{z0}$ | Ventilstellung bezüglich eines Arbeitspunktes |
| $\boldsymbol{I}$ | Impulsfläche |
| $\mathrm{Im}\{z\}$ | Imaginärteil einer komplexen Zahl $z$ |
| $i, j, k, m, n, \ldots$ | Zählvariable, Indizes |
| $i_a$ | Ausgangsstrom bei einem elektrischen Netzwerk |
| $i_e$ | Eingangsstrom bei einem elektrischen Netzwerk |
| $j$ | imaginäre Einheit mit $j^2 = -1$ |
| $J$ | Trägheitsmoment |
| $J(P)$ | parameterabhängiges Güteintegral |
| $K_D$ | Differenzierbeiwert |
| $K_I$ | Integrierbeiwert |
| $K_{IR}$ | Integrierbeiwert beim I-Regler |
| $K_{IS}$ | Integrierbeiwert bei einer I-Strecke |
| $K_P$ | Verstärkung, Übertragungsfaktor, Proportionalitätsbereich |
| $K_S$ | Übertragungsbeiwert der Strecke |
| $K_{SZ}$ | Übertragungsbeiwert der Störstrecke |
| $L$ | Induktivität |
| $l$ | Pendellänge |
| $m$ | Ordnung einer Störfunktion, Grad des Zählerpolynoms einer Übertragungsfunktion |
| $M, m$ | Masse bei einem mechanischen System |
| $M_R, M_F, M_G$ | Momente bei einem mechanischen System |
| $n$ | Ordnung eines Übertragungsgliedes oder einer Differentialgleichung, Ordnung des Nennerpolynoms einer Übertragungsfunktion |
| $\mathbb{N}$ | Menge der natürlichen Zahlen |

| | |
|---|---|
| $N(s)$ | Nennerpolynom einer Übertragungsfunktion |
| $n_1, n_2$ | Drehzahlen |
| $n_n, n_0, n_p$ | Anzahl der Nullstellen mit neg., ohne, pos. Realteil |
| $P(t)$ | Wärmeleistung |
| $P(z) = (a, b)$ | Punktdarstellung einer komplexen Zahl |
| $Q_{ab}(t), q_a$ | Abfluß bei einem hydraulischen System |
| $Q_{ab0}$ | Abfluß, bezogen auf einen Arbeitspunkt |
| $Q_{zu}(t), q_e$ | Zufluß bei einem hydraulischen System |
| $Q_{zu0}$ | Zufluß, bezogen auf einen Arbeitspunkt |
| $r$ | Reibfaktor bei einer Dämpfungseinrichtung, Zeigerlänge bei einer komplexen Zahl |
| $R$ | Ohmscher Widerstand |
| $r$ | Radius, Reibkoeffizient |
| $\mathbb{R}$ | Menge der reellen Zahlen |
| $\mathrm{Re}\{z\}$ | Realteil einer komplexen Zahl $z$ |
| $r\,e^{j\varphi}$ | trigonometrisch Darstellung einer komplexen Zahl $(= r(\cos\varphi + j\sin\varphi))$ |
| $\mathbb{R}^+$ | Menge der positiven reellen Zahlen |
| $s = \sigma + j\omega$ | Komplexe Variable, LAPLACE-Variable |
| $s(t)$ | Federweg bei einem mechanischen System, Durchhang |
| $s_i, s_j, s_k, \ldots$ | Komplexe Nullstellen, Polstellen einer Übertragungsfunktion |
| $T_1^*$ | Ersatzzeitkonstante |
| $t, \tau$ | Größe Zeit, Integrationsvariable |
| $t_0, \tau_0, \ldots A_i, B_j\, C_k \ldots$ | indizierte Konstanten |
| $T_1, T_2, \ldots$ | Zeitkonstante, Systemparameter |
| $T_{an}$ | Anschwingzeit, Anregelzeit |
| $T_{ein}$ | Einschwingzeit |
| $T_g$ | Ausgleichzeit |
| $T_I$ | Integrierzeitkonstante |
| $T_M$ | Zeitkonstante bei einem Stellantrieb |
| $T_n$ | Nachstellzeit beim PI- oder beim PID-Regler |
| $T_t$ | Totzeit |
| $T_u$ | Verzugszeit |
| $T_v$ | Vorhaltzeit beim PD- oder beim PID-Regler |
| $u$ | Eingangsgröße eines Übertragungsgliedes |
| $\hat{u}$ | Amplitudenwert einer sinusförmigen Eingangsgröße |
| $u(t), u_1(t), u_2(t)$ | Eingangsgrößen eines Übertragungsgliedes |
| $u_a$ | Ausgangsspannung bei einem elektrischen Netzwerk |
| $u_C$ | Kondensatorspannung |
| $u_e$ | Eingangsspannung bei einem elektrischen Netzwerk |
| $u_L$ | Spannung an einer Induktivität |
| $u_R$ | Spannung an einem ohmschen Widerstand |
| $v$ | Ausgangsgröße eines Übertragungsgliedes |
| $\hat{v}$ | Amplitudenwerte einer sinusförmigen Ausgangsgröße |
| $v(t), v_1(t), v_2(t)$ | Ausgangsgrößen eines Übertragungsgliedes |
| $v_E$ | erzwungene Antwort eines Systems |

| | |
|---|---|
| $v_F$ | freie Antwort eines Systems |
| $v_m$ | Überschwingweite |
| $v_{Tol}$ | Toleranzbereich |
| $w$ | Führungsgröße |
| $\Delta w$ | Führungsgrößenänderung |
| $w_0$ | Führungsgröße in einem Arbeitspunkt, Sprunghöhe |
| $W_h$ | Führungsbereich |
| $x$ | Regelgröße, allgemeine Variable |
| $x(\infty)$ | Stationärer Wert einer Variablen bzw. der Regelgröße |
| $\Delta x$ | Regelgrößenänderung |
| $x_0$ | Regelgröße in einem Arbeitspunkt, Sprunghöhe |
| $x_d$ | Regeldifferenz ( = $e$) |
| $x_{d0}$ | Sprungamplitude einer Regeldifferenz |
| $x_e(j\omega)$, $x_a(j\omega)$ | sinusförmiges Eingangs-, Ausgangssignal |
| $x_K$, $x_R$ | Auslenkung der Masse bei einem mech. System |
| $x_m$ | Überschwingweite |
| $X_{max}$ | obere Grenze des Proportionalbereiches |
| $X_{min}$ | untere Grenzen des Proportionalbereiches |
| $X_P$ | Proportionalbereich |
| $y$ | Stellgröße |
| $\Delta y$ | Stellgrößenänderung |
| $y_0$ | Stellgröße in einem Arbeitspunkt, Sprunghöhe |
| $Y_h$ | Stellbereich |
| $y_R$ | Ausgangsgröße des Reglers, der Stellgröße |
| $y_S$ | Eingangsgröße der Regelstrecke |
| $z$ | Störgröße, komplexe Zahl |
| $\mathbb{Z}$ | Menge der ganzen Zahlen |
| $z(t) = x(t) + jy(t)$ | Komplexe Funktion |
| $\bar{z} = a - jb$ | konjugiert komplexe Zahl |
| $\underline{z} = \overrightarrow{OP}$ | Zeigerdarstellung einer komplexen Zahl |
| $z = a + jb$ | komplexe Zahl |
| $Z(s)$ | Zählerpolynom einer Übertragungsfunktion |
| $\Delta z$ | Störgrößenänderung |
| $\lvert z \rvert$ | Betrag einer komplexen Zahl |
| $z_0$ | Störgröße in einem Arbeitspunkt, Sprunghöhe |
| $z_F$ | Störgröße auf den Fühler |
| $Z_h$ | Störbereich |
| $z_L$ | Laststörgröße |
| $z_R$ | Störgröße am Reglereingang |
| $z_V$ | Versorgungsstörgröße |

| | |
|---|---|
| $\varphi$ | Winkel einer komplexen Zahl, Pendelausschlag |
| $\varepsilon$ | Toleranzbereich |
| $\alpha$ | Zeitkonstantenverhältnis ( = $T_1/T_D$) eines Lead-Gliedes |
| $\beta$ | Zeitkonstantenverhältnis ( = $T_1/T_I$) eines Lag-Gliedes |

| | |
|---|---|
| $\sigma$ | Realteil der komplexen Variablen |
| $\delta$ | Abklingkonstante |
| $\rho$ | Dichte |
| $\Delta\Phi$ | Winkeländerung beim Stabilitätskriterium nach NYQUIST |
| $\varphi(\omega)$ | Phasengang ( = $\sphericalangle G(j\omega)$) |
| $\varphi(s)$ | Charakteristische Gleichung im Bildbereich |
| $\sigma(t-t_0)$, $\sigma(t)$ | verschobene und nicht verschobene Einheitssprungfunktion |
| $\delta(t)$ | DIRAC-Stoß, DIRAC-Impuls |
| $\vartheta(t)$ | Temperatur eines Fluids |
| $\omega$ | Kreisfrequenz |
| $\omega_0$, $\omega_k$ | Kreisfrequenz eines ungedämpften Systems |
| $\lambda_1, \lambda_2, \ldots$ | Eigenwerte |
| $\omega_D$ | Durchtrittsfrequenz |
| $\omega_d$ | Kreisfrequenz eines gedämpften Systems |
| $\omega_E$ | Eckfrequenz |
| $\varphi_{Lag}(\omega)$ | Phasenkennlinie eines Lag-Gliedes |
| $\varphi_{Lead}(\omega)$ | Phasenkennlinie eines Lead-Gliedes |
| $\varphi_{LL}(\omega)$ | Phasenkennlinie eines Lag-Lead-Gliedes |
| $\varphi_r$ | Phasenreserve |

| | |
|---|---|
| $\dot{x}, \ddot{x}, \ldots \dot{\varphi}, \ddot{\varphi}, \ldots$ | erste, zweite, ... Ableitung nach einem Parameter |
| $f_1(t) * f_2(t)$ | Faltung zweier Funktionen |
| $\sum_{i=1}^{n} a_i$, $\prod_{i=1}^{n} G_i(s)$ | Summen-, Produktbildung |
| $\circ\!\!-\!\!\bullet$, $\bullet\!\!-\!\!\circ$ | Korrespondenzsymbol |
| $[a]$ | Einheit einer physikalischen Größe *a* |
| $\angle z$ | Winkel einer komplexen Zahl |
| $\sphericalangle G(j\omega)$ | Phasengang ( = $\varphi(\omega)$) |
| $\mathcal{L}$, $\mathcal{L}^{-1}$ | LAPLACE-Operator |

# Inhaltsverzeichnis

# 1 Grundlagen

## 1.1 Der technische Regelkreis

Betrachtet man ein technisches System, so ordnet man ihm ein bestimmtes Verhalten zu, das durch seine Aufgabe vorgeschrieben ist. So soll eine Raumheizung eine gewünschte Raumtemperatur einhalten, ein Fahrzeug das vorbestimmte Ziel erreichen oder ein Antriebssystem ein von der Drehzahl unabhängiges Drehmoment erzeugen.

In solchen Systemen hat man es meistens mit zeitveränderlichen Größen zu tun, an deren Verhalten man interessiert ist. Dabei versteht man unter Größen vorwiegend „physikalische Größen" wie z. B. die elektrische Stromstärke, die Länge, die thermodynamische Temperatur, eine Geschwindigkeit oder eine Beschleunigung. Physikalische Größen sind gekennzeichnet durch einen Zahlenwert und eine Einheit [1].

Oft besteht der Wunsch, die Größen auf einen vorgegebenen festen Wert zu bringen und sie auch unabhängig von äußeren oder inneren Störungen auf diesem Wert zu halten. Damit ist es notwendig, in das System einzugreifen und die diesem Zweck dienlichen Maßnahmen einzuleiten.

Betrachtet man hier als Beispiel eine Raumheizung, so besteht die Aufgabe dieser Anlage darin, in jedem Augenblick so viel Wärme zu produzieren, damit eine gewünschte Raumtemperatur aufrecht erhalten werden kann. Diese Größe sei als Ausgangsgröße des technischen Systems oder als *Regelgröße* bezeichnet und durch das Symbol $x$ charakterisiert. Diesem Vorhaben wirken allerdings Störungen entgegen, allgemein als *Störgrößen* bezeichnet und mit dem Symbol $z$ belegt, wie beispielsweise die Außentemperatur, die das Schwanken der Raumtemperatur verursacht. Aus diesen Wechselwirkungen zwischen gewünschter Raumtemperatur und Außentemperatur erkennt man das Wesen einer Störung:

- Sie wirkt auf die Raumtemperatur so ein, daß diese von einem gewünschten Verhalten abweicht.
- Der zeitliche Verlauf der Störung und der Augenblick ihres Auftretens läßt sich nicht genau vorhersagen.

Durch Erfassen des aktuellen Wertes der Raumtemperatur und einem Vergleich mit dem Wert der gewünschten Raumtemperatur läßt sich der Einfluß einer Störung erkennen. Aus dem Betrag dieser Differenz erkennt man die Größe der Störung und aus dem Vorzeichen ihre Wirkungsrichtung. Die bei diesem Vergleich benutzte Bezugsgröße nennt man *Führungsgröße* und verwendet dafür das Symbol $w$. Die Differenz von Führungsgröße und Regelgröße, $x_d = w - x$, nennt man *Regeldifferenz*.

Man kann die Schwankungen der Außentemperatur, genauer der Wärmezufluß und -abfluß als Hauptstörgröße auffassen, was aber oft eine Idealisierung darstellt. Daneben treten aber noch weitere Störgrößen auf, die in das Geschehen „Raumheizung" eingreifen und den Wert der Raumtemperatur beeinflussen, so z. B.:

- Das Öffnen und Schließen von Türen und Fenstern
- Plötzlich eintretende Sonneneinstrahlung, besonders wirksam bei großen Fensterflächen
- Im Raum befindliche wärmeproduzierende Geräte sowie nicht zu vernachlässigen: Personengruppen

Bei der gezielten Beeinflussung des Wärmeproduktionsprozesses wird man sich auf die Hauptstörgröße konzentrieren, darf aber die übrigen Störgrößen nicht außer Acht lassen. Das Produkt eines Prozesses, hier die Wärmemenge pro Zeit, muß variabel gehalten werden, damit im Bedarfsfall auch genügend Wärmeenergie zur Verfügung steht, um eine gewünschte Raumtemperatur trotz auftretender Störungen auf ihrem Wert zu halten.

Man nennt die Größe, durch deren Verstellung die Wärmeproduktion gezielt beeinflußt werden kann, *Stellgröße* und charakterisiert sie mit dem Symbol $y$. Die so beeinflußbare Anlage, das technische System, nennt man auch *Regelstrecke* oder auch kurz *Strecke*.

Man greift oft zu einer graphischen Darstellung, einem *Blockschema*, um den geschilderten Sachverhalt zu beschreiben:

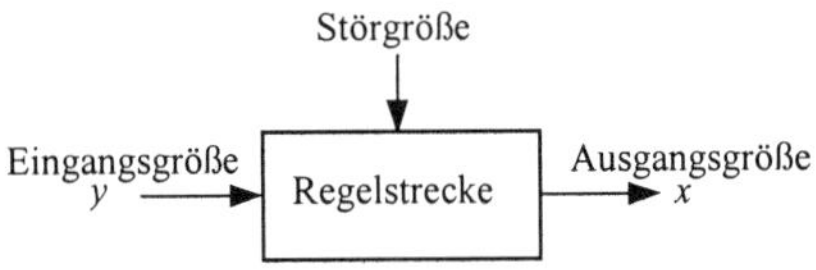


**Bild 1.1:** Regelstrecke mit Ein-, Ausgangs- und Störgröße

Der Block soll hier die wirkungsmäßige Abhängigkeit der Ausgangsgröße $x$ von den beiden Eingangsgrößen, der Stellgröße $y$ und der Störgröße $z$ symbolisieren. Die eingezeichneten Pfeile geben die Wirkungsrichtung an. Anstelle der allgemeinen Blockbezeichnung „Regelstrecke" läßt sich aber auch direkt eine beschreibende Funktionsgleichung, ein graphisches Symbol oder sonst eine wirkungsbezogene Kennung als Blockeintrag verwenden.

Zusammenfassend ergibt sich die folgende Aufgabenstellung:

- Der Ausgangsgröße der Regelstrecke, der Regelgröße $x$, soll durch die Eingangsgröße der Regelstrecke, die Stellgröße $y$, ein gewünschtes Verhalten aufgeprägt werden, das weitgehend unabhängig von Störgrößen ist.

Als Lösung der vorgegebenen Aufgabenstellung bietet sich an:

- Die Regelgröße $x$ muß fortlaufend erfaßt und mit der Führungsgröße $w$ verglichen werden. Abhängig vom Ergebnis dieses Vergleiches muß die Regelgröße so beeinflußt werden, daß eine Angleichung der Regelgröße an die Führungsgröße stattfindet.

Der dadurch entstehende Wirkungsablauf hat eine kreisförmige Struktur. Man spricht deshalb von einem *Regelkreis*. Die Anordnung, die diese Aufgabe leistet, heißt *Regeleinrichtung* oder kurz *Regler*.

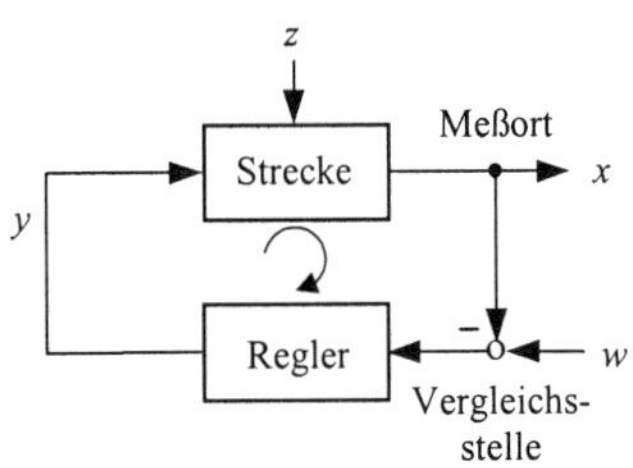


**Bild 1.2:** Regelkreis mit Ein- und Ausgangsgrößen
$x$ Regelgröße
$y$ Stellgröße
$w$ Führungsgröße
$z$ Störgröße

Im Bild 1.2 sind die beiden Blöcke „Strecke" und „Regler" wirkungsbezogen zusammengeschaltet. Man spricht deshalb auch vom *Wirkungsplan*. Die die Blöcke verbindenden Linien bezeichnet man als *Wirkungslinien*. Somit sind die Führungsgröße $w$ und die Störgröße $z$ Eingangsgrößen des Regelkreises. Die Regelgröße $x$ ist die einzige Ausgangsgröße.

Auf der Eingangsseite des Reglerblockes liegt die *Vergleichsstelle*. Hier wird die Differenz zwischen der Führungsgröße und der Regelgröße gebildet. Das Vergleichsergebnis ist die Regeldifferenz. Sie ist die Eingangsgröße des Reglers.

Die Führungsgröße, eine von der Regelung nicht unmittelbar beeinflußte Größe, wird von außen dem Regelkreis zugeführt. Ihr soll die Regelgröße folgen. Der Wert, den die Regelgröße dabei annehmen soll, nennt man *Sollwert*. Ist die Führungsgröße zeitlich konstant, ändert sich deren Wert während des Regelvorganges nicht. Unter dieser Bedingung spricht man von einer *Festwertregelung*. Die Führungsgröße verharrt auf einem festen Wert. Der Bereich, innerhalb dessen die Führungsgröße liegen kann, nennt man *Führungsbereich* und bezeichnet ihn mit $W_h$. Verändert sich der Wert der Führungsgröße und folgt die Regelung während der Regelung diesen veränderten Werten, so spricht man von einer *Folgeregelung*. Folgt die Führungsgröße einem Zeitplan, spricht man von einer *Zeitplanregelung*.

Der Regler hat die Aufgabe, aus der ermittelten Abweichung zwischen Regelgröße und Führungsgröße nach einem entsprechend gewählten funktionellen Zusammenhang eine Stellgröße zu bilden, die die Ausgangsgröße der Regelstrecke, die Regelgröße, so beeinflußt, daß diese der Führungsgröße in einem entsprechen definierten Sinne angeglichen wird. Bei der Lösung dieser Aufgabe muß der Regler den Wirkungssinn im Regelkreis umkehren. Zeigt die Regelgröße die Tendenz, sich unter dem Einfluß einer Störung aufzuschwingen, so muß die Stellgröße die entgegengesetzte Tendenz aufweisen. Die Tätigkeit, die bei einer Regelung ausgeführt wird, nennt man das *Regeln*.

Die Störgrößen sind die Gründe, eine Regelung aufzubauen, denn sie haben einen nicht vorhersehbaren Einfluß auf die zu regelnde Größe und versuchen, diese von einem vorgesehenen Wert abzubringen. Sie können überall im Regelkreis auftreten und nicht nur das Verhalten der Regelstrecke, sondern auch das des Reglers beeinflussen. Näherungsweise lassen sich die Störgrößen am Meßort durch die meßtechnische Erfassung der Regelgröße erkennen.

Häufig ist es ausreichend, von ihrer Wirkung her alle Störungen zu einer Störgröße zusammengefaßt denken und sie am Eingang der Strecke angreifen zu lassen. Man bezeichnet diesen Ort im Regelkreis als *Stellort*.

Durch die Verlagerung der Störgröße an den Streckeneingang ergibt sich eine modifizierte Form des Wirkplanes nach Bild 1.2. In vielen Fällen dient diese Darstellung als *Standard-Regelkreis* bei der Analyse und Synthese von Regelungen.

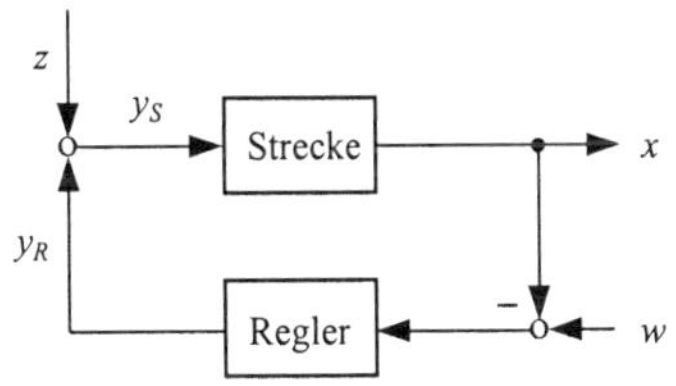


**Bild 1.3:** Standard-Regelkreis
$x$ Regelgröße
$w$ Führungsgröße
$z$ Störgröße
$y_S$ Streckeneingangsgröße
$y_R$ Reglerausgangsgröße
$x_d$ Regeldifferenz

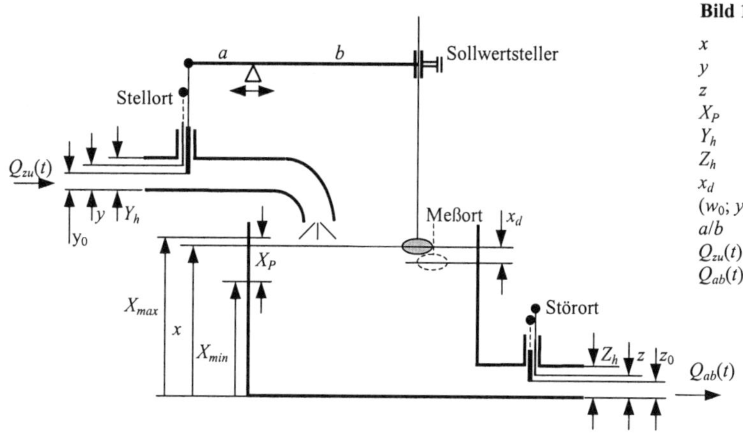


**Bild 1.4:** Füllstandsregelkreis

| | |
|---|---|
| $x$ | Regelgröße |
| $y$ | Stellgröße |
| $z$ | Störgröße |
| $X_P$ | Proportionalitätsbereich |
| $Y_h$ | Stellbereich |
| $Z_h$ | Störbereich |
| $x_d$ | Regeldifferenz |
| $(w_0; y_0)$ | Arbeitspunkt bei $z_0$ |
| $a/b$ | Hebelverhältnis |
| $Q_{zu}(t)$ | Zufluß |
| $Q_{ab}(t)$ | Abfluß |

## 1.2 Die Arbeitsweise einer Regelung

Als Beispiel einer Regelung sei die hydraulische Anlage nach Bild 1.4 gewählt. Sie besteht aus einem zylindrischen Behälter, dem Abflußrohr mit einem Absperrventil, dem Zuflußrohr mit einem einstellbaren Schieber, dem Schwimmersystem zur Erfassung des Flüssigkeitsstandes sowie einer Hebelanordnung, die als Regler vorgesehen ist.

Die Aufgabe der Anlage besteht darin, ein gewünschtes Speichervolumen an Flüssigkeit unabhängig von der Ausflußmenge zu garantieren.

Durch das geöffnete Absperrventil fließt Flüssigkeit ab. Der Durchfluß sei proportional der Ventilstellung. Er bildet die Störgröße $z(t)$. Das Absperrventil symbolisiert somit auch den Störort. Die Ablaufmenge soll durch die Zulaufmenge so ausgeglichen werden, daß das Flüssigkeitsvolumen im Behälter in gewissen Grenzen verharrt. Zu diesem Zweck muß die Schieberstellung für den Zufluß in eine entsprechende Position gebracht werden. Auch hier soll die Schieberstellung proportional dem Zufluß sein. Der Zufluß bildet die Stellgröße $y(t)$, denn durch ihn läßt sich das Flüssigkeitsvolumen im Behälter beeinflussen. Damit repräsentiert der Schieber auch den Stellort.

Ist der Zufluß gleich dem Abfluß, spricht man von einem *Fließgleichgewicht,* das Niveau der Flüssigkeit bleibt erhalten.

Änderungen im Zu- oder Abfluß haben allerdings ein ständiges Steigen und Fallen des Flüssigkeitsstandes um einen Soll-Flüssigkeitsstand, dem Sollwert, zur Folge, was verhindert werden soll. Man betrachtet deshalb den Flüssigkeitsstand als die zu regelnde Größe, sie ist die Regelgröße.

Zur Lösung dieser Aufgabe ergänzt man die Anlage durch eine Regeleinrichtung. Sie besteht aus dem Schwimmersystem zur Erfassung des Istwertes der Regelgröße, einer Vergleichstelle, um die Differenz zwischen dem Soll- und Istwert der Regelgröße zu bilden sowie einer Hebeleinrichtung, welche die Aufgabe des Regelns übernimmt.

Sinkt beispielsweise infolge eines erhöhten Abflusses der Flüssigkeitsstand ab, lenkt das Gestänge des Schwimmersystems den als Regler vorgesehenen Hebel aus. Als Reaktion wird entsprechend der eingestellten Hebelübersetzung der Schieber im Zulaufrohr so weit geöffnet, bis wieder ein Gleichgewicht zwischen dem Zufluß und dem Abfluß hergestellt ist. Dieser Zustand läßt sich aber nur dadurch erreichen, indem man eine neue Hebelposition gegenüber der Ausgangslage in Kauf nimmt. Es tritt eine bleibende Regeldifferenz auf.

Eine vergleichbare Reaktion beobachtet man nach einer Sollwertänderung. Durch Anheben oder Absenken des Schwimmers gegenüber der Hebelposition vergrößert oder verringert sich der statische Druck der Flüssigkeit am Ausflußrohr. Im stationären Zustand wird sich bei einer konstant angenommenen Störgröße ein Fließgleichgewicht einstellen, das auch zu einer bleibenden Regeldifferenz führt.

## 1.3 Die Kennlinie des Reglers

Betrachtet man den in Bild 1.4 festgehaltenen stationären Zustand: Es herrscht ein Gleichgewicht zwischen dem Zufluß $Q_{zu}(t)$ und dem Abfluß $Q_{ab}(t)$ bei der konstanten Störgröße $z_0 > 0$. Über das Schwimmersystem und der Hebelanordnung ergibt sich zwangsläufig eine Schieberstellung $y_0 > 0$. Der daraus resultierende Flüssigkeitsstand, der Istwert der Regelgröße, sei identisch mit dem Sollwert der Regelgröße. Also gilt $x = w_0$. Diese Einstellung sei als Arbeitspunkt $(w_0; y_0)$ bei $z_0$ definiert.

Verläßt man den stationären Zustand indem man die Ausflußmenge um $\Delta z = z - z_0$ erhöht, ergibt sich infolge des sinkenden Flüssigkeitsspiegels eine Änderung der Stellgröße entsprechend der Hebelübersetzung zu

$$\Delta y = y - y_0 \cong -\frac{a}{b}(x - w_0)\,. \tag{1.1}$$

Die Gleichung beschreibt die Arbeitsweise des Reglers. Man nennt sie auch *Reglergleichung*. Da die Ausgangsgröße $y$ bei kleinen Hebelausschlägen proportional der Eingangsgröße $x$ ist, spricht man von einem *proportionalen Verhalten des Reglers* oder kurz von einem *P-Regler*. Das negative Vorzeichen ergibt sich aus der Wirkungsumkehr der Hebelbewegung. Die Empfindlichkeit des Reglers läßt sich durch Verlagerung des Hebeldrehpunktes verändern. Man definiert deshalb

$$K_P = \frac{a}{b} = \frac{Y_h}{X_p} \tag{1.2}$$

als *Verstärkung* oder als *Übertragungsfaktor* des Reglers, der angibt, in welchem Umfang die Regeldifferenz verstärkt oder abgeschwächt wird, je nach dem ob $K_P > 1$ oder $K_P < 1$ ist. $K_P$ ist eine *Kenngröße des Reglers*.

In dem folgenden Bild 1.5 ist die Reglergleichung (1.1), die man auch als *Kennlinie des P-Reglers* bezeichnet, dargestellt:

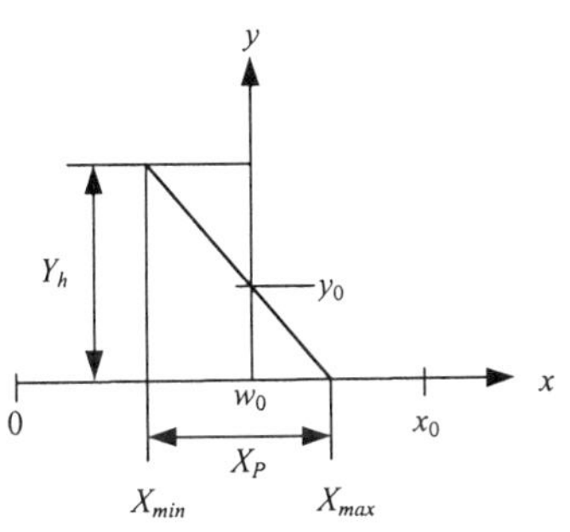


**Bild 1.5:** Kennlinie eines P-Reglers

| | |
|---|---|
| $x$ | Regelgröße |
| $y$ | Stellgröße |
| $Y_h$ | Stellbereich |
| $X_P$ | Proportionalbereich |
| $x_0$ | Füllstandobergrenze |
| $(w_0; y_0)$ | Arbeitspunkt bei $z_0$ |

Man erkennt aus dem Bild (1.5), daß $K_P$ ein Maß für die Steilheit der Reglerkennlinie ist. Ein großes $K_P$ bzw. ein kleines $X_P$ bedeutet eine steile Kennlinie, ein kleines $K_P$ bzw. ein großes $X_P$ entsprechend eine flache Kennlinie.

Da eine fallende Kennlinie vorliegt, bewirkt eine steigende Regelgröße $x > w_0$ eine abnehmende Stellgröße, sinkt umgekehrt $x$ unter $w_0$, erhöht sich die Stellgröße $y$ über $y_0$ hinaus.

Den innerhalb der Regelgröße ausgewiesenen Abschnitt $X_P = X_{max} - X_{min}$ nennt man *Proportionalbereich.* Er symbolisiert jenen Bereich, um den sich die Regelgröße bei einem festem Wert der Führungsgröße ändern muß, um die Stellgröße über den *Stellbereich* $Y_h$ zu ändern.

## 1.4 Die Gleichung des Regelkreises

Die Regelkreisgleichung beschreibt das Verhalten der Regelgröße in Abhängigkeit der Führungsgröße und der Störgröße eines geschlossenen Regelkreises, der sich im Beharrungszustand befindet.

Zunächst wird aber der offene Regelkreis betrachtet. Man beobachtet die Spiegeländerung $\Delta x = x - x_0$ als Folge einer Stellgrößenänderung $\Delta y = y - y_0$ bei einer konstant angenommenen Störgröße $z = z_0$. Das Verhältnis

$$\left.\frac{\Delta x}{\Delta z}\right|_{\Delta z=0} = K_S \tag{1.3}$$

nennt man *Übertragungsbeiwert der Strecke.* In ähnlicher Weise wird der Einfluß einer Störgröße auf den Flüssigkeitsspiegel erfaßt und als *Übertragungsbeiwert der Störstrecke* definiert. Bei einer konstanten Stellgröße $y = y_0$ wird die Spiegeländerung $\Delta x = x - x_0$ infolge einer Störgrößenänderung $\Delta z = z - z_0$ festgestellt und das Verhältnis

$$\left.\frac{\Delta x}{\Delta z}\right|_{\Delta y=0} = K_{SZ} \tag{1.4}$$

gebildet. Mit den beiden Gleichungen (1.3) und (1.4) ist das Übertragungsverhalten der Regelstrecke im Beharrungszustand bekannt. Umgestellt und aufsummiert ergibt sich für die Änderung des Flüssigkeitsspiegels:

$$\Delta x = K_S \Delta y + K_{SZ} \Delta z \tag{1.5}$$

Nach (1.1) wird die Stellgröße gemäß der Beziehung

$$y = y_0 + K_P(w - x) = y_0 + K_P x_d \tag{1.6}$$

berechnet. $y_0$ ist hierbei der Wert der Stellgröße für $x_d = 0$. Setzt man in die Gleichung für $w$ und $x$ die Abweichungen vom Beharrungszustand ein, so ergibt sich mit $w = w_0 + \Delta w$ und $x = x_0 + \Delta x$:

$$\begin{aligned} \Delta y = y - y_0 &= K_P(w_0 + \Delta w - x_0 - \Delta x) \\ &= K_P(w_0 - x_0) + K_P(\Delta w - \Delta x) \end{aligned} \tag{1.7}$$

Wählt man $y_0$ gerade so, daß $w_0 = x_0$ ist, vereinfacht sich die Gleichung zu

$$\Delta y = y - y_0 = K_P(\Delta w - \Delta x) = K_P x_d \tag{1.8}$$

In einem geschlossenen Regelkreis wird eine Regeldifferenz $x_d \neq 0$ eine Stellgrößenänderung $\Delta y \neq 0$ verursachen. Verbindet man diese Gleichung mit der Beziehung (1.5) indem man $\Delta y$ eliminiert, erhält man:

$$\Delta x = \frac{K_S K_P}{1 + K_S K_P} \Delta w + \frac{K_{SZ}}{1 + K_S K_P} \Delta z\,. \tag{1.9}$$

Die Kennzeichnung der Größen durch den Vorsatz $\Delta$ kann bei linearen oder linearisierten Systemen entfallen, so daß sich eine einfachere Schreibweise ergibt:

$$x = \frac{K_S K_P}{1 + K_S K_P} w + \frac{K_{SZ}}{1 + K_S K_P} z \tag{1.10}$$

Die Gleichung stellt eine Beziehung zwischen der Regelgröße $x$, der Führungsgröße $w$ und der Stellgröße $z$ her. Sie beschreibt das Verhalten des geschlossenen Regelkreises im Beharrungszustand. Deshalb nennt man sie auch die „*Gleichung des Regelkreises*".

Sind die Größen $w = 0$ und $z = 0$, ist die Stellgröße $y_0$ gerade so gewählt, daß bei der Störgröße $z_0$ die Regelgröße den gewünschten Wert bei $x = x_0 = w_0$ erreicht. Die Annahme gilt aber nur für diesen speziellen Arbeitspunkt. Sobald eine Störgrößen- oder Führungsgrößenänderung auftritt, ergibt sich im stationären Zustand eine Regeldifferenz gemäß der Beziehung

$$x_d = w - x = w - \frac{K_S K_P}{1 + K_S K_P} w - \frac{K_{SZ}}{1 + K_S K_P} z$$

$$= \frac{1}{1 + K_S K_P} w - \frac{K_{SZ}}{1 + K_S K_P} z \tag{1.11}$$

Durch Vergrößern der Reglerverstärkung $K_P$ läßt sich die Regeldifferenz verringern, allerdings muß die damit verbundener Verschlechterung der Dynamik im geschlossenen Regelkreis in Kauf genommen werden. Soll $x_d = 0$ sein, so muß unter Berücksichtigung der Störgröße gelten:

$$w = K_{SZ} z \tag{1.12}$$

Wird ein von $w_0$ abweichender Sollwert gewählt, so folgt mit $w = w_0 + \Delta w$ bei $z = z_0 =$ konst. aus (1.10) für die Regelgröße:

$$x = \frac{K_P K_S}{1 + K_P K_S}(w_0 + \Delta w) + \frac{K_{SZ}}{1 + K_P K_S} \frac{w_0}{K_{SZ}}$$

$$= w_0 + \frac{K_P K_S}{1 + K_P K_S} \Delta w \tag{1.13}$$

Die Gleichung liefert ein wichtiges Ergebnis: Die Regelgröße kann den gewünschten Sollwert bei $w = w_0 + \Delta w$ nicht erreichen, da $\Delta w$ mit einem Faktor kleiner als Eins multipliziert wird.

Die sich daraus ergebende Regeldifferenz berechnet sich mit $z_0 = w_0 / K_{SZ}$ nach (1.11) zu:

$$x_d = \frac{1}{1+K_P K_S}(w_0 + \Delta w) - \frac{K_{SZ}}{1+K_P K_S}\frac{w_0}{K_{SZ}}$$

$$= \frac{1}{1+K_P K_S}\Delta w \tag{1.14}$$

Wird dagegen eine von $z_0$ abweichende Störgröße berücksichtigt, so wird mit $z = z_0 + \Delta z$ bei einer konstanten Führungsgröße $w = w_0$ die Regelgröße

$$x = \frac{K_S K_P}{1+K_S K_P} w_0 + \frac{K_{SZ}}{1+K_S K_P}(z_0 + \Delta z)$$

$$= w_0 + \frac{K_{SZ}}{1+K_S K_P}\Delta z\,. \tag{1.15}$$

Auch hier zeigt sich, daß die aufgetretene Störgröße $\Delta z \neq 0$ von dem Regler nicht beseitigt werden kann, sondern daß eine bleibende Regeldifferenz berücksichtigt werden muß:

$$x_d = \frac{1}{1+K_S K_P} w_0 - \frac{K_{SZ}}{1+K_S K_P}(z_0 + \Delta z)$$

$$= -\frac{K_{SZ}}{1+K_P K_S}\Delta z \tag{1.16}$$

Ein größerer Abfluß bewirkt im stationären Zustand eine Abweichung vom Arbeitspunkt $x_0$ um $-\frac{K_{SZ}}{1+K_P K_S}\Delta z$.

## 1.5 Ein Zahlenbeispiel

Der Arbeitspunkt einer Anlage sei durch die folgenden Daten festgelegt:

| | |
|---|---|
| Zufluß | $y_0 = 6$ l/s |
| Abfluß | $z_0 = 6$ l/s |
| Höhenstand | $z_0 = 50$ cm |

Der Regler sei im „abgeklemmten" Zustand, also nicht wirksam. Als Störgröße tritt eine Abflußänderung von $\Delta z = z - z_0 = 2$ l/s auf, die bei konstanter Schieberstellung eine Änderung des Flüssigkeitsspiegels um $\Delta x = 12$ mm zur Folge hat. Damit wird der Übertragungsbeiwert der Strecke infolge gegenläufiger Wirkungsrichtung:

$$K_{SZ} = \frac{\Delta x}{\Delta z} = -\frac{12\text{ mm}}{2\text{ l/s}} = -6\ \frac{\text{mm}}{\text{l/s}}$$

Eine Änderung der Schieberstellung im Zufluß um $\Delta y = 3\ \text{l/s}$ bewirkt bei konstanter Störgröße eine Höhenänderung des Flüssigkeitsspiegels um $\Delta x = 15\ \text{mm}$. Für den Übertragungsbeiwert ergibt sich in diesem Falle:

$$K_S = \frac{\Delta x}{\Delta y} = \frac{15\ \text{mm}}{3\ \text{l/s}} = 5\,\frac{\text{mm}}{\text{l/s}}$$

Nach Gleichung (1.5) erhält man mit den Übertragungsfaktoren für die Regelgrößenänderung:

$$\Delta x = K_S \Delta y + K_{SZ} \Delta z = 5\,\frac{\text{mm}}{\text{l/s}}\Delta y - 6\,\frac{\text{mm}}{\text{l/s}}\Delta z$$

Die beiden Einflußgrößen $\Delta y$ und $\Delta z$ wirken sich gegenläufig auf die Höhenänderung des Flüssigkeitspegels aus. Eine Vergrößerung des Abflusses bewirkt ein Absinken des Flüssigkeitsspiegels, eine Vergrößerung des Zuflusses dagegen ein Anstieg des Spiegels. Damit eröffnet sich die Möglichkeit, den Flüssigkeitsstand auf seinem Wert bei $x = x_0$ zu halten. Eine Störgröße $\Delta z \neq 0$ läßt sich durch eine Korrektur der Schieberstellung um $\Delta y = (6/5)\Delta z$ ausgleichen.

Für die Reglerverstärkung läßt sich im Arbeitspunkt berechnen:

$$K_P = \frac{\Delta y}{\Delta x} = \frac{3\ \text{l/s}}{15\ \text{mm}} = 0{,}2\,\frac{\text{l/s}}{\text{mm}}$$

Mit dem Produkt $K_P K_S = 0{,}2\,\frac{\text{l/s}}{\text{mm}}\,5\,\frac{\text{mm}}{\text{l/s}} = 1$, wird die Gleichung des geschlossenen Regelkreises nach (1.10):

$$\Delta x = \frac{1}{2}\Delta w - 3\,\frac{\text{mm}}{\text{l/s}}\Delta z$$

Erfolgt bei konstanter Störgröße eine Sollwertänderung um $\Delta w = 1\ \text{cm}$, ergibt sich nach (1.13) ein Anwachsen des Flüssigkeitsspiegels um 0,5 cm auf $x = 50{,}5\ \text{cm}$. Die Regeldifferenz beträgt demnach $x_d = 0{,}5\ \text{cm}$.

Bei einer Festwertregelung ist $\Delta w = 0$. Tritt hier eine Störung von $\Delta z = 1\ \text{l/s}$ auf, verringert sich nach (1.15) die Regelgröße um 0,3 cm, der Flüssigkeitsspiegel sinkt von $x_0 = 50$ cm auf $x = 49{,}7$ cm. Der erhöhte Abfluß bedingt eine Regeldifferenz von $x_d = 0{,}3$ cm.

Die Ergebnisse in diesem Abschnitt beschreiben das Verhalten eines Regelkreises im Beharrungszustand [2]. Man spricht in diesem Zusammenhang auch vom *stationären Zustand,* in dem alle zeitabhängige Vorgänge abgeklungen sind. In den folgenden Kapiteln soll die Beschreibung von Regelkreisen auch auf ihr dynamisches Verhalten ausgedehnt werden. Diese verallgemeinerte Betrachtung dynamischer Systeme enthält natürlich auch den hier behandelten stationären Zustand.

# 2 Einführung in die komplexen Zahlen und Funktionen

Die komplexen Zahlen stellen eine Erweiterung der reellen Zahlen dar. Ihr Formalismus wird beispielsweise benutzt, um dynamische Vorgänge zu beschreiben und, wie speziell in der Wechselstromtechnik, auch geometrisch zu deuten.

## 2.1 Die komplexen Zahlen

Betrachtet man eine der einfachsten quadratischen Gleichungen, $z^2 = -1$, so stellt man fest, daß diese keine Lösung im Bereich der reellen Zahlen $\mathbb{R}$ besitzt. Stellt man sich aber eine solche Lösung $j$ vor, eine neue – „imaginäre“ – Zahl, ergänzt den Bereich der reellen Zahlen mit dieser Lösung und bildet weitere – „komplexe“ – Zahlen der Form $a + jb$ mit $a \in \mathbb{R}$ und $b \in \mathbb{R}$, dann nennt man

$$\mathbb{C} = \{z \mid z = a + jb,\ a \in \mathbb{R},\ b \in \mathbb{R} \text{ und } j^2 = -1\} \tag{2.1}$$

*Menge der komplexen Zahlen* und $j$ mit $j^2 = -1$ *imaginäre Einheit* [3], [4], [5].

**Das Rechnen mit der Normalform**

Für $z_1 = a_1 + jb_1$ und $z_2 = a_2 + jb_2$ gilt:

1. *Gleichheit*

$$a_1 + jb_1 = a_2 + jb_2 \Leftrightarrow a_1 = a_2 \wedge b_1 = b_2 \tag{2.2}$$

2. *Nullsetzen einer komplexen Zahl*

$$z = a + jb = 0 \Leftrightarrow a = 0 \wedge b = 0 \tag{2.3}$$

3. *Addition und Subtraktion*

$$z_1 \pm z_2 = (a_1 + jb_1) \pm (a_2 + jb_2) = (a_1 \pm a_2) + j(b_1 \pm b_2) \tag{2.4}$$

4. *Multiplikation*

$$z_1 z_2 = (a_1 + jb_2)(a_2 + jb_2) = (a_1 a_2 - b_1 b_2) + j(a_1 b_2 + a_2 b_1) \tag{2.5}$$

5. *Division*, $z_2 \neq 0$

$$\frac{z_1}{z_2} = \frac{a_1 + jb_1}{a_2 + jb_2} = \frac{a_1 + jb_1}{a_2 + jb_2} \cdot \frac{a_2 - jb_2}{a_2 - jb_2} = \frac{a_1 a_2 + b_1 b_2}{a_2^2 + b_2^2} + j\frac{a_2 b_1 - a_1 b_2}{a_2^2 + b_2^2} \tag{2.6}$$

Die aus einer reellen und einer imaginären Zahl zusammengesetzte Form

$$\boxed{z = a + jb \quad (a, b \in \mathbb{R})} \tag{2.7}$$

nennt man *komplexe Zahl.* Die Darstellung einer komplexen Zahl gemäß (2.7) heißt *Normalform einer komplexen Zahl.* Man nennt $a = \text{Re}\{z\}$ den *Realteil* und $b = \text{Im}\{z\}$ den *Imaginärteil* von $z$. Damit läßt sich die Normalform (2.7) auch in der Gestalt

$$z = \text{Re}\{z\} + j\text{Im}\{z\} \tag{2.8}$$

ausdrücken. Ist $a = \text{Re}\{z\} = 0$, ergeben sich mit $z = jb$ die *imaginären Zahlen*, deren Quadrat negativ oder für $b = 0$ Null ist. Für $b = \text{Im}\{z\} = 0$, präsentieren sich mit $z = a$, dem Realteil einer komplexen Zahl, die reellen Zahlen als Sonderfall der komplexen Zahlen mit verschwindendem Imaginärteil.

### 2.1.1 Die GAUSSsche Zahlenebene

**Darstellung der komplexen Zahlen als Punkte**

Faßt man den Real- und den Imaginärteil einer komplexen Zahl $z = a + jb$ als kartesiche Koordinaten eines Punktes P der $x$-$y$-Ebene auf, so läßt sich jeder komplexen Zahl $z$ genau ein Bildpunkt $P(z) = (a; b)$ zuordnen und umgekehrt:

$$P(z) = (a;\, b) \leftrightarrow z = a + jb \tag{2.9}$$

Die so aufgespannte Bildebene heiß *komplexe Ebene* oder GAUSSsche Zahlenebene. Als Achsenbezeichnungen wählt man für die Abszisse *reelle Achse*, für die Ordinate *imaginäre Achse* und beschriftet sie mit Re oder $\text{Re}\{z\}$ bzw. Im oder $j\text{Im}\{z\}$.

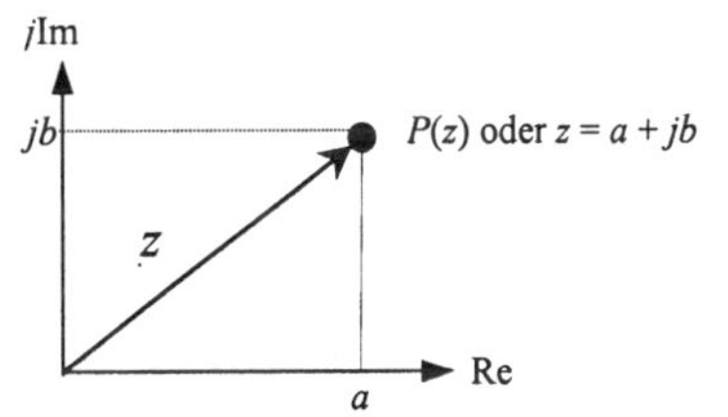


**Bild 2.1:** Darstellung einer komplexen Zahl als Punkt oder als Zeiger in der GAUSSschen Zahlenebene.

**Darstellung der komplexen Zahlen als Zeiger**

Anstelle des Bildpunktes $P(a;\, b)$ kann man aber auch den vom Ursprung aus nach P verlaufenden Vektor $\overrightarrow{OP} = \underline{z}$ als Bild einer komplexen Zahl $z = a + jb$ definieren.

Üblicherweise bezeichnet man aber die Vektoren in der komplexen Zahlenebene als *Zeiger*, um auf die unterschiedlichen Definitionen der multiplikativen Verknüpfungen bei komplexen Zahlen und Vektoren hinzuweisen.

**Der Betrag einer komplexen Zahl**

Unter dem *Betrag einer komplexen Zahl* versteht man den nichtnegativen Ausdruck

$$\boxed{|z| = \sqrt{a^2 + b^2} = \sqrt{[\text{Re}(z)]^2 + [\text{Im}(z)]^2}} \tag{2.10}$$

Geometrisch läßt sich der Betrag $|z|$ einer komplexen Zahl auch als Länge des zugeordneten Zeigers oder als Abstand des $(a;\, b)$ zugeordneten Bildpunktes vom Ursprung deuten.

### Das Rechnen mit Beträgen

Für $z_1 = a_1 + jb_1$ und $z_2 = a_2 + jb_2$ gilt:

$$|z_1 + z_2| \le |z_1| + |z_2| \tag{2.11}$$

$$|z_1 \cdot z_2| = |z_1| \cdot |z_2| \tag{2.12}$$

$$\left|\frac{z_1}{z_2}\right| = \frac{|z_1|}{|z_2|}, \quad (z_2 \neq 0) \tag{2.13}$$

### Die konjugiert komplexen Zahlen

Unterscheiden sich zwei komplexe Zahlen nur im Vorzeichen des Imaginärteils,

$$z = a + jb, \quad \bar{z} = a - jb \tag{2.14}$$

nennt man sie *konjugiert komplexe Zahlen*. Ihre Bildpunkte liegen spiegelbildlich zur reellen Achse, die Beträge sind gleich (Bild 2.2).

### Das Rechnen mit konjugiert komplexen Zahlen

Für $z = a + jb$ und $\bar{z} = a - jb$ gilt:

$$z + \bar{z} = a + jb + a - jb = 2a \tag{2.15}$$

$$z - \bar{z} = (a + jb) - (a - jb) = j2b \tag{2.16}$$

$$z \cdot \bar{z} = (a + jb)(a - jb) = a^2 + b^2 = |z|^2 \tag{2.17}$$

$$\frac{z}{\bar{z}} = \frac{z \cdot \bar{z}}{\bar{z} \cdot z} = \frac{a^2 + b^2}{a^2 + b^2} + j\frac{2ab}{a^2 + b^2} \Rightarrow \left|\frac{z}{\bar{z}}\right| = 1 \quad (\bar{z} \neq 0) \tag{2.18}$$

$$\overline{z_1 + z_2} = \bar{z}_1 + \bar{z}_2 \tag{2.19}$$

$$\overline{z_1 \cdot z_2} = \bar{z}_1 \cdot \bar{z}_2 \tag{2.20}$$

$$\bar{\bar{z}} = z \tag{2.21}$$

## 2.1.2 Die trigonometrische Form komplexer Zahlen

Man geht von der Zeigerdarstellung einer komplexen Zahl aus und drückt den Vektor $\overrightarrow{OP}$ durch seine Länge und seine Richtung aus:

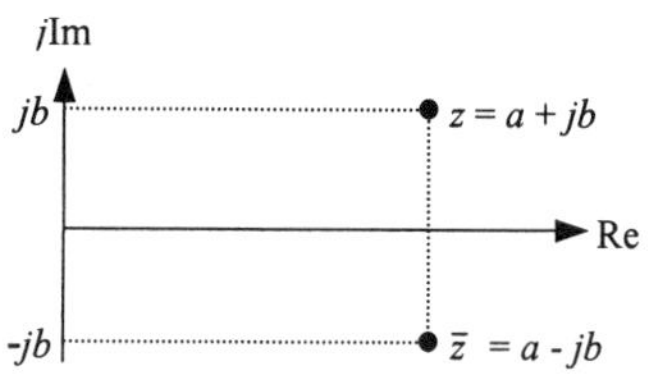


**Bild 2.2:** Konjugiert komplexe Zahlen

$$z = a + jb = r(\cos\varphi + j\sin\varphi)$$
$$r = |z| \ge 0$$
$$\varphi = \operatorname{arc} z = \angle z \quad -\pi < \varphi \le \pi \tag{2.22a, b, c}$$

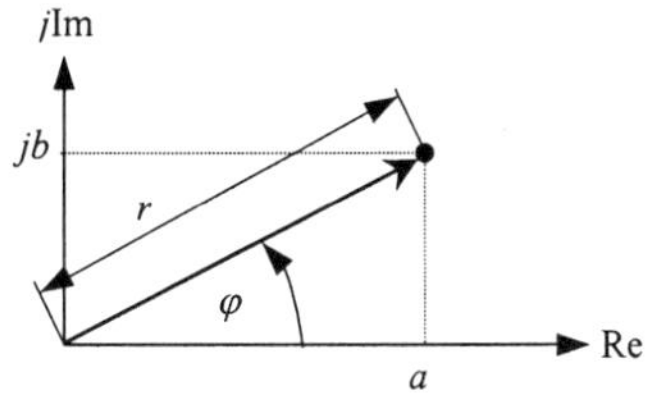


**Bild 2.3:** Trigonometrische Form einer komplexen Zahl

Die Darstellung einer komplexen Zahl durch ihren Betrag $r$ und ihren Winkel $\varphi$ heißt *trigonometrische Form, goniometrische Form* oder auch *Polarform einer komplexen Zahl.* Der Winkel $\varphi$ wird im I. und II. Quadranten positiv gezählt (Gegenuhrzeigersinn), im III. und IV. negativ (im Uhrzeigersinn). Vielfache von $2\pi$ ändern an der Lage des Bildpunktes von $z$ nichts. Die im Bereich $-\pi < \varphi \leq \pi$ liegenden Werte von $\varphi$ nennt man *Hauptwerte*.

**Umrechnen der Normalform in die trigonometrische Form**

Aus dem Bild 2.3 lassen sich für den Betrag $r$ und den Winkel $\varphi$ einer komplexen Zahl entnehmen:

$$r = \sqrt{a^2 + b^2} \tag{2.23}$$

$$\begin{aligned} &a > 0,\ b > 0:\ \varphi > 0 \Rightarrow \tan\varphi = b/a \\ &a < 0,\ b > 0:\ \varphi > 0 \Rightarrow \tan(180° - \varphi) = b/|a| \\ &a < 0,\ b < 0:\ \varphi < 0 \Rightarrow \tan(180° + \varphi) = b/a \\ &a > 0,\ b < 0:\ \varphi < 0 \Rightarrow \tan(-\varphi) = |b|/a \end{aligned} \tag{2.24}$$

**Umrechnen der trigonometrischen Form in die Normalform**

Nach (2.22) berechnen sich der Real- und Imaginärteil von $z = a + jb$:

$$a = r\cos\varphi \text{ bzw. } b = r\sin\varphi, \tag{2.25}$$

**Das Rechnen mit der trigonometrischen Form**

Für $z_1 = r_1(\cos\varphi_1 + j\sin\varphi_1)$ und $z_2 = r_2(\cos\varphi_2 + j\sin\varphi_2)$ gilt:

1. *Addition und Subtraktion*

$$z_1 \pm z_2 = r_1\cos\varphi_1 \pm r_2\cos\varphi_2 + j(r_1\sin\varphi_1 \pm r_2\sin\varphi_2) \tag{2.26}$$

2. *Multiplikation*

$$z_1 z_2 = r_1 r_2[\cos(\varphi_1 + \varphi_2) + j\sin(\varphi_1 + \varphi_2)] \tag{2.27}$$

3. *Division,* $z_2 \neq 0$

$$\frac{z_1}{z_2} = \frac{r_1}{r_2}\left[\cos(\varphi_1 - \varphi_2) + j\sin(\varphi_1 - \varphi_2)\right] \tag{2.28}$$

**Die Exponentialform einer komplexen Zahl**

Nach EULER ist:

$$e^{j\varphi} = \cos\varphi + j\sin\varphi \tag{2.29}$$

Multipliziert man diese Gleichung mit $r$, dann stellt die rechte Seite von (2.29) die trigonometrische Form (2.22) einer komplexen Zahl dar, die linke Seite liefert eine neue Beschreibungsmöglichkeit komplexer Zahlen. Man nennt sie *Exponentialform einer komplexen Zahl*:

$$\boxed{\begin{array}{c} z = re^{j\varphi} \\ r = |z|, \quad \varphi = \arg z \quad (-\pi < \varphi \le \pi) \end{array}} \tag{2.30}$$

**Das Rechnen mit der Exponentialform**

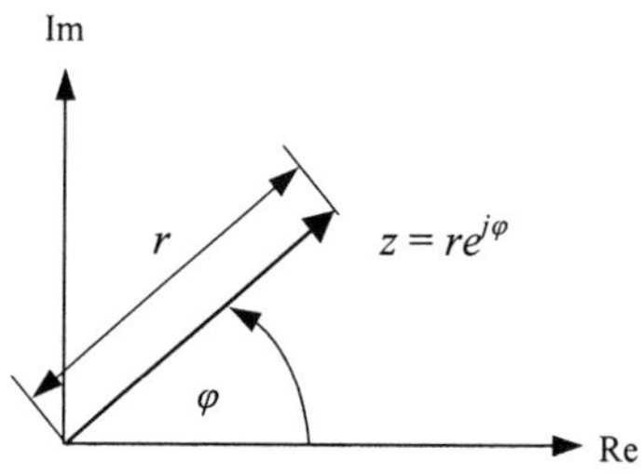


**Bild 2.4:** Exponentialform einer komplexen Zahl

Für $z_1 = r_1 e^{j\varphi_1}$ und $z_2 = r_2 e^{j\varphi_2}$

1. *Multiplikation*

$$z_1 z_2 = r_1 r_2 e^{j(\varphi_1 + \varphi_2)} \tag{2.31}$$

2. *Division*, $z_2 \neq 0$

$$\frac{z_1}{z_2} = \frac{r_1}{r_2} e^{j(\varphi_1 - \varphi_2)} \tag{2.32}$$

Benutzt man den Satz von MOIVRE

$$(\cos\varphi + j\sin\varphi)^n = \cos n\varphi + j\sin n\varphi, \tag{2.33}$$

dann läßt sich auf einfache Weise auch die Potenz $z^n$, $n \in \mathbb{Z}$, $z \neq 0$ berechnen:

$$z^n = r^n e^{jn\varphi} = r^n (\cos\varphi + j\sin\varphi)^n = r^n (\cos n\varphi + j\sin n\varphi) \tag{2.34}$$

## 2.2 Die komplexen Funktionen

Man betrachtet die von einem reellen Parameter $t$ abhängige komplexe Zahl:

$$\boxed{z = z(t) = x(t) + jy(t) \quad (a \le t \le b)} \tag{2.35}$$

Durch diese Gleichung wird jedem Parameterwert $t$ aus dem Intervall $[a, b]$ in eindeutiger Weise eine komplexe Zahl $z(t)$ zugeordnet. Eine solche Vorschrift definiert eine *komplexwertige Funktion* einer reellen Variablen. Mit dem Parameterwert $t$ verändert sich auch die Lage der komplexen Zahl $z = z(t)$ in der GAUSSschen Zahlenebene. Die Spitze des zugehörigen Zeigers $\underline{z} = \underline{z}(t)$ beschreibt eine Kurve, denn zu jedem Parameterwert $t$ gehört genau ein Zeiger und damit genau ein Kurvenpunkt. Die Bahnkurve des Zeigers $\underline{z} = \underline{z}(t) = x(t) + jy(t)$ $(a \le t \le b)$ heißt *Ortskurve*.

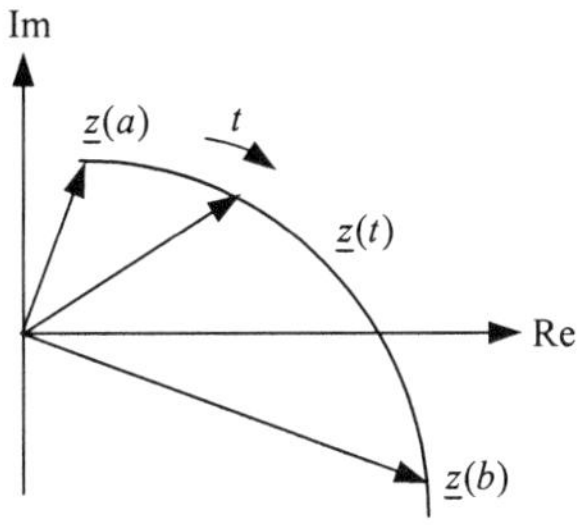


**Bild 2.5:** Ortskurve mit Zeiger

## 2.3 Beispiele

**2.1** Gegeben sind die beiden komplexen Zahlen $z_1 = 2 - j3$ und $z_2 = -3 + j$. In Normalform gerechnet ist dann nach:

$$z_1 + z_2 = (2 - 3j) + (-3 + j) = -1 - 2j$$
$$z_1 - z_2 = (2 - 3j) - (-3 + j) = 5 - 4j$$
$$z_1 z_2 = (2 - 3j)(-3 + j) = -6 + 2j + 9j - 3j^2$$
$$= -3 + 11j$$
$$\frac{z_1}{z_2} = \frac{2 - j3}{-3 + j} = \frac{2 - j3}{-3 + j} \cdot \frac{-3 - j}{-3 - j} = -\frac{9}{10} + j\frac{7}{10}$$

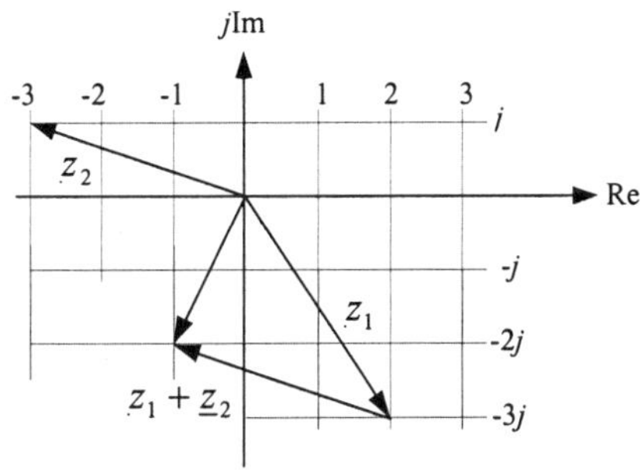


**Bild 2.6:** Grafische Addition komplexer Zahlen auf der Basis von Zeigern

Die Erweiterung des Bruches mit dem konjugiert komplexen Nenner führt auf die Normalform. Bei der grafischen Addition und Subtraktion wird von dem Vektorcharakter der Zeiger Gebrauch gemacht.

**2.2** Eine komplexe Zahl $z = a + jb$ wird fortlaufend mit der imaginären Einheit $j$ multipliziert:

$$zj = (a + jb)j = -b + ja$$
$$zj^2 = (a + jb)j^2 = -a - jb = -z$$
$$zj^3 = (a + jb)j^3 = b - ja = -jz$$
$$zj^4 = (a + jb)j^4 = a + jb = z$$

Die Multiplikation einer komplexen Zahl mit der imaginären Einheit bedeutet eine Drehung um den Ursprung des Zeigers $\underline{z}$ um $\pi/2$ entgegen dem Uhrzeigersinn.

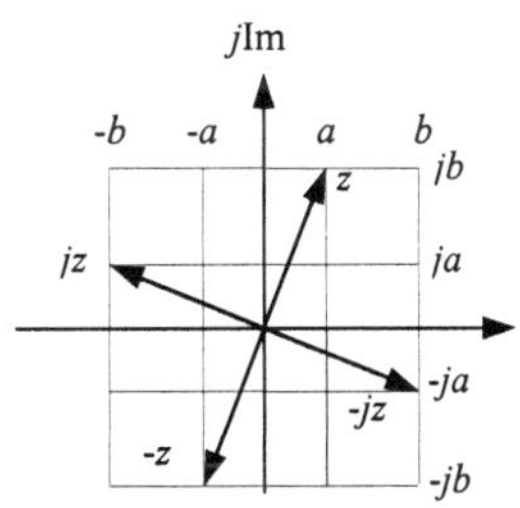


**Bild 2.7:** Multiplikation einer komplexen Zahl mit der imaginären Einheit $j$

**2.3** Gegeben sind zwei komplexe Zahlen $z_1 = 2 + j2$ und $z_2 = -1 - 3j$. Die Betragsbildung liefert:

$$|z_1| = \sqrt{2^2 + 2^2} = \sqrt{8}$$
$$|z_2| = \sqrt{(-1)^2 + (-3)^2} = \sqrt{10}$$
$$\left|\frac{z_1}{z_2}\right| = \left|\frac{8 - 4j}{10}\right| = \frac{2}{5}\sqrt{5}$$
$$|z_1 + z_2| = \sqrt{1 + (-1)^2} = \sqrt{2}$$
$$|z_1 z_2| = |4 - 8j| = 4\sqrt{5}$$

**2.4** Gegeben sind in der GAUSSschen Zahlenebene zwei Punkte und eine komplexe Zahl: $P_1(-1;\ 0)$, $P_2(1;\ 0)$ sowie $z = a + jb$. Dann gelten für die Differenzen:

$$z_a = z - z_1 = a - jb - (-1 + 0j) = 1 + (a - jb) = 1 + z$$
$$z_b = z - z_2 = a - jb - (1 + 0j) = -1 + (a + jb) = -1 + z$$

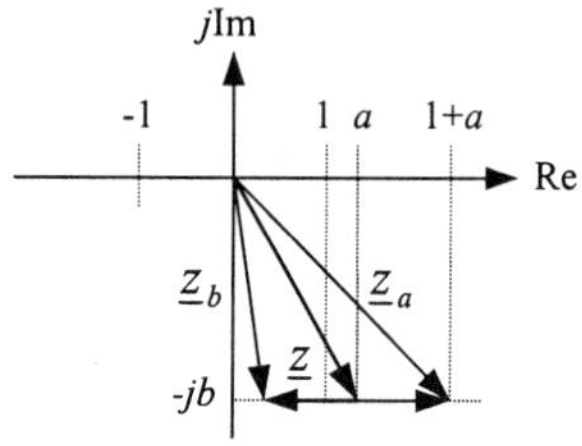


**Bild 2.8:** Differenzen von Zeigern

**2.5** Gegeben ist die Ungleichung $|z + j - 1| \leq 1$. Gesucht sind alle Punkte der GAUSSschen Zahlenebene, die diese Ungleichung erfüllen.

Mit $z = x + jy$ ist $|x + jy + j - 1| = \sqrt{(x-1)^2 + (y+1)^2} \leq 1$

$$\Rightarrow (x-1)^2 + (y+1)^2 \leq 1$$

Die Gleichung beschreibt alle Punkte im Einheitskreis und auf dem Rand mit M(1; -1).

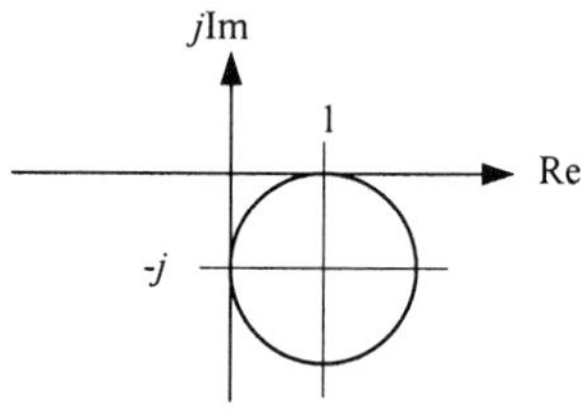


**Bild 2.9:** Punkte in der GAUSSschen Zahlenebene

**2.6** Von der Polynomgleichung $P_3(z) = z^3 - 8z^2 + 21z - 20 = 0$ $(z \in \mathbb{C})$ ist $z_1 = 2 - j$ eine Nullstelle. Die fehlenden Nullstellen sind zu berechnen.

Die Koeffizienten von $P_3(z)$ sind sämtlich reell; deshalb treten nichtnegative Lösungen stets paarweise als konjugiert komplexe Zahlen auf, d. h. $z_2 = \bar{z}_1 = 2 + j$.

$$\Rightarrow P_3(z) = (z - z_3)(z - z_2)(z - z_1) = (z - z_3)(z^2 - 4z + 5)$$
$$\Rightarrow P_3(z) : (z^2 - 4z + 5) = z - 4 \Rightarrow z_3 = 4$$

**2.7** Die Nullstellen der Gleichung $P_2(z) = z^2 + (2j - 3)z + 5 - j = 0$ sind zu berechnen.

$$z_{1/2} = -\frac{2j-3}{2} \pm \sqrt{\left(-\frac{2j-3}{2}\right)^2 - (5-j)} = \frac{3 - 2j \pm \sqrt{(1-4j)^2}}{2} = \begin{cases} 2 - 3j \\ 1 + j \end{cases}$$

Da die Koeffizienten in $P_2(z)$ nicht alle reell sind, treten die Lösungen nicht paarweise in konjugierter komplexer Form auf.

**2.8** Die trigonometrischen Formen der beiden komplexen Zahlen

$$z = -\frac{5}{2} + j\frac{5}{2}\sqrt{3} \quad \text{und} \quad \bar{z} = -\frac{5}{2} - j\frac{5}{2}\sqrt{3}$$

sind gesucht. Die Beträge und Winkel lauten:

$$|z| = |\bar{z}| = \sqrt{\left(-\frac{5}{2}\right)^2 + \left(\pm\frac{5}{2}\sqrt{3}\right)^2} = 5$$

$$\arg z: \quad a = -\frac{5}{2} < 0;\ b = \frac{5}{2}\sqrt{3} > 0;\ \Rightarrow\ \varphi > 0$$

$\Rightarrow \tan(180° - \varphi) = \dfrac{b}{|a|} = \sqrt{3} \Rightarrow 180° - \varphi = 60° \Rightarrow \varphi = 120°$

$\Rightarrow z = 5(\cos 120° + j\sin 120°)$

$\arg \bar{z}: a = -\dfrac{5}{2} < 0;\ b = -\dfrac{5}{2}\sqrt{3} < 0; \Rightarrow \varphi < 0$

$\Rightarrow \tan(180° + \varphi) = \dfrac{b}{a} = \sqrt{3} \Rightarrow 180° + \varphi = 60° \Rightarrow \varphi = -120°$

$\Rightarrow \bar{z} = 5(\cos(-120°) + j\sin(-120°))$

Die Darstellung $\bar{z} = 5(\cos(120°) - j\sin(120°))$ ist nicht die in (2.22) definierte Form!

**2.9** Die Normalformen der beiden komplexen Zahlen $z_1 = 2(\cos 30° - j\sin 30°)$ und $z_2 = 3(\cos 2 + j\sin 2)$ sollen berechnet werden.

$z_1 = 2(\cos 30° - j\sin 30°) = 2(\cos(-30°) + j\sin(-30°)) \Rightarrow r = 2,\ \varphi = -30°$
$\Rightarrow a = 2\cos(-30°) = 1{,}73$
$\Rightarrow b = 2\sin(-30°) = -1$
$\Rightarrow z_1 = 1{,}73 - j$

$z_2 = 3(\cos 2 + j\sin 2)$: Wegen $\pi > 2 > \pi/2$ liegt $\varphi$ im 2. Quadranten!
$\Rightarrow a = 3\cos 2 = -1{,}248$
$\Rightarrow b = 3\sin 2 = 2{,}727$
$\Rightarrow z_2 = -1{,}248 + j2{,}727$

**2.10** Produkt und Quotient der beiden komplexen Zahlen

$z_1 = 4(\cos 70° + j\sin 70°)$ und $z_2 = 2(\cos 20° - j\sin 20°)$

sollen gebildet werden.

$$\begin{aligned} z_1 z_2 &= 4(\cos 70° + j\sin 70°)2(\cos(-20°) + j\sin(-20°)) \\ &= 8(\cos 50° + j\sin 50°) \\ \frac{z_1}{z_2} &= \frac{4}{2}\cdot\frac{\cos 70° + j\sin 70°}{\cos(-20°) + j\sin(-20°)} \\ &= 2[\cos(70° - (-20°)) + j\sin(70° - (-20°))] \\ &= 2[\cos 90° + j\sin 90°] \\ &= 2j \end{aligned}$$

Die Ausdrücke für das Produkt und den Quotienten basieren auf der in (2.22) festgelegten Form.

**2.11** Die Exponentialform von $z_1 = \dfrac{1}{2}\sqrt{3} + \dfrac{1}{2}j$ und die Normalform von $z_2 = 4e^{j\frac{\pi}{3}}$ sind gesucht.

$$|z_1| = r = \sqrt{\left(\frac{1}{2}\sqrt{3}\right)^2 + \left(\frac{1}{2}\right)^2} = 1$$

Wegen $a = \frac{1}{2}\sqrt{3} > 0$, $b = \frac{1}{2} > 0$ ist $\varphi > 0$ und liegt im I. Quadranten.

$$\tan\varphi = \frac{b}{a} = \frac{1}{\sqrt{3}} \Rightarrow \varphi = \frac{\pi}{6} \text{ oder } 30° \Rightarrow z_1 = e^{j\frac{\pi}{6}}$$

Ebenso ist:

$$z_2 = 4e^{j\frac{\pi}{3}} = 4(\cos\frac{\pi}{3} + j\sin\frac{\pi}{3})$$

$$\Rightarrow \operatorname{Re}\{z_2\} = a = 4\cos\frac{\pi}{3} = 2$$

$$\Rightarrow \operatorname{Im}\{z_2\} = b = 4\sin\frac{\pi}{3} = 2\sqrt{3}$$

$$\Rightarrow z_2 = 2 + j2\sqrt{3}$$

**2.12** Die Potenz $z^5$ der komplexen Zahl $z = \frac{1}{2}\sqrt{2} + j\frac{1}{2}\sqrt{2}$ ist zu berechnen.

$$z = \frac{1}{2}\sqrt{2} + j\frac{1}{2}\sqrt{2} \quad \Rightarrow \quad |z| = 1,\ \varphi = \arctan 1 = \frac{\pi}{4}$$

$$z = \cos\frac{\pi}{4} + j\sin\frac{\pi}{4}$$

$$z^5 = \left(\cos\frac{\pi}{4} + j\sin\frac{\pi}{4}\right)^5 = \cos(5\frac{\pi}{4}) + j\sin(5\frac{\pi}{4})$$

$$= \cos(2\pi - 3\frac{\pi}{4}) + j\sin(2\pi - 3\frac{\pi}{4})$$

$$= \cos(-3\frac{\pi}{4}) + j\sin(-3\frac{\pi}{4})$$

$$= -\frac{1}{2}\sqrt{2} - j\frac{1}{2}\sqrt{2}$$

**2.13** Gegeben ist die komplexe Funktion $z = x(t) + jy(t)$ mit $t \in \mathbb{R}$ Parameter. Ist

a) $y = u =$ konst. $\Rightarrow z(t) = x(t) + ju$. Die Ortskurve ist eine Parallele zur reellen Achse.

b) $x = v =$ konst. $\Rightarrow z(t) = v + jy(t)$. Die Ortskurve ist eine Parallele zur imaginären Achse.

Liegt die komplexe Zahl $z = z(t) = r(t)e^{jy(t)}$ in der Exponentialform vor, so ergeben sich als Ortskurven für

c) $r =$ konst. $\Rightarrow z(t) = re^{jy(t)}$ ein Kreis oder ein Kreisbogen vom Radius $r$ um den Ursprung und wenn

d) $y =$ konst. $\Rightarrow z(t) = r(t)e^{jy}$ ein Strahl unter dem Winkel $\varphi$ vom Ursprung aus.

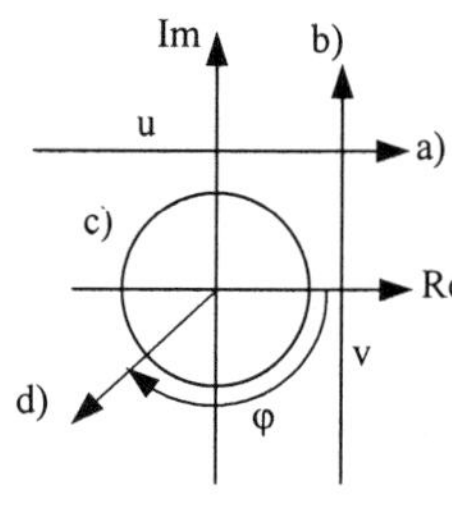

**Bild 2.10:** Ortskurven

**2.14** Es ist die Ortskurve der komplexen Funktion

$$F(j\omega) = \frac{K_S}{1 + j\omega T_1} \quad (\omega \geq 0,\ K_S > 0,\ T_1 > 0)$$

in die x-y–Ebene zu überführen.

$$F(j\omega)=\frac{K_S}{1+j\omega T_1}=\frac{K_S}{1+j\omega T_1}\cdot\frac{1-j\omega T_1}{1-j\omega T_1}=\frac{K_S}{1+(\omega T_1)^2}+j\frac{-K_S\omega T_1}{1+(\omega T_1)^2}$$

Mit $x=\dfrac{K_S}{1+(\omega T_1)^2}$ und $y=\dfrac{-K_S\omega T_1}{1+(\omega T_1)^2}$ wird

$$x^2+y^2=K_S\frac{K_S}{(1+\omega T_1)^2}=K_S x$$

$$\Rightarrow\left(x-\frac{K_S}{2}\right)^2+y^2=\frac{K_S^2}{4}$$

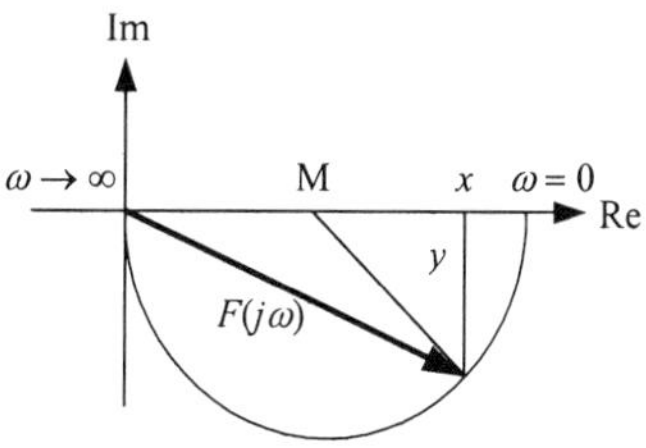


**Bild 2.11:** Ortskurve

Wegen $y=-K_S\dfrac{\omega T_1}{1+(\omega T_1)^2}<0\Rightarrow$ Halbkreis mit $M\left(\dfrac{K_S}{2};\,0\right)$ und $r=\dfrac{K_S}{2}$.

**2.15** Die Ortskurve von

$$F(j\omega)=\frac{K_S}{1+j\omega T_1+(j\omega T_2)^2+(j\omega T_3)^3}\qquad(K_S>0,\ \omega\geq 0;\ T_1,\ T_2,\ T_3>0)$$

ist zu skizzieren.

Trennen der Funktion in Real- und Imaginärteil durch Multiplikation mit dem konjugiert komplexen Nenner:

$$F(j\omega)=\frac{K_S}{1-(\omega T_2)^2+j(\omega T_1-(\omega T_3)^3)}=K_S\frac{\left(1-(\omega T_2)^2\right)-j\left(\omega T_1-(\omega T_3)^3\right)}{\left(1-(\omega T_2)^2\right)^2+\left(\omega T_1-(\omega T_3)^3\right)^2}$$

a) Schnittpunkte mit der reellen Achse:

$$\mathrm{Im}\{F(j\omega)\}:=0\Rightarrow\omega_1=0\text{ und }\omega_3=\sqrt{\frac{T_1}{T_3^3}}$$

$$\mathrm{Re}\{F(j\omega_1)\}=K_S\Rightarrow S(K_S;\,0)$$

$$\mathrm{Re}\{F(j\omega_3)\}=-K_S\frac{T_3^3}{T_1T_2^2-T_3^3}<0\ \ (T_1T_2^2>T_3^3)\Rightarrow S\left(\frac{K_ST_3^3}{T_3^3-T_1T_2^2};\,0\right)$$

b) Schnittpunkte mit der imaginären Achse:

$$\mathrm{Re}\{F(j\omega)\}=0\Rightarrow\omega_2=\frac{1}{T_2}$$

$$\mathrm{Im}\{F(j\omega_2)\}=-K_S\frac{T_2^3}{T_1T_2^2-T_3^3}<0\Rightarrow S\left(\frac{K_ST_2^3}{T_3^3-T_1T_2^2};\,0\right)$$

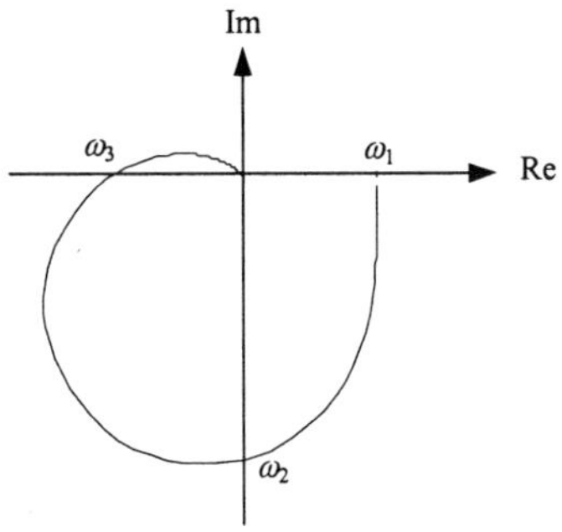


**Bild 2.12:** Eine komplexe Funktion in der GAUSSschen Zahlenebene

| $\omega$ | $\mathrm{Re}\{F(j\omega)\}$ | $\mathrm{Im}\{F(j\omega)\}$ |
|---|---|---|
| $0$ | $K_S$ | $0$ |
| $\frac{1}{T_2}$ | $0$ | $-K_S\frac{T_2^3}{T_1T_2^2-T_3^3}$ |
| $\sqrt{\frac{T_1}{T_2^3}}$ | $-K_S\frac{T_3^3}{T_1T_2^3-T_3^3}$ | $0$ |
| $\infty$ | $0$ | $0$ |

**Tabelle 2.1:** Zur Konstruktion der Ortskurve in Bild 2.12

**2.16** In Abhängigkeit von $T_I$ sind die Nullstellen der folgenden Funktion zu untersuchen:

$$F(j\omega) = K_S - \omega^2 T_1 T_I + j\left(\omega T_I - \omega^3 T_I T_2^2\right) \quad (K_S > 0,\ \omega > 0;\ T_I,\ T_1,\ T_2 > 0)$$

$$\mathrm{Im}\{F(j\omega)\} = \omega T_I\left(1-\omega^2 T_2^2\right) := 0 \Rightarrow \omega_1 = 0 \text{ oder } \omega_2 = \frac{1}{T_2}$$

$$\mathrm{Re}\{F(j\omega_1)\} = K_S \Rightarrow \mathbb{L} = \phi, \text{ da } K_S > 0 \text{ gilt.}$$

$$\mathrm{Re}\{F(j\omega_2)\} = K_S - \frac{1}{T_2^2}T_1 T_I = 0 \Rightarrow T_I = K_S\frac{T_2^2}{T_1}$$

**2.17** Gegeben ist eine komplexe Funktion, deren Betragsfunktion zu untersuchen ist:

$$F(j\omega) = \frac{K_S}{1+j\omega T_1} \qquad (K_S = 30,\ T_1 = 10s,\ \omega > 0)$$

Der Betrag berechnet sich zu

$$|F(j\omega)| = \left|\frac{K_S}{1+j\omega T_1}\cdot\frac{1-j\omega T_1}{1-j\omega T_1}\right| = K_S\frac{|1-j\omega T_1|}{1+(\omega T_1)^2} = \frac{K_S}{\sqrt{1+(\omega T_1)^2}}$$

Die Asymptoten der Betragsfunktion ergeben sich durch folgende Abschätzung:

$$|F(j\omega)| = \frac{K_S}{\sqrt{1+(\omega T_1)^2}} = \begin{cases} K_S, & \omega T_1 \ll 1 \\ K_S/\sqrt{2}, & \omega T_1 = 1 \\ K_S/\omega T_1, & \omega T_1 \gg 1 \end{cases}$$

Für die unterschiedlichen graphischen Darstellungen der Betragsfunktion $|F(j\omega)|$ werden die Daten aus Tabelle 2.2 benutzt: Zeichnet man die Werte aus der ersten Hälfte der Tabelle in ein Diagramm mit **linear** geteilten Achsen ein, ergibt sich ein hyperbolischer Verlauf der Betragskurve. Logarithmiert man die Betragsfunktion

$$\lg|F(j\omega)| = \lg K_S - \frac{1}{2}\lg(1+(\omega T_1)^2)$$

und trägt die logarithmierten Werte aus der zweiten Tabellenhälfte ebenfalls in ein Diagramm mit **linearer** Achsenteilung ein, ergibt sich ein Kurvenzug, der durch die beiden Asymptoten geprägt ist. Das gleiche Ergebnis erhält man aber auch, wenn die ursprüngliche Betragsfunktion in ein Diagramm mit **logarithmischer** Achsenteilung eingezeichnet wird. Der logarithmische Maßstab übernimmt hierbei die Aufgabe des Logarithmierens. In praktischen Anwendungsfällen ist es aber oft ausreichend, die Kurve durch ihre Asymptoten anzunähern. Die größte Abweichung von ca. 30% ergibt sich dabei im Schnittpunkt der beiden Asymptoten, bei $\omega T_1 = 1$, während unterhalb und oberhalb dieser Stelle die Kurve sich stark an ihre Asymptoten anlehnt.

| $\omega$ | $\omega T_1$ | $\lvert F(j\omega T_1)\rvert$ | $\lg(\omega T_1)$ | $\lg\lvert F(j\omega T_1)\rvert$ |
|---|---|---|---|---|
| 0,01 | 0,1 | 29,85 | -1 | 1,474 |
| 0,05 | 0,5 | 26,83 | -0,301 | 1,428 |
| 0,1 | 1 | 21,21 | 0 | 1,326 |
| 0,5 | 5 | 5,88 | 0,698 | 0,769 |
| 1 | 10 | 2,98 | 1 | 0,474 |
| 1,5 | 15 | 1,99 | 1,176 | 0,300 |
| 2,0 | 20 | 1,49 | 1,301 | 0,175 |
| 5,0 | 50 | 0,59 | 1,698 | -0,221 |

**Tabelle 2.2:** Kurvenpunkte für die Betragsfunktion $|F|$

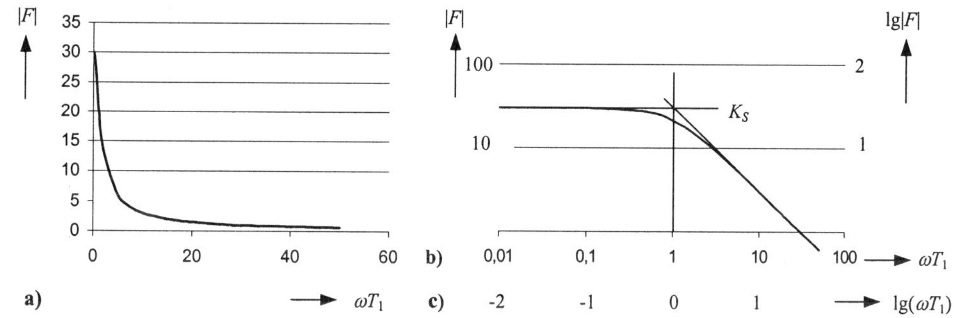


**Bild 2.13:** Betragsfunktion in Diagrammen mit unterschiedlicher Achsenteilung:
a) $|F(j\omega)|$ in der $\omega T_1$-$|F|$ - Ebene mit linearer Achsenteilung
b) Die Betragsfunktion in der $\omega T_1$-$|F|$ - Ebene mit logarithmischer Achsenteilung
c) Die logarithmierte Betragsfunktion in der $\lg\omega T_1$-$\lg|F|$ - Ebene mit linearer Achsenteilung

## 2.4 Übungsaufgaben

**2.1** Gegeben sind die beiden komplexen Zahlen. $z_1 = -2 + j3$ und $z_2 = 1 - j$. Gesucht sind die Normalformen von

a) $z_1 + z_2$
b) $z_1 - z_2$
c) $z_1 z_2$
d) $z_1 / z_2$

**Lsg.:** a) $-1 + j2$, b) $-3 + 4j$, c) $1 + 5j$, d) $0{,}5(-5 + j)$.

**2.2** Gegeben ist die komplexe Zahl $z = (2 + 2j\sqrt{3})$. Bilde $z^3$ und stelle das Ergebnis in Normalform dar!

**Lsg.:** $z^3 = -64$.

**2.3** Für welche $z = a + jb$, $(a, b) \in \mathbb{R}$, wird $z^2 + 2ja^2 = 0$?

**Lsg.:** $/L = \{ z^2 + 2ja^2 = 0 \mid (a = -b) \wedge z = a + jb \}$

**2.4** Die trigonometrische Form und die Exponentialform von $z = \sqrt{2}(1 \pm j)$ sind gesucht.

**Lsg.:** $z = \sqrt{8}(\cos\pi/4 + j\sin\pi/4) = \sqrt{8}e^{j\pi/4}$, $z = \sqrt{8}(\cos(-\pi/4) + j\sin(-\pi/4)) = \sqrt{8}e^{-j\pi/4}$

**2.5** Die Normalform von $z = 2(\cos 60° - j\sin 60°)$ ist gesucht.

**Lsg.:** $z = 1 - j\sqrt{3}$

**2.6** Die Exponentialform von $z = \sqrt{3} + j$ ist zu bilden.

**Lsg.:** $z = e^{j\pi/6}$ oder $z = e^{j30^0}$

**2.7** Die Normalform von $z = e^{-j\pi/4}$ ist gesucht.

**Lsg.:** $z = \frac{1}{2}\sqrt{2} - j\frac{1}{2}\sqrt{2}$

**2.8** Berechne $z = (1 - j)^{17}$

**Lsg.:** $z = 256 - j256$

**2.9** Die Nullstellen von $z^2 + (2j - 3)z + 5 - j = 0$ sind gesucht.

**Lsg.:** $z_1 = 2 - 3j$, $z_2 = 1 + j$.

**2.10** Von der Gleichung $P(z) = z^4 - 3{,}5z^3 - 2z^2 + 22{,}5 = 0$ ist die Lösung $z_1 = 2 - j$ bekannt. Wie lauten die restlichen Lösungen?

**Lsg.:** $z_2 = 2 + j,\ z_3 = 2,\ z_4 = -2{,}5$.

**2.11** Wo liegen in der GAUSSschen Zahlenebene alle Punkte $z = x + jy$, wenn gilt:

a) $\left|\frac{z-3}{z+3}\right| = 2$ b) $\left|\frac{3-4j}{z-1+2j}\right| < 5$

**Lsg.:** a) $(x + 5)^2 + y^2 = 4^2$. Ein Kreis mit Radius $r = 4$ und Mittelpunkt $M(-5; 0)$.
b) $1 < (x - 1)^2 + (y + 2)^2$. Alle Punkte außerhalb des Kreises mit $r = 1$ und $M(1; -2)$.

**2.11** Berechne die Beträge von

a) $F(j\omega) = \frac{K_I}{j\omega}$, b) $F(j\omega) = K_p(1 + j\omega T_v)$, c) $F(j\omega) = \frac{K_S}{(1 + j\omega T_1)(1 + j\omega T_2)}$

**Lsg.:** a) $|F(j\omega)| = \frac{K_I}{\omega}$ b) $|F(j\omega)| = K_p\sqrt{1 + (\omega T_v)^2}$ c) $|F(j\omega)| = \frac{K_S}{\sqrt{(1-\omega^2 T_1 T_2)^2 + \omega^2 (T_1 T_2)^2}}$

**2.12** Die Funktionenen a) $F(j\omega) = \frac{K_I K_S}{-\omega^2 T_1 + j\omega(1 - \omega^2 T_2^2)}$ und b) $F(j\omega) = K_p K_I \frac{1 + j\omega T_v}{j\omega - \omega^2 T}$ sind in Real- und Imaginärteil zu trennen.

**Lsg.:** a) $\text{Re}\{F(j\omega)\} = -K_I K_S \frac{T_1}{(\omega T_1)^2 + (1 - \omega^2 T_2^2)^2}$

$\text{Im}\{F(j\omega)\} = -K_I K_S \frac{1 - \omega^2 T_2^2}{(\omega T_1)^2 + (1 - \omega^2 T_2^2)^2}$

b) $\text{Re}\{F(j\omega)\} = -K_p K_I \frac{T_1 - T_v}{\omega^2 T_1^2 + 1}$ und

$\text{Im}\{F(j\omega)\} = -K_p K_I \frac{1 + \omega^2 T_v T_1}{\omega(\omega^2 T_1^2 + 1)}$

**2.13** Für welche Werte von $K_I \in \mathbb{R}^+$ gilt $\text{Re}\{F(j\omega)\} = \frac{K_I}{j\omega} e^{-j\omega T_t} = -1$?

**Lsg.:** $K_I = \frac{\pi}{2T_t} + k\frac{2\pi}{T_t}$ $(k \in \mathbb{Z})$.

# 3 Einführung in die LAPLACE-Transformation

Das Übertragungsverhalten kontinuierlicher linearer Systeme mit einer Eingangs- und einer Ausgangsgröße läßt sich durch eine *lineare Differentialgleichung* beschreiben. Um die Ausgangsgröße bei gegebener Eingangsgröße und bekannten Anfangsbedingungen studieren zu können, muß diese Differentialgleichung gelöst werden, was besonders bei solchen mit höherer Ordnung problematisch und aufwendig sein kann. Diesen Schwierigkeiten kann man aber aus dem Wege gehen, wenn man sich aus dem Formelwerk der LAPLACE-*Transformation* bedient. Es ermöglicht, die *Integration einer Differentialgleichung* auf die Auflösung einer algebraischen Gleichung zurückzuführen [6], [7], [8].

Das folgende Bild soll den Vorgang verdeutlichen: Bekanntlich läßt sich die lineare Differentialgleichung erster Ordnung mit konstanten Koeffizienten und zugehörigen Anfangsbedingungen im Zeitbereich lösen („Integration im Zeitbereich"). Alternativ wird die Differentialgleichung einschließlich ihrer Anfangsbedingungen mittels einer Tabelle („Korrespondenztabelle") vom Zeit- in den Bildbereich transformiert, wo sie dann als algebraische Gleichung vorliegt. Je nach Umfang und Besetzung der Tabelle wird die Bildfunktion aufbereitet und nach der unabhängigen Variablen umgestellt („Rechnen im Bildbereich"). Die anschließende Rücktransformation vom Bild- in den Zeitbereich liefert die gesuchte Lösung der Differentialgleichung.

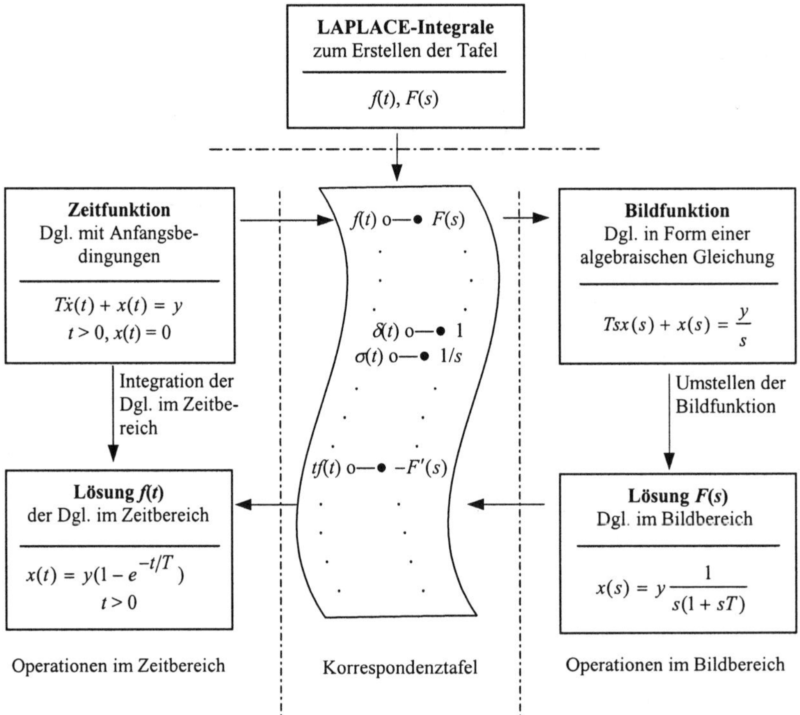


**Bild 3.1:** Konzept zur Lösung von Differentialgleichungen mit Hilfe der LAPLACE-Transformation

# 3.1 Das Wesen der LAPLACE-Transformation

Betrachtet werden ausschließlich Zeitfunktionen, also *reellwertige Funktionen* einer *reellen Variablen t*. Sie bilden die Elemente des *Zeitbereiches*, den man auch *Originalraum*, manchmal auch *Oberbereich* nennt. Mit Hilfe einer *Integraltransformation* läßt sich einer großen Klasse von Zeitfunktionen $f(t)$ umkehrbar eindeutig eine *Bildfunktion* $F(s)$ zuordnen. $F(s)$ ist eine *komplexwertige Funktion* der *komplexen Variablen* $s = \sigma + j\omega$. Die Bildfunktionen $F(s)$ stellen Elemente des *Bildbereiches*, *Bildraumes* oder *Unterraumes* dar. Umgekehrt kann durch eine *inverse Transformation* jeder Bild-funktion $F(s)$ eine Zeitfunktion $f(t)$ zugeordnet werden (Bild 3.2).

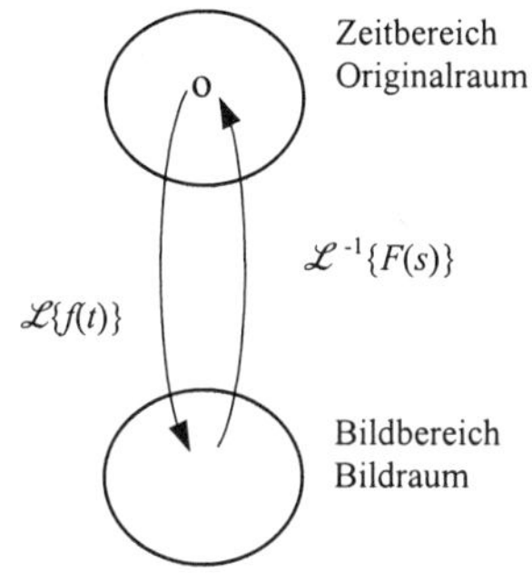


**Bild 3.2:** Transformationswege

Beim praktischen Rechnen benutzt man bequemerweise eine *symbolische Schreibweise*, um die Transformationsrichtungen zwischen dem Original- und Bildraum zu markieren. Das Symbol

$$\mathcal{L}\{f(t)\} = F(s)$$

bedeutet eine Transformation vom Zeit- in den Bildbereich und

$$\mathcal{L}^{-1}\{F(s)\} = f(t)$$

weist auf die Umkehrtransformation vom Bild- in den Zeitbereich hin. Verwendet wird aber auch das *Korrespondenzsymbol*

$$f(t) \circ\!\!-\!\!\bullet\; F(s) \text{ bzw. } F(s) \bullet\!\!-\!\!\circ\; f(t),$$

um die Transformationsrichtungen auszudrücken. Hilfreich beim Umgang mit der LAPLACE-Transformation ist auch die Kennzeichnung der Zeitfunktionen mit kleinen, die der Bildfunktionen mit großen Buchstaben.

# 3.2 Die Transformationsintegrale

Die Zuordnung einer Bildfunktion $F(s)$ zu einer Zeitfunktion $f(t)$ bzw. die Umkehrung ist durch die beiden Transformationsintegrale

$$\mathcal{L}\{f(t)\} = \int_0^\infty e^{-st} f(t)dt = F(s)$$
$$\mathcal{L}^{-1}\{F(s)\} = \frac{1}{2\pi j}\int_{\sigma-j\infty}^{\sigma+j\infty} e^{st}F(s)ds = \begin{cases} f(t), & t>0 \\ 0, & t<0 \end{cases} \qquad (3.1a, b)$$

definiert, die Konvergenz der Integrale sei vorausgesetzt. Die Bildfunktion $F(s)$ heißt LAPLACE-*Trans-formierte* von $f(t)$ und das Integral (3.1a) LAPLACE-*Integral*. Das Integral (3.1b) nennt man *inverses* LAPLACE-*Integral* oder *Umkehrintegral*, $s = (\sigma + j\omega) \in \mathbb{C}$ ist eine komplexe Variable. Für die zu transformierende Zeitfunktion $f(t)$ gilt:

$$f(t) = \begin{cases} f(t), & t>0 \\ 0, & t<0 \end{cases} \qquad (3.2)$$

Den Funktionswert $f(0)$ in (3.2) läßt man offen, er kann anwendungsbezogen definiert werden. Die Funktion $f(t)$ muß auf der ganzen positiven reellen Achse integrierbar sein und darf nicht stärker wachsen als eine Exponentialfunktion mit beliebiger Konstante $c$ im Exponenten. Technische Zeitfunktionen dürften diese Bedingungen erfüllen.

### 3.2.1 Die Bildfunktion der Sprungfunktion

Die dimensionslose Zeitfunktion

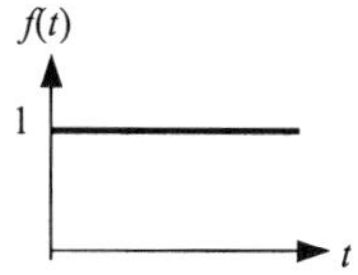


Bild 3.3: Einheitssprungfunktion

$$f(t) = \sigma(t) = \begin{cases} 1, & t > 0 \\ 0, & t < 0 \end{cases} \tag{3.3}$$

heißt *Einheitssprungfunktion* und wird mit $\sigma(t)$ symbolisiert. Mit ihrer Hilfe wird die *Sprungerregung* definiert. Man versteht darunter die Erregung $e(t)$, bei der eine physikalische Größe, etwa ein Weg, eine Kraft, ein Strom oder eine Spannung vom Wert Null auf eine feste Größe $A$ springt:

$$e(t) = A\sigma(t) = \begin{cases} A, & t > 0 \\ 0, & t < 0 \end{cases} \tag{3.4}$$

Die Bildfunktion der Einheitssprungfunktion berechnet sich nach (3.1a):

$$F(s) = \int_0^\infty e^{-st}\sigma(t)dt = \int_0^\infty e^{-st}dt = -\frac{1}{s}e^{-st}\Big|_0^\infty = \frac{1}{s} \qquad \mathrm{Re}(s) > 0 \tag{3.5}$$

### 3.2.2 Die Bildfunktion der verschobenen Sprungfunktion

Im Gegensatz zur Einheitsprungfunktion $\sigma(t)$ erfolgt bei der verschobenen Sprungfunktion der Sprung nicht zur Zeit $t = 0$, sondern erst zum Zeitpunkt $t = t_0 > 0$:

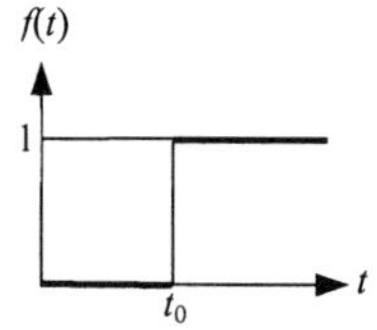


Bild 3.4: Einheitssprungfunktion mit der Sprungstelle $t_0$

$$\sigma(t - t_0) = \begin{cases} 1, & t > t_0 \\ 0, & t < t_0 \end{cases} \tag{3.6}$$

Durch Substitution der Integrationsvariable $t = u + t_0$, $dt = du$ ergibt sich ein neuer Integrationsbereich von $u = -t_0$ bis $u \to \infty$. Das Integral (3.1a) läßt sich dann in zwei Teile aufspalten:

$$F(s) = \int_0^\infty e^{-st}\sigma(t - t_0)dt = e^{-st_0}\int_{u=-t_0}^{0} 0e^{-su}du + e^{-st_0}\int_{u=0}^{\infty}\sigma(u)e^{-su}du = \frac{e^{-st_0}}{s} \qquad \mathrm{Re}(s) > 0 \tag{3.7}$$

Das erste Teilintegral liefert auf dem vorgegebenen Integrationsbereich den Wert Null, das zweite ist die mit dem Faktor $e^{-st_0}$ multiplizierte Bildfunktion von (3.3). Hinter diesem Ergebnis steht die *Verschiebungsregel*: Die Bildfunktion von $f(t-t_0)$ gewinnt man dadurch, indem man die Bildfunktion $F(s)$ der nicht verschobenen Zeitfunktion $f(t)$ mit dem Faktor $e^{-st_0}$ multipliziert.

### 3.2.3 Die Bildfunktion der Impulsfunktion

Die aus stückweise verschieden definierten Funktionen zusammengesetzte Zeitfunktion (Bild 3.5)

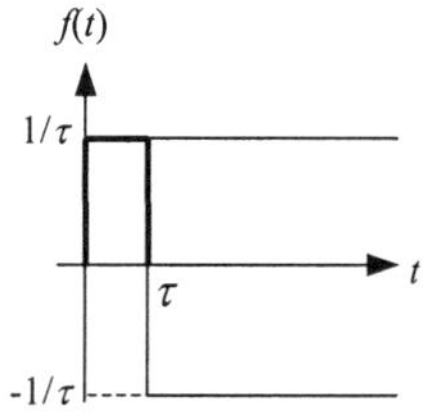


**Bild 3.5:** Impulsfunktion

$$f(t)=\begin{cases}0, t<0\\ \dfrac{1}{\tau}, 0<t<\tau\\ 0,\ t>\tau\end{cases} \tag{3.8}$$

heißt *Impulsfunktion*. Die Bildfunktion der Impulsfunktion läßt sich aus den Bildfunktionen verschobener und nicht verschobener Sprungfunktionen zusammensetzen:

$$\mathcal{L}\{f(t)\}=\mathcal{L}\left\{\frac{1}{\tau}\left(\sigma(t)-\sigma(t-\tau)\right)\right\}$$

$$F(s)=\frac{1}{\tau}\left(\frac{1}{s}-\frac{e^{-s\tau}}{s}\right)=\frac{1}{\tau}\cdot\frac{1-e^{-s\tau}}{s} \tag{3.9}$$

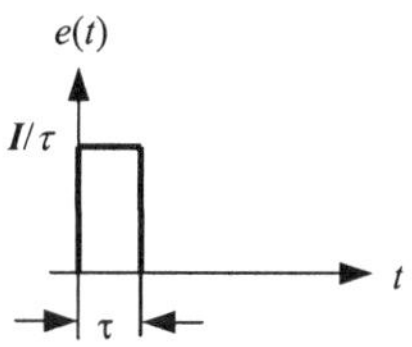


**Bild 3.6:** Impulserregung

Als *Impulserregung* bezeichnet man die mit einem Faktor ***I*** multiplizierte Impulsfunktion (Bild 3.6):

$$e(t)=\begin{cases}0,\ t<0\\ \dfrac{I}{\tau},\ 0<t<\tau\\ 0,\ t>\tau\end{cases} \tag{3.10}$$

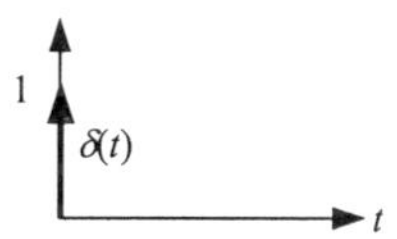


**Bild 3.7:** Symbolik eines DIRAC-Impulses

Wenn man unter ***I*** den Impuls einer physikalischen Größe *e* versteht, d. h. das Zeitintegral von der Dimension Größe × Zeit, so nimmt die Größe *e* nur während einer sehr kurzen Zeitspanne $\tau$ den Wert $I/\tau$ an, außerhalb ist sie Null. Die Spanne $\tau$ ist dabei so kurz anzusehen, daß in einem impulserregten Netzwerk während dieser Zeit noch keine „meßbare" Veränderungen vor sich gegangen sind. Bei der Untersuchung von impulserregten Systemen kann man deshalb von einer idealisierten Form der Impulserregung ausgehen, was im wesentlichen zu denselben Ergebnissen führt wie die Verwendung der Impulserregung nach (3.10). Man benutzt hierbei den DIRAC-*Impuls* oder DIRAC–*Stoß*, gekennzeichnet mit $\delta(t)$ (Bild 3.7). Seine Definition erfolgt über ein Integral:

$$\delta(t)=\begin{cases}\infty, t=0\\ 0, t\neq 0\end{cases}\ \text{und}\ \int_{-\infty}^{\infty}\delta(t)dt=1 \tag{3.11}$$

Symbolisch läßt sich der DIRAC–Stoß durch einen Pfeil mit der Länge 1 darstellen. Man bezeichnet diese Länge von 1 auch mit *Impulsstärke* (Bild 3.7).

Zur Berechnung der Bildfunktion kann man von der Gleichung (3.9) ausgehen und erhält unter Verwendung der Regel von DE L'HOSPITAL den folgenden Grenzwert

$$F(s) = \mathcal{L}\{\delta(t)\} = \lim_{\tau \to 0} \frac{1}{s} \cdot \frac{1 - e^{-s\tau}}{\tau} = \lim_{\tau \to 0} \frac{1}{s} \cdot s \cdot e^{-s\tau} = 1 \qquad (3.12)$$

# 3.3 Der Aufbau der Korrespondenztafel

Bei den praktischen Anwendungen wird man immer versuchen, die Tabellen zu benutzen und nicht auf die Transformationsintegrale zurückzugreifen. In diesen Listen sind gebräuchliche Funktionspaare nach unterschiedlichen Kriterien aufgeführt (Tabelle 3.1). Deshalb spricht man auch von *Korrespondenztafel* oder *Korrespondenztabelle,* weil hier einer ausgewählten Zeitfunktion die entsprechende Bildfunktion gegenübergestellt ist, wie beispielsweise die im Abschnitt 3.2.1 über das LAPLACE–Integral berechnete Bildfunktion für die Sprungfunktion. Solche Listeneinträge zählen zu den Grundfunktionen. Weitere Funktionspaare lassen sich mit Hilfe von *Rechenregeln* aus *„Grundkorrespondenzen"* herleiten, wie die Bildfunktion der Impulsfulsfunktion mit Hilfe der Verschiebungsregel. Diese Regeln oder *Sätze der* LAPLACE–*Transformation* sind ebenfalls Bestandteile der Korrespondenztabelle. Operationen an Zeitfunktionen wie das Differenzieren oder das Integrieren werden die korrespondierenden Operationen im Bildbereich zugeordnet. Die Namensgebung dieser Regeln erfolgt nach der Operation im Zeitbereich (Tabelle 3.2).

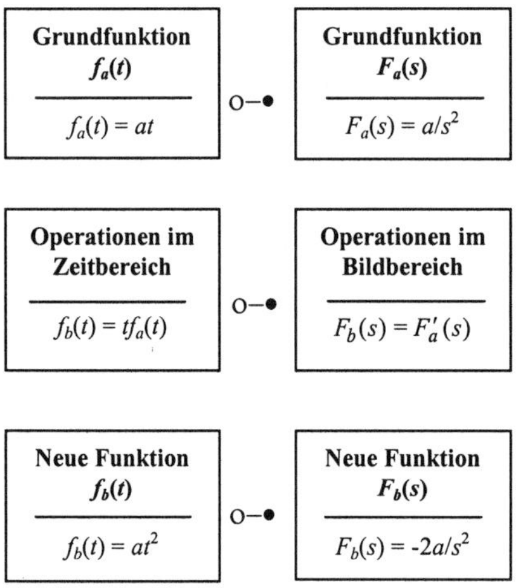


**Bild 3.8:** Alternativweg zur Gewinnung von Korrespondenzen mit Hilfe von Rechenregeln

### Anwendung der Rechenregeln

Es sei die Bildfunktion $F(s) = \dfrac{\omega}{s^2 + \omega^2}$ der Zeitfunktion $f(t) = \sin \omega t$ bekannt. Mit Hilfe der Rechenregeln soll gebildet werden:

| | | | |
|---|---|---|---|
| $a \sin \omega t$ | o–• | $a \dfrac{\omega}{s^2 + \omega^2}$ | Linearitätsregel |
| $e^{-at} \sin \omega t$ | o–• | $\dfrac{\omega}{(s+a)^2 + \omega^2}$ | Dämpfungsregel |
| $\sin b\omega t$ | o–• | $\dfrac{1}{b} \dfrac{\omega}{\left(s \dfrac{1}{b}\right)^2 + \omega^2}$ | Streckungsregel |
| $\sin \omega(t - t_0)\sigma(t - t_0)$ | o–• | $e^{-st_0} \dfrac{\omega}{s^2 + \omega^2}$ | Verschiebungsregel |
| $(\sin \omega t)' = \omega \cos \omega t$ | o–• | $s \dfrac{\omega}{s^2 + \omega^2}$ | Differentiationsregel |

$$\int_0^t \sin \omega u du = \frac{1}{\omega}(1-\cos \omega t) \quad \circ\!-\!\bullet \quad \frac{1}{s}\frac{\omega}{s^2+\omega^2} \quad \text{Integrationsregel}$$

$$t \sin \omega t \quad \circ\!-\!\bullet \quad -\left(\frac{\omega}{s^2+\omega^2}\right)' = \frac{2s\omega}{(s^2+\omega^2)^2} \quad \text{Multiplikationsregel}$$

## 3.4 Methoden zur Rücktransformation

Die Zeitfunktion ist durch das inverse LAPLACE–Integral (3.1b) definiert. Die Berechnung des Integrals erfordert allerdings einen gewissen Aufwand und ist deshalb im Rahmen praktischer Anwendungen der LAPLACE–Transformation kein geeigneter Weg.

Man versucht deshalb, gerade bei der Rücktransformation, die Korrespondenztabelle zu benutzen. Da ihr Umfang an Korrespondenzen aber beschränkt ist und die Einträge nicht immer in der gewünschten Form vorliegen, muß eine zu transformierende Bildfunktion zunächst in eine tabellengerechte Form gebracht werden, bevor die Rücktransformation durchgeführt werden kann. Ein gebräuchliches Verfahren ist die *Partialbruchzerlegung* bei rationalen Bildfunktionen sowie das *Faltungsintegral* bei einer bestimmten Klasse von Bildfunktionen die in Produktform vorliegen.

### 3.4.1 Die Partialbruchzerlegung

Die Bildfunktion $F(s) = Z(s)/N(s)$ sei echt gebrochen, andernfalls wird der ganzrationale Anteil durch Polynomdivision abgetrennt. Der Zählergrad sei $m$, der Nennergrad $n$, also $n > m$. Dann lassen sich je nach Aufbau des Nennerpolynoms die folgenden Ansätze machen:

**Fall 1:**

Alle Nullstellen $s_k$ ($k = 1, ..., n$) des Nenners $N(s)$ sind einfach und voneinander verschieden. Für den Zähler gilt $Z(s_k) \neq 0$. Der Nenner läßt sich jetzt in Linearfaktoren zerlegen:

$$N(s) = (s - s_1)(s - s_2) \ \ldots \ (s - s_n) \tag{3.13}$$

Für die Bildfunktion $F(s)$ gilt dann der Ansatz:

$$F(s) = \frac{Z(s)}{N(s)} = \frac{A_1}{s-s_1} + \frac{A_2}{s-s_2} + \cdots + \frac{A_n}{s-s_n} = \sum_{k=1}^{n} \frac{A_k}{s-s_k} \tag{3.14}$$

Die Zeitfunktionen zur Darstellung (3.14) findet man in Tabelle 3.1, Korrespondenz Nr. 5:

$$\boxed{f(t) = \mathcal{L}^{-1}\left\{\sum_{k=1}^{n} \frac{A_k}{s-s_k}\right\} = \sum_{k=1}^{n} A_k e^{s_k t}} \tag{3.15}$$

Bildet man für die Summe in (3.14) den Hauptnenner $N(s)$ und ordnet in diesem Bruch den Zähler nach Potenzen von $s$, dann läßt sich über einen Koeffizientenvergleich mit dem Zählerpolynom $Z(s)$ der Ausgangsfunktion ein Gleichungssystem aufstellen, dessen Lösung die Konstanten $A_1, ..., A_n$ sind.

| Nr. | Originalfunktion $f(t)$ | Bildfunktion $F(s)$ |
|---|---|---|
| 1 | $\delta(t)$ | 1 |
| 2 | $\sigma(t)$ | $\frac{1}{s}$ |
| 3 | $\sigma(t-t_0),\ t>t_0$ | $\frac{1}{s}e^{-st_0}$ |
| 4 | $\frac{1}{n!}t^n,\ n\in\mathbb{N}$ | $\frac{1}{s^{n+1}}$ |
| 5 | $e^{at}$ | $\frac{1}{s-a}$ |
| 6 | $\frac{t^{n-1}}{(n-1)!}e^{at},\ n\in\mathbb{N}$ | $\frac{1}{(s-a)^n}$ |
| 7 | $\sin at$ | $\frac{a}{s^2+a^2}$ |
| 8 | $\cos at$ | $\frac{s}{s^2+a^2}$ |
| 9 | $e^{bt}\sin at$ | $\frac{a}{(s-b)^2+a^2}$ |
| 10 | $e^{bt}\cos at$ | $\frac{s-b}{(s-b)^2+a^2}$ |
| 11 | $\sinh at$ | $\frac{a}{s^2-a^2}$ |
| 12 | $\cosh at$ | $\frac{s}{s^2-a^2}$ |
| 13 | $\frac{1}{a}(e^{at}-1)$ | $\frac{1}{s(s-a)}$ |
| 14 | $\frac{1}{a^2}(e^{at}-1-at)$ | $\frac{1}{s^2(s-a)}$ |
| 15 | $\frac{1}{a^2}\left[1+(at-1)e^{at}\right]$ | $\frac{1}{s(s-a)^2}$ |
| 16 | $\frac{ae^{at}-be^{bt}}{a-b}$ | $\frac{s}{(s-a)(s-b)}$ |
| 17 | $\frac{\omega_0^2}{\sqrt{1-D^2}}e^{-D\omega_0 t}\sin(\omega_0\sqrt{1-D^2}\,t),\ D<1$ | $\frac{\omega_0^2}{s^2+2D\omega_0 s+\omega_0^2}$ |
| 18 | $e^{-D\omega_0 t}\left[\cos(\omega_e t)-\frac{D}{\sqrt{1-D^2}}\sin(\omega_e t)\right]$ mit $\omega_e=\omega_0\sqrt{1-D^2}$ und $D<1$ | $\frac{s}{s^2+2D\omega_0 s+\omega_0^2}$ |

**Tabelle 3.1:** Grundkorrespondenzen

| Nr. | Originalfunktion $f(t)$ | Bildfunktion $F(s)$ |
|---|---|---|
| 1 | Linearitätsregel<br>$f(t) = \sum_{i=1}^{n} c_i f_i(t)$ | $F(s) = \sum_{i=1}^{n} c_i F_i(s)$ |
| 2 | Dämpfungsregel<br>$e^{at} f(t)$ , $a \in \mathbb{C}$ | $F(s-a)$ |
| 3 | Streckungsregel<br>$f(at)$ , $a > 0$ | $\frac{1}{a} F\left(\frac{s}{a}\right)$ |
| 4 | Verschiebungsregel<br>$f(t-t_0)$ , $t > t_0$ | $e^{-st_0} F(s)$ |
| 5 | Differentiationsregel<br>$f'(t)$<br>$f''(t)$<br>$f'''(t)$<br>... | $sF(s) - f(0)$<br>$s^2 F(s) - s\,f(0) - f'(0)$<br>$s^3 F(s) - s^2 f(0) - s\,f'(0) - f''(0)$<br>...<br>( $f^{(n)}(0)$ = rechtsseitiger Grenzwert) |
| 6 | Integrationsregel<br>$\int_0^t f(u)du$ | $\frac{F(s)}{s}$ |
| 7 | Multiplikationsregel<br>$t^n f(t)$ | $(-1)^n F^{(n)}(s)$ |
| 8 | Faltungssatz<br>$f_1(t) * f_2(t) = \int_0^t f_1(\tau) f_2(t-\tau) d\tau$<br>$= \int_0^t f_1(t-\tau) f_2(\tau) d\tau$ | $F_1(s) \cdot F_2(s)$ |
| 9 | Grenzwertsätze<br>$f(0) = \lim_{t \to +0} f(t)$<br>$f(\infty) = \lim_{t \to \infty} f(t)$ | $\lim_{s \to \infty} sF(s)$<br>$\lim_{s \to 0} sF(s)$ |

**Tabelle 3.2:** Rechenregeln und Sätze der LAPLACE-Transformation

Eine weitere Möglichkeit die Konstante $A_1$, ..., $A_n$ in der Partialbruchdarstellung (3.14) zu berechnen, bietet der *Entwicklungssatz* von HEAVISIDE. Man wählt dabei den folgenden Weg. Zunächst wird die Gleichung (3.14) mit dem Faktor $(s - s_k)$ multipliziert:

$$\frac{Z(s)}{N(s)}(s - s_k) = A_k + (s - s_k)\left[\frac{A_1}{s - s_1} + \cdots + \frac{A_{k-1}}{s - s_{k-1}} + \frac{A_{k+1}}{s - s_{k+1}} + \cdots + \frac{A_n}{s - s_n}\right] \tag{3.16}$$

Führt man den Grenzübergang $s \to s_k$ durch, erhält man den Wert für den Koeffizienten $A_k$:

$$\boxed{A_k = \lim_{s \to s_k} \frac{Z(s)}{N(s)}(s - s_k) = \frac{Z(s_k)}{N'(s_k)} \quad \text{mit} \quad N'(s) = \frac{dN(s)}{ds} \quad (k = 1, \dots, n)} \tag{3.17}$$

**Anwendung der Verfahren zur Koeffizientenbestimmung**

Die Bildfunktion $F(s) = \dfrac{Z(s)}{N(s)} = \dfrac{1}{s(s+a)}$ soll in den Zeitbereich transformiert werden. Der Ansatz für die Partialbruchzerlegung lautet:

$$\frac{Z(s)}{N(s)} = \frac{1}{s(s+a)} = \frac{A_1}{s} + \frac{A_2}{s+a}$$

1. *Lösungsweg*: Aus der Darstellung

$$\frac{1}{s(s+a)} = \frac{s(A_1 + A_2) + A_1 a}{s(s+a)}$$

folgt über einen Koeffizientenvergleich ein lineares Gleichungssystem mit den Lösungen:

$$A_1 + A_2 = 0 \text{ und } A_1 a = 1 \Rightarrow A_1 = 1/a \text{ und } A_2 = -A_1 = -1/a$$

2. *Lösungsweg*: Nach dem Entwicklungssatz von HEAVISIDE wird der Ansatz für die Partialbruchzerlegung mit einem Nennerfaktor, z. B. mit $(s + a)$ multipliziert:

$$\frac{Z(s)}{N(s)}(s+a) = \frac{1}{s(s+a)}(s+a) = \frac{A_1}{s}(s+a) + A_2$$

Aus dem Grenzübergang $s \to -a$ folgt:

$$A_2 = \lim_{s \to -a} \frac{1}{s} = -\frac{1}{a}$$

Auf vergleichbarem Wege findet man den zweiten Koeffizienten:

$$\frac{Z(s)}{N(s)}s = A_1 + \frac{A_2}{s+a}s$$

$$A_1 = \lim_{s \to 0} \frac{1}{s+a} = \frac{1}{a}$$

3. *Lösungsweg*: Nach (3.17) wird zunächst die Ableitung des Nenners gebildet:

$$\frac{dN(s)}{ds} = N'(s) = \frac{d}{ds}(s+a)s = 2s + a$$

Hieraus folgen mit $s_1 = 0$ und $s_2 = -a$ die Koeffizienten:

$$A_1 = \frac{Z(s_1)}{N'(s_1)} = \frac{1}{2s_1 + a} = \frac{1}{a} \text{ und}$$

$$A_2 = \frac{Z(s_2)}{N'(s_2)} = \frac{1}{2s_2 + a} = -\frac{1}{a}$$

Damit ist die Bildfunktion in Grundfunktionen zerlegt. Die Transformation in den Zeitbereich ergibt:

$$f(t) = \mathcal{L}^{-1}\left\{\frac{1}{s(s+a)}\right\} = \mathcal{L}^{-1}\left\{\frac{1}{a}\left(\frac{1}{s} - \frac{1}{s+a}\right)\right\} = \frac{1}{a}\left(1 - e^{-at}\right)$$

**Fall 2:**

Alle Nullstellen $s_k$ ($k = 1, ..., n$) des Nenners $N(s)$ sind reell, einige davon sind mehrfach, z. B. liegt in $s = 0$ eine $p$–fache und in $s = a$ eine $q$–fache Nullstelle. Für den Zähler soll wieder $Z(s_k) \neq 0$ gelten. Der Ansatz für die Partialbruchzerlegung enthält jetzt die Anteile:

$$F(s) = \frac{Z(s)}{N(s)} = \frac{Z(s)}{\cdots s^p (s-a)^q \cdots}$$

$$= \cdots + \sum_{k=1}^{p} \frac{A_k}{s^k} + \sum_{k=1}^{q} \frac{B_k}{(s-a)^k} + \cdots \tag{3.18}$$

Für die Zeitfunktion findet man nach Tabelle 3.1, Korrespondenz Nr. 6:

$$\boxed{f(t) = \cdots + \sum_{k=1}^{p} \frac{A_k}{(k-1)!} t^{k-1} + \sum_{k=1}^{q} \frac{B_k}{(k-1)!} t^{k-1} e^{at} + \cdots} \tag{3.19}$$

Die Konstanten $A_k$, $B_k$, ... lassen sich wieder über das zuvor geschilderte Verfahren berechnen, indem man ein lineares Gleichungssystem über einen Koeffizientenvergleich aufstellt und löst. Bei umfangreicheren Systemen kann aber das oben geschilderte Verfahren von HEAVISIDE vorteilhafter sein. Man multipliziert die Gleichung (3.18) z. B. mit dem Faktor $s^p$:

$$\frac{Z(s)}{N(s)} s^p = \sum_{k=1}^{p} A_k s^{p-k} + s^p \left[\sum_{k=1}^{q} \frac{B_k}{(s-a)^k} + \cdots + \right] \tag{3.20}$$

Nach dem Grenzübergang $s \to 0$ bleibt der Faktor mit dem höchsten Exponenten:

$$A_p = \lim_{s \to 0} \frac{Z(s)}{N(s)} s^p = \frac{Z(0)}{a^q \ldots} \tag{3.21}$$

Differenziert man den Ausdruck $s^p Z(s)/N(s)$ $k$–mal ($k$ = 1, ..., $p$ – 1) und führt jedesmal den Grenzübergang $s \to 0$ durch, lassen sich die restlichen Konstanten $A_k$ in aufsteigender Reihenfolge nacheinander berechnen:

$$A_k = \frac{1}{(p-k)!} \lim_{s \to 0} \frac{d^{(p-k)}}{ds^{(p-k)}} \left[ \frac{Z(s)}{N(s)} s^p \right] \quad (k = 1, \ldots, p-1) \tag{3.22}$$

Nach dem gleichen Verfahren lassen sich die Konstanten $B_k$. finden. Zunächst wird die Gleichung (3.18) mit dem Faktor $(s - a)^q$ multipliziert und anschließend der Grenzübergang $s \quad a$ durchgeführt:

$$B_q = \lim_{s \to a} \frac{Z(s)}{N(s)} (s-a)^q = \frac{Z(a)}{a^p \cdots} \tag{3.23}$$

Wie oben geschildert wird verfahren, um die noch ausstehenden $B_k$ ($k$ = 1, ..., $q$ – 1) zu berechnen:

$$B_k = \frac{1}{(q-k)!} \lim_{s \to a} \frac{d^{(q-k)}}{ds^{(q-k)}} \left( \frac{Z(s)}{N(s)} (s-a)^q \right) \quad (k = 1, \ldots, q-1) \tag{3.24}$$

**Anwendung des Verfahrens**

Es wird die Bildfunktion $F(s) = \dfrac{1}{s^3 (s+a)^2}$ betrachtet. In $s$ = 0 liegt wegen $p$ = 3 ein 3-facher Pol vor, in $s$ = -$a$ entsprechend ein 2-facher. Der Ansatz für die Partialbruchzerlegung lautet in diesem Falle:

$$F(s) = \frac{Z(s)}{N(s)} = \frac{A_1}{s} + \frac{A_2}{s^2} + \frac{A_3}{s^3} + \frac{B_1}{s+a} + \frac{B_2}{(s+a)^2}$$

Entsprechend dem Verfahren von HEAVISIDE wird der Ansatz für die Partialbruchzerlegung mit einem Nennerfaktor multipliziert, nach (3.21) z. B. mit $s^3$:

$$F(s)s^3 = \frac{1}{s^3 (s+a)^2} s^3 = \left[ \frac{A_1}{s} + \frac{A_2}{s^2} + \frac{B_1}{s+a} + \frac{B_2}{(s+a)^2} \right] s^3 + A_3$$

Aus (3.21) ergibt sich für den ersten Koeffizienten nach dem Grenzübergang $s \to 0$:

$$A_3 = \lim_{s \to 0} \frac{1}{(s+a)^2} = \frac{1}{a^2}$$

Die weiteren Koeffizienten ergeben sich aus (3.22). Für $k = 1$ ist:

$$A_1 = \frac{1}{2!}\lim_{s\to 0}\frac{d^2}{ds^2}\frac{1}{(s+a)^2} = \frac{1}{2}\lim_{s\to 0}\frac{(-2)(-3)}{(s+a)^4} = \frac{3}{a^4}$$

Für $k = 2$ erhält man:

$$A_2 = \frac{1}{1!}\lim_{s\to 0}\frac{d}{ds}\frac{1}{(s+a)^2} = \lim_{s\to 0}\frac{-2}{(s+a)^3} = -\frac{2}{a^3}$$

$B_2$ ergibt sich aus (3.23):

$$B_2 = \lim_{s\to -a}\frac{1}{s^3} = -\frac{1}{a^3}$$

Bei $k = 1$ findet man nach (3.24) für den restlichen Koeffizienten:

$$B_1 = \frac{1}{1!}\lim_{s\to -a}\frac{d}{ds}\frac{1}{s^3} = \lim_{s\to -a}\frac{-3}{s^4} = -\frac{3}{a^4}$$

Damit lautet die Partialbruchzerlegung:

$$F(s) = \frac{3}{a^4}\frac{1}{s} - \frac{2}{a^3}\frac{1}{s^2} + \frac{1}{a^2}\frac{1}{s^3} - \frac{3}{a^4}\frac{1}{s+a} - \frac{1}{a^3}\frac{1}{(s+a)^2}$$

Im Zeitbereich wird hierfür:

$$f(t) = \frac{3}{a^4}\sigma(t) - \frac{2}{a^3}t + \frac{1}{2}\frac{1}{a^2}t^2 - \frac{3}{a^4}e^{-at} - \frac{1}{a^3}te^{-at}$$

**Fall 3:**

Das Nennerpolynom $N(s)$ hat einfache komplexe Nullstellen. Unter der Annahme, daß Koeffizienten des Nennerpolynoms reell sind, treten diese Nullstellen paarweise konjugiert komplex auf, wobei $Z(s_k;\bar{s}_k) \neq 0$ gelten soll. Faktoren im Nenner haben dann die Gestalt:

$$N(s) = \cdots\left[(s-s_k)(s-\bar{s}_k)\right]_k\cdots = \cdots(s^2+ps+q)_k\cdots \tag{3.25}$$

Im Ansatz für die Partialbruchzerlegung wird diese Form der Nullstellen durch den folgenden Bruch berücksichtigt:

$$F(s) = \frac{Z(s)}{N(s)} = \frac{Z(s)}{\cdots(s^2+ps+q)_k\cdots} = \cdots + \left[\frac{A+Bs}{s^2+ps+q}\right]_k + \cdots \quad (k \in \{1,\ldots,n\}) \tag{3.26}$$

Die Konstanten $A$, $B$ usw. können wieder durch einen Koeffizientenvergleich und Aufstellen eines Gleichungssystems berechnet werden. Treten mehrfache $k$–te konjugiert komplexe Nullstellen auf, dann muß der Ansatz (3.26) entsprechend (3.18) angelegt werden.

Durch Rücktransformation des $k$-ten Bildfunktionsanteiles in (3.26) erhält man die anteilige Zeitfunktion:

$$f(t) = \cdots + e^{-\frac{p}{2}t} \left[ B \cos \frac{\sqrt{4q - p^2}}{2} t + \frac{2A - pB}{\sqrt{4q - p^2}} \sin \frac{\sqrt{4q - p^2}}{2} t \right]_k + \cdots \tag{3.27}$$

### 3.4.2 Das Faltungsintegral

Eine weitere Möglichkeit der Rücktransformation bietet das Faltungsintegral, wenn die Bildfunktion als Produkt der Form $F(s) = F_1(s)F_2(s)$ vorliegt. In solchen Fällen berechnet sich die Zeitfunktion nach der Beziehung:

$$f(t) = \mathcal{L}^{-1}\{ F(s) \} = \mathcal{L}^{-1}\{ F_1(s)F_2(s) \} = \int_0^t f_1(\tau) f_2(t-\tau) d\tau \tag{3.28}$$

Das hier vorkommende Integral

$$\int_0^t f_1(\tau) f_2(t-\tau) d\tau = f_1(t) * f_2(t-\tau) \tag{3.29}$$

heißt *Faltungsintegral* und die Verknüpfung der beiden Zeitfunktionen $f_1(t)$ und $f_2(t)$ nennt man *Faltungsprodukt*. Da die Faltung kommutativ und auch assoziativ ist, läßt sich die Reihenfolge der Faltung wählen, was bei der Berechnung des Integrals von Vorteil sein kann.

**Anwendung des Verfahrens**

Es sei wieder die Bildfunktion $F(s) = \dfrac{1}{s(s+a)} = \dfrac{1}{s} \dfrac{1}{s+a} = F_1(s)F_2(s)$ gegeben.

Die Einzeltransformationen lauten:

$$f_1(t) = \mathcal{L}^{-1}\left\{\frac{1}{s}\right\} = \sigma(t) \text{ und } f_2(t) = \mathcal{L}^{-1}\left\{\frac{1}{s+a}\right\} = e^{-at}$$

Mit den beiden Zeitfunktionen $f_1(t)$ und $f_2(t)$ läßt sich das Integral (3.29) aufstellen:

$$\int_{\tau=0}^t \sigma(\tau) e^{-a(t-\tau)} d\tau = \int_{\tau=0}^t e^{a(\tau-t)} d\tau = \frac{1}{a} e^{a(\tau-t)} \Big|_{\tau=0}^t = \frac{1}{a}(1 - e^{-at})$$

## 3.5 Beispiele

**3.1** Die Bildfunktion der Exponentialfunktion

$$f(t) = \begin{cases} ke^{\alpha t}, t > 0 \\ 0, t < 0 \end{cases} \quad \alpha \in \mathbb{C}, t > 0, k > 0$$

soll mit Hilfe des LAPLACE–Integrals berechnet werden. Da $\alpha = \sigma + j\omega$, $\omega \geq 0$ komplex angenommen wird, beschreibt die Zeitfunktion $f(t)$ eine Schwingung mit einer von $\sigma$ abhängigen Amplitude:

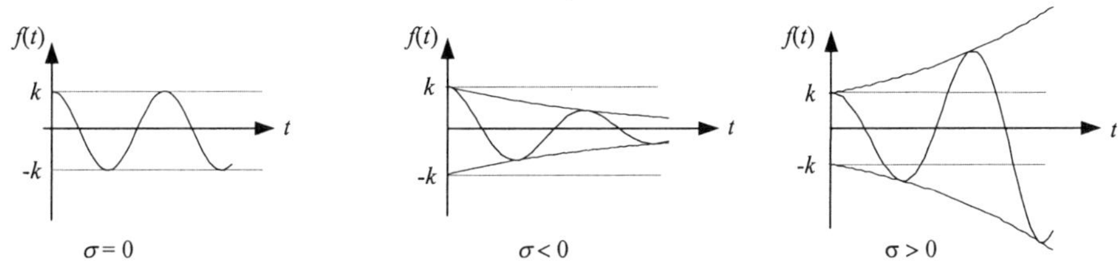


**Bild 3.9:** Schwingungsformen bei unterschiedlicher Schwingungsamplitude

$$F(s) = \int_0^\infty f(t)e^{-st}dt = k\int_0^\infty e^{\alpha t}e^{-st}dt = k\int_0^\infty e^{-(s-\alpha)t}dt = \frac{-k}{s-\alpha}e^{-(s-\alpha)t}\Big|_{t=0}^{t\to\infty}$$

$$= \frac{k}{s-\alpha}, \ \mathrm{Re}(s) > \mathrm{Re}(\alpha)$$

**Alternative**: Aus der Bildfunktion der Sprungfunktion $F(s) = 1/s$ läßt sich mit dem Dämpfungssatz die gewünschte Korrespondenz direkt angeben:

$$f(t) = ke^{\alpha t} \ \circ\!\!-\!\!\bullet \ F(s) = \frac{k}{s-\alpha}$$

Mit diesem Ergebnis und unter Berücksichtigung der Linearitätsregel können auch die Bildfunktionen von $f(t) = k\cos\omega t$ und $f(t) = k\sin\omega t$ berechnet werden. Nach der EULERschen Formel lassen sich die folgenden Zeitfunktionen durch trigonometrische Funktionen ausdrücken:

$$z = ke^{j\omega t} = k(\cos\omega t + j\sin\omega t) \text{ bzw.}$$

$$\bar{z} = ke^{-j\omega t} = k(\cos\omega t - j\sin\omega t)$$

Eine Addition und Subtraktion ergeben:

$$f(t) = \frac{z+\bar{z}}{2} = \frac{k}{2}\left[e^{j\omega t} + e^{-j\omega t}\right] = k\cos\omega t \quad \circ\!\!-\!\!\bullet \ F(s) = \frac{k}{2}\left[\frac{1}{s-j\omega} + \frac{1}{s+j\omega}\right] = k\frac{s}{s^2+\omega^2}$$

$$f(t) = \frac{z-\bar{z}}{2} = \frac{k}{2}\mathrm{Im}\left\{e^{j\omega t} - e^{-j\omega t}\right\} = k\sin\omega t \ \circ\!\!-\!\!\bullet \ F(s) = \frac{k}{2}\mathrm{Im}\left\{\frac{1}{s-j\omega} - \frac{1}{s+j\omega}\right\} = k\frac{\omega}{s^2+\omega^2}$$

**3.2** Die Transformation des folgenden Impulses kann sowohl über das LAPLACE–Integral als auch mit Hilfe der Verschiebungsregel erfolgen:

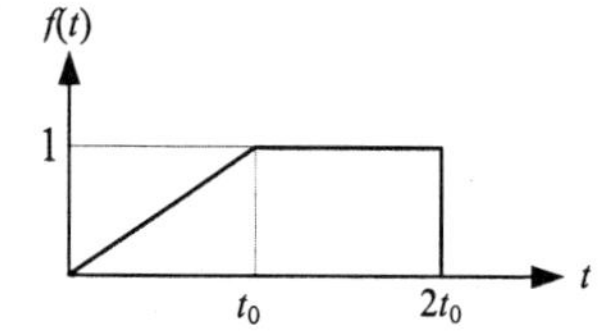


**Bild 3.10:** Transformation eines Einzel-Impulses mittels des LAPLACE–Integrals

$$F(s) = t_0^{-1} \int_0^{t_0} e^{-st} t\,dt + \int_{t_0}^{2t_0} 1 \cdot e^{-st} dt + \int_{2t_0}^{\infty} 0 \cdot e^{-st} dt$$

$$= \frac{1}{t_0}\left[ -\frac{t_0}{s} e^{-st_0} - \frac{e^{-st_0}}{s^2} + \frac{1}{s^2} \right] + \left[ -\frac{e^{-2st_0}}{s} + \frac{e^{-st_0}}{s} \right]$$

$$= -\frac{e^{-st_0}}{t_0 s^2} + \frac{1}{t_0 s^2} - \frac{e^{-2st_0}}{s}$$

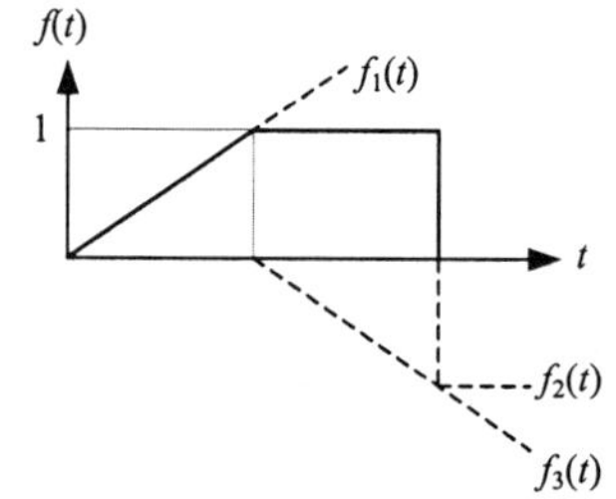


**Bild 3.11:** Aus Einzelfunktionen zusammengesetzter Impuls und partieller Transformation

Oder Transformation der Einzelfunktionen:

$$f_1(t) = \frac{t}{t_0} \quad \circ\!-\!\bullet \quad \frac{1}{t_0 s^2}$$

$$f_2(t) = -\sigma(t - 2t_0) \quad \circ\!-\!\bullet \quad -\frac{e^{-2t_0 s}}{s}$$

$$f_3(t) = \left(1 - \frac{t}{t_0}\right)\sigma(t - t_0) \quad \circ\!-\!\bullet \quad -\frac{e^{-st_0}}{t_0 s^2}$$

Durch Addition der Einzelfunktionen ergibt sich die obige Bildfunktion $F(s)$.

**3.3** Die Bildfunktion $F(s) = \dfrac{s}{s^2 + \omega^2}$ der Zeitfunktion $f(t) = \cos \omega t$ sei bekannt. Durch Anwenden der Transformationsregeln erhält man:

| | | | |
|---|---|---|---|
| Linearitätsregel | $f_1(t) = \frac{1}{2} \cos \omega t$ | $\circ\!-\!\bullet$ | $\frac{1}{2} \frac{s}{s^2 + \omega^2}$ |
| Streckungsregel | $f_2(t) = \cos \frac{\omega}{2} t$ | $\circ\!-\!\bullet$ | $2 \frac{2s}{4s^2 + \omega^2}$ |
| Dämpfungsregel | $f_3(t) = e^{-\frac{t}{2}} \cos \omega t$ | $\circ\!-\!\bullet$ | $\dfrac{s + \frac{1}{2}}{\left(s + \frac{1}{2}\right)^2 + \omega^2}$ |
| Differentiationsregel | $f_4(t) = \frac{d}{dt}(\cos \omega t)$ | $\circ\!-\!\bullet$ | $s \frac{s}{s^2 + \omega^2} - 1$ |
| Integrationsregel | $f_5(t) = \int_0^t \cos \omega u\, du$ | $\circ\!-\!\bullet$ | $\frac{1}{s^2 + \omega^2}$ |
| Multiplikationsregel | $f_6(t) = t \cos \omega t$ | $\circ\!-\!\bullet$ | $\dfrac{s^2 - \omega^2}{\left(s^2 + \omega_2\right)^2}$ |

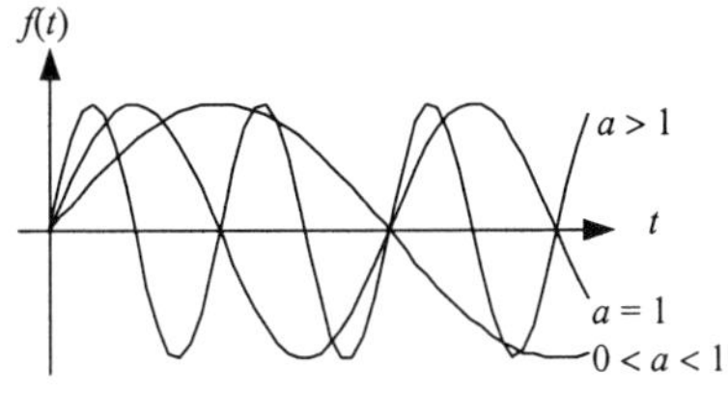


**Bild 3.12:** Kontraktion und Dilatation einer Zeitfunktion

**3.4** Zu der Zeitfunktion $f(t) = \sin \omega t$ gehört die Bildfunktion $F(s) = \frac{\omega}{s^2 + \omega^2}$. Nach der Streckungsregel gilt für die neue Funktion $f(t) = \sin a\omega t$ mit $a > 0$ die Korrespondenz $F(s) = \frac{a\omega}{s^2 + (\omega a)^2}$. Ist $a > 1$, dann spricht man von *Kontraktion*, gilt $0 < a < 1$, dann spricht man von *Dilatation.*

**3.5** Die Bildfunktion von $f(t) = t^2 \cos \omega t$ erhält man entsprechend der Multiplikationsregel durch zweimaliges Differenzieren der Bildfunktion $F(s) = \frac{s}{s^2 + \omega^2}$ der Zeitfunktion $f(t) = \cos \omega t$:

$$t^2 \cos \omega t \quad \circ\!\!-\!\!\bullet \quad (-1)^2 \frac{d^2 F(s)}{ds^2} = \frac{d}{ds}\left(\frac{\omega^2 - s^2}{(s^2 - \omega^2)^2}\right) = \frac{2s^3 - 6\omega^2 s}{(s^2 + \omega^2)^3}$$

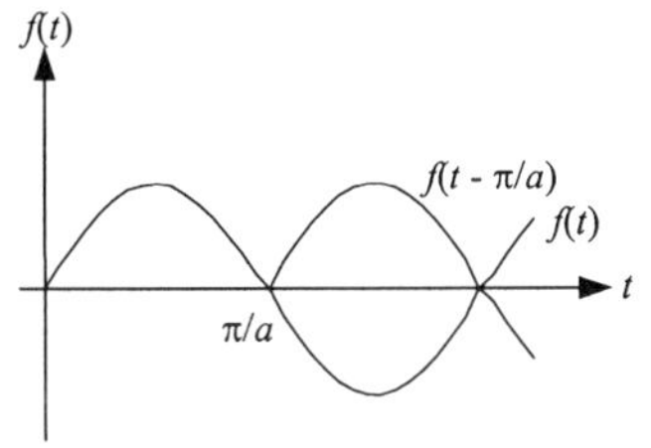


**Bild 3.13:** Konstruktion einer Sinushalbwelle

**3.6:** Die erste Halbwelle

$$f(t) = \begin{cases} A \sin at, & 0 < t \leq \pi/a, \; a > 0 \\ 0, & \text{sonst} \end{cases}$$

kann durch Überlagern zweier um $t_0 = \frac{\pi}{a}$ zueinander verschobenen Sinusfunktionen konstruiert werden:

$$\mathcal{L}\{A \sin at\} = A \frac{a}{s^2 + a^2} \quad \text{sowie} \quad \mathcal{L}\{A \sin a(t - t_0)\} = A \frac{a}{s^2 + a^2} e^{-t_0 s}$$

Die Addition beider Bildfunktionen liefert die gewünschte Transformation von $f(t)$:

$$\mathcal{L}\{f(t)\} = A \frac{a}{s^2 + a^2}\left(1 + e^{-t_0 s}\right) = F(s)$$

**3.7** Die Rücktransformation der Bildfunktion

$$F(s) = \frac{1 - s}{s(s^2 + 2s + 3)}$$

ist gesucht. Sie erfolgt in mehreren Schritten. Zunächst werden die Nullstellen des Nenners ermittelt:

$$N(s) = s(s^2 + 2s + 3) = 0 \;\Rightarrow\; s_1 = 0 \;\text{ und }\; s_{2/3} = -1 \pm j\sqrt{2} \;\Rightarrow\; Z(s_1, s_2, s_3) \neq 0$$

Der Ansatz für die Partialbruchzerlegung hat unter Berücksichtigung von (3.25) die Form:

$$F(s) = \frac{Z(s)}{N(s)} = \frac{C}{s} + \frac{A + Bs}{s^2 + 2s + 3} = \frac{(B + C)s^2 + (A + 2C) + 3C}{s(s^2 + 2s + 3)}$$

Durch Koeffizientenvergleich bei den Zählerpolynomen läßt sich ein Gleichungssystem aufstellen:

$$\begin{aligned} C + B \quad &= 0 \\ 2C \quad + A &= -1 \\ 3C \quad &= 1 \end{aligned}$$

Die Lösungen lauten: $C = 1/3$, $B = -1/3$, $A = -5/3$. Die Partialbruchdarstellung der Bildfunktion kann damit in die Form

$$F(s) = \frac{Z(s)}{N(s)} = \frac{1}{3s} - \frac{5+s}{3(s^2+2s+3)} = \frac{1}{3}\left[\frac{1}{s} - 2\sqrt{2}\frac{\sqrt{2}}{(s+1)^2+2} - \frac{s+1}{(s+1)^2+2}\right]$$

gebracht werden. Die Rücktransformation dieser Teilbrüche mit Hilfe der Tabelle 3.1 ergibt die Zeitfunktion

$$f(t) = \frac{1}{3}\left[1 - 2\sqrt{2}e^{-t}\sin\sqrt{2}t - e^{-t}\cos\sqrt{2}t\right]$$

**3.8** Die Nullstellen des Nenners der Bildfunktion

$$F(s) = \frac{Z(s)}{N(s)} = \frac{1}{s^3 - 3s^2 + 4}$$

lauten: $s_1 = -1$, $s_2 = 2$, $s_3 = 2$. Es liegt also eine Doppelnullstelle vor. Demnach wählt man den Partialbruchansatz in folgender Form:

$$F(s) = \frac{Z(s)}{N(s)} = \frac{1}{(s+1)(s-2)^2} = \frac{A_1}{s+1} + \frac{A_2}{s-2} + \frac{A_3}{(s-2)^2}$$

Nach Abschnitt 3.4.1, Fall 2 wird die Gleichung z. B. mit dem Faktor $s + 1$ multipliziert:

$$\frac{Z(s)}{N(s)}(s+1) = A_1 + \left[\frac{A_2}{s-2} + \frac{A_3}{(s-2)^2}\right](s+1)$$

Der Grenzübergang $s \to -1$ ergibt den Koeffizienten $A_1$:

$$\lim_{s\to -1}\frac{1}{(s-2)^2} = \frac{1}{9} = A_1$$

Ebenso wird verfahren, um die beiden restlichen Koeffizienten zu bestimmen. Es ist zweckmäßig, den Faktor mit der höchsten Potenz zu wählen:

$$\frac{Z(s)}{N(s)}(s-2)^2 = A_3 + \frac{A_1}{s+1}(s-2)^2 + A_2(s-2)$$

$$\lim_{s\to 2}\left(\frac{Z(s)}{N(s)}(s-2)^2\right) = \lim_{s\to 2}\frac{1}{s+1} = \frac{1}{3} = A_3$$

Durch Differentiation und dem Grenzübergang $s \to 2$ erhält man den nächsten Koeffizienten:

$$\lim_{s\to 2}\left[\frac{d}{ds}\left(\frac{Z(s)}{N(s)}(s-2)^2\right)\right]=\lim_{s\to 2}\left[\frac{d}{ds}\left(\frac{1}{s+1}\right)\right]=\lim_{s\to 2}\left[\frac{-1}{(s+1)^2}\right]=-\frac{1}{9}=A_2$$

Setzt man die Koeffizienten in den Partialbruchansatz ein und transformiert in den Zeitbereich, erhält man:

$$F(s)=\frac{1}{9}\frac{1}{s+1}-\frac{1}{9}\frac{1}{s-2}+\frac{1}{3}\frac{1}{(s-2)^2} \quad \bullet\!-\!\circ \quad f(t)=\frac{1}{9}e^{-t}-\frac{1}{9}e^{2t}+\frac{1}{3}te^{2t}$$

**Alternative:** Da die Bildfunktion als Produkt vorliegt, läßt sich die Zeitfunktion auch durch Faltung gewinnen:

$$F(s)=\frac{1}{(s-2)^2}\cdot\frac{1}{s+1}=F_1(s)\cdot F_2(s)$$

Mit den Einzeltransformationen

$$F_1(s)=\frac{1}{(s-2)^2} \quad \bullet\!-\!\circ \quad te^{2t} \quad \text{und} \quad F_2(s)=\frac{1}{s+1} \quad \bullet\!-\!\circ \quad e^{-t}$$

wird unter Anwendung von (3.28):

$$\begin{aligned}
f(t)=\mathcal{L}^{-1}\{F_1(s)F_2(s)\}&=\int_0^t f_1(t)f_2(t-\tau)d\tau\\
&=\int_0^t \tau e^{2\tau}e^{-(t-\tau)}d\tau\\
&=e^{-t}\int_0^t \tau e^{3\tau}d\tau\\
f(t)&=\frac{1}{9}e^{-t}-\frac{1}{9}e^{2t}+\frac{1}{3}te^{2t}
\end{aligned}$$

**3.9** Mit der Differentiationsregel wird aus der Differentialgleichung 1. Ordnung bei konstanten Koeffizienten und der Anfangsbedingung $y(0) = 0$,

$$\dot{y}(t)+y(t)=t^2,\ t>0,$$

die algebraische Gleichung

$$sy(s)-y(\text{o})+y(s)=2/s^3$$

Nach $y(s)$ umgestellt, erhält man das Produkt zweier Bildfunktionen:

$$y(s)=\frac{2}{s^3}\cdot\frac{1}{1+s}=y_1(s)\cdot y_2(s)$$

Mit den Transformationen

$$y_1(s)=\frac{2}{s^3} \quad \bullet\!-\!\circ \quad y_1(t)=t^2 \text{ und } y_2(s)=\frac{1}{s+1} \quad \bullet\!-\!\circ \quad y_2(t)=e^{-t}$$

wird das Faltungsintegral:

$$\begin{aligned} y(t) &= \int_0^t e^{-\tau}(t-\tau)^2 d\tau = \int_0^t \tau^2 e^{-(t-\tau)} d\tau = e^{-t}\int_0^t \tau^2 e^{\tau} d\tau \\ &= -2e^{-t}+t^2-2t+2 \end{aligned}$$

**3.10** Die Transformation der Differentialgleichung zweiter Ordnung

$$\ddot{y}(t)-\dot{y}(t)=2\cos 3t, \quad y(0)=\dot{y}(0)=0, \quad t>0$$

ergibt im Bildbereich

$$s^2 y(s)-sy(s)=2\frac{s}{s^2+9} \Rightarrow y(s)=\frac{2}{s^2+9}\cdot\frac{1}{s-1}=y_1(s)\cdot y_2(s)$$

Mit den Korrespondenzen

$$y_1(s)=\frac{2}{3}\frac{3}{s^2+3^2} \quad \bullet\!-\!\circ \quad \frac{2}{3}\sin 3t \text{ und } y_2(s)=\frac{1}{s-1} \quad \bullet\!-\!\circ \quad e^t$$

läßt sich das Faltungsintegral für die Rücktransformation aufstellen:

$$\begin{aligned} y(t) &= \frac{2}{3}\int_0^t \sin 3\tau e^{t-\tau} d\tau = \frac{2}{3}e^t\int_0^t \sin 3\tau e^{-\tau} d\tau \\ &= \frac{1}{5}e^t-\frac{1}{5}\cos 3t-\frac{1}{15}\sin 3t \end{aligned}$$

**3.11** Die Funktionswerte $f(0)$ und $f(\infty)$ einer Zeitfunktion $f(t)$ lassen sich mit dem Grenzwertsatz, Tabelle 3.2, Nr. 9 direkt im Bildbereich ermitteln, wenn die LAPLACE–Transformierte $F(s)$ von $f(t)$ vorliegt. Für eine Bildfunktion $F(s)=\frac{s}{s^2+\omega^2}$ ist nach dem „*Anfangswertsatz*“:

$$f(0)=\lim_{s\to\infty} s\cdot F(s)=\lim_{s\to\infty} s\frac{s}{s^2+\omega^2}=\lim_{s\to\infty}\frac{1}{1+\left(\frac{\omega}{s}\right)^2}=1$$

Ebenso läßt sich $f(\infty)$ einer Bildfunktion $F(s)=\frac{U_0}{s(1+sT)}$ mit dem „*Endwertsatz*“ ermitteln:

$$f(\infty)=\lim_{s\to 0} s\cdot F(s)=\lim_{s\to 0} s\frac{U_0}{s(1+sT)}=U_0$$

## 3.6 Übungsaufgaben

**3.1** Berechne mit Hilfe des LAPLACE–Integrals die LAPLACE–Transformierte der folgenden Funktionen:

a) $f(t) = \begin{cases} at, 0 < t \leq t_0 \\ at_0, t > t_0 \end{cases}$ b) $f(t) = \begin{cases} 10, 0 < t < 5 \\ 0, \text{sonst} \end{cases}$

**Lsg.:** a) $F(s) = \frac{a}{s^2} - \frac{a}{s^2} e^{-st_0}$ b) $F(s) = \frac{10}{s}(1 - e^{-5s})$

**3.2** Durch Anwenden der Sätze der LAPLACE–Transformation bestimme man die Bildfunktionen der beiden Zeitfunktionen:

a) $f(t) = t^2 \cos at$, $\mathscr{L}\{\cos at\}$ sei bekannt.

b) $f(t) = e^{-2t}(3\cos 6t - 5\sin 6t)$ mittels Dämpfungsregel

**Lsg.:** a) $\mathscr{L}\{t^2 \cos at\} = \frac{2s^3 - 6a^2 s}{(s^2 + a^2)^3}$ b) $\mathscr{L}\{e^{-2t}(3\cos 6t - 5\sin 6t)\} = \frac{3s - 24}{s^2 + 4s + 40}$

**3.3** Man prüfe die folgenden Korrespondenzen nach, indem man die Bildfunktionen in eine geeignete Partialbruchdarstellung überführt und die Koeffizienten entweder über ein Gleichungssystem oder nach dem Entwicklungssatz von HEAVISIDE bestimmt:

a) $F(s) = \frac{1 + 5s}{(s-1)^2(s+1)}$ •–o $f(t) = \frac{1}{9}e^t - \frac{1}{9}e^{-t} + \frac{1}{3}te^t$

b) $F(s) = \frac{1 - s}{s(s^2 + 2s + 3)}$ •–o $f(t) = \frac{1}{3}\left(1 - 2\sqrt{2}e^{-t}\sin\sqrt{2}\,t - e^{-t}\cos\sqrt{2}\,t\right)$

c) $F(s) = \frac{2s^2 - 4}{(s+1)(s-2)(s-3)}$ •–o $f(t) = -\frac{1}{6}e^{-t} - \frac{4}{3}e^{2t} + \frac{7}{2}e^{3t}$

d) $F(s) = \frac{2s + 1}{s^2 + 2s + 2}$ •–o $f(t) = e^{-t}(2\cos t - \sin t)$

e) $F(s) = \frac{1 + 2s + 2s^2}{s(1+s)(1+s^2)}$ •–o $f(t) = 1 - \frac{1}{2}e^{-t} + \frac{3}{2}\sin t - \frac{1}{2}\cos t$

**3.4** Die folgenden Korrespondenzen sind mittels LAPLACE–Integral zu berechnen und über die Rechenregeln herzuleiten:

a) $F(s) = \frac{5(1 - e^{-3s})}{s}$ •–o $f(t) = \begin{cases} 5, & 0 < t < 3 \\ 0, & t > 3 \end{cases}$

b) $F(s) = \frac{se^{-2\pi s/3}}{s^2 + 1}$ •–o $f(t) = \begin{cases} \cos(t - 2\pi/3), & t > 2\pi/3 \\ 0, & t < 2\pi/3 \end{cases}$

c) $F(s) = 2e^{-s}\frac{1}{s^3}$ •–o $f(t) = \begin{cases} (t-1)^2, t > 1 \\ 0, \ 0 < t < 1 \end{cases}$

# 4 Die Beschreibung linearer kontinuierlicher Systeme im Zeitbereich

## 4.1 Systeme und ihre Eigenschaften

Will man in der physikalischen Welt etwas verändern, muß eine Anzahl von Vorgängen eingeleitet und ausgeführt werden, wie z. B. eine Masse in Bewegung setzen, die physikalischen Werte Temperatur und Feuchtigkeit bei der Raumklimatisierung steuern oder unter gegebenen Randbedingungen eine Stahlsorte, eine Zementmischung, einen Kunststoff herstellen. Einen Vorgang der geschilderten Art nennt man *physikalischer Prozeß* [9].

In diesem Sinne sind demnach alle physikalische Produktionsverfahren physikalische Prozesse. Werden in einem solchen Prozeß die physikalischen Größen mit technischen Mitteln erfaßt und beeinflußt, spricht man in der Normung (DIN 66201) von einem *technischen Prozeß*.

Der Unterschied zwischen den beiden Prozeßdefinitionen liegt darin, daß der physikalische Prozeß nicht unbedingt von außen gesteuert werden muß, während der technische Prozeß die Informationsverarbeitung mit beinhaltet.

Bestandteile eines technischen Prozesses sind offensichtlich Masse, Energie und Informationen, die eingesetzt, transportiert und umgeformt werden, um eine vorgegebene Zielsetzung zu erreichen. Faktoren wie z. B. sporadische Änderungen in den Material-, Energie- und Informationsflüssen, die nicht gesteuert werden können, den Prozeß aber nicht zielorientiert beeinflussen, bezeichnet man mit *Störungen*. Schematisch läßt sich dieser Vorgang mit dem folgenden Bild veranschaulichen:

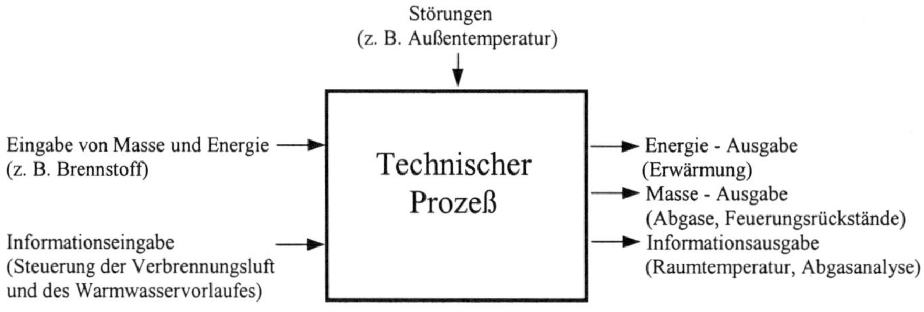


**Bild 4.1:** Darstellung eines technischen Prozesses; das Produkt des Prozeßgeschehens sei eine vorgegebene Erwärmung

Alle im technischen Prozeß eingesetzte Geräte und Maschinen, die durch ihr Zusammenwirken den Prozeß ermöglichen, nennt man in ihrer Gesamtheit *technisches System*.

Zur Erläuterung betrachten wir eine hydraulische Anlage nach Bild 4.2, deren Komponenten wirkungsmäßig miteinander verbunden sind und das gegenüber seiner Umgebung abgegrenzt ist. Eine von *außen* auf das System einwirkende Ventilsteuerung $h_z$ ruft Änderungen der *im* System wirkenden Größen Zufluß $Q_{zu}$, Niveau $h$ und Abfluß $Q_{ab}$ zwangsläufig hervor und beeinflußt somit den *Systemzustand*. Solche auf das System einwirkenden Größen nennt man *Eingangsgrößen* ($h_z$), den Systemzustand beschreibenden Größen *Systemgrößen* ($h$, $Q_{zu}$, $Q_{ab}$). Damit ist auch der *Wirkungssinn* der Beeinflussung erkennbar. Er ist eindeutig und nicht umkehrbar, eine Folge der Kausalität.

Eine Änderung der Eingangsgröße beeinflußt auch die zukünftigen Werte der Systemgrößen, was bedeutet, daß ein *dynamisches System* vorliegt. Diese enthalten immer Speicherglieder für Energie, Masse und Informationen. Wenn einzelne Systemgrößen nach außen über die *Systemgrenze*, eine gedankliche Hüllfläche um die das System bildende Gerätegruppe, hinauswirken bzw. von außen beobachtet oder gemessen werden können, spricht man von *Ausgangsgrößen*. ($Q_{ab}$, $h$).

Der Vorgang der Übertragung einer Eingangsgrößenänderung auf die System- bzw. Ausgangsgrößen heißt *Übertragungsprozeß* (Speicher- und Auslaufvorgang). Er wird durch die Struktur des Systems bestimmt, also durch die den Übertragungsprozeß beschreibenden physikalischen Gesetze und den in diese eingehenden *Systemparameter* ($h^*_{z0}$, $A_z$, $A_a$, $A_B$).

Man nennt den Zusammenhang zwischen dem Verlauf der Eingangsgröße ($h_z(t)$) und dem Verlauf der Ausgangsgröße ($h(t)$ oder $Q_{ab}(t)$) *Übertragungsverhalten eines technischen Systems*.

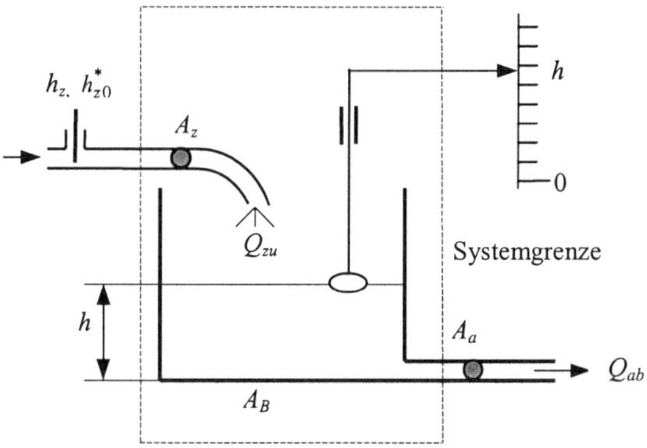


**Bild 4.2:** Technologisches Schema eines hydraulischen Systems mit den Komponenten:
Zulauf mit Ventil
Behälter mit Auslauf
Pegelstandsanzeiger

Eingangsgröße: Ventilstellung $h_z$
Ausgangsgrößen: Abfluß $Q_{ab}$, Höhenstand $h$
Systemparameter: Stellbereich $h^*_{z0}$
Zuflußquerschnitt $A_z$
Ausflußquerschnitt $A_a$
Behälterbodenfläche $A_B$

Im allgemeinen ist es nicht erforderlich, die Funktionsweise aller Systemkomponenten genau zu kennen, um die Arbeitsweise des Gesamtsystems verstehen und abschätzen zu können. Statt dessen genügt es, das ganze System oder einzelne gerätetechnische oder funktionsmäßige Komponenten als *Block* mit Eingangs- und Ausgangsgrößen zu betrachten:

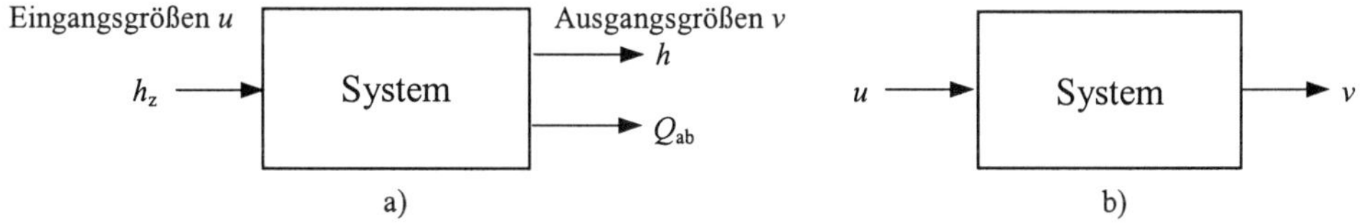


**Bild 4.3:** Blockschaltbild
a) eines hydraulischen Systems nach Bild 4.2
b) in allgemeiner Form mit einer Eingangsgröße $u$ und einer Ausgangsgröße $v$

Ein wesentlicher Punkt bei der Untersuchung dynamischer Systeme ist die Frage nach der *Reaktion des Systems* bei gegebener Eingangsgröße und bekanntem Übertragungsverhalten, eine Aufgabenstellung aus der *Systemanalyse*. Eine andere Fragestellung zielt auf das Übertragungsverhalten eines dynamischen Systems bei bekannten Verläufen von Eingangs- und Ausgangsgrößen (*Systemidentifikation*), was praktisch auf das Aufstellen eines *mathematischen Modells* des Übertragungsprozesses hinausläuft. Man spricht hier auch vom *Prozeßmodell* und versteht darunter ein durch mathematische Beziehungen beschriebenes *Abbild* bestimmter Eigenschaften des dynamischen Systems. In diesem Abbild werden nur die dem *Zweck des Modells* dienenden Systemeigenschaften abgebildet, also keine exakte Beschreibung des Verhaltens des abzubildenden Originalsystems angestrebt.

## Linearität

Es liegt ein System mit *einem* Eingang $u$ und *einem* Ausgang $v$ vor. Auf den Eingang wird eine beliebige Eingangsgröße $u(t)$ gelegt. Die zugehörige Ausgangsgröße sei $v(t)$. Das System erfüllt dann das *Verstärkungsprinzip*, wenn die mit einer beliebigen Konstante $c$ multiplizierte Eingangsgröße $cu(t)$ eine ebenso „verstärkte" Ausgangsgröße $cv(t)$ zur Folge hat:

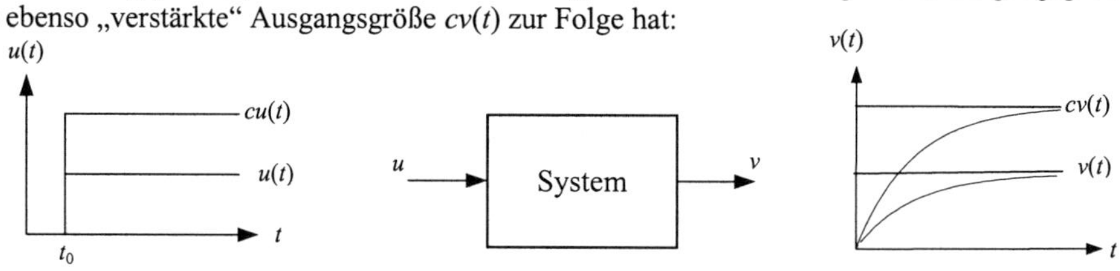


**Bild 4.4:** Zur Erläuterung des Verstärkungsprinzips

Man legt nacheinander auf den Eingang $u$ eines gegebenen Systems $n$ beliebige Eingangsgrößen $u_i(t)$ und bestimmt jeweils die Systemantworten. Das *Überlagerungsprinzip* ist dann erfüllt, wenn sich die Systemantwort auf die Summe der $n$ Eingangsgrößen als Summe („Überlagerung") der $n$ Systemantworten $v_i(t)$ ergibt:

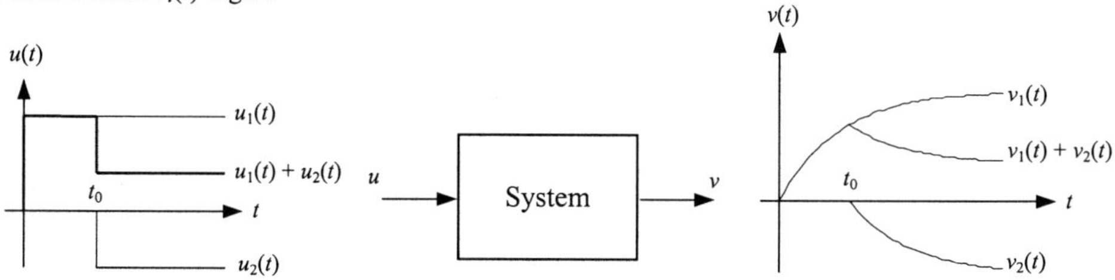


**Bild 4.5:** Zur Erläuterung des Überlagerungsprinzips

Sind bei einem System das Verstärkungsprinzip und das Überlagerungsprinzip erfüllt, heißt es *lineares System*. Die Eigenschaft der Linearität erlaubt beispielsweise den Einfluß verschiedener Eingangsgrößen $u_i(t)$ auf eine Ausgangsgröße $v(t)$ einzeln zu berechnen und die separat gewonnenen Systemantworten $v_i(t)$ anschließend zu überlagern:

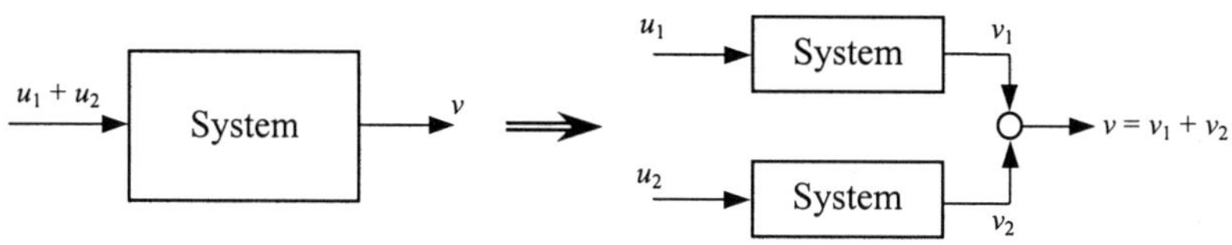


**Bild 4.6:** Entflechtung bei der Berechnung von Systemantworten

## Verschiebungsprinzip

Bei einem System erzeugt eine Eingangsgröße $u_1(t)$ die Systemantwort $v_1(t)$. Führt die um die Zeitspanne $t_0$ verschobene Eingangsgröße $u_2(t) = u_1(t - t_0)$ zu einer ebenfalls um $t_0$ verschobenen und unverfälschten Systemantwort mit $v_2(t) = v_1(t - t_0)$, erfüllt das System das *Verschiebungsprinzip* (Bild 4.7). Systeme, die das Verschiebungsprinzip erfüllen, nennt man *zeitinvariante Systeme*. Bei ihnen sind die Systemparameter konstant.

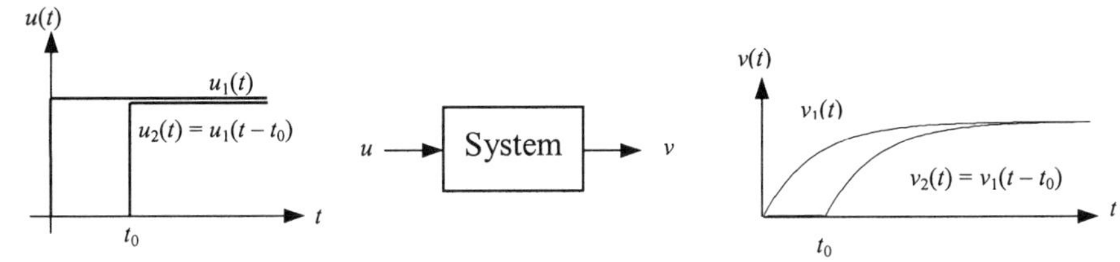


**Bild 4.7:** Zum Verschiebungsprinzip

### Kontinuierliche Arbeitsweise

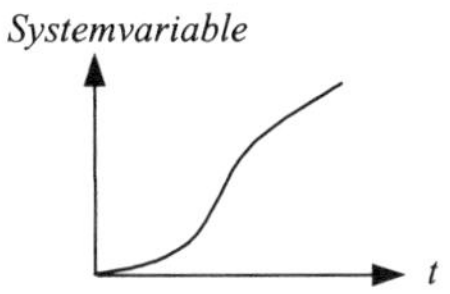


**Bild 4.8:** Kontinuierlicher Signalverlauf

Eine *kontinuierliche Arbeitsweise* liegt vor, wenn eine Systemvariable, z. B. die Eingangs- oder Ausgangsgröße, zu jedem Zeitpunkt gegeben und auch innerhalb gewisser Grenzen stetig veränderbar ist. Solche Systeme lassen sich durch lineare Differentialgleichungen beschreiben.

Man verwendet deshalb auch in der Zusammenfassung der aufgeführten Eigenschaften von Systemen den Begriff ***lineare, zeitinvariante, kontinuierliche Systeme*** bzw. *Übertragungsglieder* oder kurz *LZI-Glieder*.

Einschränkend werden nur Übertragungsglieder mit *einer* Eingangsgröße und *einer* Ausgangsgröße betrachtet. Der Wirkungssinn wird durch Pfeile markiert. Werden mehrere Übertragungsglieder in unterschiedlicher Konstellation miteinander verflochten, muß *Rückwirkungsfreiheit* vorausgesetzt werden, was besagt, daß die Ausgangsgröße eines Übertragungsgliedes nur von der zugehörigen Eingangsgröße abhängt, dagegen nicht von den nachfolgenden Übertragungsgliedern.

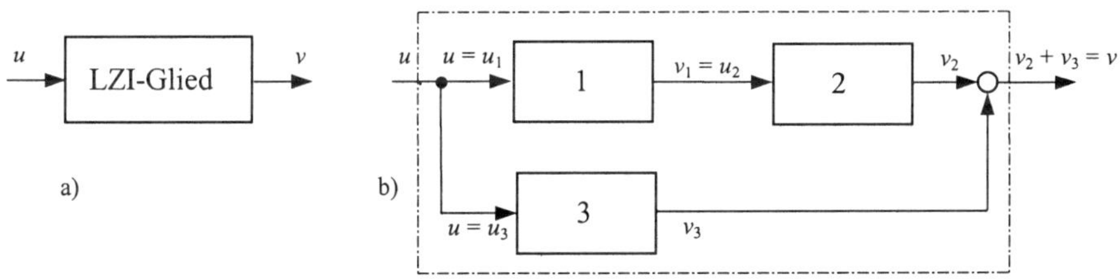


**Bild 4.9:** Übertragungsblock und Wirkungsplan
a) Elementarblock
b) Zusammengesetztes Übertragungssystem aus Elementarblöcken: Wirkungsplan

| Verknüpfung | Symbol | Rechenregel |
|---|---|---|
| Verzweigung | $x_1$ → $x_2$, $x_3$ | $x_1 = x_2 = x_3$ |
| Summation | $x_1$ → $x_3$, $x_2$ | $x_3 = x_1 + x_2$ |
| Subtraktion | $x_1$ → $x_3$, – $x_2$ | $x_3 = x_1 - x_2$ |

Einige der gebräuchlichsten Regeln, die der Signalverknüpfung von Elementarblöcken zu Grunde liegen und in dem Bild 4.9 b) Anwendung finden, sind in der nebenstehenden Tabelle zusammengestellt.

**Tabelle 4.1:** Einige Symbole und Regeln für die Signalverknüpfung

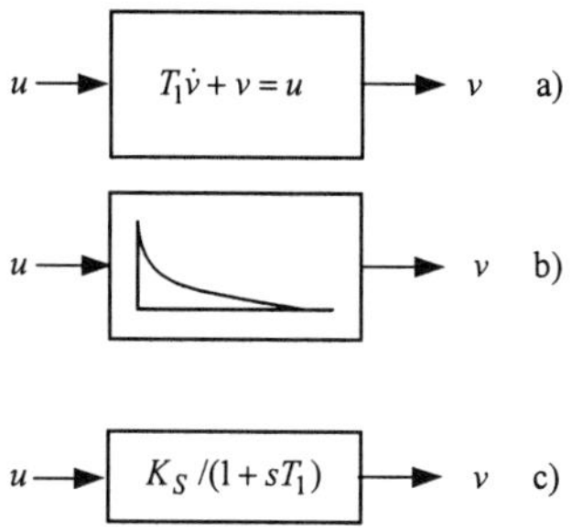


**Bild 4.10:** Kennzeichnungsmöglichkeiten eines Blockes durch sein Übertragungsverhalten

Das Übertragungsverhalten eines Blockes läßt sich symbolisch durch einen entsprechenden Eintrag in den Block kennzeichnen, z. B. durch

- die Differentialgleichung, die das Übertragungsverhalten zwischen der Eingangs- und Ausgangsseite im Zeitbereich beschreibt (Bild 4.10 a),
- den Verlauf der Gewichtsfunktion (Bild 4.10, b) und
- die Übertragungsfunktion (Bild 4.10, c).

Die grafische Darstellung der wirkungsmäßigen Zusammenhänge zwischen den physikalischen Größen in einem technischen System erfolgt im *Wirkungsplan* (Bild 4.11). Wesentliche Bestandteile dieser Pläne sind *Wirkungslinien, Pfeile* und *elementare Übertragungsglieder* (Tabelle 4.2).

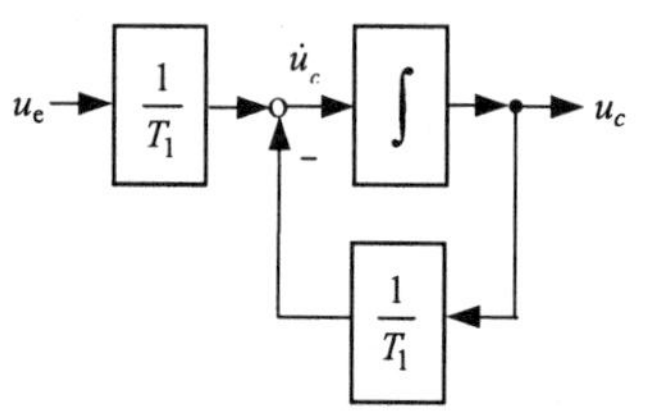


**Bild 4.11:** Wirkungsplan eines Systems erster Ordnung: Differentialgleichung

| Bausteinart | Symbol | Rechenregel |
|---|---|---|
| Proportionalglied (P-Glied) | $u \rightarrow [K_P] \rightarrow v$ | $v = K_P u$ |
| Integrierglied (I-Glied) | $u \rightarrow [\;] \rightarrow v$ | $v = \int u dt$ |
| Differenzierglied (D-Glied) | $u \rightarrow [\frac{d}{dt}] \rightarrow v$ | $v = \frac{du}{dt}$ |
| Multiplikationglied | $u \rightarrow [\cdot] \rightarrow v$ | $v = u_1 \cdot u_2$ |
| Divisionsglied | $u \rightarrow [:] \rightarrow v$ | $v = \frac{u_1}{u_2}$ |
| Totzeitglied ($T_t$-Glied) | $u \rightarrow [T_t] \rightarrow v$ | $v = u(t - T_t)$ |

**Tabelle 4.2:** Elementare Übertragungsglieder

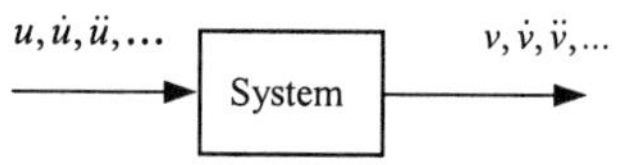


**Bild 4.12:** Zur mathematischen Beschreibung linearer kontinuierlicher Systeme

# 4.2 Die Differentialgleichung eines Übertragungssystems

Bei der theoretischen Modellbildung benutzt man für die mathematische Beschreibung der physikalischen Vorgänge, die den Signalübertragungsprozeß bestimmen, eine inhomogene, lineare oder linearisierte Differentialgleichung $n$-ter Ordnung mit konstanten Koeffizienten (Bild 4.12):

$$a_n v^{(n)} + a_{n-1} v^{(n-1)} + \cdots + a_1 \dot{v} + a_0 v = b_0 u + b_1 \dot{u} + \cdots + b_{m-1} u^{(m-1)} + b_m u^{(m)} \tag{4.1}$$

In dieser Gleichung sind die $v^{(k)}$ ($k$ = 1, 2, ..., $n$) die $k$-fachen Ableitungen der Ausgangsgröße $v(t)$ und $u^{(l)}$ ($l$ = 1, 2, ..., $m$) die $l$-fachen Ableitungen der Eingangsgröße $u(t)$ nach der Zeit.

Die Ordnung $n$ der Differentialgleichung richtet sich nach der höchsten Ableitung der Ausgangsgröße. Die Anfangsbedingungen $v(0)$, $\dot{v}(0)$, ..., $v^{(n-1)}(0)$ legen den Zustand des Systems zum Zeitpunkt $t = 0$ fest. Üblicherweise geht man von leeren Energiespeichern aus, d. h. die Anfangswerte sind Null. Soll das durch die Differentialgleichung (4.1) beschriebene Prozeßmodell technisch realisierbar sein, muß $m$ kleiner $n$ gelten. Die Konstanten $a_0$, $a_1$, ..., $a_n$ setzen sich aus den Systemparametern zusammen und sind deshalb mit Einheiten behaftet, was im allgemeinen auch für die Koeffizienten $b_0$, $b_1$, ..., $b_m$ in der Störfunktion zutrifft.

Die Lösung der Differentialgleichung (4.1) erfolgt üblicherweise in zwei Schritten:

1. Bestimmen der allgemeinen Lösung $v_h(t)$ der zugehörigen homogenen Differentialgleichung und
2. suchen einer partikulären Lösung $v_p(t)$ für die inhomogene Differentialgleichung

Die Summe der beiden Teillösungen $v = v_h + v_p$ ist dann die gesuchte allgemeine Lösung. Diese enthält genau $n$ beliebige Konstanten $c_1$, $c_2$, ..., $c_n$, die sich aus den $n$ Anfangsbedingungen berechnen lassen.

Bei der *experimentellen Modellbildung* geht man von einem realen System aus, dessen Eingangs- und Ausgangsgröße zugängig ist. Gemessen wird dann die Ausgangsgröße als Reaktion auf einen vorgegebenen Verlauf der Eingangsgröße, einer sogenannten *Testfunktion*. Aus dem Verlauf der Ausgangsgröße wird ein bestimmtes Übertragungsverhalten mathematisch festgelegt.

### 4.2.1 Das Aufstellen der Differentialgleichung

Der Weg zur mathematischen Beschreibung des Übertragungsverhaltens eines Systems mittels einer Differentialgleichung nach (4.1) führt über die Anwendung von physikalischen Gesetzen, denen der Übertragungsprozeß unterliegt. Die Ordnung der sich ergebenden Differentialgleichung findet sich wieder in der Systembezeichnung:

**Systeme 1. Ordnung**

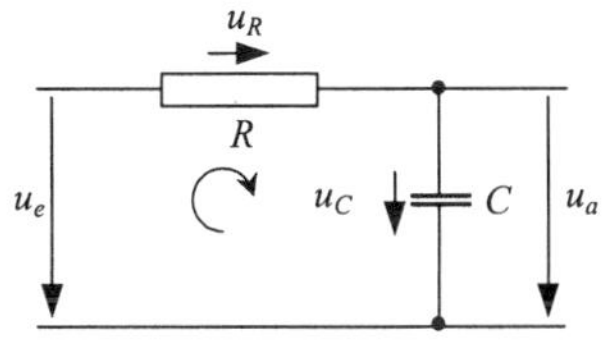


**Bild 4.13:** Modellbildung von einem elektrischem Netzwerk

Nach der KIRCHHOFFschen Maschenregel ist $u_e = u_R + u_C$. Die Spannungen am Widerstand und am Kondensator sind $u_R = iR$ und $u_C = \frac{1}{C}\int i dt$ bzw. differenziert und umgestellt, $C\dot{u}_C = i$. Mit $u_R = RC\dot{u}_C$ und $u_C = u_a$ folgt aus der Maschengleichung eine Differentialgleichung 1. Ordnung, die als Systemparameter die Zeitkonstante $T_1 = RC$ enthält:

$$u_e = RC\dot{u}_C + u_C = T_1\dot{u}_a + u_a \tag{4.2}$$

**Systeme 2. Ordnung**

Ein mechanischer Schwinger, bestehend aus einer elastischen Feder mit der Federkonstanten $c$, einem Pendelkörper der Masse $m$ und einer Dämpfungseinrichtung mit einem von der Geschwindigkeit unabhängigen Reibfaktor $k$, wird als ein zu modellierendes System betrachtet. Die Erregung des Systems $s(t)$ soll federseitig erfolgen, man spricht deshalb von einem „*Federkraftantrieb*". Die Ausgangsgröße des Systems sei der Weg des Pendelkörpers gegenüber einem Bezugspunkt.

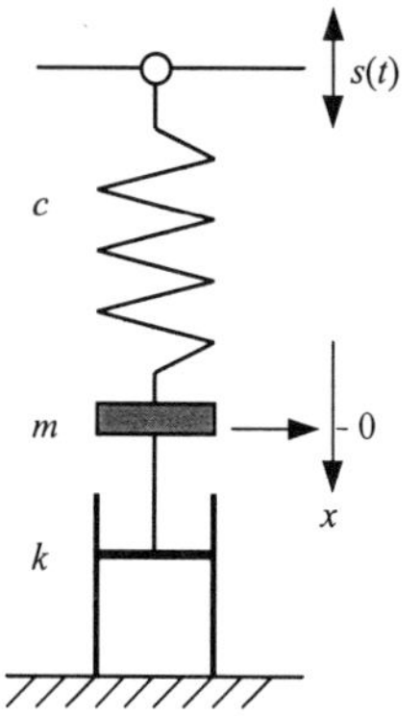


**Bild 4.14:** Mechanischer Schwinger

Die Wege von Masse und Dämpfung seien $x$, der Federweg dagegen $x - s$. Für die Kräftebilanz gilt dann:

$$m\ddot{x} + k\dot{x} + cx = cs(t) \tag{4.3}$$

oder nach Division mit $c$:

$$\frac{m}{c}\ddot{x} + \frac{k}{c}\dot{x} + x = s(t) \tag{4.4}$$

Aufgrund der Einheiten der Brüche $m/c$ und $k/c$ mit $s^2$ und s, wählt man für die Systemparameter die Abkürzungen $T_2^2 = m/c$ und $T_1 = k/c$. $T_1$ und $T_2$ bedeuten hier Zeitkonstanten. Damit erhält (4.4) die Form:

$$T_2^2\ddot{x} + T_1\dot{x} + x = s(t) \tag{4.5}$$

**Systeme höherer Ordnung**

Sie ergeben sich bei der Modellierung von Translations- oder Rotationsbewegungen eines oder mehrerer Körper. Die Ordnung der so entstehenden Differentialgleichung steht dabei in einem engen Bezug zu der Anzahl der Freiheitsgrade dieser Körper, wie beispielsweise das System einer vereinfachten Fahrzeugdämpfung zeigt:

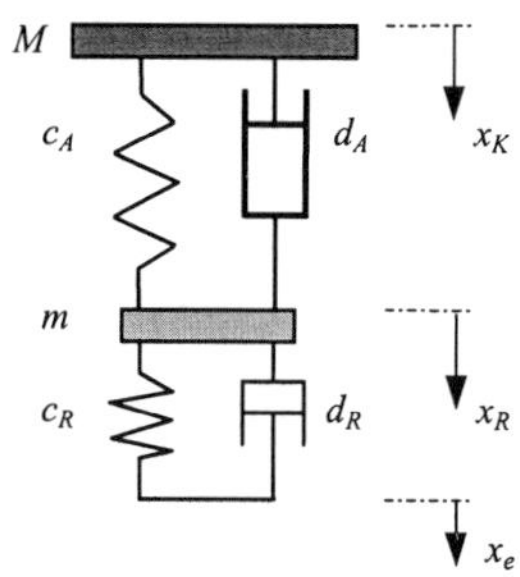


**Bild 4.15:** Modell einer Fahrzeugdämpfung: gekoppelte Systeme. Es bedeuten:

- $M, m$ Massen von Karosserieteil und Rad mit Aufhängung
- $d_A, d_R$ Dämpfungsbeiwerte von Aufhängung und Reifen
- $c_A, c_R$ Federsteifigkeit von Aufhängung und Reifen
- $x_K, x_R$ Auslenkung von Karosserie und Aufhängung
- $x_e$ Auslenkung z. B. durch eine Vertiefung im Straßenbelag

Am Rad und an der Karosserie wirken folgende Kräfte:

$$\begin{aligned} m\ddot{x}_R &= c_A(x_K - x_R) + d_A(\dot{x}_K - \dot{x}_R) \\ &\quad - c_R(x_R - x_e) - d_R(\dot{x}_R - \dot{x}_e) \end{aligned} \tag{4.6}$$

$$M\ddot{x}_K = -c_A(x_K - x_R) - d_A(\dot{x}_K - \dot{x}_R) \tag{4.7}$$

Die Bewegung erfolgt aus einer Gleichgewichtslage heraus, deshalb können alle Anfangsbedingungen Null gesetzt werden. Addiert man beide Gleichungen und transformiert das Ergebnis in den Bildbereich, wird aus (4.6) und (4.7):

$$Ms^2x_K + ms^2x_R = -c_R(x_R - x_e) - d_Rs(x_R - x_e) \tag{4.8}$$

Die Transformation von (4.7) ergibt:

$$Ms^2x_K = -c_A(x_K - x_R) - d_As(x_K - x_R) \tag{4.9}$$

Eliminiert man aus (4.8) und (4.9) die Hilfsvariable $x_R$ und transformiert das Ergebnis in den Zeitbereich zurück, erhält man eine Differentialgleichung 4. Ordnung mit $x_e$ als Eingangsgröße und $x_K$ als Ausgangsgröße.

Sie lautet:

$$\begin{aligned} Mmx_K^{(4)} &+ (d_A m + Md_A + Md_R)x_K^{(3)} + (mc_A + Mc_R + mc_A + d_A d_R)\ddot{x}_K \\ &+ (d_A c_R + d_R c_A)\dot{x}_K + c_A c_R x_K \\ &= d_A d_R \ddot{x}_e + (c_A d_R + d_A c_R)\dot{x}_e + c_A c_R x_e \end{aligned} \tag{4.10}$$

Nach Division mit $c_A c_R$ und Einführen der Zeitkonstanten $T_1, \ldots, T_4$ anstelle der Systemparameter bei der Ausgangsgröße $x_K$, erhält man eine neue Form von (4.10):

$$T_4^4 x_K^{(4)} + T_3^3 \dddot{x}_K + T_2^2 \ddot{x}_K + T_1 \dot{x}_K + x_K = x_e + \tau_1 \dot{x}_e + \tau_2^2 \ddot{x}_e \tag{4.11}$$

Am Eingang des Beispiels „Fahrzeugdämpfung" liegen $x_e$ und deren Ableitungen $\dot{x}_e$ und $\ddot{x}_e$. Das System reagiert deshalb nicht nur auf Wegänderungen, sondern auch auf die dabei auftretenden Geschwindigkeiten und Beschleunigungen, was sich mit entsprechenden Komponenten in der Ausgangsgröße „Karosserieauslenkung" $x_K$ bemerkbar macht.

**Linearisiertes System**

Die hydraulische Anlage nach Bild 4.2 wird modelliert. Bei unterschiedlichem Zu- und Abfluß ist die Volumenänderung

$$\frac{dV}{dt} = Q_{zu} - Q_{ab} = A_B \dot{h}\,. \tag{4.12}$$

Nach dem Ausflußgesetz von TORRICELLI ist die abfließende Menge $Q_{ab} = A_a v = A_a\sqrt{2gh}$ . Fügt man diesen Ausdruck in die obige Gleichung ein, ergibt sich eine nichtlineare Differentialgleichung erster Ordnung:

$$A_B \dot{h} + A_a\sqrt{2gh} = Q_{zu} \tag{4.13}$$

Bei einem Fließgleichgewicht $Q_{zu} = Q_{ab}$ wird die Niveauänderung $\dot{h} = 0$ und es stellt sich eine stationäre Höhe bei $h = h_0$ ein:

$$h_0 = \frac{1}{2g}\left(\frac{Q_{zu0}}{A_a}\right)^2 \text{ mit } Q_{zu0} = Q_{ab0} = A_a\sqrt{2gh_0} \tag{4.14}$$

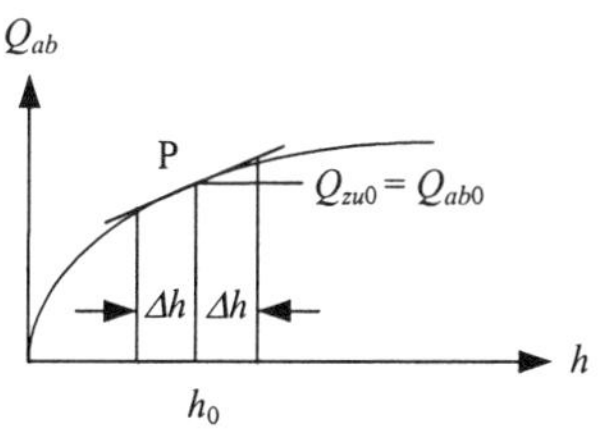


**Bild 4.16:** Linearisierung der Ausflußkennlinie in einem Arbeitspumkt P

Definiert man bei einer Spiegelhöhe $h = h_0$ einen Arbeitspunkt P($h_0$; $A_a\sqrt{2gh_0}$ ) und legt mit $h_0 \pm \Delta h$, $\Delta h << h_0$ einen Arbeitsbereich fest, läßt sich die Ausflußkennlinie in diesem Abschnitt durch eine Gerade annähern:

$$Q_{ab} = Q_{zu0} + A_a^2 \frac{g}{Q_{zu0}}(h - h_0) \tag{4.15}$$

Wird dieser Ausdruck in der Bilanz (4.12) verwendet, erhält die Differentialgleichung eine neue Form:

$$A_B \dot{h} + A_a^2 \frac{g}{Q_{zu0}}(h - h_0) = Q_{zu} - Q_{zu0} \tag{4.16}$$

Der Zufluß $Q_{zu0}$ erfolgt bei einer Stellgliedstellung $h_{z0}$. Abweichende Zuflüsse lassen sich durch $Q_{zu} = Q_{zu0}\, h_z / h_{z0}$ erfassen. Ersetzt man in der Störfunktion von (4.16) $Q_{zu}$ durch $Q_{zu0}\, h_z / h_{z0}$, dividiert die Gleichung durch den Faktor $A_a^2\, g / Q_{zu0}$ und benutzt aus (4.14) für $Q_{zu0}^2 = A_a^2\, 2gh_0$, dann läßt sich (4.16) so schreiben:

$$A_B \frac{2h_0}{Q_{zu0}} \dot{h} + (h - h_0) = \frac{2h_0}{h_{z0}}(h_z - h_{z0}) \tag{4.17}$$

Führt man die Abkürzungen $T_1 = 2A_B h_0 / Q_{zu0}$ und $K_S = 2\, h_0 / h_{z0}$ in die Differentialgleichung (4.17) ein und berücksichtigt, daß $(h - h_0)^\bullet = \dot{h} - \dot{h}_0 = \dot{h}$ gilt, dann erhält man eine neue Form der Näherungsgleichung für (4.13), eine lineare Differentialgleichung erster Ordnung:

$$T_1 (h - h_0)^\bullet + (h - h_0) = K_S (h_z - h_{z0}) \tag{4.18}$$

Die Eingangsgröße der Differentialgleichung ist die Differenz zwischen der den Arbeitspunkt definierenden Zuflußventilstellung $h_{z0}$ und dem Momentanwert $h_z$. Die Ausgangsgröße $h - h_0$ ist ein Näherungswert für die im Flüssigkeitstank auftretende Spiegelabweichung von $h_0$.

### 4.2.2 Lösungswege für die Differentialgleichung erster Ordnung

#### Lösung der Differentialgleichung im Zeitbereich

Die Lösung einer inhomogenen Differentialgleichung

$$T_1 \dot{v} + v = Ku(t) \quad t > 0,\ v(0) = v_0, \tag{4.19}$$

setzt sich aus zwei Teilen zusammen. Zunächst wird die Lösung der homogenen Differentialgleichung $T_1 \dot{v} + v = 0$ mit dem Lösungsansatz $v(t) = ce^{\lambda t}$ berechnet:

$$\varphi(\lambda) ce^{\lambda t} = (T_1 \lambda + 1) ce^{\lambda t} = 0 \tag{4.20}$$

Wegen $c \neq 0$ und $e^{\lambda t} \neq 0$ liefert die charakteristische Gleichung $\varphi(\lambda) = T_1 \lambda + 1 = 0$ eine Lösung $\lambda = -1/T_1$, den *Eigenwert*. Damit ist die Lösung für die homogene Differentialgleichung $v(t) = ce^{-t/T_1}$ gefunden. Die Konstante $c$ wird durch die Anfangsbedingung $v(0) = v_0$ festgelegt: $c = v_0$. Die allgemeine Lösung der homogenen Differentialgleichung $v_h(t)$ lautet deshalb:

$$v(t) = v_0 e^{-t/T_1} = v_h(t) \tag{4.21}$$

Sie beschreibt die *Eigenbewegung* des Systems, die wegen $T_1 > 0$ immer stabil verläuft, d. h. bei wachsenden $t$ geht $v(t)$ gegen Null.

Eine partikuläre Lösung wird nach der Methode „*Variation der Konstanten*" errechnet. Man benutzt die Lösung der homogenen Differentialgleichung als Lösungsansatz zum Auffinden einer partikulären Lösung indem man $c = c(t)$ setzt:

$$v(t) = c(t)e^{-t/T_1} \tag{4.22}$$

Der Ansatz wird differenziert und zusammen mit $v(t)$ in die Ausgangsdifferentialgleichung eingefügt. Mit $\dot{v}(t) = \dot{c}(t)e^{-t/T_1} - \frac{c(t)}{T_1}e^{-t/T_1}$ und $v(t)$ wird aus (4.18) die „Konstante" $c(t)$ durch Integration berechnet:

$$c(t) = \frac{K}{T_1}\int_0^t e^{\frac{\tau}{T_1}} u(\tau)d\tau \tag{4.23}$$

Wird $c(t)$ in dem Ansatz (4.22) berücksichtigt, erhält man als partikuläre Lösung:

$$v(t) = \frac{K}{T_1}\int_0^t e^{\frac{1}{T_1}(t-\tau)} u(\tau)d\tau = v_p(t) \tag{4.24}$$

Faßt man beide Anteile zusammen, erhält man die allgemeine Lösung der inhomogenen Differentialgleichung (4.19):

$$\boxed{v(t) = v_h(t) + v_p(t) = v_0 e^{-\frac{t}{T_1}} + \frac{K}{T_1}\int_0^t e^{-\frac{1}{T_1}(t-\tau)} u(\tau)d\tau} \tag{4.25}$$

Bei einer sprungförmig verlaufenden Eingangsgröße $u(t) = u_0$, $t > 0$ mit Sprungamplitude $u_0$ erhält man unter Berücksichtigung leerer Energiespeicher aus (4.24) für die *Sprungantwort*:

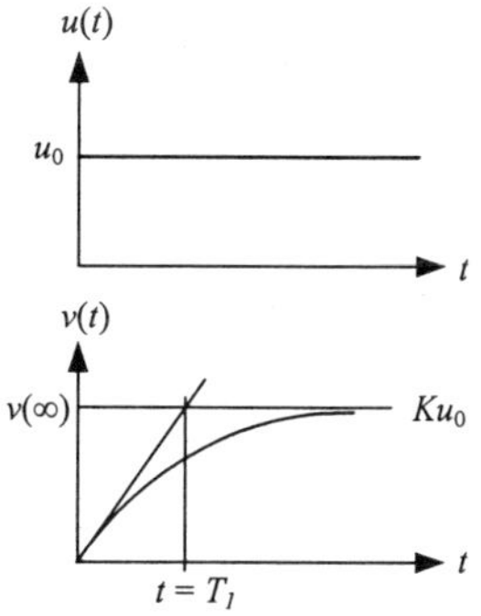


**Bild 4.17:** Antwortfunktion eines Systems 1. Ordnung auf eine sprungförmige Eingangsgröße

$$v_p(t) = \frac{K}{T_1}u_0\int_0^t e^{-\frac{1}{T_1}(t-\tau)}d\tau$$

$$= \frac{K}{T_1}u_0 T_1 e^{\frac{1}{T_1}(\tau-t)}\Big|_{\tau=0}^{t}$$

$$= Ku_0(1-e^{-\frac{t}{T_1}}) \tag{4.26}$$

Eine Grenzwertbetrachtung für $t \to \infty$ liefert den *stationären Wert*:

$$\lim_{t\to\infty} v(t) = v(\infty) = Ku_0 \tag{4.27}$$

**Lösung im Bildbereich**

Die Differentialgleichung (4.19) wird unter Berücksichtigung ihrer Anfangsbedingungen in den Bildbereich transformiert. Anschließend wird die Bildfunktion nach der Variablen $V(s)$ umgestellt:

$$V(s)=\frac{v_0}{s+\frac{1}{T_1}}+\frac{K}{T_1}\cdot\frac{1}{s+\frac{1}{T_1}}U(s) \tag{4.28}$$

Der erste Term in dieser Gleichung beschreibt die nur von der Anfangsbedingung $v(0)$ abhängige Reaktion des Systems, die Eigenbewegung, das Produkt der beiden Bildfunktionen im zweiten Term ergibt die durch die Eingangsgröße $u(t)$ erzwungene Reaktion. Die Rücktransformation von (4.28) liefert die Lösung in der Gestalt von (4.25).

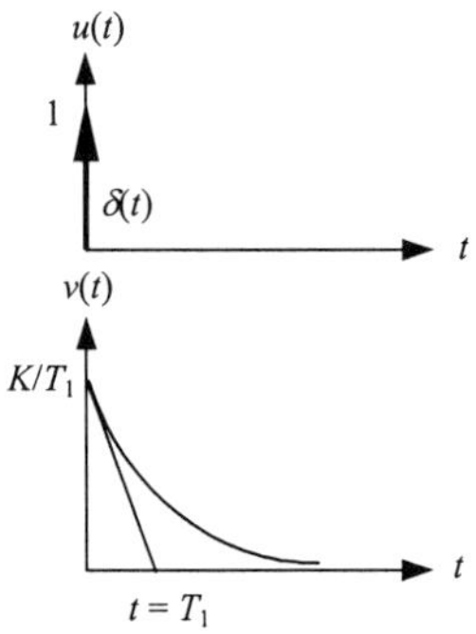


**Bild 4.18:** Antwort eines Systems 1. Ordnung auf einen DIRAC-Stoß

Bei einer ideal stoßförmig angenommenen Eingangsgröße $u(t) = \delta(t)$ wird nach (4.28) die Ausgangsgröße $v(t)$, die *Impulsantwort*, berechnet, wenn wieder als Anfangsbedingung $v_0 = 0$ angenommen wird:

$$V(s)=\frac{K}{T_1}\frac{1}{s+\frac{1}{T_1}}\mathcal{L}\{\delta(t)\}=\frac{K}{T_1}\frac{1}{s+\frac{1}{T_1}}\cdot 1$$

$$v(t)=\frac{K}{T_1}e^{-\frac{t}{T_1}} \tag{4.29}$$

Das System reagiert auf die stoßförmige Erregung mit seiner mit $K/T_1$ gewichteten Eigenbewegung. Für den stationären Wert $v(\infty)$ gilt:

$$v(\infty)=\lim_{t\to\infty}v(t)=\lim_{t\to\infty}\frac{K}{T_1}e^{-\frac{t}{T_1}}=0 \tag{4.30}$$

### 4.2.3 Lösungswege für die Differentialgleichung zweiter Ordnung

**Lösung im Zeitbereich**

Die lineare Differentialgleichung

$$T_2^2\ddot{v}+T_1\dot{v}+v=Ku(t),\ t>0,\ v(0)=v_0,\ \dot{v}(0)=\dot{v}_0 \tag{4.31}$$

wird umgeschrieben und neue Parameterbezeichnungen eingeführt:

$$\boxed{\omega_0=\frac{1}{T_2};\ \delta=\frac{T_1}{2T_2^2}} \tag{4.32a, b}$$

Man nennt $\omega_0$ *Kennkreisfrequenz* eines ungedämpft gedachten Systems und $\delta$ *Abklingkonstante*

Zur Beurteilung des Dämpfungsverhaltens wird ein dimensionsloser Parameter definiert, die *Dämpfungszahl* oder der *Dämpfungsgrad:*

$$\boxed{D = \frac{\delta}{\omega_0} = \frac{T_1}{2T_2}} \tag{4.33}$$

Mit den eingeführten Abkürzungen erhält die Differentialgleichung die Form:

$$\ddot{v} + 2\delta\dot{v} + \omega_0^2 v = \omega_0^2 K u(t)\,,\ t > 0,\ v(0) = v_0,\ \dot{v}(0) = \dot{v}_0 \tag{4.34}$$

Mit dem Lösungsansatz $v(t) = ce^{\lambda t}$ folgt nach einem Differenzieren aus der homogenen Differentialgleichung $\ddot{v} + 2\delta\dot{v} + \omega_0^2 v = 0$ die charakteristische Gleichung:

$$\lambda^2 + 2\delta\lambda + \omega_0^2 = 0 \tag{4.35}$$

Die Lösungen können reell aber auch konjugiert komplex sein:

$$\lambda_{1/2} = \delta \ \pm\sqrt{\delta^2 - \omega_0^2} = -\delta \pm \omega_d \tag{4.36}$$

Bei realen Systemen gilt wegen der vorhandenen Dämpfung immer $\omega_d < \omega_0$.

**Aperiodischer Fall:** $D > 1$: $\omega_d^2 = \delta^2 - \omega_0^2 > 0$ bzw. $\omega_d = \omega_0\sqrt{D^2 - 1}$

Die Eigenwerte $\lambda_{1/2}$ sind reell und verschieden. Die allgemeine Lösung der homogenen Differentialgleichung $v_h(t)$ setzt sich aus den beiden Eigenbewegungen zusammen:

$$v(t) = c_1 v_1 + c_2 v_2 = c_1 e^{\lambda_1 t} + c_2 e^{\lambda_2 t} = v_h(t) \tag{4.37}$$

Die Integrationskonstanten $c_1$ und $c_2$ werden aus den Anfangsbedingungen berechnet. Die allgemeine Lösung der homogenen Differentialgleichung erhält damit die Form:

$$v_h(t) = \frac{1}{\lambda_1 - \lambda_2}\left[\left(\lambda_1 e^{\lambda_2 t} - \lambda_2 e^{\lambda_1 t}\right)v_0 + \left(e^{\lambda_1 t} - e^{\lambda_2 t}\right)\dot{v}_0\right] \tag{4.38}$$

Die noch ausstehende partikuläre Lösung läßt sich nach der Methode „Variation der Konstanten" aus dem folgenden inhomogenen Gleichungssystem berechnen:

$$\begin{aligned} &\dot{c}_1 v_1(t) + \dot{c}_2 v_2(t) = 0 \\ &\dot{c}_1 \dot{v}_1(t) + \dot{c}_2 \dot{v}_2(t) = f(t) \end{aligned} \tag{4.39}$$

Unter $f(t) = \omega_0^2 K u(t)$ versteht man die Störfunktion der gegebenen Differentialgleichung (4.34). Die gefundenen Lösungen des Gleichungssystems $\dot{c}_1$ und $\dot{c}_2$ müssen anschließend integriert werden. Allerdings läßt sich die Berechnung der Integrale erst durchführen, wenn die Eingangsfunktion $u(t)$ bekannt ist.

Die beiden Integrale lauten:

$$c_1 = \omega_0^2 \frac{K}{\lambda_1 - \lambda_2} \int_0^t e^{-\lambda_1 \tau} u(\tau) d\tau \qquad (4.40a)$$

$$c_2 = \omega_0^2 \frac{-K}{\lambda_1 - \lambda_2} \int_0^t e^{-\lambda_2 \tau} u(\tau) d\tau \qquad (4.40b)$$

Werden die beiden Konstanten in den Lösungsansatz $v(t) = c_1 e^{\lambda_1 t} + c_2 e^{\lambda_2 t}$ eingesetzt, erhält man in Form eines Faltungsintegrals die partikuläre Lösung der Differentialgleichung mit noch festzulegender Eingangsgröße $u(t)$:

$$v(t) = \omega_0^2 \frac{K}{\lambda_1 - \lambda_2} \int_0^t \left[ e^{\lambda_1 (t-\tau)} - e^{\lambda_2 (t-\tau)} \right] u(\tau) d\tau = v_p(t) \qquad (4.41)$$

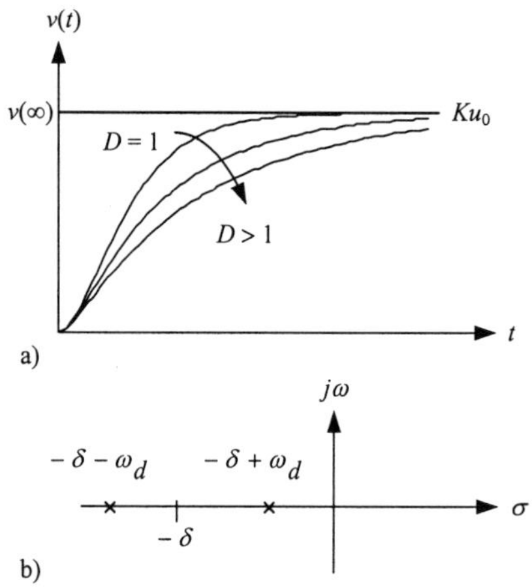


Für ein System 2. Ordnung mit einer Dämpfungszahl $D > 1$ läßt sich die Sprungantwort bei verschwindenden Anfangsbedingungen nach (4.41) berechnen. Mit $u(t) = u_0$, $t > 0$ und $\lambda_1 \lambda_2 = \omega_0^2$ wird:

$$v(t) = u_0 K \left[ 1 + \frac{1}{\lambda_1 - \lambda_2} \left( \lambda_2 e^{\lambda_1 t} - \lambda_1 e^{\lambda_2 t} \right) \right], \quad t > 0 \qquad (4.42)$$

Eine Abschätzung zeigt, daß unter den gemachten Voraussetzungen keine Überschwingungen auftreten können. Die Sprungantwort nähert sich asymptotisch dem stationären Wert $v(\infty) = u_0 K$ an.

**Bild 4.19:** Dynamisches Verhalten und Eigenwerte eines Systems zweiter Ordnung
a) Reaktion auf eine sprungförmige Eingangsgröße bei unterschiedlichen Dämpfungszahlen
b) Eigenwerte des Systems in der komplexen Ebene

**Aperiodischer Grenzfall:** $D = 1$: $\omega_d^2 = \delta^2 - \omega_0^2 = 0$ bzw $\omega_d = \omega_0 \sqrt{D^2 - 1} = 0$

Die beiden Eigenwerte fallen zusammen:

$$\lambda_{1/2} = -\delta \qquad (4.43)$$

Damit ist eine Lösung $v_1(t) = c_1 e^{-\delta t}$ der homogenen Differentialgleichung bekannt. Die zweite ergibt sich wieder durch Variation der Konstanten. Werden beide Teile zusammengefaßt, erhält man die allgemeine Lösung der homogenen Differentialgleichung:

$$v(t) = v_1 + v_2 = (c_1 + t c_2) e^{-\delta t} = v_h(t) \qquad (4.44)$$

Unter Berücksichtigung der Anfangsbedingungen wird hieraus die angepaßte Lösung:

$$v_h(t) = v_0(1+\delta t)e^{-\delta t} + \dot{v}_0 e^{-\delta t} \tag{4.45}$$

Die partikuläre Lösung wird unter Anwendung des Gleichungssystems (4.39) berechnet. Sie stellt sich wieder in Form eines Faltungsintegrals dar:

$$\boxed{v_p(t) = \omega_0^2 K \int_0^t e^{-\delta(t-\tau)}(t-\tau)u(\tau)d\tau} \tag{4.46}$$

Die Antwort des Systems auf eine sprungförmige Eingangsgröße $u(t) = u_0,\ t > 0$ sowie $v_0 = \dot{v}_0 = 0$ wird nach (4.46):

$$v_p(t) = u_0 K\left[1-(1+\delta t)e^{-\delta t}\right] \tag{4.47}$$

Wie im ersten Fall nähert sich die Sprungantwort asymptotisch an den stationären Wert $v(\infty) = u_0 K$ an. Im Vergleich zu allen Kurvenverläufen mit $D > 1$ hat die in Bild 4.19 mit $D = 1$ gezeigte Sprungantwort die höchste Steigung in der Übergangsphase.

**Periodischer Fall:** $0 < D < 1$: $\omega_d^2 = \delta^2 - \omega_0^2 = \omega_0^2(D^2-1) < 0$

Jetzt sind die Eigenwerte konjugiert komplex:

$$\lambda_{1/2} = -\delta \pm j\sqrt{\omega_0^2 - \delta^2} = -\delta \pm j\omega_d \tag{4.48}$$

Mit den EULERschen Formeln lassen sich die Exponentialfunktionen im Lösungsansatz $v(t) = ce^{\lambda t}$ durch trigonometrische Beziehungen ausdrücken:

$$ce^{(-\delta \pm j\omega_d)t} = ce^{-\delta t}(\cos\omega_d t \pm j\sin\omega_d t) \tag{4.49}$$

Die homogene Lösung stellt sich jetzt als Summe aus trigonometrischen Funktionen dar:

$$v(t) = e^{-\delta t}(c_1\cos\omega_d + c_2\sin\omega_d t) = v_h(t) \tag{4.50}$$

Aus den Anfangsbedingungen können die Integrationskonstanten $c_1$ und $c_2$ berechnet werden:

$$v_h(t) = e^{-\delta t}\left[v_0(\cos\omega_d t + \frac{\delta}{\omega_d}\sin\omega_d t) + \frac{\dot{v}_0}{\omega_d}\sin\omega_d t\right] \tag{4.51}$$

Die partikuläre Lösung läßt sich wieder aus dem Gleichungssystem (4.39) berechnen. Sie enthält im Gegensatz zu den bisherigen beiden Fällen periodische Funktionsanteile:

$$\boxed{v(t) = K\frac{\omega_0^2}{\omega_d}\int_0^t e^{-\delta(t-\tau)}\sin\omega_d(t-\tau)u(\tau)d\tau = v_p(t)} \tag{4.52}$$

Für eine sprungförmig verlaufende Eingangsgröße wird nach (4.52) die Systemreaktion:

$$v(t) = u_0 K\left[1 - \frac{e^{-\delta t}}{\omega_d}(\delta \sin\omega_d t + \omega_d \cos\omega_d t)\right] \tag{4.53}$$

Je nach Lage der Eigenwerte $\lambda_{1/2} = -\delta \pm j\omega_d$ in der komplexen Ebene ergeben sich unterschiedliche Einschwingvorgänge, die in dem folgenden Bild 4.20 exemplarisch zusammengestellt sind:

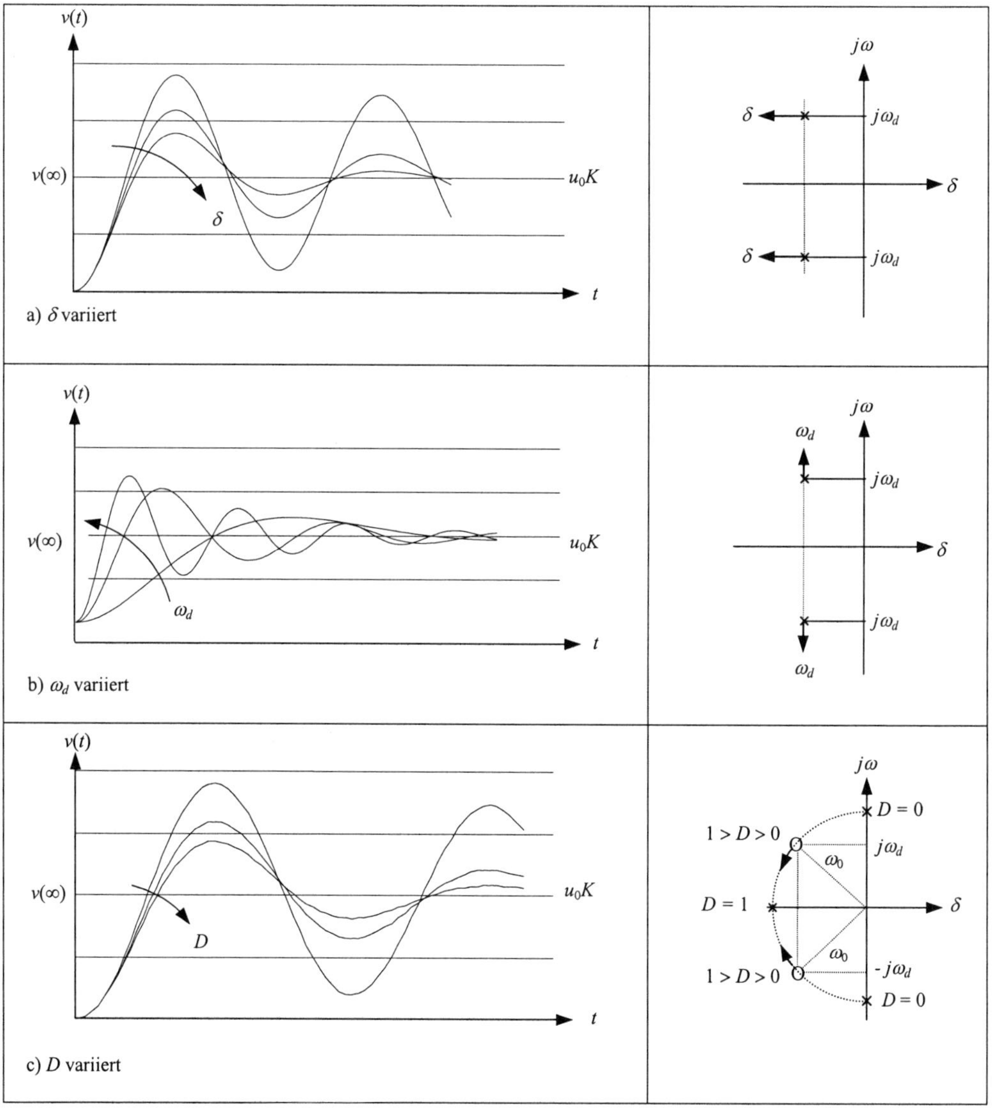


**Bild 4.20:** Sprungantworten eines schwingungsfähigen Systems zweiter Ordnung in Abhängigkeit von der Abklingkonstanten $\delta$, der Kreisfrequenz des gedämpft schwingenden Systems $\omega_d$ oder von der Dämpfungszahl $D$ sowie Lage der Eigenwerte $\lambda_{1/2} = -\delta \pm j\omega_d$ in der komplexen Ebene

Sämtliche Kurven in Bild 4.21 starten wegen $\dot{v}(0) = 0$ aus dem Ursprung heraus mit waagrechter Tangente und gehen für $t \to \infty$ in einen stationären Zustand $v(\infty) = u_0K$ über, sofern nicht der idealisierte Fall eines ungedämpften Systems betrachtet wird, bei dem sich eine stationäre Dauerschwingung einstellt. Die Eigenwerte liegen bei diesem angenommenen Zustand auf der imaginären Achse der $\sigma = \delta - j\omega$ - Ebene (Bild 4.20c).

Real sich einstellende Einschwingvorgänge verlaufen stets gedämpft. Die Eigenwerte liegen in solchen Fällen in der linken Hälfte der komplexen Ebene. Betrachtet man beispielsweise die Kreisfrequenz des gedämpft schwingenden Systems $\omega_d$ als feste Größe, werden die Sprungantworten bei steigenden Werten der Abklingkonstante $\delta$ zunehmend gedämpft (Bild 4.20a). Wird dagegen die Abklingkonstante $\delta$ fest vorgegeben und die Kreisfrequenz $\omega_d$ variiert, bewegen sich alle Kurven innerhalb einer gemeinsamen Einhüllenden (Bild 4.20b). Unterschiedliche Dämpfungszahlen $D$ führen ebenfalls zu gedämpft verlaufenden Einschwingvorgängen. Aufeinander folgende Amplitudenmaxima bilden eine von der Dämpfungszahl $D$ abhängige Folge, aus der sich ihr Wert berechnen läßt:

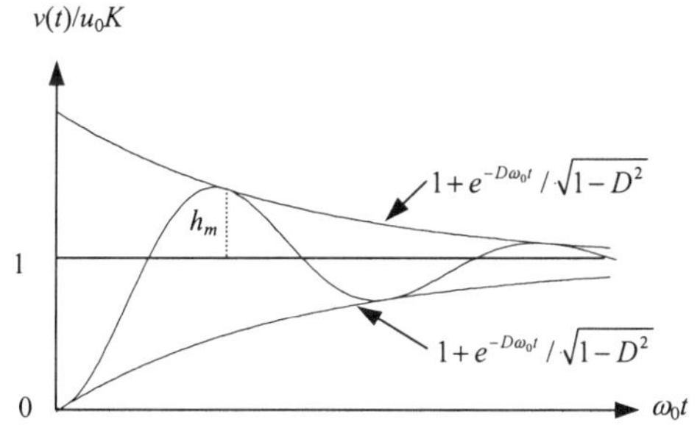


**Bild 4.21:** Bestimmen der Dämpfungszahl $D$ aus der Sprungantwort eines gedämpft schwingenden Systems

Aus der Bedingung für einen Extremwert $\dot{v}(t) = 0$ folgt, daß die Gleichung (4.53) bei $t_1 = \pi / \omega_d$ ihr erstes Maximum hat. Der Funktionswert an dieser Stelle

$$v(t_1) = u_0K(1 + e^{-\delta\pi/\omega_d}) \qquad (4.54)$$

ist das erste Amplitudenmaximum, die *maximale Überschwingweite* $h_m$. Aus der Differenz

$$v(t_1) - v(\infty) = u_0Ke^{-\delta\pi/\omega_d} = h_m \qquad (4.55)$$

läßt sich mit $\delta = D\omega_0$ und $\omega_d = \sqrt{\omega_0^2 - \delta^2} = \omega_0\sqrt{1-D^2}$ die Dämpfungszahl eliminieren:

$$\boxed{D = \frac{1}{\sqrt{1 + \left(\pi \Big/ \ln\left(\dfrac{u_0K}{h_m}\right)\right)^2}} = f(h_m)} \qquad (4.56)$$

**Lösung im Bildbereich**

Entsprechend den Regeln der LAPLACE-Transformation wird die Differentialgleichung (4.30) einschließlich ihrer Anfangsbedingungen in den Bildbereich transformiert und nach der Ausgangsgröße $V$(s) umgestellt:

$$V(s) = \frac{1}{s^2 + 2\delta s + \omega_0^2}\dot{v}(0) + \frac{s + 2\delta}{s^2 + 2\delta s + \omega_0^2}v(0) + \omega_0^2K\frac{U(s)}{s^2 + 2\delta s + \omega_0^2} = V_F(s) + V_E(s) \qquad (4.57)$$

Die mit den Anfangsbedingungen in Verbindung stehenden ersten beide Brüche repräsentieren die freie Antwort $V_F(s)$, der letzte Ausdruck steht für den durch die Eingangsgröße $U(s)$ erzwungenen Anteil $V_E(s)$. Die Lösung der Differentialgleichung findet man wieder durch Rücktransformation in den Zeitbereich.

Mit den beiden Korrespondenzen

$$f_1(t) = \mathcal{L}^{-1}\{F_1(s)\} = \mathcal{L}^{-1}\left\{\frac{1}{s^2 + 2\delta s + \omega_0^2}\right\} \quad \text{und}$$

$$f_2(t) = \mathcal{L}^{-1}\{F_2(s)\} = \mathcal{L}^{-1}\left\{\frac{s + 2\delta}{s^2 + 2\delta s + \omega_0^2}\right\}$$

läßt sich die Lösung der Differentialgleichung auf die folgende Form bringen:

$$v(t) = v_F(t) + v_E(t) = f_1(t)\dot{v}(0) + f_2(t)v(0) + K\omega_0^2\, u(t) * f_1(t) \tag{4.58}$$

Die Berechnung des Faltungsproduktes im erzwungenen Antwortanteil

$$\begin{aligned} v_E(t) &= K\omega_0^2\, u(t) * f_1(t) = K\omega_0^2\, \mathcal{L}^{-1}\{U(s)\cdot F_1(s)\} \\ &= K\omega_0^2 \int_0^t u(\tau) f_1(t-\tau)\, d\tau \end{aligned} \tag{4.59}$$

führt je nach Parameterbelegung von $f_1(t)$ auf die partikulären Lösungsformeln (4.41), (4.46) oder (4.52) der Fälle 1, 2 oder 3.

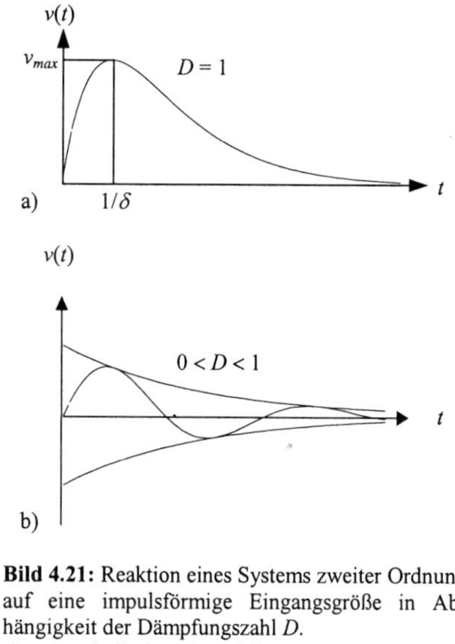


**Bild 4.21:** Reaktion eines Systems zweiter Ordnung auf eine impulsförmige Eingangsgröße in Abhängigkeit der Dämpfungszahl $D$.
a) Aperiodischer Grenzfall
b) Periodischer Fall

Die Impulsantwort eines Systems zweiter Ordnung berechnet sich nach (4.57) bei $v(0) = \dot{v}(0) = 0$ und unter Berücksichtigung der LAPLACE-transformierten Eingangsgröße, $U(s) = \mathcal{L}\{\delta(t)\} = 1$, aus der Beziehung

$$v_E(t) = K\omega_0^2\, \mathcal{L}^{-1}\left\{\frac{1}{s^2 + 2\delta s + \omega_0^2}\right\} \tag{4.60}$$

Die Wahl der passenden Korrespondenz hängt von der Lage der Nullstellen des Nennerpolynoms in der komplexen Ebene ab.

Ist ein System mit Dämpfungszahlen $D > 1$ aperiodisch gedämpft, ergeben sich zwei voneinander verschiedene reelle Nullstellen, weshalb sich der Bildfunktion im Zeitbereich die Funktion

$$v_E(t) = K\frac{\delta}{D\sqrt{D^2 - 1}} e^{-\delta t} \sinh\left(\sqrt{D^2 - 1}\; t\right) \tag{4.61}$$

zuordnen läßt. Im Zustand einer aperiodischen Grenzdämpfung mit $D = 1$ fallen diese beiden Nullstellen zusammen und für die Impulsantwort ergibt sich:

$$v_E(t) = K\omega_0^2\, \mathcal{L}^{-1}\left\{\frac{1}{(s + \delta)^2}\right\} = K\delta^2 t e^{-\delta t} \tag{4.62}$$

In beiden Fällen zeigt sich als Reaktion der ideal stoßförmig angenommen Auslenkung der Eingangsgröße zunächst ein monoton verlaufender Anstieg der Ausgangsgröße bis zu einem Scheitelwert, danach fällt die Kurve wieder zurück und nähert sich asymptotisch ihrem Ausgangswert (Bild 4.21a).

Liegt ein periodisch gedämpftes System mit $0 < D < 1$ vor, entstehen konjugiert komplexe Nullstellen, was auf einen gedämpft sinusförmig verlaufenden Einschwingvorgang hinweist (Bild 4.21b):

$$v_E(t) = K\frac{\delta}{D\sqrt{1-D^2}}e^{-\delta t}\sin\left(\frac{\delta}{D}\sqrt{1-D^2}\,t\right) \tag{4.63}$$

### 4.2.4 Lösungswege bei Differentialgleichungen höherer Ordnung

Für die Differentialgleichung $n$-ter Ordnung

$$T_n^n v^{(n)} + \cdots + T_2^2\ddot{v} + T_1\dot{v} + v = Ku(t) \tag{4.64}$$

mit konstanten Koeffizienten, den Anfangsbedingungen $v(0) = \dot{v}(0) = \cdots = v^{(n-1)}(0)$ und vorgegebener Eingangsgröße $u(t)$, $t > 0$ hält die einschlägige Literatur zugeschnittene Verfahren für eine Lösung im Zeitbereich bereit [5].

Wählt man dagegen einen Lösungsweg der über die LAPLACE-Transformation führt, wird die Differentialgleichung (4.64) zunächst in den Bildbereich transformiert und anschließend nach der Ausgangsvariablen $V(s)$ umgestellt. Um den Rechenaufwand möglichst niedrig zu halten, setzt man, falls zulässig, alle Anfangsbedingungen auf den Wert Null, was bedeutet, daß die Systemauslenkung für $t > 0$ infolge einer Eingangsgrößenänderung aus dem Ruhezustand heraus erfolgt:

$$V(s)\left[T_n^n s^n + \cdots + T_2^2 s^2 + T_1 s + 1\right] = KU(s) \tag{4.65}$$

$$V(s) = K\frac{1}{T_n^n s^n + \cdots + T_2^2 s^2 + T_1 s + 1}U(s) = KF(s)U(s) \tag{4.66}$$

Mit den beiden Transformationen

$$u(t) \circ\!-\!\bullet\ U(s) \quad \text{und} \tag{4.67}$$

$$f(t) \circ\!-\!\bullet\ \frac{1}{T_n^n s^n + \cdots + T_2^2 s^2 + T_1 s + 1} \tag{4.68}$$

läßt sich die Lösung der Differentialgleichung wieder in Form eines Faltungsintegrals darstellen:

$$v(t) = K\int_{\tau=0}^{t} f(t-\tau)u(\tau)d\tau \tag{4.69}$$

Unter Umständen ist es aber vorteilhafter, das Produkt der Bildfunktion $F(s)U(s)$ in eine Partialbruchdarstellung zu überführen und die einzelnen Bestandteile zurück in den Zeitbereich zu transformieren.

## 4.3 Die Beschreibung eines Systems durch seine Gewichtsfunktion

Die Antwortfunktion eines Systems, d. h. die mathematische Lösung einer linearen Differentialgleichung, hängt von der Erregung und den Systemparametern ab. Ein solches System wird zum Zeitpunkt $t = 0$ impulsförmig mit $u(t) = \boldsymbol{I f(t)}$ erregt, wobei für die Funktion $\boldsymbol{f(t)}$ die Definition

$$f(t) = \begin{cases} 0, t < 0 \\ 1/t_0\,, 0 < t < t_0 \\ 0, t > t_0 \end{cases} \tag{4.70}$$

bei hinreichend kleinem $t_0$ gelten soll (vgl. Abschnitt 3.2.3). Die Reaktion des Systems auf den stoßartigen Verlauf der Eingangsgröße sei die Impulsantwort $\boldsymbol{I}g(t)$ (Bild 4.22c). Mathematisch stellt die Antwortfunktion die Lösung $\boldsymbol{I}g(t)$, $t > 0$ der Differentialgleichung mit $u(t) = \boldsymbol{I f(t)}$ als Eingangsgröße dar, sie ist stets reell und verschwindet für $t < 0$.

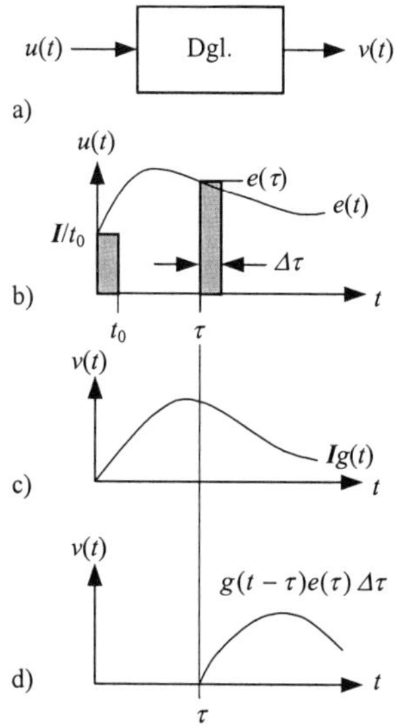


**Bild 4.22:** Faltungsintegral und Gewichtsfunktion
a) Lineares System mit Eingangsgröße $u(t)$ und Ausgangsgröße $v(t)$
b) Verlauf einer Eingangsgröße $e(t)$
c) Antwort eines zur Zeit $t = 0$ wirkenden Impulses $\boldsymbol{I f(t)}$ der Breite $t_0$ und der Höhe $\boldsymbol{I}/t_0$
d) Antwort eines zur Zeit $t = \tau$ wirkenden Impulses $e(\tau)\Delta\tau$ der Breite $\Delta\tau$ und der Höhe $e(\tau)$

Tritt die Impulserregung nicht zum Zeitpunkt $t = 0$ sondern erst bei $t = \tau$ auf, so ist die Antwort des Systems $\boldsymbol{I}g(t-\tau)$, $t > \tau$. Beginnt aber zu diesem Zeitpunkt anstelle des um die Zeitspanne $\tau$ verschobenen Impulses $\boldsymbol{I f(t - \tau)}$ ein solcher der Dauer $\Delta\tau$ und der Höhe $e(\tau)$ zu wirken, ist die Impulsantwort $\boldsymbol{I}g(t-\tau)$ bezüglich der Impulshöhe und Impulsbreite zu modifizieren (Bild 4.22d):

$$\boldsymbol{I}\, g(t-\tau)\frac{e(\tau)}{\boldsymbol{I}/t_0}\cdot\frac{\tau}{t_0} = g(t-\tau)e(\tau)\Delta\tau \tag{4.71}$$

Alle sich so aus einer kontinuierlich verlaufenden Eingangsgröße $u(t) = e(t)$ ergebenden Teilantworten können bei linearen Systemen aufsummiert werden und bilden die Ausgangsgröße:

$$\boxed{v(t) = \int_0^t g(t-\tau)u(\tau)d\tau = g(t) * u(t)} \tag{4.72}$$

Das Faltungsintegral drückt den Zusammenhang zwischen der Erregung $u(t)$ und der Antwort $v(t)$ eines Systems aus, dessen Eigenschaften durch die Funktion $g(t)$ beschrieben werden. Diese nur von den Systemeigenschaften abhängige Funktion $g(t)$ heißt *Gewichtsfunktion*.

Wird statt der kontinuierlich verlaufenden Eingangsfunktion $u(t) = e(t)$ eine Impulsfunktion $\boldsymbol{I f(t)}$ gewählt, ergibt sich nach (4.72) als Impulsantwort wieder die Gewichtsfunktion:

$$v(t) = g(t) * u(t) = g(t) * \boldsymbol{I f(t)} = \boldsymbol{I}g(t) \tag{4.73}$$

Impulsantwort und Gewichtsfunktion sind sprachlich identisch, begrifflich unterscheiden sie sich aber: die Impulsantwort ist die Reaktion eines Systems auf eine impulsförmige Erregung, die Gewichtsfunktion dagegen eine von den Systemeigenschaften abhängige Systemgröße.

Wird als Erregung für ein System eine sprungförmige Funktion nach (3.5) vorgesehen, ergibt das Faltungsintegral (4.72) für die Ausgangsgröße:

$$\begin{aligned} v(t) &= A\int_0^t g(t-\tau)\sigma(\tau)d\tau = A\int_0^t g(\tau)\sigma(t-\tau)d\tau \\ &= A\int_0^t g(\tau)d\tau \\ &= Ah(t) \end{aligned} \qquad (4.74)$$

Die in der Sprungantwort $v(t) = Ah(t)$ auftretende Zeitfunktion

$$\boxed{h(t) = \int_0^t g(\tau)d\tau} \qquad (4.75)$$

nennt man *Übergangsfunktion*. Damit besteht zwischen der Gewichtsfunktion und der Übergangsfunktion der Zusammenhang

$$\boxed{g(t) = \frac{d}{dt}h(t)} \qquad (4.76)$$

# 4.4 Die Beschreibung eines Systems durch seine Antwortfunktion

Das Übertragungsverhalten eines Systems läßt sich durch eine Differentialgleichung beschreiben, es ist aber auch durch seine Gewichtsfunktion festgelegt. Eine weitere Möglichkeit der Systembeschreibung bieten *Kennfunktionen*, die aus speziellen *Antwortfunktionen* hergeleitet werden können und das Zeitverhalten eines Systems eindeutig angeben. Verwendet werden hier *Testfunktionen* wie die *Impulsfunktion*, die *Sprungfunktion* oder die *Rampenfunktion*. Deshalb spricht man auch bei der Systemreaktion von der *Impulsantwort*, der *Sprungantwort* oder der *Rampenantwort* (Bild 4.23).

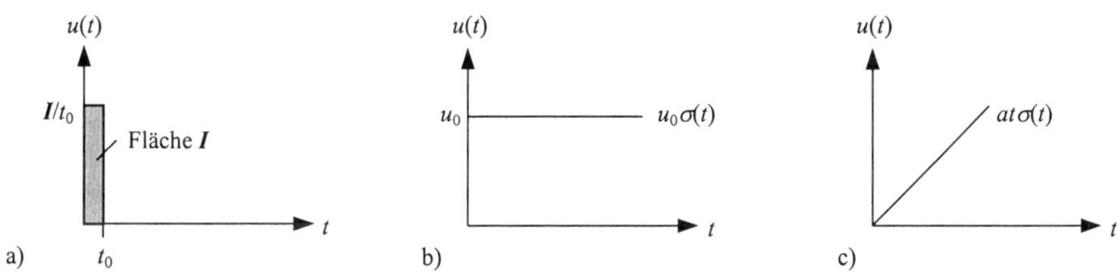


**Bild 4.23:** Standardisierte Testfunktionen
a) Impulsfunktion
b) Sprungfunktion
b) Rampenfunktion

**Impulsantwort**

Ist die Erregerfunktion impulsförmig, dann hängt die Wirkung der stoßartigen Erregung eines Systems von der Impulsfläche $\boldsymbol{I}$ ab (Bild 4.23a). Als Kennfunktion wird die auf die Impulsfläche $\boldsymbol{I}$ bezogene Impulsantwort verwendet. Sie ist formal gleich der Gewichtsfunktion:

$$g(t) = \frac{v(t)}{I}, \quad t > 0 \tag{4.77}$$

Bei der Berechnung der Impulsantwort mit einer Erregerfunktion nach der Definition (4.70) geht man von der Annahme einer „hinreichend kleinen Impulsbreite $0 < t < t_0$“ aus, einer Zeitspanne, wo noch keine meßbaren Veränderungen in einem System vor sich gegangen sind. Man interessiert sich also nur für die Systemreaktion nach der Zeitspanne $t_0$, wo die impulsförmige Erregung schon wieder abgeklungen ist. Deshalb ist es völlig ausreichend, die Lösung der Differentialgleichung für die Zeit $t_0 > 0$ zu ermitteln, in der die Eingangsgröße $u(t) = 0$ ist. Wählt man dagegen als formale Eingangsgröße den mit der Impulsfläche $\boldsymbol{I}$ multiplizierte DIRAC-Stoß $\boldsymbol{I}\delta(t)$, ist auch die Ausgangfunktion mit diesem Faktor gewichtet und muß entsprechend (4.77) noch durch die Impulsfläche $\boldsymbol{I}$ dividiert werden.

**Sprungantwort**

Eine sprungförmig verlaufende Eingangsgröße $u(t) = u_0\sigma(t)$ liefert als Kennfunktion eine auf die Eingangssprungamplitude $u_0$ bezogene Sprungantwort:

$$h(t) = \frac{v(t)}{u_0}, \quad t > 0 \tag{4.78}$$

Die Kennfunktion $h(t)$ ist die in (4.75) definierte Übergangsfunktion. Sie beschreibt den zeitlichen Verlauf eines Überganges vom Ausgangszustand zum stationären Wert bei $t \to \infty$. Demnach dient sie vorwiegend zur Beurteilung des dynamischen Verhaltens eines Systems. Zu diesem Zweck werden an zwei typischen Einschwingvorgängen die folgenden Kenngrößen definiert:

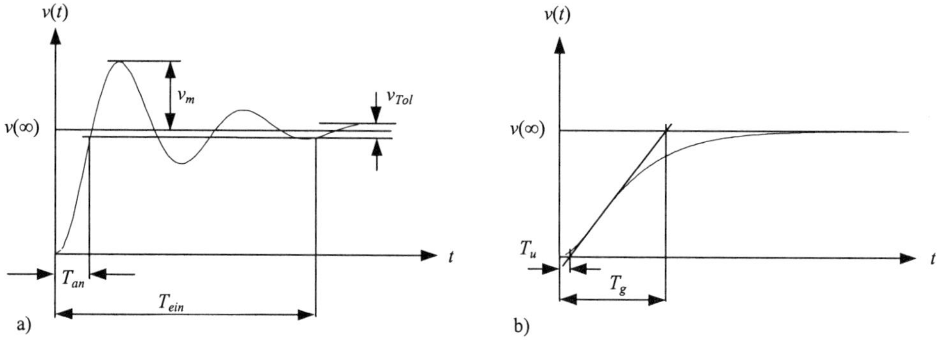


**Bild 4.24:** Kenngrößen von Sprungantworten bei unterschiedlichem Übergangsverhalten
a) Schwingender Übergang
b) Nicht schwingender Übergang

| | |
|---|---|
| $T_{an}$ | Anschwingzeit: Zeit bis die Ausgangsgröße das Toleranzband zum ersten Mal erreicht |
| $T_{ein}$ | Einschwingzeit: Zeit bis die Ausgangsgröße das Toleranzband zum ersten Mal nicht mehr verläßt |
| $v_m$ | Überschwingweite: Maximaler Amplitudenwert der Ausgangsgröße bezüglich des stationären Wertes |
| $v_{Tol}$ | Toleranzbereich in $\pm k\%$ von $v(\infty)$: Amplitudenbereich um den stationären Wert, $k$ wählbar |
| $v(\infty)$ | Stationärer Zustand: Wert der Ausgangsgröße, wenn die Zeit $t \to \infty$ geht |
| $T_u$ | Verzugszeit: Zeit bis zum Schnittpunkt der Wendetangente und der $t$-Achse |
| $T_g$ | Ausgleichzeit: Zeit bis zum Schnittpunkt der Wendetangente und der $v(\infty)$-Linie |

**Rampenantwort**

Eine rampenförmige Eingangsgröße $u(t) = at\sigma(t)$ mit Steigung $a$ liefert die *Rampen-* oder *Anstiegsantwort*. Wird diese auf die Steigung $a$ bezogen, heißt die Kennfunktion *bezogene Anstiegsantwort*:

$$\boxed{v_A(t) = \frac{v(t)}{a}, \quad t > 0} \tag{4.79}$$

Rampenförmige Testfunktionen finden dort Verwendung, wo die Steigung der Eingangsgröße begrenzt ist, z. B. bei Temperaturänderungen unter Berücksichtigung von Materialspannungen.

# 4.5 Beispiele

**4.1** Ein quaderförmiger Flüssigkeitsbehälter der Höhe $h$ und der Bodenfläche $A$ soll modelliert werden, d. h. eine Differentialgleichung ist gesucht, die eine Beziehungen zwischen dem Zufluß $q_e$, dem Abfluß $q_a$ und dem Niveau $x$ herstellt.

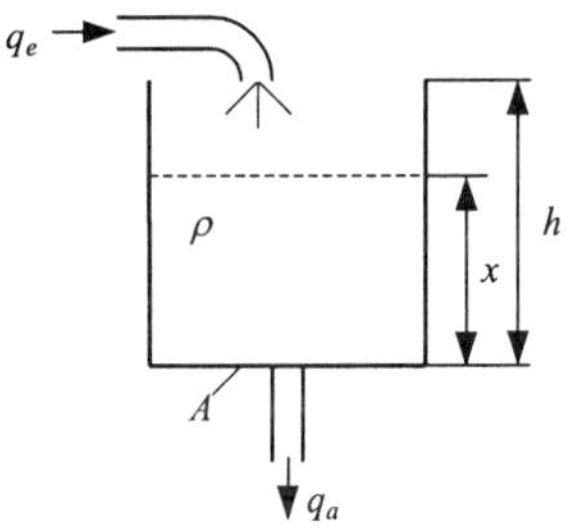


**Bild 4.25:** Flüssigkeitsbehälter
$q_e, q_a$ Zufluß, Abfluß
$h, A$ Behälterhöhe, Behälterbodenfläche
$x$ Flüssigkeitsniveau
$\rho$ Dichte des Fluids

Die Massenänderung ist proportional der Differenz von Zufluß und Abfluß:

$$\frac{dm}{dt} = q_e - q_a$$

Für die Beziehung zwischen Niveauänderung $x$, Masse $m$ und Volumen $V$ gilt:

$$m = \rho V = \rho A x$$

Wird diese Gleichung nach der Zeit differenziert und in der obigen Beziehung verwendet, erhält man für die Massenänderung:

$$\frac{dm}{dt} = \rho A \frac{dx}{dt} = q_e - q_a$$

Aus dieser Gleichung folgt nach Umstellung:

$$\dot{x} = \frac{1}{\rho A}\left(q_e(t) - q_a(t)\right) \qquad (0 \le x \le h)$$

Die Niveauänderung $\dot{x}$ ist somit proportional der Differenz zwischen Zu- und Abfluß. Da hier die Variable $x$ in der Differentialgleichung fehlt, weist die Gleichung auf ein integrales Verhalten des Flüssigkeitsbehälters hin. Durch Integration erhält man:

$$x(t) - x_0 = \frac{1}{\rho A}\int\left(q_e(t) - q_a(t)\right)dt \qquad \text{mit } x(0) = x_0$$

**4.2** Das Übertragungsverhalten eines RC-Tiefpasses soll durch Aufstellen einer Differentialgleichung erfaßt werden.

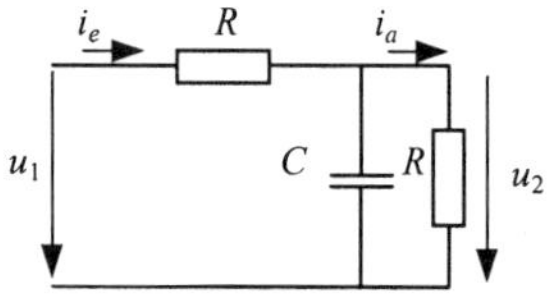


**Bild 4.26:** Elektrisches Netzwerk: RC-Tiefpaß

| | |
|---|---|
| $u_1$, $u_2$ | Spannungen am Eingang, Ausgang |
| $i_e$, $i_a$ | Ströme am Eingang, Ausgang |
| $R$ | Ohmscher Widerstand |
| $C$ | Kapazität |

Die Ladungsänderung am Kondensator ist proportional der Stromdifferenz:

$$i_e - i_a = \frac{dQ}{dt}$$

Für den Strom $i_a$ am Netzwerkausgang gilt mit $Q = Cu_2$:

$$i_a = \frac{u_2}{R} = \frac{1}{RC}Q$$

Mit der Strombilanz ergibt sich eine Differentialgleichung erster Ordnung. Einzig auftretender Koeffizient ist die Zeitkonstante $T_1 = RC$:

$$T_1\dot{Q} + Q = T_1 i_e$$

Setzt man für $i_e = (u_1 - u_2)/R$ und für $Q = Cu_2$ bzw. $\dot{Q} = C\dot{u}_2$, dann ergibt sich ebenfalls eine Differentialgleichung erster Ordnung, aber mit nur einer halb so großen Zeitkonstanten $T_1$:

$$\frac{T_1}{2}\dot{u}_2 + u_2 = \frac{1}{2}u_1$$

**4.3** Ein mathematisches Pendel wird betrachtet. Hier ist die gesamte Pendelmasse $m$ in einem Punkt A konzentriert, wo auch das Pendelgewicht $G = mg$ sowie die von außen einwirkende Kraft $F$ angreifen. Der Pendelausschlag $\varphi$ sei die Ausgangsgröße des Systems.

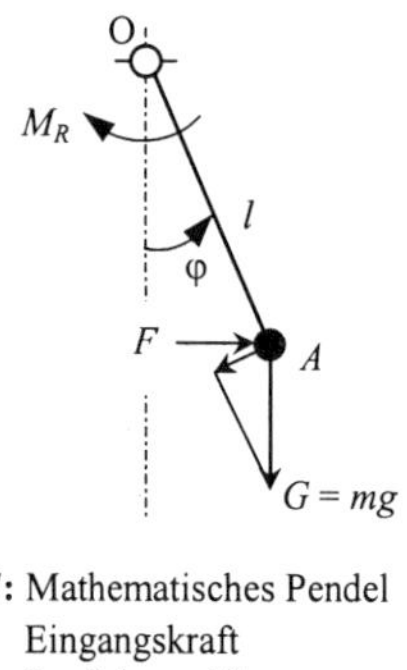


**Bild 4.27:** Mathematisches Pendel

| | |
|---|---|
| $F$ | Eingangskraft |
| $\varphi$ | Pendelausschlag |
| $G = mg$ | Gewicht des Pendels |
| $l$ | Pendellänge |
| $M_R$ | Reibmoment in der Aufhängung |

Bezüglich der Pendelaufhängung in O gilt die Momentenbilanz:

$$J\ddot{\varphi} = M_F + M_G + M_R$$

In dieser Gleichung bedeuten:

| | |
|---|---|
| $J = ml$ | Trägheitsmoment bezüglich O |
| $M_F = Fl\cos\varphi$ | Moment infolge der äußeren Kraft $F$ |
| $M_G = -mgl\sin\varphi$ | Rückstellmoment infolge des Pendelgewichts |
| $M_R = -c_R\dot{\varphi}$ | Moment auf Grund von Lagerreibung |

Setzt man diese Ausdrücke in die obige Bilanzgleichung ein und dividiert mit $ml^2$, erhält man eine nichtlineare Differentialgleichung zweiten Grades:

$$\ddot{\varphi} + \frac{c_R}{ml^2}\dot{\varphi} + \frac{g}{l}\sin\varphi = \frac{F}{ml}\cos\varphi$$

Für „kleine" Winkelausschläge $\varphi$ ist $\sin\varphi \approx \varphi$ und $\cos\varphi \approx 1$. Mit diesen Näherungen ist eine Linearisierung obiger Differentialgleichung möglich:

$$\ddot{\varphi} + \frac{c_R}{ml^2}\dot{\varphi} + \frac{g}{l}\varphi = \frac{F(t)}{ml}$$

Der Winkelausschlag $\varphi$ ist die Ausgangsgröße und die Kraft $F$ die Eingangsgröße des Systems „Mathematisches Pendel".

**4.4** Modellieren eines Rührkesselreaktors.

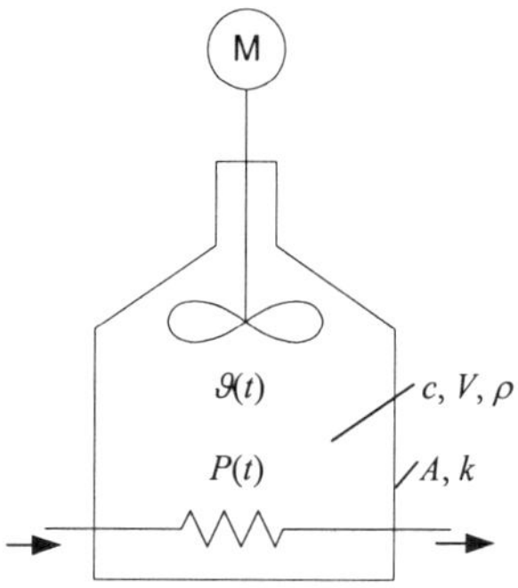


**Bild 4.28:** Rührkesselreaktor

| | |
|---|---|
| $M$ | Rührwerksantrieb |
| $\vartheta(t)$ | Flüssigkeitstemperatur |
| $P(t)$ | Zu- bzw. abgeführte Wärmeleistung |
| $A$ | Oberfläche des Behälters |
| $k$ | Wärmedurchgangszahl der Gefäßwand |
| $\rho$ | Dichte der Flüssigkeit |
| $c$ | Spezifische Wärme der Flüssigkeit |
| $V$ | Behältervolumen |

In einem geschlossenen Behälter mit Volumen $V$ und Oberfläche $A$ wird eine Flüssigkeit mit der Dichte $\rho$ und spezifischer Wärme $c$ so bewegt, daß die Flüssigkeitstemperatur $T$ gegenüber der Umgebungstemperatur zu einer homogenen Temperaturverteilung im Behälter führt. Mit einer Heiz- und Kühleinrichtung wird der Flüssigkeit die Leistung $P(t)$ zugeführt bzw. entzogen.

Die Wärmebilanz der Flüssigkeit zum Zeitpunkt $t$ setzt sich dann wie folgt zusammen:

Zunahme der gespeicherten Wärme pro Zeiteinheit
plus abfließender Wärmeleistung
gleich zugeführte Leistung, also

$$cV\rho\frac{d\vartheta}{dt} + kA\vartheta = P(t)$$

Mit den Abkürzungen $T_1 = \frac{cV\rho}{kA}$ und $K = 1/kA$ erhält man eine lineare Differentialgleichung 1. Ordnung:

$$T_1\dot{\vartheta} + \vartheta = KP(t)$$

Wegen der Einheit des Koeffizienten $T_1$, $[T_1] = \frac{[c][V][\rho]}{[k][A]} = \frac{\mathrm{JK^{-1}kg^{-1}m^3kgm^{-3}}}{\mathrm{WK^{-1}m^{-2}m^2}} = \mathrm{s}$, nennt man $T_1$ Zeitkonstante.

**4.5** Die Kennfunktionen eines Systems erster Ordnung mit Eingangsgröße $u(t)$ und Ausgangsgröße $v(t)$ sind gesucht. Die Differentialgleichung sei:

$$T_1\dot{v}(t) + v(t) = u(t)\,,\quad v(0) = 0,\quad t \geq 0$$

Die Erregerfunktion wird impulsförmig mit $u(t) = \boldsymbol{I}\delta(t)$ angenommen. Dann ist zu lösen:

$$T_1\dot{v}(t) + v(t) = 0\,,\quad t > 0$$

Die Lösung der Differentialgleichung $v(t) = \frac{1}{T_1}e^{-t/T_1}$ entspricht der Gewichtsfunktion $g(t)$.

Benutzt man den Bildbereich als Lösungsweg, lautet das Transformationsergebnis:

$$T_1 sV(s) + V(s) = U(s)$$

Mit der transformierten Eingangsgröße $U(s) = I\mathcal{L}\{\delta(t)\} = I \cdot 1$ wird die Differentialgleichung:

$$T_1 sV(s) + V(s) = I$$

Wird sie nach $V(s)$ umgestellt und in den Zeitbereich transformiert, erhält man als Impulsantwort:

$$v(t) = I\frac{1}{T_1}e^{-t/T_1}, \quad t > 0$$

Nach (4.77) wird hieraus durch Division mit $I$ die Gewichtsfunktion.

Die Sprungantwort berechnet sich bei diesem System mit der Eingangsfunktion $U(s) = u_0/s$ zu:

$$v(t) = u_0(1 - e^{-t/T_1}), \quad t > 0$$

Durch Division mit $u_0$ entsprechend der Definition (4.78) erhält man die Übergangsfunktion:

$$h(t) = \frac{v(t)}{u_0} = (1 - e^{-t/T_1}), \quad t > 0$$

Ist die Gewichtsfunktion bekannt, läßt sich die Übergangsfunktion auch nach (4.75) berechnen:

$$\begin{aligned} h(t) &= \int_0^t g(\tau)d\tau = \frac{1}{T_1}\int_0^t e^{-t/T_1}d\tau \\ &= \frac{1}{T_1}(-T_1)e^{-t/T_1}\Big|_0^t \\ &= 1 - e^{-t/T_1}, \quad t > 0 \end{aligned}$$

Die Rampenantwort, die sich infolge einer Systemerregung mit $u(t) = at$, $t > 0$ ergibt, liefert das Faltungsintegral (4.72):

$$\begin{aligned} v(t) &= \int_0^t g(t-\tau)u(\tau)d\tau \\ &= \frac{a}{T_1}\int_0^t e^{\frac{\tau - t}{T}}\tau d\tau \\ &= a(t - T_1(1 - e^{-t/T_1})), t > 0 \end{aligned}$$

Die bezogene Anstiegsantwort ist nach (4.79):

$$v_A(t) = t - T_1(1 - e^{-t/T_1}), t > 0$$

**4.6** Die Kennfunktionen eines Systems mit integralem Verhalten werden auf unterschiedlichen Wegen berechnet. Die Differentialgleichung sei mit mit Anfangsbedingung $v(0) = 0$:

$T_1\dot{v}(t) = Ku(t)$ oder umgestellt:

$$v(t) = \frac{K}{T_1}\int_0^t u(\tau)d\tau$$

Lösen der Differentialgleichung im Zeitbereich mit unterschiedlichen Eingangsgrößen:

Sprungantwort: $u(t) = u_0$, $t > 0$ $\qquad v(t) = \frac{K}{T_1}u_0\int_0^t d\tau = \frac{K}{T_1}u_0 t$

Übergangsfunktion (4.72): $\qquad h(t) = \frac{v(t)}{u_0} = \frac{K}{T_1}t$

Rampenantwort: $u(t) = at$, $t > 0$ $\qquad v(t) = \frac{K}{T_1}a\int_0^t \tau d\tau = \frac{K}{T_1}\frac{a}{2}t^2$

Bezogene Rampenantwort (4.79): $\quad v_A(t) = \frac{K}{T_1}\frac{1}{2}t^2$

Lösen der Differentialgleichung im Bildbereich:

Impulsantwort: $u(t) = I\delta(t)$ $\qquad T_1\dot{v}(t) = Ku(t) = KI\delta(t)$

$$V(s) = \frac{K}{T_1}\frac{1}{s}I\cdot 1$$

$$v(t) = KI\frac{1}{T_I}$$

Gewichtsfunktion (4.77): $\qquad g(t) = \frac{K}{T_1}$

Berechnungen mit Hilfe der Gewichtsfunktion:

Übergangsfunktion (4.75): $\qquad h(t) = \int_0^t g(\tau)d\tau = \frac{K}{T_1}\int_0^t d\tau = \frac{K}{T_1}t$

Rampenantwort (4.72): $\qquad v(t) = \frac{K}{T_1}a\int_0^t \tau d\tau = \frac{K}{T_1}a\int_0^t (t-\tau)d\tau = \frac{K}{T_1}a\frac{1}{2}t^2$

# 4.6 Übungsaufgaben

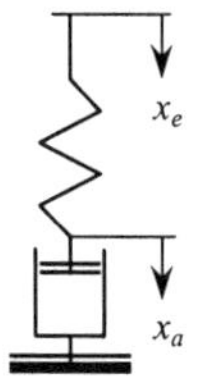


**Bild 4.29:** Feder-Dämpfer-System

| | |
|---|---|
| $x_e$, $x_a$ | Eingangs-, Ausgangsgröße |
| $r$ | Reibungskoeffizient |
| $c$ | Federsteife |

**4.1** Das massenlos angenommene Feder-Dämpfer-System ist zu modellieren. Der Ferderanfang wird zum Zeitpunkt $t = t_0$ um den Weg $x_e = x_{e0}$ versetzt. Die Feder wird damit um den Federweg $x_e - x_a$ zusammengedrückt. Die Federkraft $c(x_e - x_a)$ ist proportional der Dämpfungskraft $x_a \dot{r}$, lineare Verhältnisse vorausgesetzt. Die Differentialgleichung ist aufzustellen.

**Lsg.:** $T_1 \dot{x}_a(t) + x_a(t) = x_e(t), \quad t > 0, \quad T_1 = r/c$

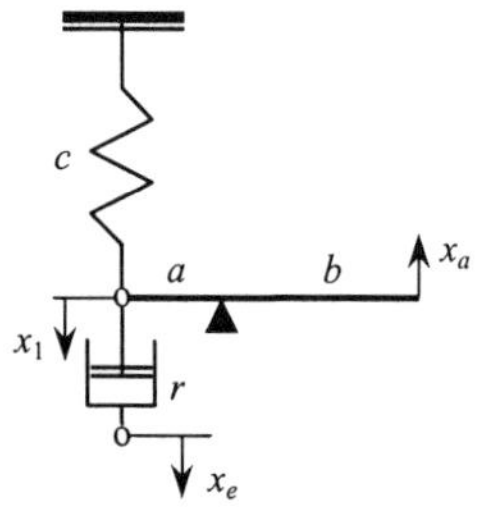


**Bild 4.30:** Hebelsystem mit Dämpfungsglied und Feder

| | |
|---|---|
| $a$, $b$ | Hebelarme |
| $x_e$, $x_a$ | Eingangs-, Ausgangsgröße |
| $r$ | Reibungskoeffizient |
| $c$ | Federsteife |
| $x_1$ | Federweg |

**4.2** Hebel-Dämpfungs-System: Die Eingangsgröße $x_e$ liegt am Dämpfungszylinder, eine Zwischengröße ist der Federweg $x_1$. Diese Größe fungiert als Eingangsgröße für die Hebelanordnung. Die Ausgangsgröße des Systems ist die Hebelauslenkung $x_a$. Die Masse soll wieder vernachlässigbar sein. Die Differentialgleichung ist aufzustellen.

**Lsg.:** $T_1 \dot{x}_a(t) + x_a(t) = K_D \dot{x}_e(t), \quad T_1 = \frac{r}{c}, \quad K_D = T_1 K, \quad K = \frac{a}{b}$

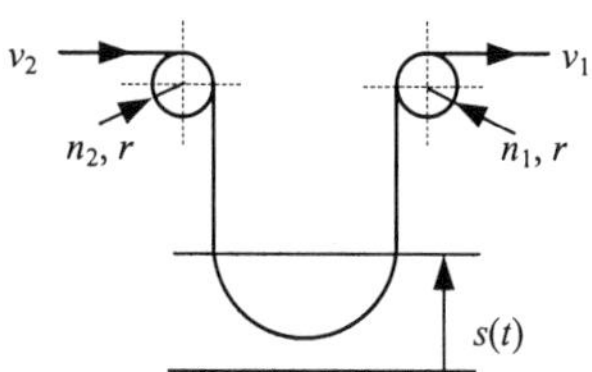


**Bild 4.31:** Schlinge

| | |
|---|---|
| $v_1$, $v_2$ | Geschwindigkeiten |
| $n_1$, $n_2$ | Drehzahlen |
| $r$ | Walzenradius |
| $s$ | Durchhang |

**4.3** Schlingenregelung: Bei elastischen Endlosprodukten wie Stoff- oder Gewebebahnen, Bänder, Folien usw. ist der Durchhang $s(t)$ in Abhängigkeit der Drehzahldifferenz $n_2 - n_1$ zu modellieren.

**Lsg.:** $s(t) = \pi r \int (n_2 - n_1) dt$

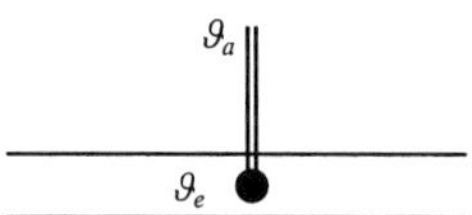


**Bild 4.32:** Erwärmungsprozeß

| | |
|---|---|
| $\vartheta_e$, $\vartheta_a$ | Eingangs- Ausgangstemp. |
| $m$ | Masse des Fühlers |
| $c$ | Spez. Wärme des Fluids |
| $A$ | Umspülte Oberfläche |

**4.4** Die Ausgangstemperatur $\vartheta_a(t)$ des Wärmefühlers wird durch den Wärmestrom vom Fluid zum Fühler bestimmt. Dieser ist von der Wärmekapazität $mc$ des Fühlers und dem Wärmeübergang vom Fluid an den Fühler abhängig. Wie lautet die Differentialgleichung?

**Lsg.:** $T_1 \dot{\vartheta}_a(t) + \vartheta_a(t) = \vartheta_e(t), \quad T_1 = \frac{mc}{\alpha A}$

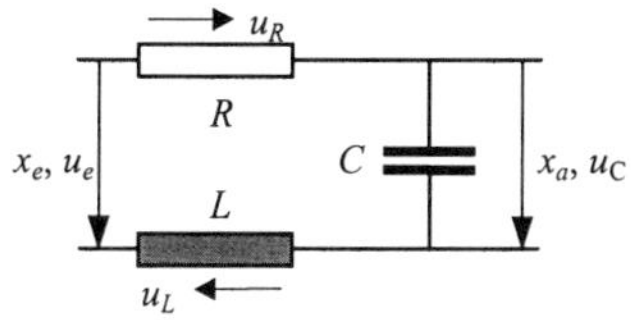


**Bild 4.33:** Elektrischer Schwingkreis
$x_e, x_a$ Eingangs-, Ausgangsgröße
$R, C, L$ Ohmscher Widerstand, Kapazität, Induktivität
$u_R, u_C, u_L$ Spannungen an den Bauteilen

**4.5** Ein elektrischer Schwingkreis ist zu modellieren. Die Eingangsspannung $u_e$ ist die Eingangsgröße, die Spannung am Kondensator $u_C$, die Ausgangsgröße. Die Anwendung des KIRCHHOFFschen Maschensatzes liefert das gewünschte Ergebnis.

**Lsg.:** $T_2^2\ddot{x}_a(t) + T_1\dot{x}_a(t) + x_a(t) = x_e(t)$,
$T_2^2 = LC$, $T_1 = RC$

**4.6** Gegeben ist ein System, das durch die Differentialgleichung $T_1\ddot{v}(t) + \dot{v}(t) = K_I u(t)$ mit den Anfangsbedingungen $v(0) = v_0$, $\dot{v}(0) = \dot{v}_0$ beschrieben ist. Man spricht hier auch von einem „I-$T_1$-Verhalten", weil die Ausgangsgröße das Integral der Eingangsgröße ist und außerdem noch verzögert erscheint. Die Antwortfunktionen bzw. Kennfunktionen sollen berechnet werden:

a) Lösung der Differentialgleichung mit Hilfe der LAPLACE-Transformation unter Berücksichtigung der Anfangsbedingungen für eine sprungförmige Erregung mit $u(t) = u_0$, $t > 0$. Die beiden ersten Terme stehen für die Eigenbewegungen des Systems, der letzte Term zeichnet sich für die von außen auf das System eingebrachte Erregung verantwortlich:

$$v(t) = v_0 + T_1(1 - e^{-t/T_1})\dot{v}_0 + K_I u_0(t - T_1 + T_1 e^{-t/T_1})$$

b) Sprungantwort und Übergangsfunktion:

$$v(t) = K_I u_0\left[t - T_1(1 - e^{-t/T_1})\right] \text{ und } h(t) = \frac{v(t)}{u_0} = K_I\left[t - T_1(1 - e^{-t/T_1})\right]$$

c) Anstiegsantwort und bezogene Anstiegsantwort

$$v(t) = K_I a\left[T_1^2(1 - e^{-t/T_1}) + T_1 t + \frac{1}{2}t^2\right] \text{ und } v_A(t) = \frac{v(t)}{a} = K_I\left[T_1^2(1 - e^{-t/T_1}) + T_1 t + \frac{1}{2}t^2\right]$$

d) Impulsantwort und Gewichtsfunktion

$$v(t) = K_I \boldsymbol{I}(1 - e^{-t/T_1}) \text{ und } g(t) = \frac{v(t)}{\boldsymbol{I}} = \frac{dh(t)}{dt} = K_I(1 - e^{-t/T_1})$$

e) Die Lösung der Differentialgleichung im Zeitbereich:

$$v(t) = K_I u_0 t + \frac{C_1}{T_1}e^{-t/T_1} + C_2$$

f) Anpassen der Integrationskonstanten an die Anfangsbedingungen:

$$C_1 = T_1^2(K_I u_0 - \dot{v}_0) \text{ und } C_2 = v_0 - T_1 K_I u_0 + T_1\dot{v}_0$$

eingesetzt in e) ergibt den aufgegliederten Ausdruck in a).

# 5 Die Beschreibung linearer kontinuierlicher Systeme im Frequenzbereich

Die mathematische Beschreibung von dynamischen Systemen im Zeitbereich in Form von Differentialgleichungen wird mit zunehmender Ordnung immer aufwendiger. Geht man aber in den Frequenzbereich über, wo die wesentlichen Eingangs- und Ausgangsbeziehungen erhalten bleiben, können viele funktionelle Zusammenhänge übersichtlicher dargestellt werden. Ein Beispiel hierfür ist die nur im Frequenzbereich definierte Übertragungsfunktion. Sie eröffnet einen weiteren Weg Systemantworten zu berechnen sowie vermaschte und zusammengesetzte Übertragungssysteme analytisch aber auch grafisch zu entflechten.

## 5.1 Die Übertragungsfunktion

### 5.1.1 Definitionen

Im Zeitbereich wird das Übertragungsverhalten eines Systems durch eine lineare Differentialgleichung $n$-ter Ordnung mit konstanten Koeffizienten beschrieben:

$$a_n v^{(n)} + \ldots + a_1 \dot{v} + a_0 v = b_0 u + b_1 \dot{u} + \ldots + b_m u^{(m)} \tag{5.1}$$

Häufig interessiert aber nur das Übertragungsverhalten eines Systems bei einer definierten Eingangsgröße, nämlich die Systemreaktionen wie Impulsantwort und Sprungantwort, dagegen nicht die Eigenbewegung des Systems infolge nicht verschwindender Anfangsbedingungen. Deshalb ist es ausreichend, die Differentialgleichung (5.1) ohne ihre Anfangsbedingungen in den Bildraum zu transformieren, also das System im Anfangszustand energiefrei anzunehmen. Das Ergebnis der Transformation ist eine algebraische Gleichung mit der komplexen Variablen $s$:

$$V(s)\left[a_n s^n + \ldots + a_1 s + a_0\right] = U(s)\left[b_0 + b_1 s + \ldots + b_m s^m\right] \tag{5.2}$$

Der Quotient aus der LAPLACE-transformierten Ausgangsgröße und der LAPLACE-transformierten Eingangsgröße heißt *Übertragungsfunktion*.

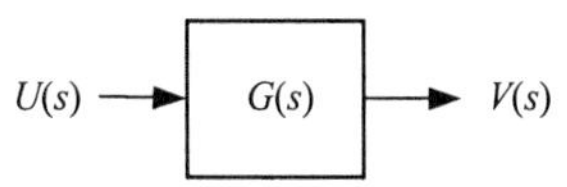


$$G(s) = \frac{V(s)}{U(s)} = \frac{b_m s^m + \ldots + b_1 s + b_0}{a_n s^n + \ldots + a_1 s + a_0} = \frac{Z(s)}{N(s)} \tag{5.3}$$

**Bild 5.1:** Die Übertragungsfunktion $G(s)$ als Blocksymbol

Die Übertragungsfunktion ist eine komplexwertige Funktion der komplexen Variablen $s$, deren Koeffizienten nur von der Struktur und den Parametern des Systems abhängen. Die $m$ Nullstellen des Zählerpolynoms sind gleichzeitig die *Nullstellen der Übertragungsfunktion*, die $n$ Nullstellen des Nennerpolynoms führen zu den *Polen der Übertragungsfunktion*. Bei realisierbaren Systemen gilt immer $\text{Grad}\{Z(s)\} \le \text{Grad}\{N(s)\}$.

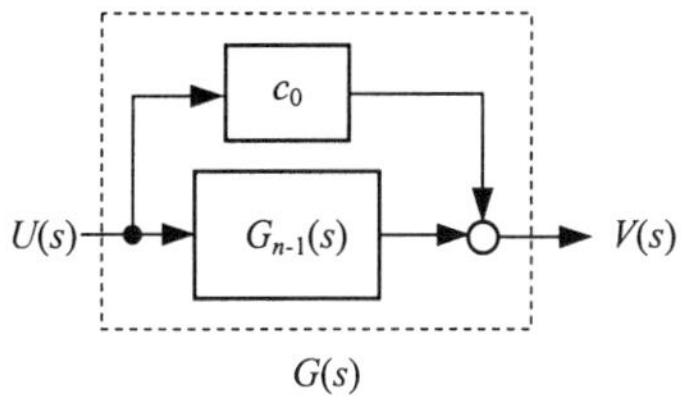


**Bild 5.2:** Realisierung einer Übertragungsfunktion, wenn der Zählergrad gleich dem Nennergrad ist

Im Sonderfall Zählergrad *gleich* Nennergrad läßt sich durch Polynomdivision ein konstanter Anteil $c_0 = b_n / a_n$ abspalten, der Rest ist eine echt gebrochene rationale Funktion $G_{n\text{-}1}(s)$:

$$G(s) = \frac{Z_n(s)}{N_n(s)} = \frac{Z_{n-1}(s)}{N_n(s)} + c_0 = G_{n-1}(s) + c_0 \tag{5.4}$$

Symbolisch läßt sich der mathematische Vorgang durch eine realisierbare Parallelschaltung zweier Teilblöcke mit den Übertragungsfunktionen $G_{n\text{-}1}(s)$ und $c_0$ ausdrücken (Bild 5.2).

### 5.1.2 Beziehungen zwischen Übertragungs-, Gewichts- und Übergangsfunktion

Wegen der impulsförmigen Systemerregung gilt zwischen der Übertragungsfunktion und der Gewichtsfunktion im Bildbereich:

$$V(s) = U(s)G(s) = \mathcal{L}\,\{\delta(t)\}G(s) = G(s) = \mathcal{L}\,\{g(t)\} \tag{5.5}$$

Die Übertragungsfunktion ist somit eine weitere Kennfunktion, die das Übertragungsverhalten eines Systems eindeutig wiedergibt. Wählt man anstelle einer stoßförmigen Erregung eine sprungförmige Auslenkung der Eingangsgröße, erhält man die LAPLACE-transformierte Übergangsfunktion:

$$V(s) = U(s)G(s) = \frac{1}{s}G(s) = \mathcal{L}\,\{h(t)\} \tag{5.6}$$

Zusammenfassend sind in der folgenden Tabelle die Beziehungen zwischen den Kennfunktionen aufgelistet:

| | Übertragungsfunktion $G(s)$ | Gewichtsfunktion $g(t)$ | Übergangsfunktion $h(t)$ |
|---|---|---|---|
| Übertragungsfunktion $G(s)$ | | $G(s) = \mathcal{L}\,\{g(t)\}$ | $G(s) = s\mathcal{L}\,\{h(t)\}$ |
| Gewichtsfunktion $g(t)$ | $g(t) = \mathcal{L}^{-1}\{G(s)\}$ | | $g(t) = \frac{d}{dt}h(t)$ |
| Übergangsfunktion $h(t)$ | $h(t) = \mathcal{L}^{-1}\left\{\frac{G(s)}{s}\right\}$ | $h(t) = \int_0^t g(\tau)d\tau$ | |

**Tabelle 5.1:** Beziehungen zwischen den Kennfunktionen

### 5.1.3 Umformen von Blockstrukturen

Systeme können aus einer Vielzahl von Elementen bestehen wie z. B. Übertragungsglieder, die seriell oder parallel angeordnet sind, Additions-, Subtraktions- und Verzweigungsstellen, rückgekoppelte Strukturen oder ineinandergreifende Schleifen. Die folgenden auf der Übertragungsfunktion basierenden *Umformungsregeln* dienen dazu, verzweigte und ausgedehnte Anordnungen so umzuordnen und aufzulösen, daß Signalübertragungswege übersichtlicher hervortreten oder die resultierende Übertragungsfunktion leichter ermittelbar sind.

### I. Serien- oder Kettenschaltung

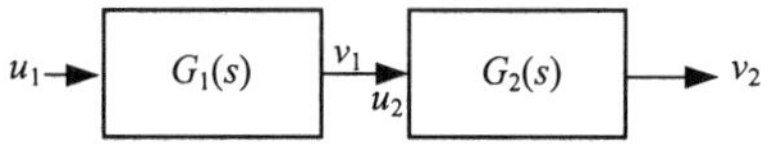


**Bild 5.3:** Kettenschaltung von Übertragungsgliedern

Unter Berücksichtigung der Definition (5.3) läßt sich aus dem nebenstehenden Bild 5.3 entnehmen:

$v_1 = u_1 G_1(s)$ und
$v_2 = u_2\, G_2(s)$

Die Ausgangsgröße des ersten Übertragungsgliedes $v_1$ ist gleich der Eingangsgröße des folgenden Übertragungsgliedes $u_2$:

$$u_2 = v_1 \;\Rightarrow\; v_2 = u_1 G_1(s) G_2(s)$$

Die resultierende Übertragungsfunktion $G(s)$ über zwei in Serie liegende Blöcke hinweg ist das Produkt aus den beiden einzelnen Übertragungsfunktionen:

$$G(s) = v_2/u_1 = G_1(s) G_2(s)$$

Bei $n$ Blöcken mit den Übertragungsfunktionen $G_i(s)$ ist demnach die Gesamtübertragungsfunktion das Produkt aller einzelnen Übertragungsfunktionen:

$$\boxed{G(s) = \prod_{i=1}^{n} G_i(s)} \tag{5.7}$$

### II. Parallelschaltung

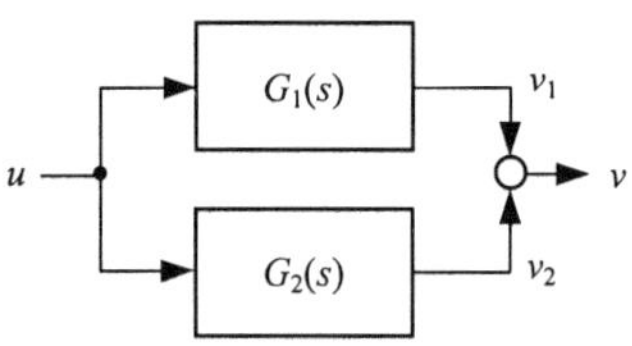


**Bild 5.4:** Parallelschaltung von Übertragungsgliedern

Beide Übertragungsglieder liegen an demselben Eingang. Die Ausgänge werden am Summationspunkt zusammengeführt:

$$v = v_1 + v_2 = u(G_1(s) + G_2(s))$$

Damit addieren sich die Übertragungsfunktionen der beiden parallel liegenden Blöcken:

$$G(s) = v/u = G_1(s) + G_2(s)$$

Bei einer Erweiterung auf $n$ parallel geschalteten Blöcken mit den Übertragungsfunktionen $G_i(s)$ ist dann die Gesamtübertragungsfunktion

$$\boxed{G(s) = \sum_{i=1}^{n} G_i(s)} \tag{5.8}$$

### III. Kreisstruktur oder Rückwirkungsschaltung

In der Anordnung nach Bild 5.4 bezeichnet man den Signalweg über den Block mit Übertragungsfunktion $G_1(s)$ mit *Vorwärtsweg*, entsprechen jener mit Übertragungsfunktion $G_2(s)$ mit *Rückwärtsweg* oder *Rückführung*. Bei positiver Signalrückführung spricht man von *Mitkopplung*, bei negativer Rückführung von *Gegenkopplung*. Wird der Rückführweg an einer Stelle aufgeschnitten, liegt eine Kettenschaltung beider Blöcke vor. In diesem Falle heißt das Produkt der beiden Übertragungsfunktionen $G_0(s) = G_1(s) G_2(s)$ *Übertragungsfunktion des aufgeschnittenen Kreises*.

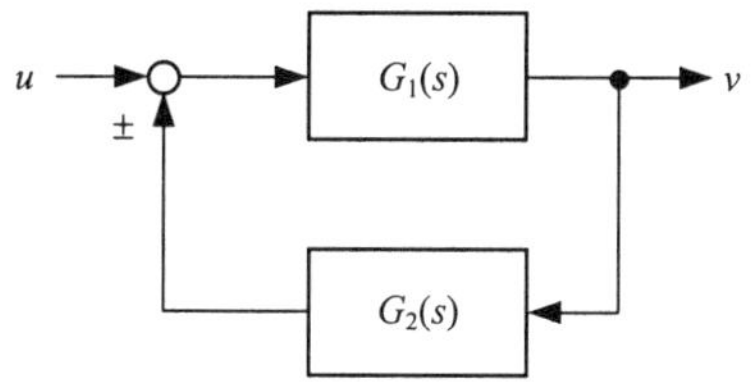


**Bild 5.5:** Kreisstruktur oder Rückwirkungsschaltung von Übertragungsgliedern

Für die Ausgangsgröße im Bild 5.5 gilt:

$$v = G_1(s)(u \pm vG_2(s)) = G_1(s)u \pm vG_1(s)G_2(s)$$

Sortiert man den Ausdruck nach Eingangs- und Ausgangsgröße, erhält man:

$$v(1 \mp G_1(s)G_2(s)) = G_1(s)u$$

Und hieraus ergibt sich die Übertragungsfunktion der Kreisstruktur:

$$\boxed{G(s) = \frac{V(s)}{U(s)} = \frac{G_1(s)}{1 \mp G_1(s)G_2(s)}} \qquad (5.9)$$

Im Nenner von (5.9) stellen sich gegenüber der schaltungstechnischen Realisierung nach Bild 5.5 entgegengesetzte Vorzeichen ein: ein Minuszeichen für die Mitkopplung und ein Pluszeichen für die Gegenkopplung.

## IV. Umformungsregeln

| Regel | Aufgabe | Ausgangsstruktur | Zielstruktur |
|---|---|---|---|
| 1 | Verlegen einer Summationsstelle | 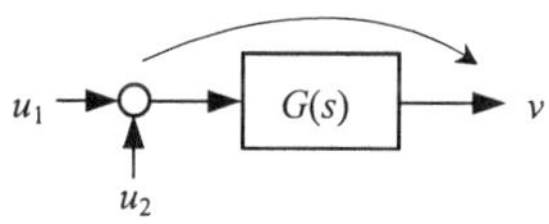 <br>$v = (u_1 + u_2)G(s)$ | 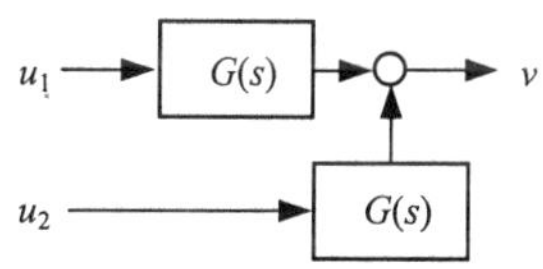 <br>$v = u_1G(s) + u_2G(s)$ |
| 2 | Rückverlegen einer Summationsstelle | 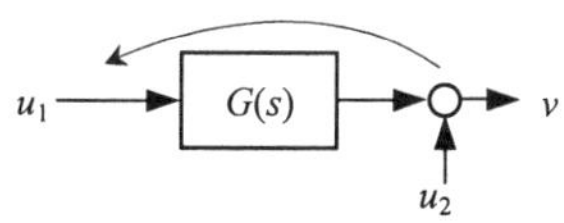 <br>$v = u_1G(s) + u_2$ | 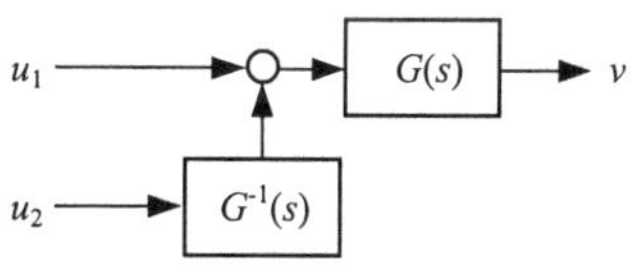 <br>$v = (u_1 + u_2G^{-1}(s))G(s)$ |
| 3 | Verlegen einer Verzweigungsstelle | 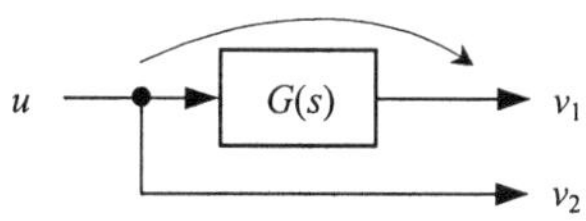 <br>$v_1 = uG(s)$<br>$v_2 = u$ | 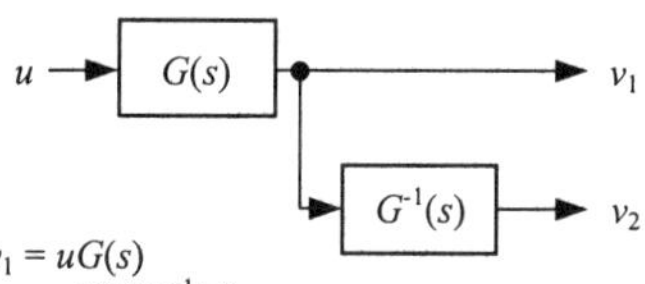 <br>$v_1 = uG(s)$<br>$v_2 = uG(s)G^{-1}(s)$ |
| 4 | Rückverlegen einer Verzweigungsstelle | 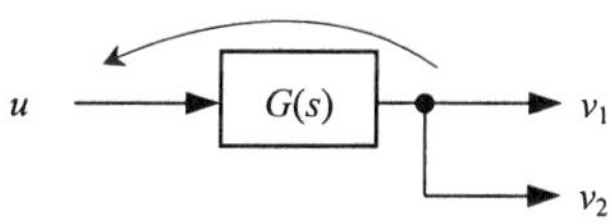 <br>$v_1 = uG(s)$<br>$v_2 = uG(s)$ | 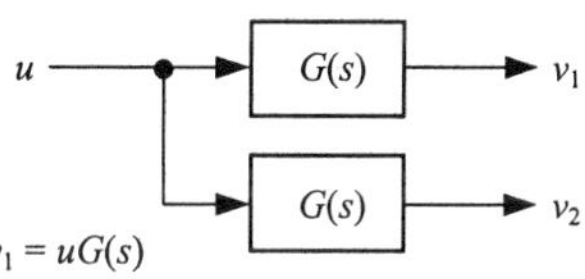 <br>$v_1 = uG(s)$<br>$v_2 = uG(s)$ |

**Tabelle 5.2:** Teil 1: Umformen von Blockstrukturen

| | | | |
|---|---|---|---|
| 5 | Blockverlegung aus einer Parallelschaltung, z. B. $G_2(s)$ | 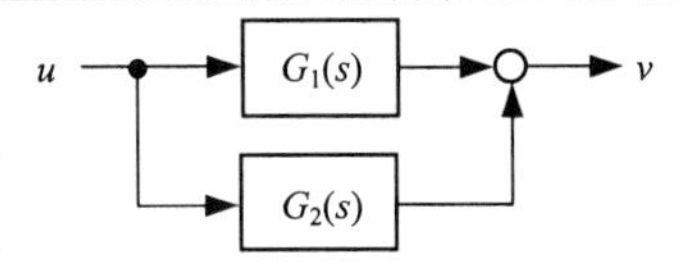 $v = uG_1(s) + uG_2(s)$ | 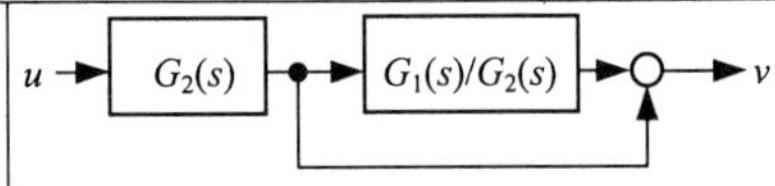 $v = uG_2(s)(1+G_1(s)/G_2(s))$ |
| 6 | Blockverlegung aus einer Kreisstruktur, z. B. $G_2(s)$ | 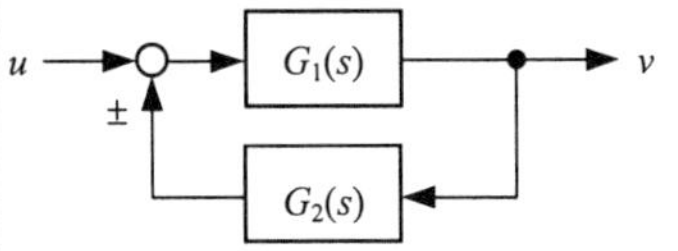 $v = u\dfrac{G_1(s)}{1 \mp G_1(s)G_2(s)}$ | 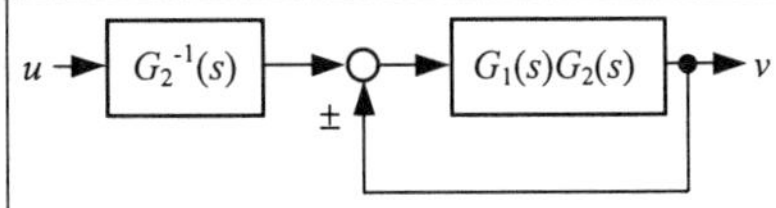 $v = uG_2^{-1}(s)\dfrac{G_1(s)G_2(s)}{1 \mp G_1(s)G_2(s)}$ |
| 7 | Zusammenlegen von Additionsstellen | 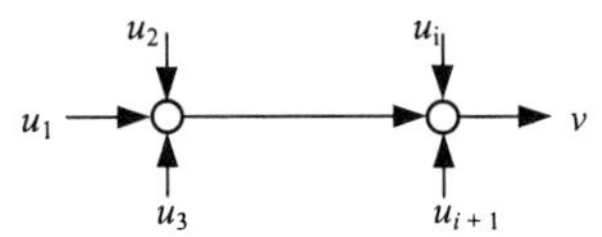 | 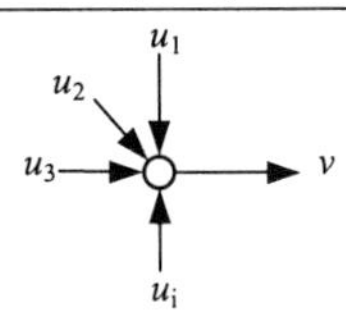 $v = \sum_{i=1}^{n} u_i$ |
| 8 | Zusammenlegen von Verzweigungsstellen | 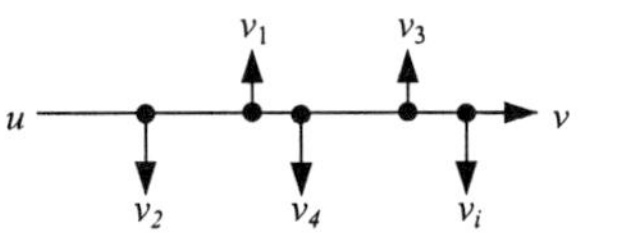 | 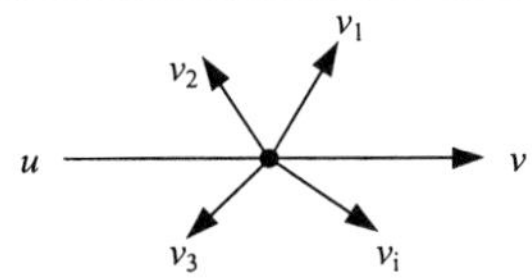 $u = v_1 = v_2 = \cdots = v_i$ |

**Tabelle 5.2:** Teil 2: Umformen von Blockstrukturen

Die Entflechtung eines ausgedehnten Netzwerkes erfolgt schrittweise bis die resultierende Übertragungsfunktion gefunden ist:

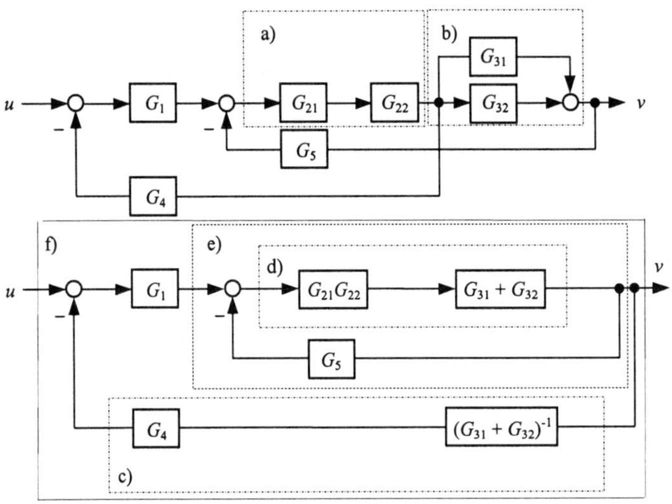


**Bild 5.6:** Auflösen von Blockstrukturen

a) Serienschaltung $G_{21}G_{22}$
b) Parallelschaltung $G_{31} + G_{32}$
c) Verlegen des Abgriffes von Block 4 auf den Ausgang und Einfügen eines neuen Blockes mit der reziproken Übertragungsfunktion $(G_{31} + G_{32})^{-1}$, Serienschaltung: $G_4(G_{31} + G_{32})^{-1}$
d) Serienschaltung: $G_{21}G_{22}(G_{31} + G_{32})$
e) Kreisstrukturen auflösen und Multiplikation mit $G_1$ wegen Serienschaltung:
$$\frac{G_{21}G_{22}(G_{31} + G_{32})}{1 + G_5G_{21}G_{22}(G_{31} + G_{32})}G_1$$
f) Kreisstruktur auflösen, Resultierende Übertragungsfunktion bilden:

$$G_{ges}(s) = \frac{G_{21}G_{22}(G_{31} + G_{32})}{1 + G_5G_{21}G_{22}(G_{31} + G_{32}) + G_{21}G_{22}G_{31}(G_{31} + G_{32})G_1G_4}G_1$$

# 5.2 Der Frequenzgang

Der Frequenzgang ist eine weitere Kennfunktion eines Übertragungsgliedes. Diese Funktion hängt aber nicht von der Zeit $t$, sondern von der Kreisfrequenz $\omega$ ab und beschreibt den Zusammenhang zwischen einer sinusförmigen Testfunktion und der zugehörigen Antwortfunktion im *einge-schwungenem Zustand.* Er beschreibt somit das dynamische Verhalten im Frequenzbereich.

## 5.2.1 Definition des Frequenzganges

Wird auf den Eingang eines Übertragungsgliedes eine sinusförmige Testfunktion

$$u(t) = \hat{u} \sin \omega t \tag{5.10}$$

gelegt, so erhält man als Reaktion des Systems, wenn alle Einschwingvorgänge abgeklungen sind, eine sinusförmige Antwortfunktion mit der Amplitude $\hat{v}$ und einer gegenüber der Testfunktion veränderte Phasenlage $\varphi$:

$$v(t) = \hat{v} \sin(\omega t + \varphi) \tag{5.11}$$

Sowohl die Amplitude $\hat{v}$ als auch die Phasenverschiebung $\varphi$ hängen von den Eigenschaften des Systems ab. Bei variabler Kreisfrequenz $\omega \geq 0$ ändern sich im allgemeinen die Größen $\hat{v}$ und $\varphi$, bis auf wenige Ausnahmen sind sie frequenzabhängig, also gilt $\hat{v} = \hat{v}(\omega)$ und $\varphi = \varphi(\omega)$.

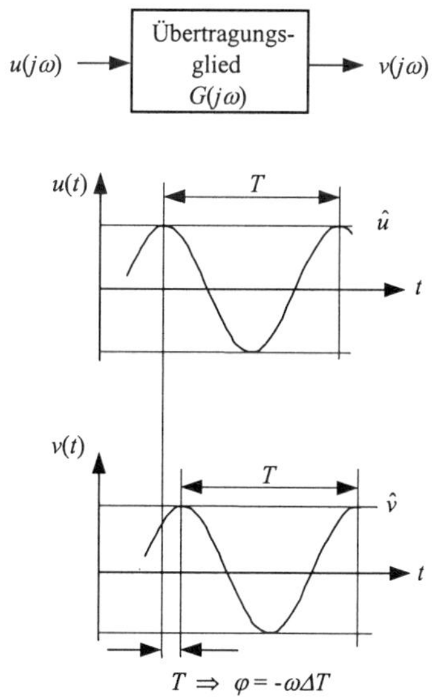


**Bild 5.7:** Zur Definition des Frequenzganges

Geht man zur komplexen Schreibweise der sinusförmigen Vorgänge über, werden:

$\underline{u}(t) = \hat{u} e^{j\omega t}$ und

$\underline{v}(t) = \hat{v} e^{j(\omega t + \varphi)}$

Der Quotient aus Ausgangsgröße und Eingangsgröße

$$\boxed{\frac{\underline{v}(t)}{\underline{u}(t)} = \frac{\hat{v} e^{j(\omega t + \varphi)}}{\hat{u} e^{j\omega t}} = \frac{\hat{v}}{\hat{u}} e^{j\varphi} = G(j\omega)} \tag{5.12}$$

heißt *komplexer Frequenzgang.* Er gibt das Verhältnis der sinusförmige Ausgangsschwingung zur sinusförmigen Eingangsschwingung in komplexer Form für alle Kreisfrequenzen $\omega$ an. Es handelt sich hier um eine komplexwertige Funktion der reellen Veränderlichen $\omega$. Diese frequenzabhängige Funktion läßt sich entweder in Real- und Imaginärteil auftrennen oder durch Betrag und Phase darstellen:

$$G(j\omega) = \mathrm{Re}\{G(j\omega)\} + j\mathrm{Im}\{G(j\omega)\}$$

$$= |G(j\omega)|\, e^{j\varphi(\omega)}$$

Der Betrag $A(\omega) = |G(j\omega)|$ heißt *Amplitudengang*, der Phasenwinkel $\varphi(\omega) = \sphericalangle G(j\omega)$ *Phasengang*. Ist $A(\omega) > 1$, wird das Ausgangssignal verstärkt, für $0 < A(\omega) < 1$ erfolgt eine Abschwächung und für $A(\omega) = 1$ sind die beiden Signalpegel gleich. Liegt ein positiver Phasenwinkel vor, eilt das Ausgangssignal dem Eingangssignal voraus, ist er negativ, eilt es diesem nach.

Der Frequenzgang läßt sich im Zeitbereich aus der Differentialgleichung (5.1) berechnen. Benutzt man die komplexe Schreibweise für die sinusförmige Vorgänge, erhält man für die Eingangsgröße nach $m$-facher Differentiation:

$$\underline{u}(t) = \hat{u}e^{j\omega t}, \quad \dot{\underline{u}}(t) = (j\omega)\hat{u}e^{j\omega t}, \; \ldots, \; \underline{u}^{(m)}(t) = (j\omega)^m \hat{u}e^{j\omega t}$$

Für die phasenverschobene Ausgangsgröße erhält man nach $n$-maligem Differenzieren:

$$\underline{v}(t) = \hat{v}e^{j\omega t}e^{j\varphi}, \quad \dot{\underline{v}}(t) = (j\omega)\hat{v}e^{j\omega t}e^{j\varphi}, \; \ldots, \; \underline{v}^{(n)}(t) = (j\omega)^n \hat{v}e^{j\omega t}e^{j\varphi}$$

Werden die vorbereiteten Ausdrücke in die Differentialgleichung (5.1) eingesetzt und gemeinsame Faktoren ausgeklammert, ergibt sich:

$$\left[a_n(j\omega)^n + \cdots + a_1 j\omega + a_0\right]\hat{v}e^{j\omega t}e^{j\varphi} = \left[b_m(j\omega)^m + \cdots + b_1 j\omega + b_0\right]e^{j\omega t}\hat{u} \tag{5.13}$$

Entsprechend der Definition (5.12) erhält man nach Umstellung obiger Gleichung eine *allgemeine Form der Frequenzganggleichung*:

$$\boxed{G(j\omega) = \frac{\hat{v}}{\hat{u}}e^{j\varphi} = \frac{b_m(j\omega)^m + \cdots + b_1(j\omega) + b_0}{a_n(j\omega)^n + \cdots + a_1(j\omega) + a_0}} \tag{5.14}$$

Betrachtet man die sinusförmige Testfunktion $\underline{u}(t) = \hat{u}e^{j\omega t}$ als Sonderfall einer Funktion mit der komplexen Variablen $s = \sigma + j\omega$ und $\sigma = 0$, $\underline{u}(t) = \hat{u}e^{st} = e^{(\sigma + j\omega)t} = \hat{u}e^{j\omega t}$, eröffnet sich ein Weg, um auf einfache Weise aus der Übertragungsfunktion den Frequenzgang zu ermitteln: Man ersetzt in der Übertragungsfunktion $s$ durch die imaginäre Variable $j\omega$. Damit läßt sich der Frequenzgang als Übertragungsfunktion auf der imaginären Achse der komplexen $s$-Ebene deuten.

## 5.2.2 Die Ortskurve

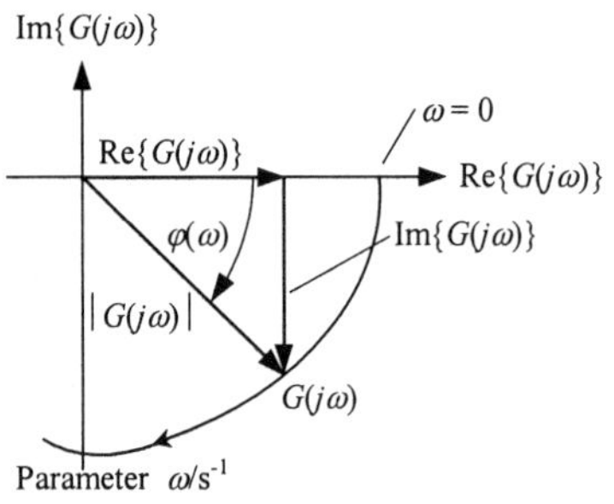


**Bild 5.8:** Zur Entstehung einer Ortskurve

Die graphische Darstellung des Frequenzganges in der komplexen $G(j\omega)$-Ebene führt zur Ortskurve. Für einen festen Wert der Kreisfrequenz $\omega$ bedeutet die Zerlegung $G(j\omega) = \mathrm{Re}\{G(j\omega)\} + j\,\mathrm{Im}\{G(j\omega)\}$ ein Punkt in der $G(j\omega)$-Ebene. Trägt man für den Bereich $0 \leq \omega < \infty$ alle Punkte in die Ebene ein, erhält man einen Kurvenzug, den man mit *Ortskurve* bezeichnet. Aus dem Verlauf der Ortskurve eines Regelungssystems können mit dem NYQUIST-Kriterium Aussagen über die Stabilität gemacht werden.

### 5.2.3 Das BODE-Diagramm

Beim BODE-Diagramm werden Amplitudengang $A(\omega) = |G(j\omega)|$ und Phasengang $\varphi = \varphi(\omega)$ über der Kreisfrequenz $\omega$ aufgetragen. Dabei wird ein logarithmischer Maßstab verwendet:

- Der Amplitudengang $A(\omega) = |G(j\omega)|$ wird logarithmiert und in dB („Dezibel") angegeben, also der „Betrag $A(\omega)$ in dB" ist $|G(j\omega)|_{dB} = 20\log|G(j\omega)|$. Für den logarithmierten Amplitudengang wird eine lineare Ordinatenteilung verwendet, die Abszisse erhält wegen $\log\omega$ eine logarithmische Teilung.

- Der Phasengang $\varphi = \varphi(\omega)$ wird in einem weiteren Diagramm mit linearer Ordinatenteilung und ebenfalls logarithmischer Abszissenteilung dargestellt.

Beide Diagramme bilden das BODE-*Diagramm* oder die *Frequenzkennlinien.* Den dargestellten Amplitudengang nennt man auch die *Betragskennlinie* und entsprechend den Phasengang die *Phasenkennlinie.*

Die logarithmische Darstellung von Amplitudengang und Phasengang im BODE-Diagramm bringt Vorteile bei der graphischen Konstruktion der resultierenden Frequenzkennlinien einzelner Übertragungsglieder. Liegt beispielsweise eine Kettenschaltung von zwei Übertragungsgliedern mit den Frequenzgängen $G_1 = G_1(j\omega)$ und $G_2 = G_2(j\omega)$ vor, berechnet sich für den resultierenden Frequenzgang:

$$G(j\omega) = G_1(j\omega)G_2(j\omega) = |G_1(j\omega)|e^{j\varphi_1(\omega)}|G_2(j\omega)|e^{j\varphi_2(\omega)} \tag{5.15}$$

Die logarithmierte Form dieser Gleichung lautet:

$$\log|G(j\omega)| + j\varphi(\omega)\log e = \log|G_1(j\omega)| + \log|G_2(j\omega)| + j(\varphi_1(\omega) + \varphi_2(\omega))\log e \tag{5.16}$$

Die Phasenkennlinie $\varphi = \varphi(\omega)$ der Serienschaltung setzt sich additiv aus den einzelnen Phasenkennlinien $\varphi_1(\omega)$ und $\varphi_2(\omega)$ zusammen, die sich ergebende Betragskennlinie ist die Summe der beiden Einzelkennlinien:

$$|G(j\omega)|_{dB} = |G_1(j\omega)|_{dB} + |G_2(j\omega)|_{dB} \tag{5.17}$$

### 5.2.4 Das BODE-Diagramm elementarer Übertragungsglieder

Zerlegt man das Zähler- und Nennerpolynom der Übertragungsfunktion (5.3) in Linearfaktoren, dann läßt sich auch eine Produktform dieser Gleichung angeben:

$$G(s) = \frac{b_m}{a_n}\frac{(s-z_1)\cdots(s-z_m)}{(s-s_1)\cdots(s-s_n)} \tag{5.18}$$

Hier bedeuten $z_i \in \mathbb{C}$ die Nullstellen der Übertragungsfunktion und $s_i \in \mathbb{C}$ die Polstellen. Die Konstante $K = b_m / a_n$ stellt einen Proportionalitätsfaktor der Übertragungsfunktion dar. Setzt man für $s = j\omega$, dann erhält man eine Produktform der Gleichung für den Frequenzgang:

$$G(j\omega) = K \frac{(j\omega - z_1)\cdots(j\omega - z_m)}{(j\omega - s_1)\cdots(j\omega - s_n)} \tag{5.19}$$

In vielen Anwendungen wird allerdings eine modifizierte Form von der Gleichung (5.19) bevorzugt:

$$G(j\omega) = K_S \frac{(1 + j\omega T_{Z1})\cdots(1 + j\omega T_{Zm})}{(1 + j\omega T_1)\cdots(1 + j\omega T_n)} \tag{5.20}$$

Für die $m$ Zeitkonstanten im Zähler gelten die Abkürzungen $T_{Zi} = -1/z_i$ und für die $n$ Zeitkonstanten im Nenner entsprechend $T_j = -1/s_j$. Der Index $Z$ weist auf eine Zählerzeitkonstante hin, für eine Nennerzeitkonstante wird gegebenenfalls der Index $N$ verwendet. Der Faktor $K_S = b_0/a_0$ heißt *Übertragungswert*.

Man erkennt, beide Darstellungsformen für den Frequenzgang sind aus *elementaren Grundformen* von Kettengliedern aufgebaut:

### Grundform I

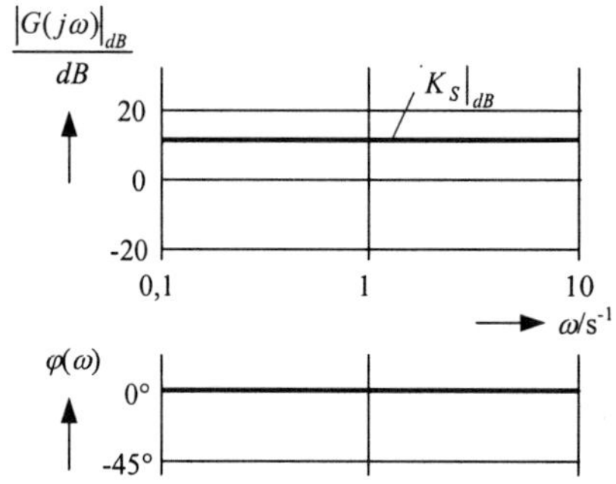


**Bild 5.9:** BODE-Diagramm bei P-Verhalten

Der Übertragungsbeiwert $K_S$ in (5.20) hat als Betragskennlinie

$$|G(j\omega)|_{dB} = 20\log|K_S| = |K_S|_{dB} \tag{5.21}$$

einen konstanten Verlauf über $\omega$, die Phasenkennlinie ist null. Wegen des proportionalen Verhaltens wird hier auch vom *P-Verhalten* gesprochen. Verläuft die Amplitudenkennlinie im positiven Bereich, liegt wegen $K_S > 1$ eine Verstärkung vor, für $|G(j\omega)|_{dB} < 0$, gilt aber nur noch $0 < K_S < 1$.

### Grundform II

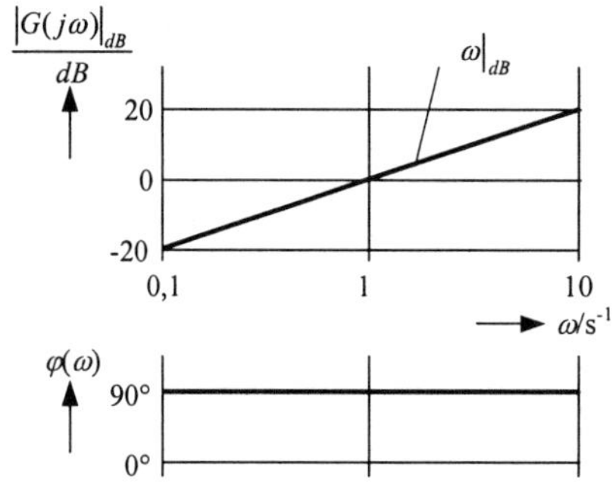


**Bild 5.10:** BODE-Diagramm bei D-Verhalten

Ist in der Gleichung (5.19) eine Zählernullstelle null, wie z. B. $z_1 = 0$, verbleibt im zugehörigen Klammerausdruck:

$$G_D(j\omega) = j\omega \tag{5.22}$$

Nach Betragsbildung lauten die Frequenzkennlinien:

$$|G_D(j\omega)|_{dB} = 20\log|\omega| = |\omega|_{dB} \quad \text{und}$$
$$\varphi(\omega) = 90° \tag{5.23a, b}$$

Die Betragskennlinie weist eine Steigung von 20 dB/Dekade auf, die Phasenkennlinie verläuft konstant bei 90°. Zu diesem Frequenzgang gehört die Übertragungsfunktion $G_D(s) = s$. Sie drückt die mathematische Operation „Differenzieren" aus, worauf der Index $D$ hinweisen soll. Diese Eigenschaft eines Übertragungsgliedes nennt man *D-Verhalten*.

### Grundform III

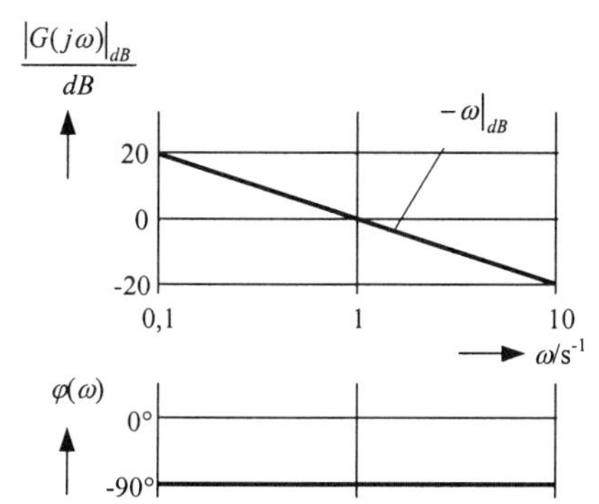


**Bild 5.11:** BODE-Diagramm bei I-Verhalten

Liegt in (5.19) ein Pol vor, z. B. bei $s_1 = 0$, verbleibt in der zugehörigen Klammer $j\omega$ bzw. bezogen auf diese Klammer der Bruch

$$G_I(j\omega) = \frac{1}{j\omega} \tag{5.24}$$

Die Frequenzkennlinien berechnen sich hieraus zu:

$$|G_I(j\omega)|_{dB} = -20\log|\omega| = -|\omega_{dB}| \text{ und}$$
$$\varphi(\omega) = -90° \tag{5.25a, b}$$

Die Betragskennlinie fällt um 20 dB/Dekade ab, die Phasenkennlinie verläuft konstant bei –90°. Die zugehörige Übertragungsfunktion $G_I(s) = 1/s$ weist mit ihrem Index $I$ auf die Rechenvorschrift „Integrieren" hin. Man spricht deshalb von einem *I-Verhalten*.

### Grundform IV

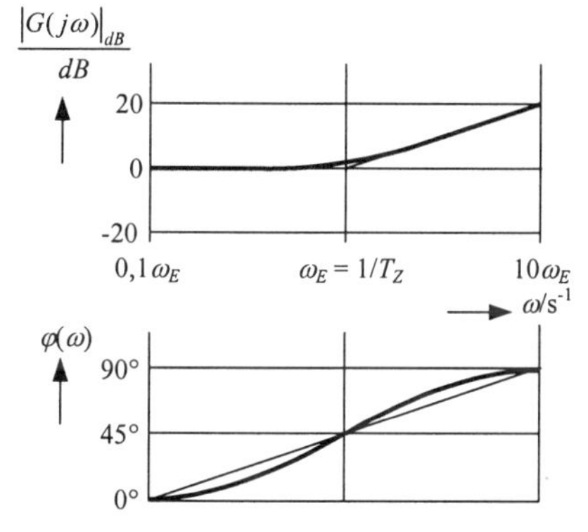


**Bild 5.12:** BODE-Diagramm bei einer Kombination von P- und D-Verhalten

Wählt man in der Gleichung (5.20) aus dem Zähler einen Klammerausdruck z. B. $(1+j\omega T_Z)$ aus, dann läßt sich für ihn der Frequenzgang

$$G_Z(j\omega) = 1 + j\omega T_Z \tag{5.26}$$

angeben. Hieraus folgend die Frequenzkennlinien:

$$|G_Z(j\omega)|_{dB} = 20\log\sqrt{1+(\omega T_Z)^2} \text{ und}$$
$$\varphi_Z(\omega) = \arctan \omega T_Z \tag{5.27a, b}$$

Näherungsweise läßt sich das Frequenzverhalten auch aus dem asymptotischen Verhalten der Frequenzkennlinien ablesen, ein in der Praxis durchaus gebräuchliches Verfahren:

Für die Betragskennlinie gilt die Abschätzung:

$$|G_Z(j\omega)|_{dB} \approx \begin{cases} 0, \omega T_Z << 1 \\ 20\log\omega T_Z = |\omega T_Z|_{dB}, \omega T_Z >> 1 \end{cases} \tag{5.28}$$

Und für die Phasenkennlinie erhält man entsprechend:

$$\varphi_Z(\omega) \approx \begin{cases} 0°, \omega T_Z \to 0 \\ 90°, \omega T_Z \to \infty \end{cases} \tag{5.29}$$

Die beiden Asymptoten der Betragskennlinie schneiden sich bei $\omega = 1/T_Z = \omega_E$, der *Eckfrequenz*. Hier ist die Betragskennlinie wegen $\left|G_Z(j\omega_E)\right|_{dB} = 20\log\sqrt{2} = 3$ dB um 3 dB angehoben. Die Phasenkennlinie hat an dieser Stelle einen Wendepunkt, ihr Wert liegt bei $\varphi(\omega_E) = 45°$.

**Grundform V**

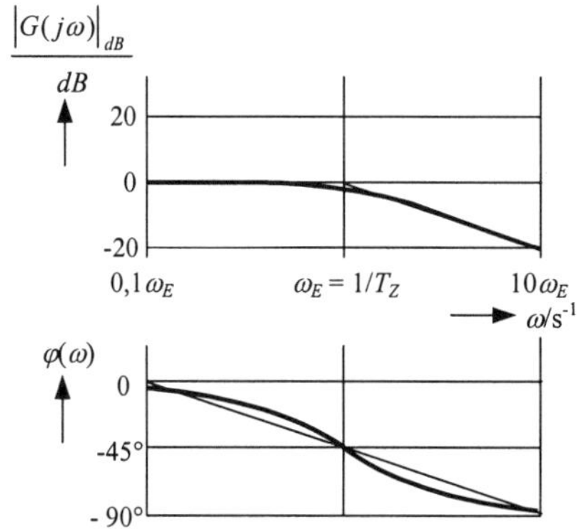


**Bild 5.13:** BODE-Diagramm bei einer Kombination von P- und I-Verhalten

Wählt man einen Klammerausdruck im Nenner von Gleichung (5.20), z. B. den Bruch

$$G_N(j\omega) = \frac{1}{1 + j\omega T_N}, \tag{5.30}$$

dann lauten die Frequenzkennlinien:

$$\left|G_N(j\omega)\right|_{dB} = 20\log\frac{1}{\sqrt{1 + (\omega T_N)^2}} \quad \text{und}$$

$$\varphi_N(\omega) = -\arctan \omega T_N \tag{5.31a, b}$$

Die Kurven lassen sich wieder mit Hilfe ihrer Asymptoten skizzieren. Eine Abschätzung ergibt für den Amplitudengang

$$\left|G_N(j\omega)\right|_{dB} \approx \begin{cases} 0, \omega T_N << 1 \\ -20\log\left|\omega T_N\right| = -\left|\omega T_N\right|_{dB}, \omega T_N >> 1 \end{cases}$$

und für den Phasengang

$$\varphi_N(j\omega) \approx \begin{cases} 0, \omega T_N \to 0 \\ -90°, \omega T_N \to 0 \end{cases} \tag{5.32a, b}$$

Die Eckfrequenz liegt wie zuvor bei $\omega_E = 1/T_N$. Die Betragskennlinie erfährt hier wegen $\left|G_N(j\omega_E)\right|_{dB} = 20\log(1/\sqrt{2}) = -3\,\text{dB}$ eine Absenkung. Die Frequenzkennlinien verhalten sich gegenüber der Grundform IV spiegelbildlich.

## 5.3 Elementare Übertragungsglieder

Vielfach lassen sich Übertragungsglieder in Regelkreisen aus den vorgestellten Grundformen zusammensetzen bzw. in diese zerlegen. Hierbei unterscheidet man bezüglich des Übertragungsverhaltens zwischen

- regulären Übertragungsgliedern oder Phasenminimumsysteme, kurz PM-Systeme und
- irregulären Übertragungsgliedern.

Die *regulären Übertragungsglieder* oder *Phasenminimumsysteme* haben bei einem gegebenen Amplitudengang die geringste Phasenverschiebung. Sind diese Systeme stabil, dann hat die Übertragungsfunktion nur Pole und Nullstellen mit negativem Realteil. Die *irregulären Übertragungsglieder* erfüllen beide Kriterien nicht.

### 5.3.1 Reguläre Übertragungsglieder

Hinsichtlich des Übertragungsverhaltens werden diese Systeme in solche mit proportionalem Verhalten (P-Verhalten), differenzierendes Verhalten (D-Verhalten) und integrierendes Verhalten (I-Verhalten oder I-$T_1$-Verhalten) ohne und mit Verzögerung erster Ordnung gegliedert.

#### 5.3.1.1 Das Proportionalglied (P-Glied)

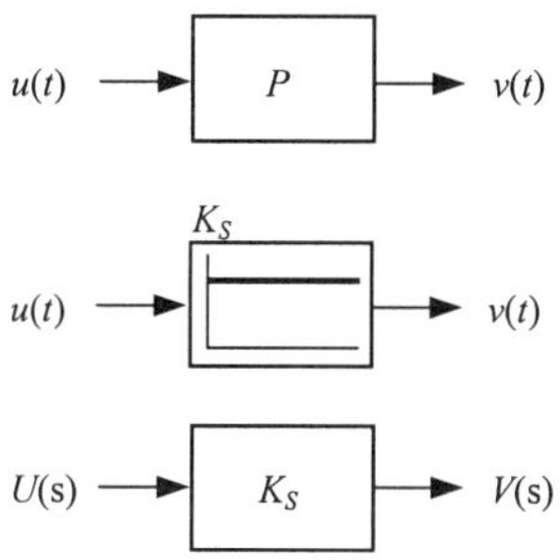


**Bild 5.14:** Symbole zur Beschreibung eines P-Gliedes

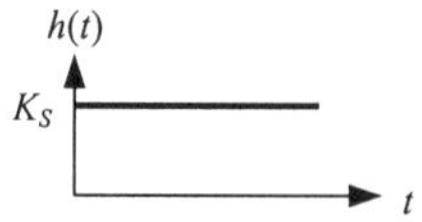


**Bild 5.15:** Übergangsfunktion eines P-Gliedes

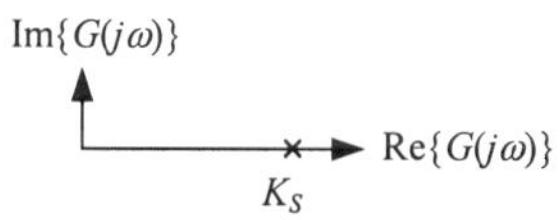


**Bild 5.16:** Ortskurve des P-Gliedes

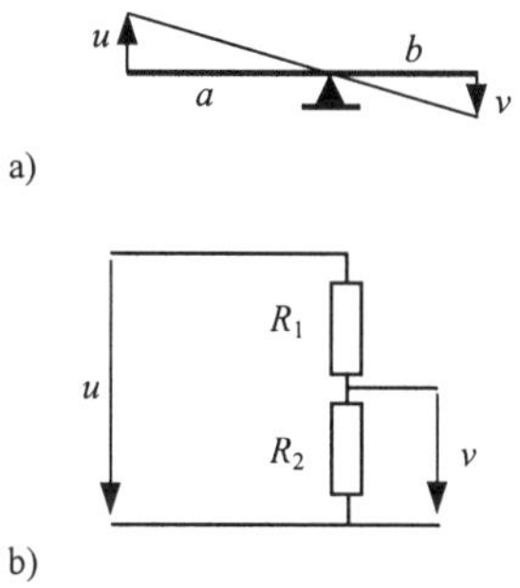


**Bild 5.17:** Beispiele von P-Verhalten
a) Hebelsystem
b) Spannungsteiler

Das Ausgangssignal $v(t)$ folgt idealerweise unmittelbar dem Eingangssignal $u(t)$. Deshalb treten in der Differentialgleichung (5.1) auch keine Ableitungen auf:

$$v(t) = K_S u(t) \tag{5.33}$$

Die Übergangsfunktion ist ebenfalls sprungförmig (Bild 5.14):

$$h(t) = K_S \sigma(t) \tag{5.34}$$

Da die Übergangsfunktion für $t \to \infty$ einem festen Wert zustrebt, zeigt das P-Glied stabiles Verhalten.

Die Übertragungsfunktion ist mit $G(s) = K_S$ reell, für den Frequenzgang erhält man mit $G(j\omega) = K_S$ das gleiche Ergebnis. Das BODE-Diagramm entspricht der Grundform I, Bild 5.9, die Ortskurve ist auf einen Punkt auf der reellen Achse konzentriert (Bild 5.16).

In der Praxis zeigen beispielsweise Hebelsysteme, deren Masse vernachlässigbar ist und deren elastische Eigenschaften unberücksichtigt bleiben, typisches P-Verhalten. Bei kleinen Ausschlägen im Hebelsystem nach Bild 5.17a gilt:

$$\frac{v}{u} = -\frac{b}{a} \quad \Rightarrow \quad v = -\frac{b}{a} u = -K_S u \tag{5.35}$$

Das „Minuszeichen" signalisiert eine Änderung des Wirkungssinnes bei einer Auslenkung.

Wenn Leitungsinduktivitäten und Parallelkapazitäten vernachlässigt werden, gilt für den ideal angenommenen Spannungsteiler im Teil b) des Bildes 5.17:

$$\frac{v}{u} = \frac{R_2}{R_1 + R_2} \quad \Rightarrow \quad v = \frac{R_2}{R_1 + R_2} u = K_S u \tag{5.36}$$

### 5.3.1.2 Das Verzögerungsglied 1. Ordnung (P-T$_1$-Glied)

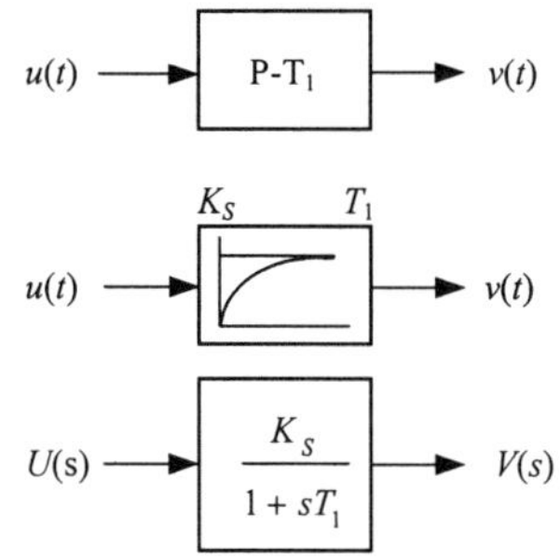


**Bild 5.18:** Symbole für ein P-T$_1$-Glied

Das Ausgangssignal ist gegenüber dem Eingangssignal verzögert, was sich durch eine Differentialgleichung 1. Ordnung beschreiben läßt:

$$b_1\dot{v}(t) + b_0 v(t) = a_0 u(t) \tag{5.37}$$

Führt man die Abkürzungen $T_1 = b_1/b_0$ und $K_S = a_0/b_0$ ein, erhält man:

$$T_1\dot{v}(t) + v(t) = K_S u(t) \tag{5.38}$$

Die Übergangsfunktion

$$v(t) = h(t) = K_S(1 - e^{-t/T_1}) \tag{5.39}$$

zeigt für $t \to \infty$ stationäres Verhalten (Bild 5.19):

$$h(\infty) = \lim_{t\to\infty} v(t) = K_S \tag{5.40}$$

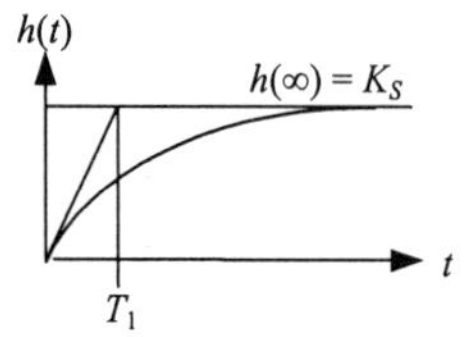


**Bild 5.19:** Übergangsfunktion des P-T$_1$-Gliedes

Die Übertragungsfunktion folgt aus der in den Bildbereich transformierten Differentialgleichung $T_1 s v(s) + v(s) = K_S u(s)$:

$$G(s) = \frac{V(s)}{U(s)} = \frac{K_S}{1 + sT_1} \tag{5.41}$$

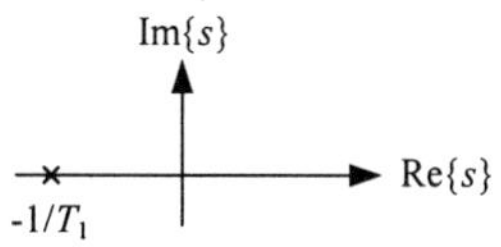


**Bild 5.20:** Pol des P-T$_1$-Gliedes

Der Pol der Übertragungsfunktion $s = -1/T_1$ liegt in der linken Hälfte der $s$-Ebene, woraus Stabilität für das P-T$_1$-Glied folgt (Bild 5.20).

Der Frequenzgang ergibt sich aus der Übertragungsfunktion, wenn für $s = j\omega$ gesetzt wird:

$$G(j\omega) = \frac{K_S}{1 + j\omega T_1} = \frac{K_S}{1 + (\omega T_1)^2} + j\frac{-K_S\omega T_1}{1 + (\omega T_1)^2} \tag{5.42}$$

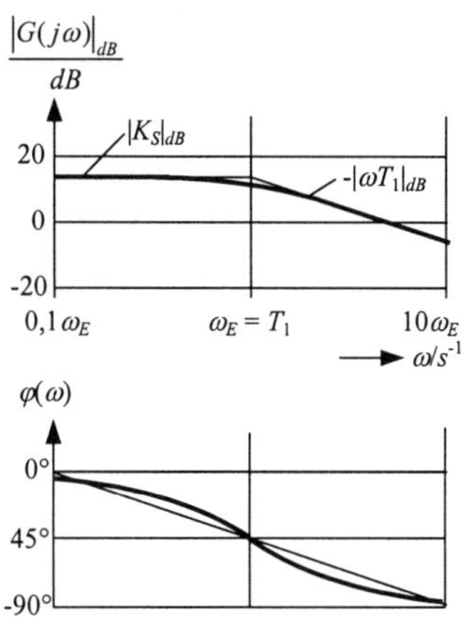


**Bild 5.21:** BODE-Diagramm des P-T$_1$-Gliedes

Formal entspricht er bis auf den Faktor $K_S$ der Grundform V, Bild 5.13. Für kleine Frequenzen $\omega \ll \omega_E$ liegt das Amplitudenverhältnis konstant bei $K_S$, bei hohen Frequenzen $\omega \gg \omega_E$ fällt die Betragskennlinie um 20 dB/Dekade ab. In diesem Bereich stellt sich auch eine Phasenverschiebung bis zu 90° ein, die Ausgangsschwingung ist gegenüber der Eingangsschwingung um bis zu 90° nacheilend.

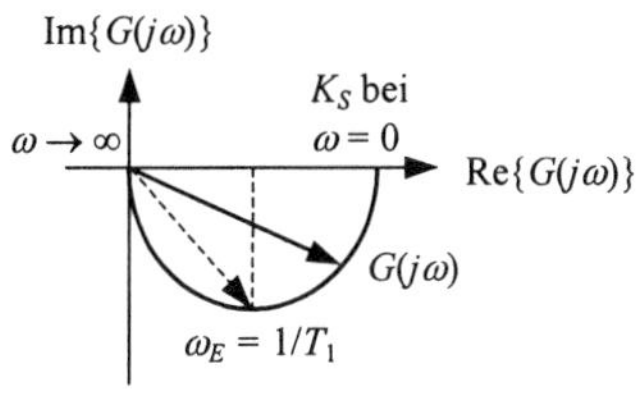


**Bild 5.22:** Ortskurve eines P-$T_1$-Gliedes

Für die Ortskurve ergibt sich für den Bereich $0 \leq \omega < \infty$ ein Halbkreis im IV. Quadranten der $G(j\omega)$-Ebene mit dem Mittelpunkt M($K_S/2$; 0) und dem Radius $r = K_S/2$. Für $\omega = 0$ ist $G(j\omega) = K_S$. Bei steigendem $\omega$ nimmt der Betrag $|G(j\omega)| = K_S / \sqrt{1+(\omega T_1)^2}$ und damit die Verstärkung stetig ab (Bild 5.22).

Beispielsweise zeigt das Geschehen in dem Druckbehälter nach Bild 5.23 ein P-$T_1$-Verhalten. Für den Zufluß in den Behälter gilt:

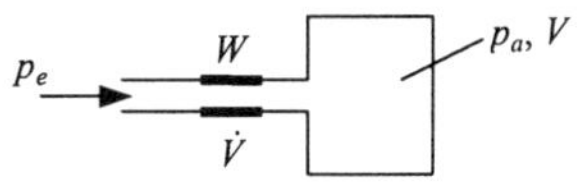


**Bild 5.23:** Druckbehälter
$p_e$ Eingangsdruck
$p_a$ Behälterdruck
$V$ Speichervolumen
$W$ Strömungswiderstand
$\dot{V}$ Zufluß

$$\dot{V} = \frac{p_e - p_a}{W} \tag{5.43}$$

Die zeitliche Druckänderung im Behälter ist

$$\dot{p}_a = \dot{V} / V \tag{5.44}$$

Wird die Größe $\dot{V}$ eliminiert, ergibt sich eine Differentialgleichung 1. Ordnung:

$$VW\dot{p}_a + p_a = p_e \tag{5.45}$$

Wegen $[VW]$ = s, ist $VW = T_1$ eine Zeitkonstante.

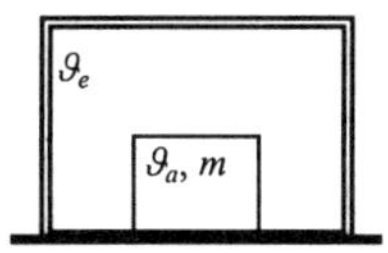


**Bild 5.24:** Wärmesystem
$\vartheta_e$ Ofeninnentemperatur
$\vartheta_a$ Körpertemperatur
$m$ Masse des Körpers
$\alpha$ Wärmeübergangskoeffizient
$c$ Spez. Wärme des Körpers

P-$T_1$-Charakter zeigt auch das Wärmesystem nach Bild 5.24: In einem Ofen mit der Innentemperatur $\vartheta_e$ soll ein Körper mit der Masse $m$ aufgeheizt werden. Seine Temperatur sei $\vartheta_a$. Die Wärmezufuhr $\dot{W}$ ist abhängig von der Temperaturdifferenz $\vartheta_e - \vartheta_a$, von der Körperoberfläche $A$ und von dem Wärmeübergangskoeffizient $\alpha$. Die Änderungsgeschwindigkeit der Körpertemperatur $\vartheta_a$ hängt von der Wärmezufuhr $\dot{W}$ und von der Wärmekapazität $mc$ ab. Dann gilt:

$$\dot{W} = \alpha A(\vartheta_e - \vartheta_a) \tag{5.46}$$

Die Temperaturänderung des Körpers ist:

$$\dot{\vartheta}_a = \frac{\dot{W}}{mc} = \frac{\alpha A(\vartheta_e - \vartheta_a)}{mc} \tag{5.47}$$

Stellt man diese Beziehung um, dann erhält man eine Differentialgleichung 1. Ordnung. Weil wieder $\left[\frac{mc}{\alpha A}\right]$ = s gilt, ist $T_1 = \frac{mc}{\alpha A}$ eine Zeitkonstante:

$$T_1\dot{\vartheta}_a + \vartheta_a = \vartheta_e \tag{5.48}$$

### 5.3.1.3 Das Verzögerungsglied 2. Ordnung (P-$T_2$-Glied)

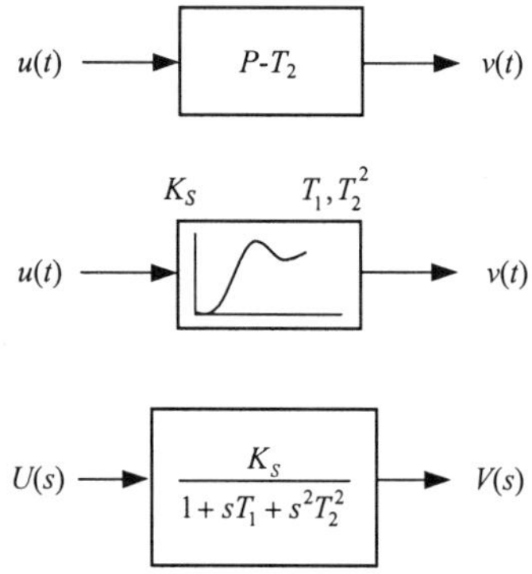


**Bild 5.25:** Symbole für ein P-$T_1$-Glied

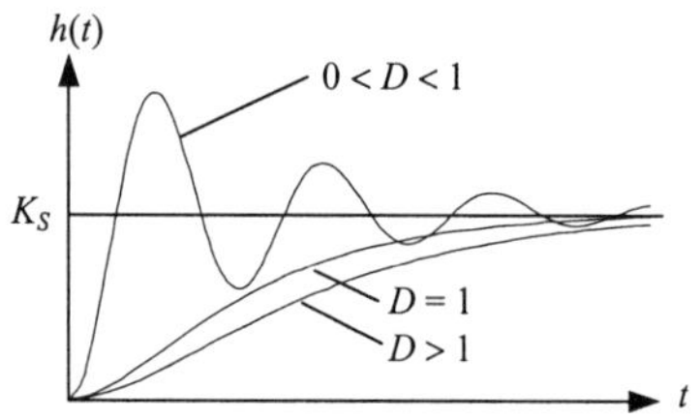


**Bild 5.26:** Übergangsverhalten von einem P-$T_2$-Glied bei unterschiedlicher Dämpfungszahl

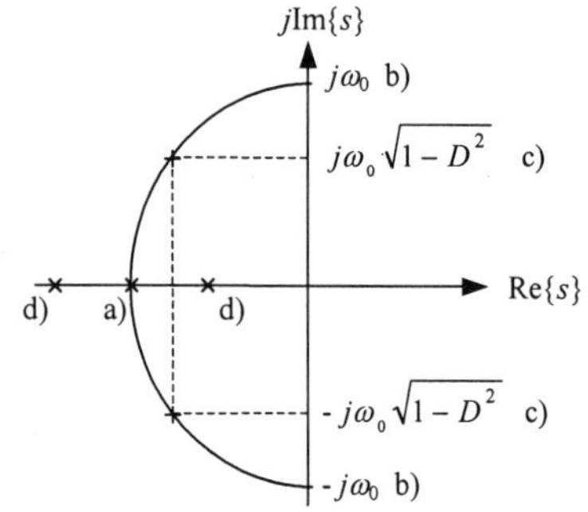


**Bild 5.27:** Lage der Pole eines P-$T_2$-Gliedes in Abhängigkeit der Dämpfungszahl $D$:

a) Aperiodischer Grenzfall: $D = 1$

$s_{1/2} = -\omega_0$

b) Dauerschwingungen: $D = 0$

$s_{1/2} = \pm j\omega_0$

c) Gedämpfte Schwingungen: $0 < D < 1$

$s_{1/2} = -D\omega_0 \pm j\omega_0\sqrt{1-D^2}$

d) Aperiodisch gedämpft: $D > 1$

$s_{1/2} = -D\omega_0 \pm \omega_0\sqrt{1-D^2}$

Das Übertragungsverhalten läßt sich allgemein durch eine Differentialgleichung 2. Ordnung beschreiben:

$$b_2\ddot{u} + b_1\dot{u} + b_0u = a_0v \tag{5.49}$$

Nach Division mit $b_0$ und den Abkürzungen $K_S = a_0 / b_0$, $T_1 = b_1 / b_0$ sowie $T_2^2 = b_2 / b_0$ erhält man eine äquivalente Form der Differentialgleichung:

$$T_2^2\ddot{u} + T_1\dot{u} + u = K_Sv \tag{5.50}$$

Mit der Dämpfungszahl $D = T_1/2T_2$ und der Kennkreisfrequenz $\omega_0 = 1/T_2$ ergibt sich:

$$\ddot{u} + 2D\omega_0\dot{u} + \omega_0^2u = \omega_0^2K_Sv \tag{5.51}$$

Die Übergangsfunktion $h(t)$ hängt bei festgehaltenem $\omega_0$ von dem Parameter $D$, der Dämpfungszahl, ab. Der Lösungsweg der Differentialgleichung für eine sprungförmige Eingangsgröße ist im Abschnitt 4.2.3 angegeben.

Die Übertragungsfunktion gewinnt man wieder aus der LAPLACE-transformierten Differentialgleichung:

$$G(s) = \frac{K_S}{1 + sT_1 + s^2T_2^2} \tag{5.52}$$

Die Pole der Übertragungsfunktion liegen in der linken Hälfte der $s$-Ebene, das P-$T_2$-Glied ist deshalb stabil:

$$s_{1/2} = -D\omega_0 \pm \omega_0\sqrt{D^2 - 1} \tag{5.53}$$

Je nach Lage der Pole (Bild 5.27) ergeben sich bei der Übergangsfunktion $h(t)$ (Bild 5.26) charakteristische Einschwingvorgänge. Bei $D = 0$ stellt sich eine stationäre Dauerschwingung um den Wert $h(t) = K_S$ ein. Liegt die Dämpfungszahl im Bereich $0 < D < 1$, dann ergibt sich ein gedämpft oszillatorisch verlaufender Einschschwingvorgang. Nur im Fall $D > 1$ geht die Übergangsfunktion ohne Überschwingen asymptotisch auf den stationären Wert $h(\infty) = K_S$ zu.

**Sonderfall**

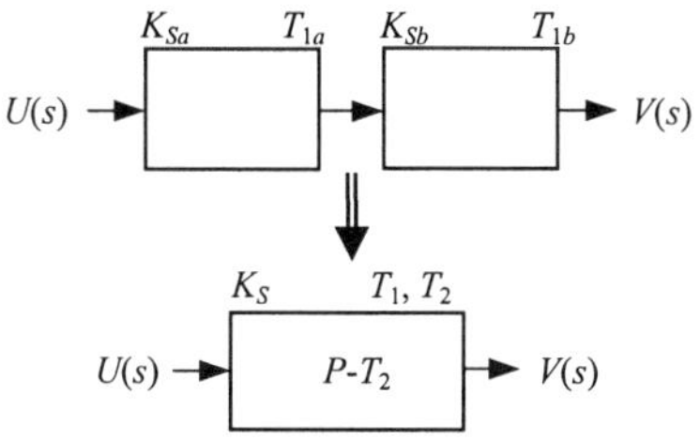


**Bild 5.28:** Synthese eines P-$T_2$-Gliedes aus zwei P-$T_1$-Gliedern mit den zusammengesetzten Parametern

$K_S = K_{Sa}K_{Sb}$

$T_1 = T_{1a} + T_{1b}$

$T_2^2 = T_{1a}T_{1b}$

Wird das P-$T_2$-Glied durch zwei Einspeichersysteme *gleicher* physikalischer Art aber mit verschiedenen Zeitkonstanten aufgebaut, erhält man ein eingeschränktes Übertragungsverhalten gegenüber einem solchen, das aus zwei Energiespeichersystemen *unterschiedlicher* physikalischer Art aufgebaut ist, wie z. B. ein Feder-Masse-Dämpfungssystem für potentielle und kinetische Energieumsetzung oder ein elektrischer Schwingkreis für magnetischen und elektrischen Energieaustausch.

Die Übertragungsfunktionen der beiden P-$T_1$-Glieder mit Zeitkonstanten $T_{1a} \neq T_{1b}$ seien:

$$G_1(s) = \frac{K_{Sa}}{1 + sT_{1a}} \quad \text{und}$$

$$G_2(s) = \frac{K_{Sb}}{1 + sT_{1b}} \qquad (5.54), (5.55)$$

Weil eine Kettenschaltung vorliegt, werden beide Übertragungsfunktionen miteinander multipliziert:

$$G(s) = \frac{K_{Sa}}{1 + sT_{1a}} \frac{K_{Sb}}{1 + sT_{1b}} = \frac{K_{Sa}K_{Sb}}{1 + s(T_{1a} + T_{1b}) + s^2 T_{1a}T_{1b}} \qquad (5.56)$$

Die Pole der resultierenden Übertragungsfunktion liegen in der linken Hälfte der $s$-Ebene, was auf ein stabiles Verhalten hindeutet:

$$s_{1/2} = -\frac{1}{T_{1a}}; \; -\frac{1}{T_{1b}} \qquad (5.57)$$

Die Übergangsfunktion nach (4.42) berechnet,

$$h(t) = K_{Sa}K_{Sb}\left[1 + \frac{T_{1b}}{T_{1a} - T_{1b}} e^{-t/T_{1b}} - \frac{T_{1a}}{T_{1a} - T_{1b}} e^{-t/T_{1a}}\right], \qquad (5.58)$$

verläuft wegen der Dämpfungszahl $D = \dfrac{T_{1a} + T_{1b}}{2\sqrt{T_{1a}T_{1b}}} > 1$ aperiodisch.

Sind die beiden Zeitkonstanten $T_{1a} = T_{1b} = T_1$ identisch, dann erhält man durch die Kettenschaltung eine Übertragungsfunktion mit einem Doppelpol bei $s_{1/2} = -1/T_1$:

$$G(s) = \frac{K_{Sa}}{(1 + sT_1)} \frac{K_{Sb}}{(1 + sT_1)} = \frac{K_S}{(1 + sT_1)^2} \qquad (5.59)$$

Da sich jetzt eine Dämpfungszahl von $D = 1$ ergibt, wird die Übergangsfunktion nach der Gleichung (4.47) berechnet:

$$h(t) = K_S\left[1-\left(1+\frac{t}{T_1}\right)\right]e^{-t/T_1} \tag{5.60}$$

Die beiden Übergangsfunktionen entsprechend (5.58) und (5.60) sind in dem Bild 5.26 dargestellt. Der Schwingungsfall kommt bei der Kopplung von gleichartigen Energiespeichersystemen wegen $D \geq 1$ nicht vor.

Der Frequenzgang eines P-$T_2$-Gliedes folgt aus der Übertragungsfunktion (5.52), wenn wieder für die komplexe Variable $s = j\omega$ gesetzt wird:

$$G(j\omega) = \frac{K_S}{1-(\omega T_2)^2 + j\omega T_1} = K_S \frac{1-(\omega T_2)^2 - j\omega T_1}{(1-(\omega T_2)^2)^2 + (\omega T_1)^2} \tag{5.61}$$

Führt man die Abkürzungen $T_1 = 2D/\omega_0$ und $T_2 = 1/\omega_0$ ein, erhält man eine normierte Form der obigen Gleichung:

$$G(j\omega) = K_S \frac{1-\left(\frac{\omega}{\omega_0}\right)^2}{\left[1-\left(\frac{\omega}{\omega_0}\right)^2\right]^2 + \left[2D\frac{\omega}{\omega_0}\right]^2} + j\frac{-2D\frac{\omega}{\omega_0}}{\left[1-\left(\frac{\omega}{\omega_0}\right)^2\right]^2 + \left[2D\frac{\omega}{\omega_0}\right]^2} \tag{5.62}$$

Die Amplitudenkennlinie und die Phasenkennlinie berechnen sich hieraus zu:

$$A(\omega) = K_S \frac{1}{\sqrt{\left[1-\left(\frac{\omega}{\omega_0}\right)^2\right]^2 + \left[2D\frac{\omega}{\omega_0}\right]^2}} \quad \text{und}$$

$$\varphi(\omega) = \arctan\frac{-2D\frac{\omega}{\omega_0}}{1-\left(\frac{\omega}{\omega_0}\right)^2} \tag{5.63a, b}$$

Eine Abschätzung zeigt, bei niedrigen Frequenzen $\omega << \omega_0$ kann die Betragskennlinie durch eine zur Nullinie parallel verlaufende Gerade, die nur von $K_S$ abhängt, ersetzt werden. Der Phasenwinkel ist mit $\varphi(\omega) \approx 0$ sehr klein, so daß in diesem Frequenzbereich die Nullinie eine Asymptote für die Phasenkennlinie ist:

$$|G(j\omega)|_{dB} = 20\log|K_S| = |K_S|_{dB} \quad \text{und}$$

$$\varphi(\omega) = 0° \tag{5.64a, b}$$

Für Frequenzen $\omega >> \omega_0$ oder $\omega/\omega_0 >> 1$ bzw. $(\omega/\omega_0)^2 >> 1$ kann die „1" unter der Wurzel in (5.63a) vernachlässigt werden und wegen $(\omega/\omega_0)^4 >> 2D(\omega/\omega_0)^2$ kann auch der Term $2D(\omega/\omega_0)$ unberücksichtigt bleiben. Damit steht unter der Wurzel näherungsweise nur noch das Verhältnis $(\omega/\omega_0)^4$. Für die Betragskennlinie erhält man hieraus eine weitere Asymptote:

$$|G(j\omega)|_{dB} = 20\log\frac{K_S}{\left(\dfrac{\omega}{\omega_0}\right)^2} = 20\log K_S - 40\log\left|\frac{\omega}{\omega_0}\right|$$

$$= |K_S|_{dB} - 2\left|\frac{\omega}{\omega_0}\right|_{dB} \tag{5.65}$$

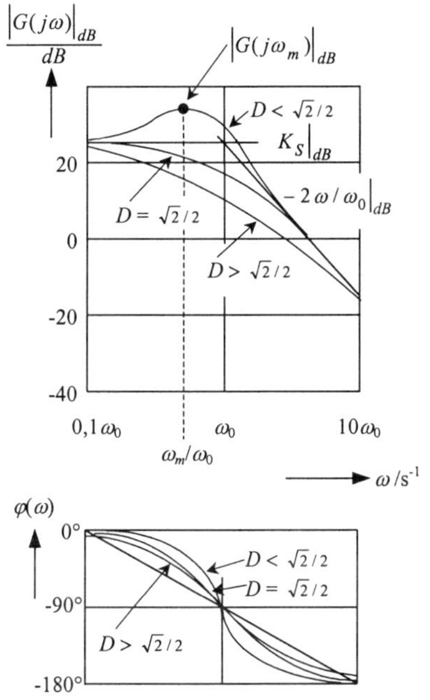


**Bild 5.29:** Frequenzkennlinien eines P-T₂-Gliedes bei unterschiedlichen Dämpfungszahlen

Bei Frequenzen weit oberhalb $\omega_0$ fällt die Betragskennlinie um 40 dB/Dekade ab. Die Phasenkennlinie verläuft hier bei -180°. In der Umgebung der Eckfrequenz $\omega_E = \omega = \omega_0$ hängen die Frequenzkennlinien allerdings stark von der Dämpfungszahl $D$ ab.

Die Betragskennlinie hat für alle Werte von $D < \sqrt{2}/2$ bei der Resonanzfrequenz $\omega/\omega_0 = \omega_m/\omega_0 = \sqrt{1-2D^2}$ einen Maximalwert, man nennt ihn *Resonanzüberhöhung*.

$$|G(j\omega_m|_{dB} = 20\log\frac{K_S}{2D\sqrt{1-D^2}} \tag{5.66}$$

Bei zunehmender Dämpfung verschiebt sich $\omega_m$ zu niedrigeren Frequenzen hin und die Resonanzüberhöhung flacht ab. Für $D = \sqrt{2}/2$ bildet sich kein Maximum mehr aus; die Betragskennlinie schmiegt sich eng an die Asymptote $|G(j\omega)|_{dB}$ an. Wird $D > \sqrt{2}/2$, dann senkt sich die Betragskennlinie immer früher zu niedrigeren Frequenzen hin ab.

Die Phasenkennlinien erfahren – unabhängig von der Dämpfung – bei $\omega = \omega_0$ eine Winkeländerung von -90°. Unterhalb und oberhalb dieser Kreisfrequenz hängen die Kurven stark von $D$ ab, je kleiner der Wert von $D$ ist, desto stärker ist die Winkeländerung in dieser Umgebung.

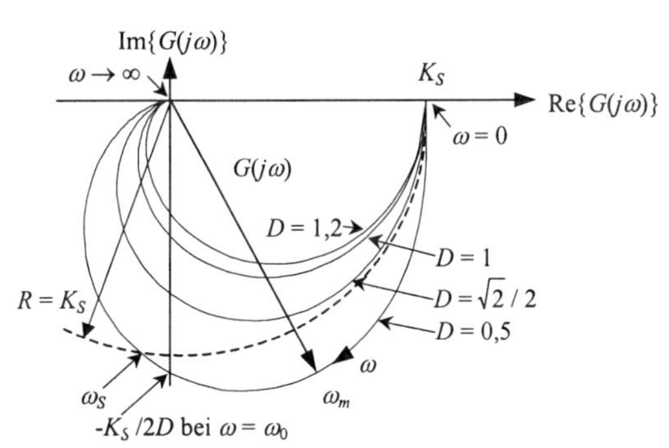


**Bild 5.30:** Ortskurven eines P-T₂-Gliedes bei unterschiedlichen Dämpfungszahlen

Die Ortskurve spiegelt die Verhältnisse im BODE-Diagramm. Bei einer Systemdämpfung von $D \geq \sqrt{2}/2$ nimmt die Länge des Zeigers $G(j\omega)$ mit wachsender Frequenz stetig ab, gilt dagegen $D < \sqrt{2}/2$, dann macht sich die Resonanz-überhöhung auch in der Zeigerlänge bemerkbar. Sie übersteigt bis zu einer Frequenz von $\omega_S/\omega_0 = \sqrt{2(1-2D^2)}$, dem Schnittpunkt einer Ortskurve mit $D < \sqrt{2}/2$ und einem Kreis-bogen mit dem Radius $R = K_S$, den Wert $G(j0) = K_S$.

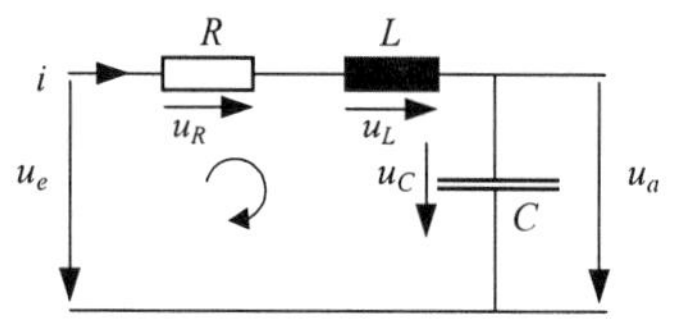


Das elektrische Netzwerk im nebenstehenden Bild 5.31 enthält Speicherglieder für elektrische und magnetische Energie, die miteinander in Wechselwirkung stehen. Das System besitzt deshalb Schwingungsfähigkeit.

Nach der Maschenregel ist die Summe aller Teilspannungen in dem Netzwerk Null:

**Bild 5.31:** Elektrisches Netzwerk mit P-$T_2$-Verhalten

| | |
|---|---|
| $u_e$, $u_a$ | Eingangs-, Ausgangsspannung |
| $i$ | Eingangsstrom |
| $R$, $L$, $C$ | Widerstand, Induktivität, Kapazität |
| $u_R$, $u_L$, $u_C$ | Spannungen über den Widerständen |

$$u_e = u_R + u_L + u_C$$

$$= Ri + L\frac{di}{dt} + \frac{1}{C}\int i dt \text{ oder mit } i = C\dot{u}_C = C\dot{u}_a \text{ ist}$$

$$u_e = RC\dot{u}_a + LC\ddot{u}_a + u_a \tag{5.67}$$

Mit den Zeitkonstanten $T_1 = RC$, $T_2^2 = LC$ und $K_S = 1$ erhält die Differentialgleichung zweiter Ordnung (5.67) die Form:

$$T_2^2\ddot{u}_a + T_1\dot{u}_a + u_a = K_S u_e \tag{5.68}$$

Die Kennkreisfrequenz liegt bei $\omega_0 = \frac{1}{T_2} = \frac{1}{\sqrt{LC}}$ und die Systemdämpfung bei $D = \frac{T_1}{2T_2} = \frac{R}{2}\sqrt{\frac{C}{L}}$.

### 5.3.1.4 Verzögerungsglieder höherer Ordnung (P-$T_n$-Glieder)

Durch eine Kettenschaltung von P-$T_1$- und P-$T_2$-Gliedern entstehen Verzögerungsglieder höherer Ordnung, sog. P-$T_n$-Glieder, deren Übertragungsfunktionen Sonderfälle der Form (5.3) darstellen. Multipliziert man alle Übertragungsfunktionen der einzelnen Kettenglieder miteinander, schreibt für den Übertragungsbeiwert der gesamten Anordnung $K_S = K_{Sa}K_{Sb}\cdots$, ordnet den Nenner nach Potenzen von $s$ und setzt für die Koeffizienten von $s$ die Zeitkonstanten $T_1$, $T_2^2$, ..., dann erhält man für die Übertragungsfunktion der gesamten Anordnung:

$$G(s) = \frac{V(s)}{U(s)} = \frac{K_S}{1 + sT_1 + \ldots + s^n T_n^n} \tag{5.69}$$

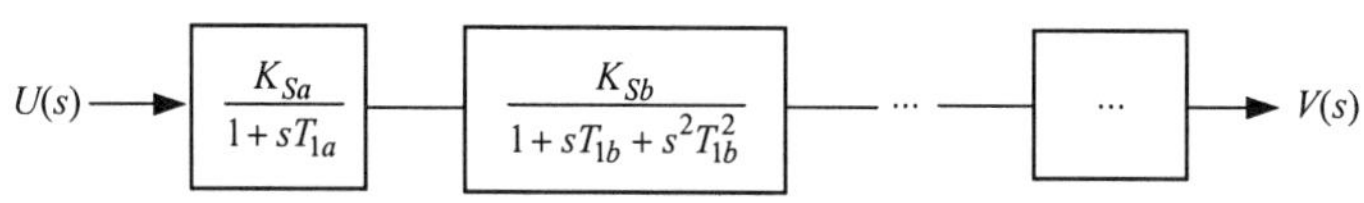


**Bild 5.32:** Kettenschaltung von $n$ P-$T_1$- und P-$T_2$-Gliedern

Die zugehörige Differentialgleichung hat die Ordnung $n$. Die Übergangsfunktion $h(t)$ beginnt bei echt gebrochenen rationalen Übertragungsfunktionen stets bei $h(+0) = 0$ und führt auf den stationären Wert

$$h(\infty) = \lim_{t\to\infty} h(t) = \lim_{s\to 0} s\frac{1}{s}G(s) = K_S \tag{5.70}$$

Ihr Verlauf hängt davon ab, ob schwingungsfähige Glieder in der Kettenschaltung vorhanden sind und wie deren Dämpfungen ausgelegt sind.

Besteht die Übertragungskette nur aus Einspeichersystemen gleicher physikalischer Art wie beispielsweise beim Wärmeübergang unterschiedlich strukturierter Schichten, wird die Schwingungsfähigkeit aus dem System herausgenommen.

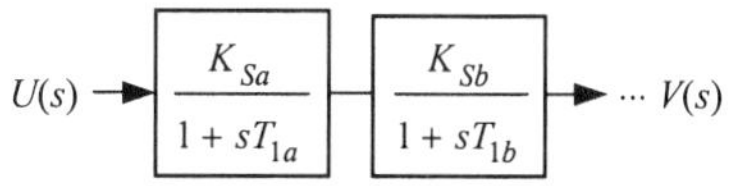


**Bild 5.33:** Kettenschaltung von n gleichartigen Speichergliedern

Die Übergangsfunktion der Kettenschaltung lautet:

$$h(t) = K_S \mathscr{L}^{-1}\left\{\frac{1}{s}G(s)\right\}$$

$$= K_S \mathscr{L}^{-1}\left\{\frac{A_0}{s} + \frac{A}{1+sT_{1a}} + \frac{B}{1+sT_{1b}} + \cdots\right\}$$

$$= K_S\left\{1 - Ae^{-t/T_{1a}} - Be^{-t/T_{1b}} - \cdots\right\} \tag{5.71}$$

Für bekannte Zeitkonstanten $T_{1a}$, $T_{1b}$, ... können die Konstanten $A$, $B$, ... aus dem Partialbruchansatz mit Hilfe des Entwicklungssatzes (Abschnitt 3.4.1) berechnet werden. Der stationäre Wert beträgt wieder $h(\infty) = K_S$. Sind alle Zeitkonstanten der einzelnen Kettenglieder gleich, $T_1 = T_{1a} = T_{1b} = \cdots$, dann gilt für die Übergangsfunktion:

$$h(t) = K_S \mathscr{L}^{-1}\left\{\frac{1}{s}\frac{1}{(1+sT_1)^n}\right\}$$

$$= K_S \mathscr{L}^{-1}\left\{\frac{1}{s} - T_1\frac{1}{1+sT_1} - T_1\frac{1}{(1+sT_1)^2} - \cdots\right\}$$

$$= K_S\left\{1 - e^{-t/T_1}\sum_{k=1}^{n}\frac{t^{k-1}}{(k-1)!\,T_1^{k-1}}\right\} \tag{5.72}$$

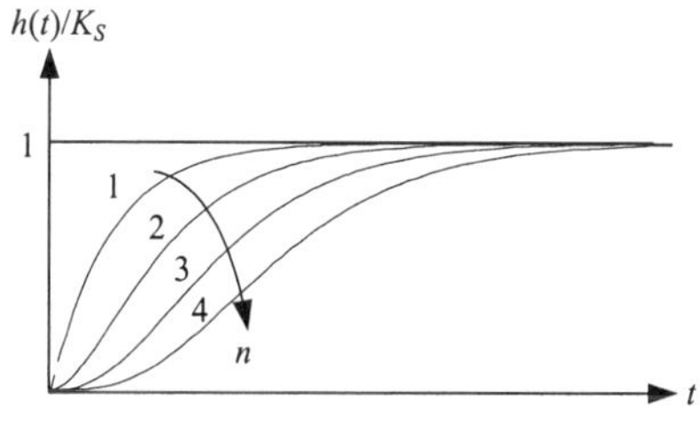


**Bild 5.34:** Übergangsfunktionen einer Kettenschaltung von P-$T_1$-Gliedern in Abhängigkeit der Gliederanzahl $n$

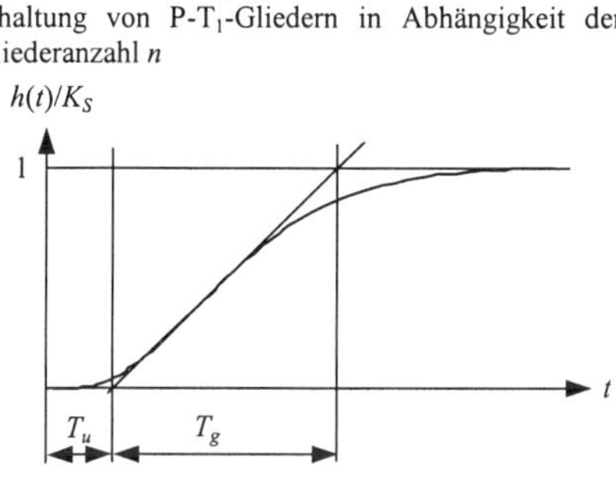


**Bild 5.35:** Zur Konstruktion von Verzugszeit $T_u$ und Ausgleichzeit $T_g$

Bei experimentell aufgenommenen Übergangsfunktionen läßt sich allerdings nicht ohne weiteres auf die Ordnung der Kettenschaltung schließen. Man sucht deshalb im Rahmen eines Näherungsverfahrens durch Anlegen der Wendetangente über das Verhältnis von Verzugs- und Ausgleichzeit $T_u$ und $T_g$ die Ordnung zu rekonstruieren (Bild 5.35). Ist die Kettenschaltung aus zwei P-$T_1$-Gliedern mit unterschiedlichen Zeitkonstanten $T_{1a} \neq T_{1b}$ zusammengesetzt, liegt eine feste Zuordnung zwischen dem Verhältnis $T_u/T_g$ und $T_{1a}/T_{1b}$ vor. Bei einer höheren Ordnung können die einzelnen Zeitkonstanten aus dem Verlauf der Übergangsfunktion nicht mehr exakt ermittelt werden.

In solchen Fällen greift man zu einem Näherungsverfahren: Man vergleicht das Kennwerteverhältnis $T_u/T_g$ einer gemessenen Sprungantwort mit einem solchen, das sich aus der Sprungantwort einer aus $n$ hintereinander geschalteten P-$T_1$-Gliedern gebildeter Kettenschaltung ergibt.

| $n$ | $T_g/T_1$ | $T_u/T_1$ | $T_u/T_g$ |
|---|---|---|---|
| 1 | 1,00 | 0,00 | 0,00 |
| 2 | 2,72 | 0,28 | 0,10 |
| 3 | 3,70 | 0,80 | 0,22 |
| 4 | 4,46 | 1,42 | 0,32 |
| 5 | 5,12 | 2,10 | 0,41 |
| 6 | 5,70 | 2,81 | 0,49 |
| 7 | 6,22 | 3,55 | 0,57 |
| 8 | 6,71 | 4,31 | 0,64 |
| 9 | 7,16 | 5,08 | 0,71 |
| 10 | 7,60 | 5,87 | 0,77 |

**Tabelle 5.3:** Kennwerte der Sprungantworten für Kettenschaltungen aus $n$ Verzögerungsgliedern erster Ordnung mit gleichen Zeitkonstanten

Liegt eine experimentell aufgezeichnete Sprungantwort eines Systems mit unbekannter Übertragungsfunktion vor, wird, falls möglich, die Wendetangente eingezeichnet und die Verzugszeit $T_u$ sowie die Ausgleichzeit $T_g$ aus der Skizze entnommen. Mit dem Kennwerteverhältnis $T_u/T_g$ folgt aus der nebenstehenden Tabelle 5.3 die Anzahl der Glieder der Modellstrecke. Damit ist es möglich, das zu untersuchende System durch eine Strecke $n$-ter Ordnung mit der Übertragungsfunktion $G_S(s) = K_S/(1+sT_1)^n$ zu ersetzen.

Der Frequenzgang von Systemen höherer Ordnung folgt aus der Übertragungsfunktion (5.3):

$$G(j\omega) = \frac{K_S}{1 + j\omega T_1 + (j\omega)^2 T_2^2 + ... + (j\omega)^n T_n^n}$$

$$= \frac{K_S}{(1-(\omega T_2)^2 + (\omega T_4)^4 - + ...) + j(\omega T_1 - (\omega T_3)^3 + (\omega T_5)^5 - + ...)} \quad (5.73)$$

Die Berechnung der Ortskurve aus einem Frequenzgang 3. Ordnung und ihre graphische Darstellung ist in Abschnitt 2.3, Beispiel 2.17 ausführlich dargestellt.

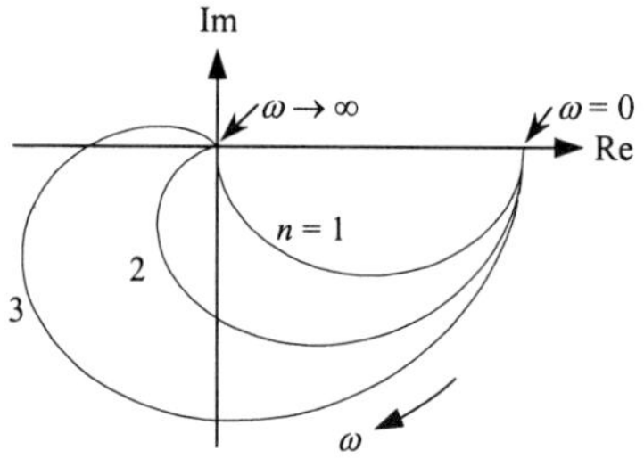


**Bild 5.36:** Ortskurve eines P-$T_n$-Gliedes

Ortskurven von Frequenzgängen $n$-ter Ordnung beginnen für $\omega = 0$ bei $G(j0) = K_S$, durchlaufen im Bereich $0 \le \omega < \infty$ $n$ Quadranten und gehen für $\omega \to \infty$ tangential zu den Achsen in den Ursprung. Sie erfahren dabei eine Winkeländerung von –90° pro Quadranten, also summiert sich die gesamte Winkeländerung auf $\varphi(\omega) = -n90°$.

## Sprungfähige Systeme

Betrachtet man den allgemeinen Fall einer Übertragungsfunktion nach (5.3) mit Zählergrad $m$ und Nennergrad $n$, dann gilt für den Anfangswert der Übergangsfunktion:

$$h(+0) = \lim_{s\to\infty} s\frac{1}{s}G(s) = \begin{cases} 0, & m < n \\ b_n/a_n = K, & m = n \end{cases} \quad (5.74)$$

Ein System, dessen Übergangsfunktion einen Anfangswert $h(+0) \neq 0$ besitzt, heißt *sprungfähiges System*. Sprungfähigkeit besitzt beispielsweise das PD-$T_1$-Glied mit der Übertragungsfunktion:

$$G(s) = K_D \frac{s}{1+sT_1} \tag{5.75}$$

Der Anfangswert und der stationäre Wert der Übergangsfunktion lauten in diesem Falle:

$$h(+0) = K_D \lim_{s\to\infty} s \frac{1}{s} \frac{s}{1+sT_1} = K_D \lim_{s\to\infty} \frac{1}{1/s+T_1} = \frac{K_D}{T_1} \tag{5.76}$$

$$h(\infty) = K_D \lim_{s\to 0} s \frac{1}{s} \frac{s}{1+sT_1} = 0 \tag{5.77}$$

### 5.3.1.5 Das Integrierglied (I-Glied)

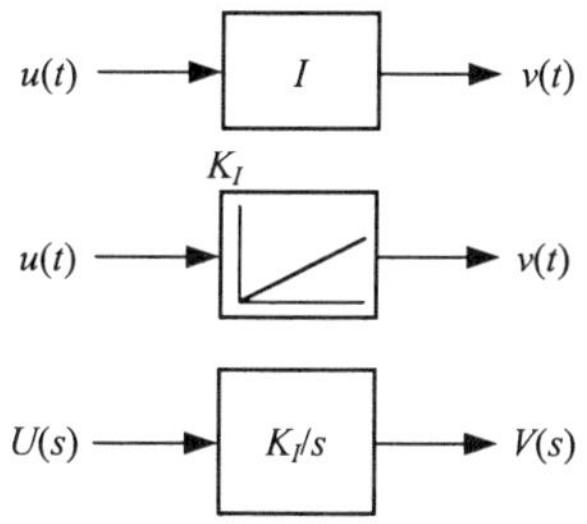


**Bild 5.37:** Symbole für ein I-Glied

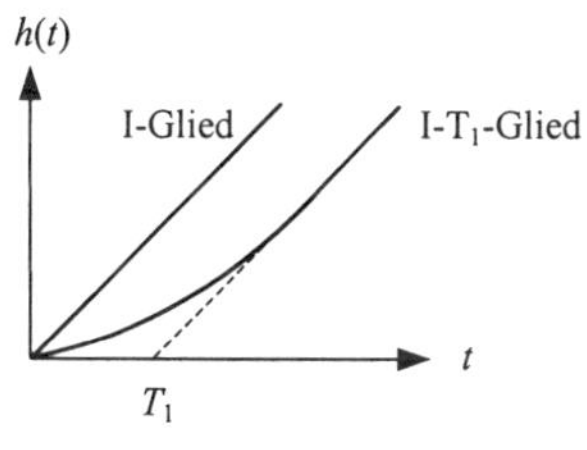


**Bild 5.38:** Übergangsfunktion eines I-Gliedes und eines I-$T_1$-Gliedes

Die Ausgangsgröße ist dem Integral der Eingangsgröße proportional. Ein solches Übertragungsverhalten läßt sich durch die Differentialgleichung

$$b_0 u = a_1 \dot{v} \quad \text{mit } a_0 \equiv 0 \tag{5.78}$$

beschreiben. Durch Integration dieser Gleichung erhält man für die Ausgangsgröße:

$$v(t) = K_I \int_0^t u(\tau) d\tau \tag{5.79}$$

Die Konstante $K_I = b_0/a_1$ heißt *Integrierbeiwert* bzw. der reziproke Ausdruck $T_I = 1/K_I$ *Integrierzeitkonstante*, falls $K_I$ die Einheit „Zeit" hat. Besitzt das System Speichervermögen, ergeben sich Verzögerungen, was zu einem I-$T_1$-Verhalten führt, das durch eine weitere Ableitung in der Differentialgleichung gekennzeichnet ist:

$$a_2 \ddot{v} + a_1 \dot{v} = b_0 u \tag{5.80}$$

Führt man die Zeitkonstante $T_1 = a_2/a_1$ in diese Gleichung ein, erhält sie die Form:

$$T_1 \ddot{v} + \dot{v} = K_I u \tag{5.81}$$

Die Übergangsfunktionen lauten für das I-Glied und für das I-$T_1$-Glied:

$$h(t) = K_I t \quad \text{und}$$

$$h(t) = K_I (t - T_1(1 - e^{-t/T_1})) \tag{5.82), (5.83}$$

Für $t \to \infty$ haben diese beiden Übergangsfunktionen keinen festen Wert. Systeme, deren Übergangsfunktionen das dargelegte Verhalten zeigen, bezeichnet man als *Systeme ohne Ausgleich*. Sie sind instabil.

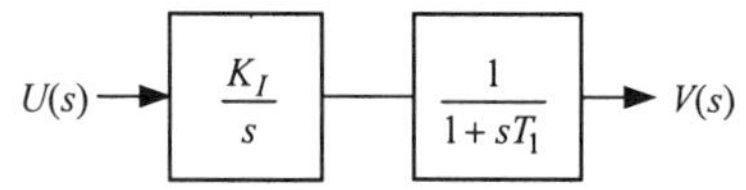


**Bild 5.39:** Aufbau eines I-$T_1$-Gliedes aus einer Serienschaltung von Grundbausteinen

Die Übertragungsfunktionen folgen aus den Differentialgleichungen (5.78) und (5.81):

$$G_I(s) = \frac{V(s)}{U(s)} = \frac{K_I}{s} = \frac{1}{sT_I} \tag{5.84}$$

$$G_{I-T_1}(s) = \frac{V(s)}{U(s)} = \frac{K_I}{s(1+sT_I)} \tag{5.85}$$

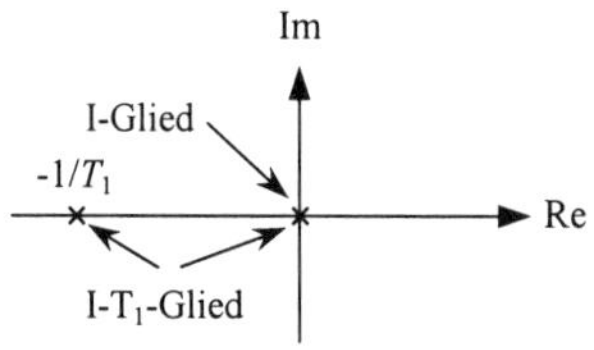


**Bild 5.40:** Polverteilung beim I- und I-$T_1$-Glied in der $s$-Ebene

Man kann sich die Übertragungsfunktion des I-$T_1$-Gliedes auch entstanden denken aus der Kettenschaltung eines I-Gliedes und eines Verzögerungsgliedes 1. Ordnung:

Der Pol der Übertragungsfunktion des I-Gliedes liegt im Ursprung der komplexen $s$-Ebene. Das I-$T_1$-Glied weist einen zusätzlichen Pol auf der negativen reellen Achse auf:

I-Glied: $s_1 = 0$
I-$T_1$-Glied: $s_1 = 0$ und $s_2 = -1/T_1$

Die Frequenzgänge der beiden Übertragungsfunktionen berechnen sich unter Berücksichtigung, daß $K_I = 1/T_1$ gilt, zu:

$$G_I(j\omega) = \frac{K_I}{j\omega} = \frac{1}{j\omega T_I} = -j\frac{1}{T_I\omega} \tag{5.86}$$

$$G_{I-T_1}(j\omega) = \frac{K_I}{j\omega(1+j\omega T_1)} = \frac{-\omega T_1 - j}{\omega T_I(1+(\omega T_1)^2)} \tag{5.87}$$

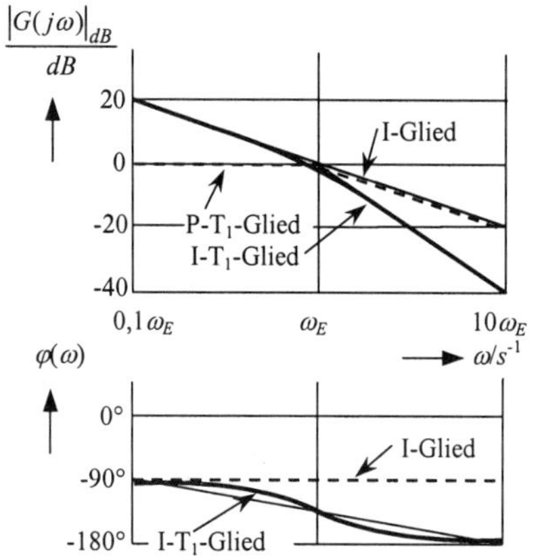


**Bild 5.41:** BODE-Diagramm des I- und des I-$T_1$-Gliedes

Das BODE-Diagramm für das I-Glied entspricht der Grundform III (I-Verhalten), die Frequenzkennlinien des I-$T_1$-Gliedes werden zusammengesetzt aus den Grundformen III und V (P-$T_1$-Verhalten).

Ein konstanter Faktor $K \neq 1$ bei den Übertragungsfunktionen würde wegen der logarithmischen Darstellung zu einer Verschiebung nur bei den Amplitudenkennlinien entlang der Ordinate führen, auf die Phasenkennlinie hätte er keinen Einfluß.

Beide Übertragungsglieder haben zu niedrigen Frequenzen $\omega << \omega_E$ hin eine wachsende Verstärkung, bei höheren Frequenzen $\omega >> \omega_E$ nimmt diese aber ab, beim I-$T_1$-Glied wegen -2·20 dB/Dekade doppelt so schnell wie beim I-Glied. Der Phasenverlauf liegt beim I-Glied konstant bei $\varphi(\omega)$ = -90° über dem gesamten Frequenzbereich. Beim I-$T_1$-Glied fällt aber die Phasenkennlinie im hohen Frequenzbereich noch weiter ab bis $\varphi(\infty)$ = -180°.

Die Ortskurve eines I-Gliedes verläuft im Frequenzbereich $0 \leq \omega < \infty$ auf dem negativen Teil der imaginären Achse. Für $\omega = 0$ beginnt sie bei $-j\infty$ und endet für $\omega \to \infty$ im Ursprung. Durch die Verzögerung 1. Ordnung wird die Ortskurve des I-$T_1$-Gliedes in den III. Quadranten verschoben, weil der Winkel von $\varphi(\omega = 0)$ = -90° ausgehend bei steigenden Frequenzen abnimmt. Bei $\omega \to \infty$ erreicht er einen Wert von $\varphi(\infty)$ = -180°.

| $\omega$ | I-Glied $\text{Im}\{G(j\omega)\}$ | I-$T_1$-Glied $\text{Re}\{G(j\omega)\}$ | $\text{Im}\{G(j\omega)\}$ |
|---|---|---|---|
| 0 | $-\infty$ | $-T_1/T_I$ | $-\infty$ |
| $\omega_E = 1/T_1$ | $-T_1/T_I$ | $-T_1/2T_I$ | $-T_1/2T_I$ |
| $\infty$ | 0 | 0 | 0 |

**Tabelle 5.4:** Kurvenpunkte zur Konstruktion der Ortskurve eines I-Gliedes und eines I-$T_1$-Gliedes

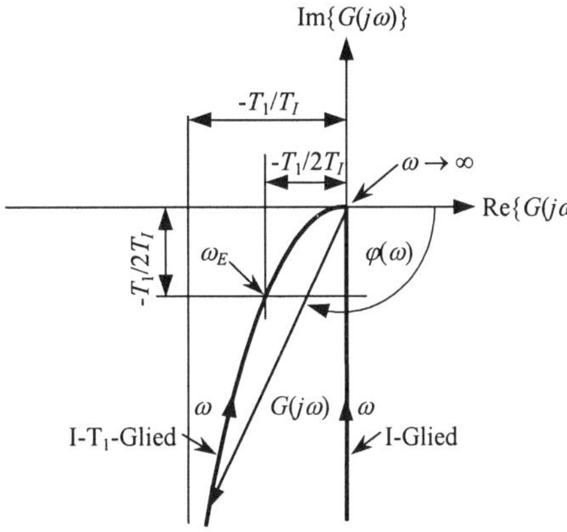


**Bild 5.42:** Ortskurve eines I- und eines I-$T_1$-Gliedes

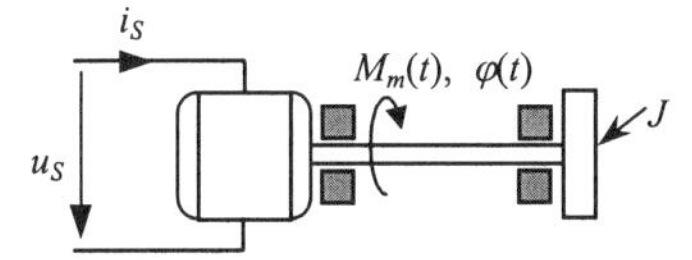


**Bild 5.43:** Antriebssystem

$u_S$ Steuerspannung
$i_S$ Steuerstrom
$J$ Trägheitsmoment aller rotierender Teile
$M_m(t)$ Motormoment
$\varphi(t)$ Drehwinkel

Näherungsweise zeigt das Antriebssystem im Bild 5.43 ein I- oder I-$T_1$-Verhalten: Ein Gleichstrommotor mit der Eingangsgröße $u_S$ und der Ausgangsgröße $\varphi$ treibt ein mechanisches System an. Die Eingangsspannung $u_S$ steuert eine Stromquelle. Das vom Gleichstrommotor erzeugte Drehmoment $M_m$ ist der Stromstärke $i_S$ näherungsweise proportional. Deshalb gilt: $M_m = c_m u_S$. Die Konstante $c_m$ ist der Proportionalitätsfaktor. Die Summe aller Reibmomente wird mit der Gleichung $M_R = c_R \dot{\varphi}$ erfaßt, $c_R$ ist ebenfalls ein Proportionalitätsfaktor. Wenn die zu bewegende Masse und damit die Trägheit nicht zu vernachlässigen ist, gilt die Momentengleichung:

$$M_B = M_m - M_R \quad \text{oder}$$

$$\frac{J}{c_R}\ddot{\varphi} + \dot{\varphi} = \frac{c_m}{c_R} u_S \tag{5.88}$$

Wegen der Einheiten von $[J/c_R] = \text{s}$ und $[c_m/c_R] = \text{V}^{-1}\text{s}^{-1}$ ist es sinnvoll, die Abkürzungen $T_1 = J/c_R$ und $K_I = c_m / c_R$ in der Differentialgleichung zu verwenden:

$$T_1\ddot{\varphi} + \dot{\varphi} = K_I u_S \tag{5.89}$$

Die Konstante $K_I$ berücksichtigt hier die unterschiedlichen Einheiten auf der Eingangs- und auf der Ausgangsseite des Antriebssystems. Ist die zu bewegende Masse vernachlässigbar, beschreibt die Gleichung (5.89) ein I-Verhalten, sonst ein I-$T_1$ -Verhalten.

### 5.3.1.6 Das Differenzierglied (D-Glied)

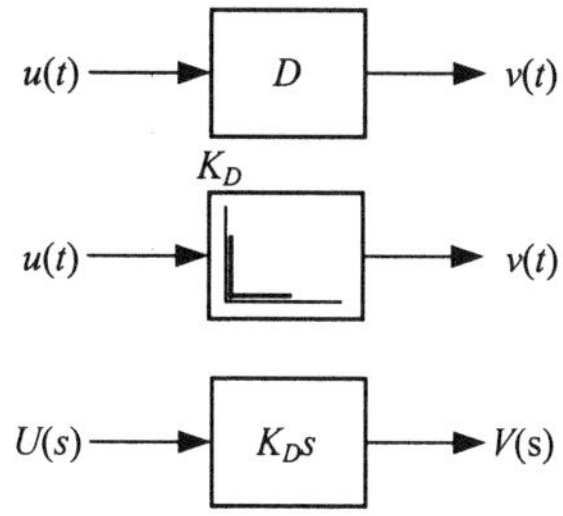


**Bild 5.44:** Symbole für ein D-Glied

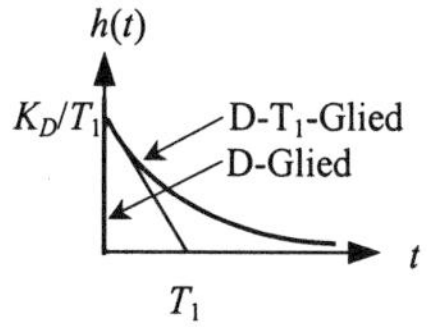


**Bild 5.45:** Übergangsfunktion eines D- und eines D-$T_1$-Gliedes

Die Ausgangsgröße ist der zeitlichen Änderung der Eingangsgröße proportional:

$$a_0 v(t) = b_1 \dot{u}(t) \text{ mit } b_0 \equiv 0$$

oder umgeformt:

$$v(t) = K_D \dot{u}(t) \tag{5.90}$$

Die Konstante $K_D = b_1/a_0$ heißt *Differenzierbeiwert*: Die Übertragungsfunktion folgt aus der LAPLACE-transformierten Differentialgleichung $V(s) = K_D s U(s)$:

$$G_D(s) = \frac{V(s)}{U(s)} = K_D s \tag{5.91}$$

Die Übergangsfunktion

$$h(t) = \mathcal{L}^{-1}\left\{\frac{1}{s} K_D s\right\} = K_D \mathcal{L}^{-1}\{1\} = K_D \delta(t) \tag{5.92}$$

hat entsprechend der Definition des DIRAC-Impulses $\delta(t)$ den Wert Null für alle $t$ außer für $t = 0$. Das durch diese Gleichung beschriebene Zeitverhalten läßt sich keinem realen System zuordnen, da bei technischen Ausführungen immer Trägheiten vorhanden sind, die bei der mathematischen Modellierung in Form von Verzögerungen berücksichtigt werden müssen. Ein erster Schritt zu einer realen Beschreibung des Übertragungsverhaltens eines Differenziergliedes ist die Hinzunahme mindestens *einer* Verzögerung 1. Ordnung, was sich durch eine weitere Ableitung in der Differentialgleichung bemerkbar macht:

$$a_1 \dot{v}(t) + a_0 v(t) = b_1 \dot{u}(t) \tag{5.93}$$

Führt man die Zeitkonstante $T_1 = a_1/a_0$ ein, erhält man die Differentialgleichung eines „realen" Differenziergliedes:

$$T_1 \dot{v}(t) + v(t) = K_D \dot{u}(t) \tag{5.94}$$

Hieraus folgt die Übertragungsfunktion

$$G_{D\text{-}T_1}(s) = K_D s \frac{1}{1 + sT_1} \tag{5.95}$$

Sie läßt sich auch als Kettenschaltung eines D-Gliedes und einem Verzögerungsglied 1. Ordnung interpretieren. Deshalb spricht man von einem D-$T_1$-Glied. Die Übergangsfunktion

$$h(t) = K_D \mathcal{L}^{-1}\left\{\frac{1}{s}\frac{s}{1 + sT_1}\right\} = \frac{K_D}{T_1} e^{-t/T_1} \tag{5.96}$$

hat an der Stelle $t = 0$ mit $h(+0) = K_D/T_1$ einen endlichen Wert ungleich Null, das D-$T_1$-Glied besitzt also Sprungfähigkeit (Definition 5.74). Für $t \to \infty$ erreicht die Übergangsfunktion den stationären Wert $h(\infty) = 0$ (Bild 5.45).

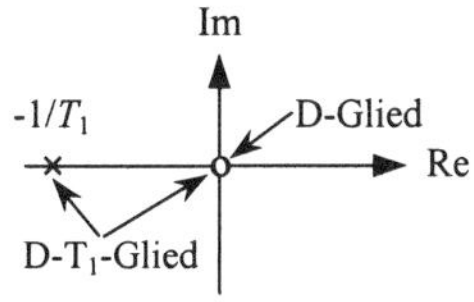


**Bild 5.46:** Pol- und Nullstellen eines D-Gliedes und eines D-$T_1$-Gliedes

Die Übertragungsfunktion des D-Gliedes weist eine Nullstelle im Ursprung auf, jene des D-$T_1$-Gliedes hat noch zusätzlich einen Pol in der linken Hälfte der $s$-Ebene:

D-Glied: Nullstelle bei $s_1 = 0$
D-$T_1$-Glied: Nullstelle bei $s_1 = 0$ und Polstelle bei $s_2 = -1/T_1$

Der Frequenzgang der beiden Übertragungsglieder lautet:

$$G_D(j\omega) = j\omega K_D \quad \text{und}$$

$$G_{D-T_1}(j\omega) = K_D \frac{\omega^2 T_1}{1+(\omega T_1)^2} + j\omega K_D \frac{1}{1+(\omega T_1)^2} \qquad (5.97), (5.98)$$

Das BODE-Diagramm des D-Gliedes entspricht der Grundform II, die Frequenzkennlinien für das D-$T_1$-Glied lassen sich aus den Grundformen II und V zusammensetzen.

Für das D-Gliedes folgt aus dem Frequenzgang (5.97):

$$|G_D(j\omega)|_{dB} = 20\log|\omega K_D| = |\omega K_D|_{dB} \quad \text{und}$$

$$\varphi(\omega) = 90° \qquad (5.99a, b)$$

Setzt man für $\omega = \omega_E = 1/K_D$, hat die Betragskennlinie (5.99a) an dieser Stelle den Wert

$$|G_D(j\omega_E)|_{dB} = 20\log 1 = 0 \text{ dB} \qquad (5.100)$$

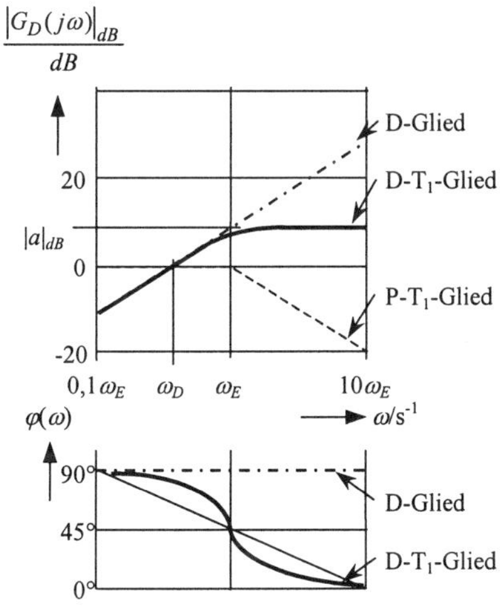


**Bild 5.47:** BODE-Diagramm des D-Gliedes und des D-$T_1$-Gliedes

Ist dagegen $\omega = \omega_E = 1/T_1 \neq 1/K_D$, dann verschiebt sich die Betragskennlinie wegen

$$|G_D(j\omega)|_{dB} = 20\log\left(\frac{\omega}{\omega_E}\omega_E K_D\right) = 20\log(1) + 20\log\frac{K_D}{T_1}$$

$$= \left|\frac{K_D}{T_1}\right|_{dB} = |a|_{dB} \qquad (5.101)$$

entlang der Ordinate und schneidet die Null-dB-Linie bei der Durchtrittsfrequenz $\omega_D$ (Bild 5.47). Die Phasenkennlinie bleibt hiervon unberührt.

Die Betragskennlinie des D-Gliedes hat eine Steigung von 20 dB/Dekade, die Verstärkung wächst mit zunehmender Frequenz, ein Vorgang, den kein reales System aufweist. Trotzdem kann es zweckmäßig sein, differenzierende Übertragungsglieder als „ideal“ anzusehen, wenn nur niederfrequente Eingangsgrößen auftreten und damit bei der mathematischen Beschreibung solcher Systeme Rechenwege abgekürzt werden können. Zur Übertragung von Gleichsignalen sind allerdings Glieder mit differenzierender Wirkung nicht geeignet, da der Frequenzgang $G(j\omega = 0) = 0$ ist.

Die Frequenzkennlinien für das D-$T_1$-Glied lassen sich durch graphische Addition der Betrags- und Phasenkennlinie von D- und P-$T_1$-Glied konstruieren (Bild 5.47). Bei niedrigen Frequenzen lehnt sich das D-$T_1$-Verhalten an jenes des D-Gliedes an, bei hohen Frequenzen treten die „realen" Verhältnisse durch den waagrechten Verlauf der Betragskennlinie in den Vordergrund, die Verstärkung nimmt einen konstanten Verlauf an. Die Phasenkennlinie geht von anfangs $\varphi(\omega) = 90°$ bei niedrigen Frequenzen gegen Null im hohen Frequenzenbereich.

Eine genauere Betrachtung von differenzierenden Übertragungsgliedern würde allerdings dazu führen, daß der Modellansatz für ein D-Verhalten mindestens Verzögerungen 2. Ordnung beinhalten müßte, weil reale Systeme bei hohen Frequenzen keine Verstärkung mehr zulassen. Diese Eigenschaft bezeichnet man auch mit *Tiefpaßverhalten.*

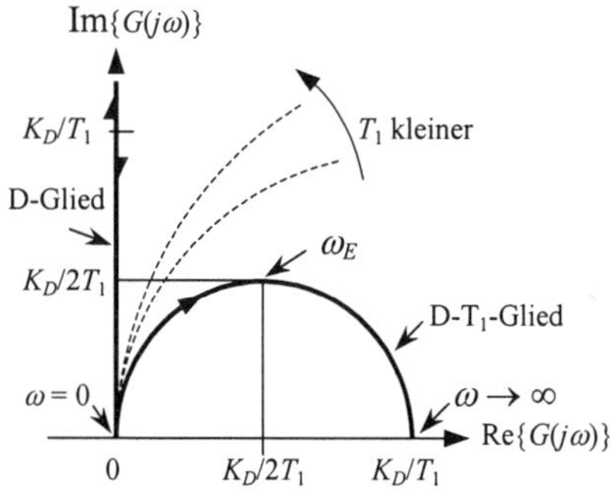


**Bild 5.48:** Ortskurve eines D-Gliedes und eines D-$T_1$-Gliedes

Die Ortskurve des D-Gliedes liegt auf der positiven imaginären Achse. Sie beginnt nach (5.97) für $\omega = 0$ im Ursprung und wächst für $\omega \to \infty$ über alle Grenzen.

Der Verlauf der Ortskurve des D-$T_1$-Gliedes entspricht exakt einem Halbkreis im I. Quadranten der $G(j\omega)$-Ebene mit Mittelpunkt $M(K_D/2T_1; 0)$ und Radius $r = K_D/2T_1$. Die Kurve beginnt für $\omega = 0$ ebenfalls im Ursprung und endet für $\omega \to \infty$ auf der reellen Achse. Hier gilt der stationäre Wert $G(j\omega \to \infty) = K_D/T_1$ (Bild 5.48).

Eine Verkleinerung der Zeitkonstanten $T_1$, beispielsweise durch effizientere Bauelemente, würde den Radius der Ortskurve vergrößern und sie in Richtung idealem D-Glied verschieben.

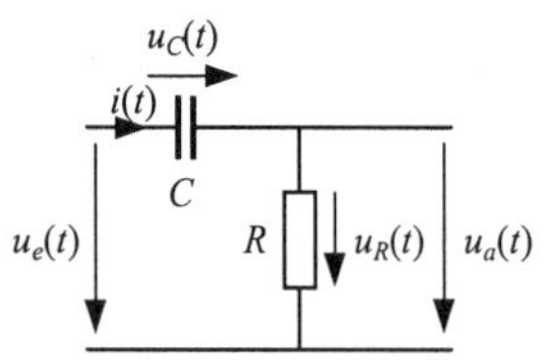


**Bild 5.49:** Ideales Differenzierglied

| | |
|---|---|
| $u_e$, $u_a$ | Eingangs- und Ausgangsspannung |
| $i(t)$ | Eingangsstrom |
| $C$, $R$ | Kapazität, ohmscher Widerstand |
| $u_C$ | Spannung am Kondensator |
| $u_R$ | Spannung am Widerstand |

D-$T_1$-Verhalten zeigt beispielsweise das nebenstehende ideal angenommene elektrische Differenzierglied (Bild 5.49), bestehend aus Kondensator und ohmschem Widerstand. Zwischen Eingangsspannung $u_e(t)$ und Ausgangsspannung $u_a(t)$ besteht die Beziehung:

$$u_e(t) = u_c(t) + u_a(t)$$

$$= \frac{1}{C}\int i(t)dt + u_a(t) \qquad (5.102)$$

Mit dem Eingangsstrom $i(t) = u_e(t)/R$ und der Zeitkonstanten $T_1 = RC = K_D$ erhält man eine Differentialgleichung 1. Ordnung mit $\dot{u}_e(t)$ als Störfunktion:

$$T_1\dot{u}_a(t) + u_a(t) = K_D\dot{u}_e(t) \qquad (5.103)$$

## 5.3.2 Irreguläre Übertragungsglieder

Die im vorangegangenen Abschnitt 5.3.1 besprochenen Übertragungsglieder zeigen eine eindeutige Zuordnung zwischen einem gegebenen Amplitudengang und dem Phasengang:

- Die Betragskennlinie des **P-Gliedes** weist eine Steigung von 0 dB/Dekade auf und liegt in einem Abstand von $|K_S|_{dB}$ parallel zur 0-dB-Linie. Die Phasenkennlinie hat einen Wert von 0° über dem gesamten Frequenzbereich (Bild 5.9).
- Beim **D-Glied** ergibt sich für die Betragskennlinie eine Steigung von 20dB/Dekade, die Phasenkennlinie ist eine parallele Gerade im Abstand von 90° zur 0°-Linie (Bild 5.10).
- Beim **I-Glied** beträgt die Steigung der Betragskennlinie –20dB/Dekade, die Phasenkennlinie verläuft im Abstand von –90° parallel zur 0°-Linie (Bild 5.11).

Die Übertragungsfunktion keines der vorgestellten Übertragungsglieder weist Pole- und Nullstellen rechts von der imaginären Achse der $s$-Ebene auf. Bei einem irregulären Übertragungsglied hat die Übertragungsfunktion dagegen einen oder mehrere Pole- und Nullstellen rechts von der imaginären Achse. Außerdem läßt sich bei einem gegebenen Amplitudengang nicht ohne weiteres auf den Phasengang schließen.

### 5.3.2.1 Das Allpaßglied

Läßt sich die Übertragungsfunktion eines Übertragungsgliedes auf die folgende Form bringen,

$$G(s) = K\frac{(1-T_1 s)(1-T_2 s)\cdots(1-\frac{2D}{\omega_0}s+\frac{1}{\omega_0^2}s^2)\cdots}{(1+T_1 s)(1+T_2 s)\cdots(1+\frac{2D}{\omega_0}s+\frac{1}{\omega_0^2}s^2)\cdots}, \tag{5.104}$$

dann spricht man von einem *Allpaß* höherer Ordnung. Eine allgemeine Eigenschaft dieser Übertragungsglieder besteht darin, daß sie alle aufgeschalteten Sinusschwingungen, gleich welcher Frequenz, mit derselben Amplitude passieren lassen, d. h. die Betragskennlinie hat über dem gesamten Frequenzbereich einen konstanten Wert.

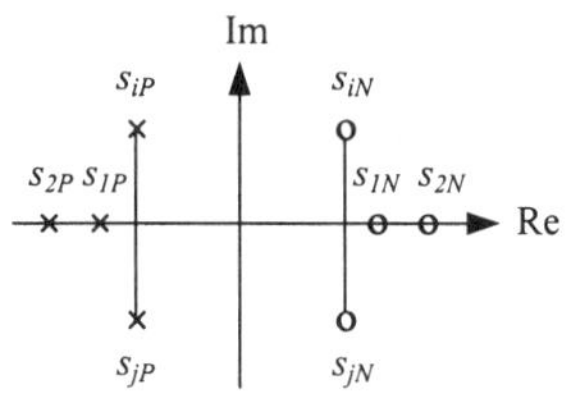


**Bild 5.50:** Pol-Nullstellenverteilung eines Allpasses in der $s$-Ebene

Die reellen Pole der Übertragungsfunktion $s_{1P} = -1/T_1$, $s_{2P} = -1/T_2$, usw. sind negativ, die Nullstellen $s_{1N} = 1/T_1$, $s_{2N} = 1/T_2$, usw. liegen spiegelbildlich zur imaginären Achse. Treten eventuell noch quadratischen Formen im Zähler und im Nenner der Übertragungsfunktion auf, haben die konjugiert komplexe Pole $s_{i,j} = \mp\omega_0 D \pm j\omega_0\sqrt{1-D^2}$, $0 < D < 1$, einen negativen Realteil, die Nullstellen entsprechend einen positiven Wert.

Der Frequenzgang der Übertragungsfunktion lautet:

$$G(j\omega) = K\frac{(1-T_1 j\omega)(1-T_2 j\omega)\cdots(1-\frac{2D}{\omega_0}j\omega-\frac{1}{\omega_0^2}\omega^2)\cdots}{(1+T_1 j\omega)(1+T_2 j\omega)\cdots(1+\frac{2D}{\omega_0}j\omega-\frac{1}{\omega_0^2}\omega^2)\cdots} \tag{5.105}$$

Die einzelnen Beträge aus den Faktoren der Übertragungsfunktion $\sqrt{1+(\omega T_1)^2}$, $\sqrt{1+(\omega T_2)^2}$, ..., $\sqrt{(1-\frac{\omega^2}{\omega_0^2})^2+4D^2(\frac{\omega}{\omega_0})^2}$ sind im Zähler und im Nenner gleich und kürzen sich deshalb gegenseitig. Damit gilt für den Betrag der Übertragungsfunktion, wenn $K = 1$ gesetzt wird: $|G(j\omega)| = 1$.

Die Phasenkennlinie setzt sich zusammen aus den Kennlinien der im Zähler und im Nenner paarweise angeordneten linearen Anteilen und den Phasenverläufen möglicherweise auftretenden quadratischen Ausdrücken (Grundformen IV und V):

$$\varphi(\omega) = -2\left(\sum_i \arctan \omega T_i + \arctan\frac{-2D\frac{\omega}{\omega_0}}{1-\left(\frac{\omega}{\omega_0}\right)^2} + \cdots\right) \tag{5.106}$$

Der Allpaß hat gegenüber dem $P$-$T_n$-Glied mit Amplitudenkennlinie $A_{P-T_n}(\omega) = 1$ die doppelte Phasennacheilung, was besonders bei der Stabilitätsbetrachtung von Regelkreisen nicht außer Acht gelassen werden darf.

Die Übergangsfunktion für einen Allpaß $n$-ter Ordnung nimmt im stationären Fall den Wert

$$h(\infty) = \lim_{s\to 0} s\frac{1}{s}G(s) = K \tag{5.107}$$

an. Der Anfangswert der Übergangsfunktion ist abhängig von der Ordnung des Allpasses:

$$h(0+) = \lim_{s\to 0} s\frac{1}{s}G(s) = \begin{cases} K, n \text{ gerade} \\ -K, n \text{ ungerade} \end{cases} \tag{5.108}$$

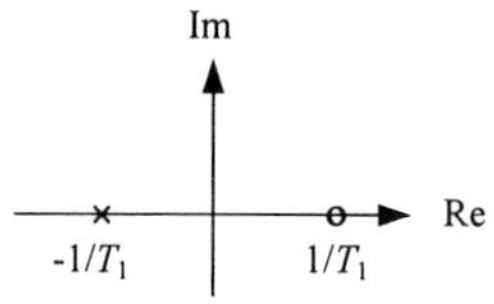


**Bild 5.51:** Pol- Nullstellenverteilung bei einem Allpaß 1. Ordnung

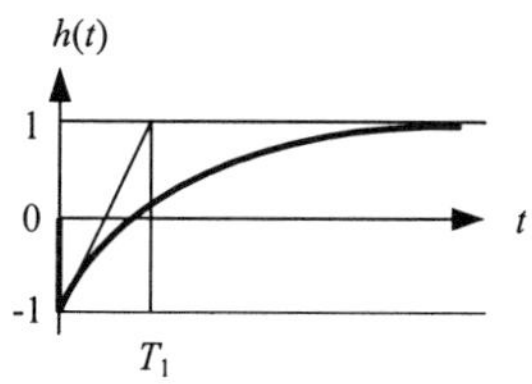


**Bild 5.52:** Übergangsfunktion eines Allpasses 1. Ordnung

Die Übertragungsfunktion eines Allpasses 1. Ordnung,

$$G(s) = \frac{1-sT_1}{1+sT_1}, \tag{5.109}$$

hat mit $s_N = 1/T_1$ eine Nullstelle rechts von der imaginären Achse und symmetrisch dazu mit $s_P = -1/T_1$ einen Pol in der linken Hälfte der $s$-Ebene (Bild 5.51). Die Übergangsfunktion

$$h(t) = \mathscr{L}^{-1}\left\{\frac{1}{s}\frac{1-sT_1}{1+sT_1}\right\} = 1-2e^{-t/T_1}, t > 0 \tag{5.110}$$

nimmt zunächst entgegen der Sprungrichtung der Eingangsgröße einen negativen Wert von $-1$ an und läuft dann unter der Zeitkonstanten $T_1$ auf den stationären Wert $h(\infty) = 1$ zu (Bild 5.52).

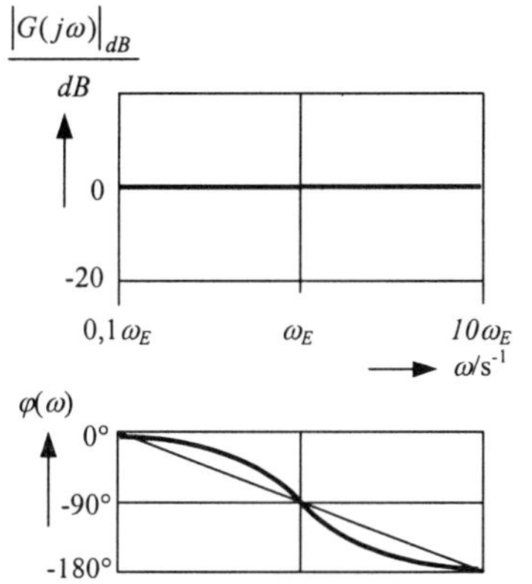


**Bild 5.53:** BODE-Diagramm eines Allpasses 1. Ordnung

Der Frequenzgang des Allpasses 1. Ordnung lautet:

$$G(j\omega) = \frac{1 - j\omega T_1}{1 + j\omega T_1} = \frac{1 - (\omega T_1)^2 - j2\omega T_1}{1 + (\omega T_1)^2} \tag{5.111}$$

Der Betrag des Frequenzganges

$$|G(j\omega)| = 1 \tag{5.112}$$

ist konstant, die Betragskennlinie hat den Wert

$$|G(j\omega)|_{dB} = 20 \log 1 = 0 \text{ dB}. \tag{5.113}$$

Der Phasenwinkel

$$\varphi(\omega) = -2\arctan \omega T_1 \tag{5.114}$$

erfährt bei hohen Frequenzen eine Phasennacheilung von bis zu –180°, was einem P-$T_2$-Verhalten bezüglich der Phasenkennlinie entspricht. Ein Allpaßglied in Kettenschaltungen hat wegen (5.113) keinen Einfluß auf die Betragskennlinie der gesamten Anordnung, dagegen wirkt es sich stark auf den Phasenverlauf aus.

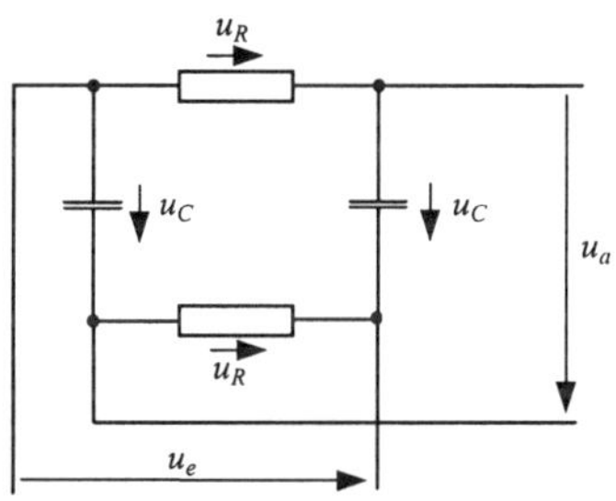


**Bild 5.54:** Modell eines Allpasses 1. Ordnung: RC-Phasenbrücke

$u_C$, $u_R$ Spannungen am Kondensator und am Widerstand

$u_e$, $u_a$ Eingangs, Ausgangsspannung

Allpaßverhalten zeigt zumindest näherungsweise eine Brückenschaltung, in deren Zweige abwechselnd Widerstände und Kondensatoren angebracht sind (Bild 5.54). Für die Eingangs- und Ausgangsspannung gilt:

$u_e = u_C + u_R$ sowie $u_a = u_C - u_R$

Für das Übertragungsverhalten gilt:

$$\frac{U_a(s)}{U_e(s)} = \frac{U_C(s) - U_R(s)}{U_C(s) + U_R(s)} = \frac{1/sC - R}{1/sC - R} = \frac{1 - RCs}{1 - RCs} \tag{5.115}$$

Mit der Zeitkonstanten $T_1 = RC$ wird die Übertragungsfunktion:

$$G(s) = \frac{1 - sT_1}{1 + sT_1} = \frac{U_a(s)}{U_e(s)} \tag{5.116}$$

Hieraus läßt sich die Differentialgleichung für das Beispiel angeben:

$$u_a(t) + T_1 \dot{u}_a(t) = u_e(t) - T_1 \dot{u}_e(t) \tag{5.117}$$

Eine Lösung im Zeitbereich dieser Differentialgleichung setzt sich zusammen aus der Lösung $u_a(t)$ für die Eingangsgröße $u_e(t)$ bei $\dot{u}_e(t) = 0$ und wegen der zu differenzierenden Eingangsgröße $\dot{u}_e(t)$ dem $(-T_1)$-fachen der abgeleiteten Lösung $\dot{u}_a(t)$.

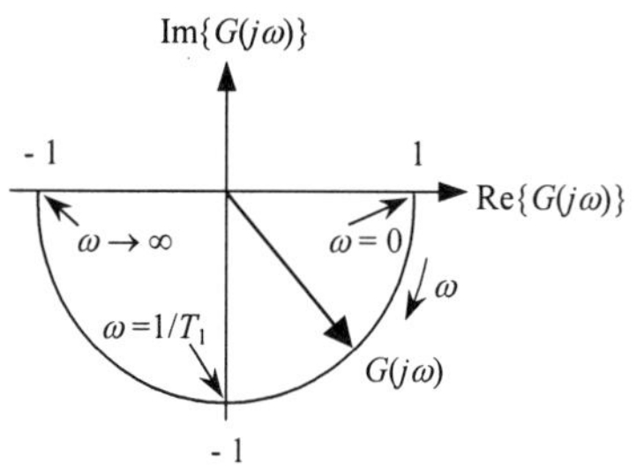


**Bild 5.55:** Ortskurve eines Allpaßgliedes 1. Ordnung

Für die Übergangsfunktion $h(t)$ erhält man:

$$\begin{aligned} u_a(t) &= 1 - e^{-t/T_1} + (-T_1)\frac{d}{dt}(1 - e^{-t/T_1}) \\ &= 1 - e^{-t/T_1} - e^{-t/T_1} \\ &= 1 - 2e^{-t/T_1} \end{aligned} \tag{5.118}$$

Die Ortskurve $G(j\omega)$ des Allpaßgliedes beschreibt einen Halbkreis mit dem Mittelpunkt im Ursprung der $G(j\omega)$-Ebene und dem Radius $|G(j\omega)| = 1$ (Bild 5.55).

### 5.3.2.2 Das Totzeitglied ($T_t$-Glied)

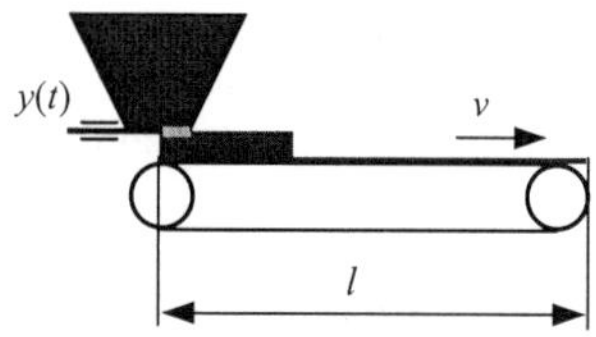


**Bild 5.56:** Totzeitbehaftetes System

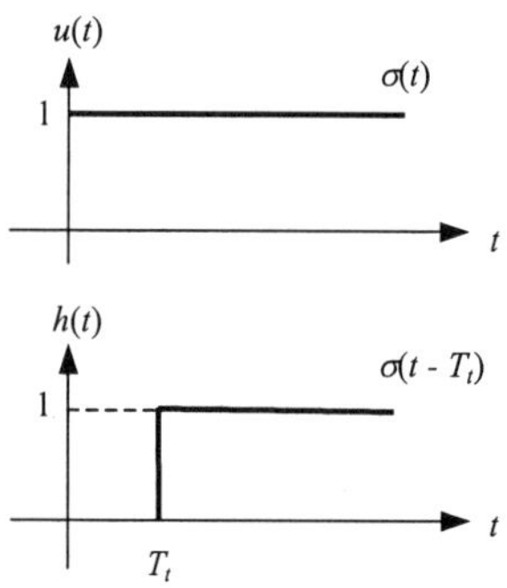


**Bild 5.57:** Übergangsfunktion eines Totzeitgliedes

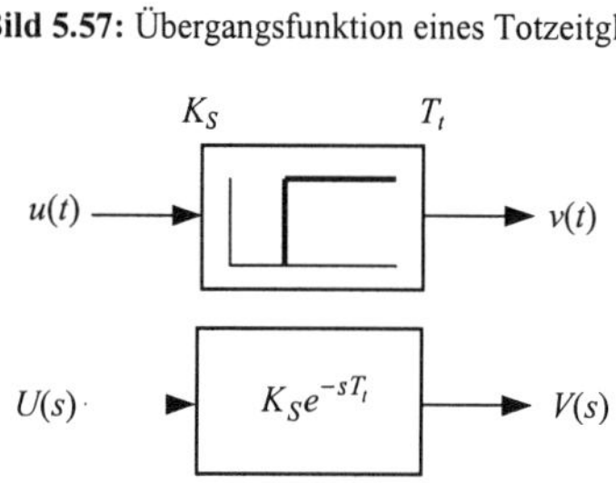


**Bild 5.58:** Symbole des Totzeitgliedes

Totzeiten treten dort auf, wo Transportvorgänge in Erscheinung treten, wie beispielsweise beim Transportieren von Informationen, Massen und Energie. Bei einer Eingangsgrößenänderung $y(t)$ um einen bestimmten Betrag, benötigt die sich daraus resultierende Massenänderung entsprechend der endlichen Förderbandgeschwindigkeit $v$ eine gewisse Zeit $t = l/v$, die *Totzeit* $T_t$, bis sie sich am Förderbandende bemerkbar macht. Das Ausgangssignal eines Totzeitgliedes ist demnach gegenüber dem Eingangssignal um die Totzeit $T_t$ verschoben:

$$v(t) = u(t - T_t) \tag{5.119}$$

Mit dem Verschiebungssatz der LAPLACE-Transformation erhält man die Übertragungsfunktion:

$$G(s) = \frac{V(s)}{U(s)} = e^{-sT_t} \tag{5.120}$$

Im Gegensatz zu der rationalen Form der Übertragungsfunktion (5.3) liegt hier ein irrationaler Ausdruck vor. Damit ist eine Beschreibung des Totzeitverhaltens durch eine lineare Differentialgleichung nicht möglich und deshalb sind numerisch angelegte Stabilitätsverfahren wie das HURWITZ-Kriterium für totzeitbehaftete Systeme nicht geeignet.

Die Übergangsfunktion ist ein um die Totzeit $T_t$ verschobener Sprung:

$$h(t) = \mathcal{L}^{-1}\left\{\frac{1}{s}e^{-sT_t}\right\} = \sigma(t - T_t) \tag{5.121}$$

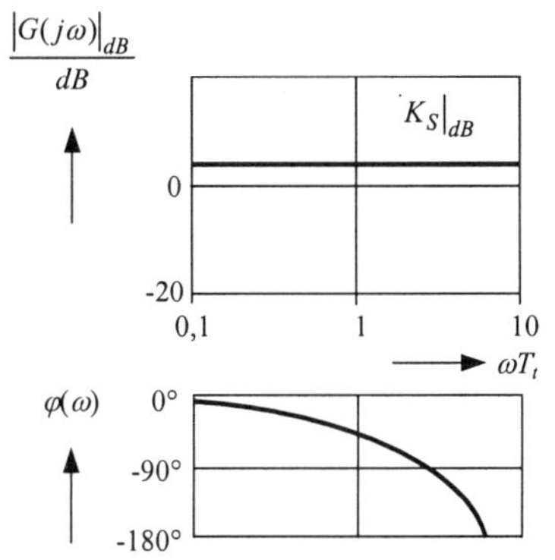


**Bild 5.59:** Frequenzkennlinien eines Totzeitgliedes

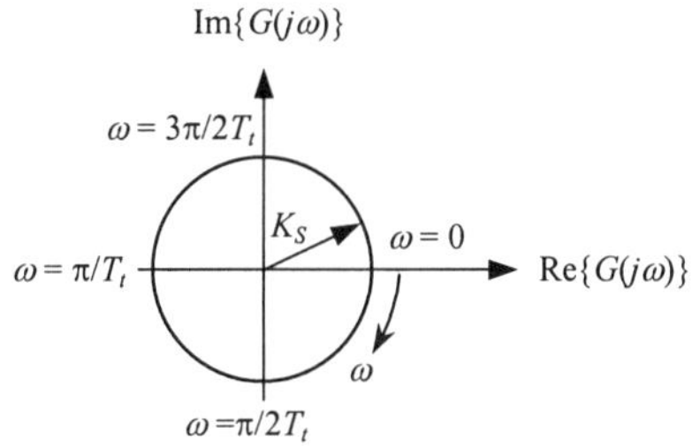


**Bild 5.60:** Ortskurve eines Totzeitgliedes

Der Frequenzgang lautet in allgemeiner Form:

$$G(j\omega) = K_S e^{-j\omega T_t} = K_S (\cos \omega T_t - j \sin \omega T_t) \qquad (5.122)$$

Die Betragskennlinie

$$|G(j\omega)|_{dB} = 20 \log |K_S| = |K_S|_{dB} \qquad (5.123)$$

hat einen konstanten Wert, die Phasenkennlinie

$$\varphi(\omega) = -\omega T_t \qquad (5.124)$$

verläuft bei niedrigen Frequenzen parallel zur 0°-Linie und suggeriert P-Verhalten, bei wachsenden Frequenzen fällt sie aber steil ab und dominiert die Phasenlage in totzeitbehafteten Systemen.

Als Ortskurve ergibt sich ein Kreis mit dem Mittelpunkt im Ursprung und dem Radius $K_S$.

Vergleicht man das Totzeitglied mit einem Allpaß beliebiger Ordnung, dann haben beide Übertragungsglieder eine von der Frequenz unabhängige Verstärkung, die Betragskennlinien sind Parallelen zur 0-dB-Linie bzw. liegen auf dieser Linie, wenn $K_S = 1$ angenommen wird. Beim Totzeitglied ist allerdings die Phasennacheilung bei steigenden Frequenzen wesentlich stärker ausgeprägt als beim Allpaß.

## 5.4 Beispiele

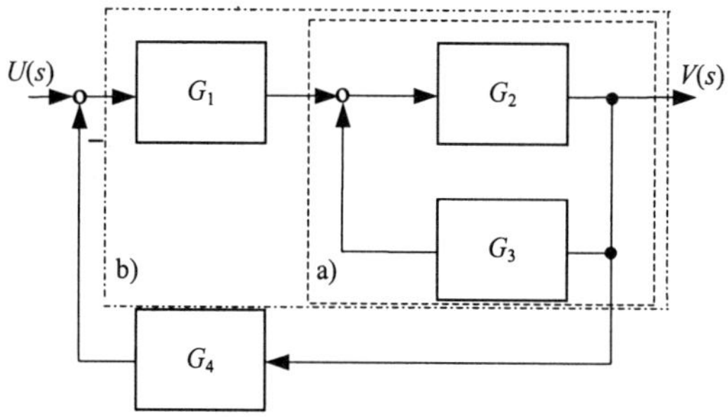


**Bild 5.61:** Netzwerk I

**5.1** Bestimmen der Gesamtübertragungsfunkton: Netzwerk I:

a) Rückwirkungsschaltung von $G_2$ und $G_3$:

$$\frac{G_2}{1 - G_3 G_2}$$

b) Kettenschaltung mit $G_1$: $\dfrac{G_2}{1 - G_3 G_2} G_1$

c) Rückwirkungsschaltung mit $G_1$ und $G_4$:

$$G(s) = \frac{G_1 G_2}{1 - G_2 G_3 + G_1 G_2 G_4}$$

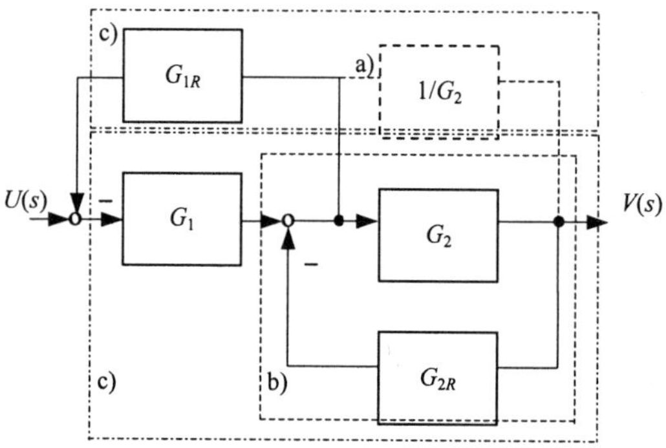


**Bild 5.62:** Netzwerk II

**5.2** Netzwerk II:

a) Abgriff verlegen (gestrichelte Linien)

b) Rückwirkungsschaltung

$$\frac{G_2}{1 + G_2 G_{2R}} = G'$$

c) Serienschaltung: $G_{1R}/G_2$, $G_1 G'$

d) Rückwirkungsschaltung

$$G(s) = \frac{G_1 G_2}{1 + G_2 G_{2R} + G_1 G_{1R}}$$

**5.3** Netzwerk III:

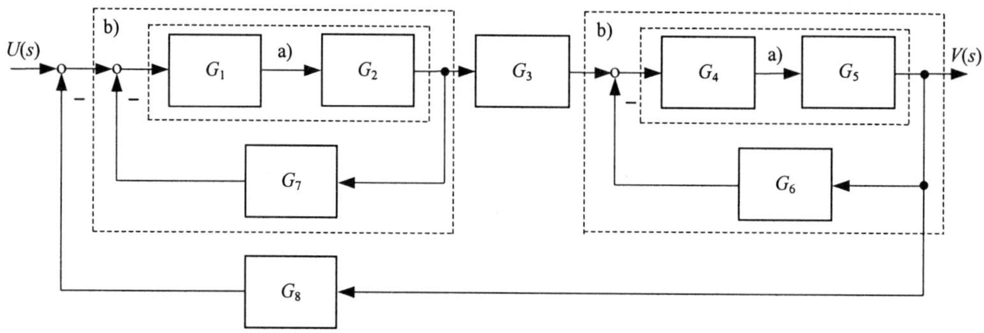


**Bild 5.63:** Netzwerk III

a) Kettenschaltungen: $G_1 G_2$ und $G_4 G_5$

b) Rückwirkungsschaltungen: $\dfrac{G_1 G_2}{1 + G_1 G_2 G_7}$ und $\dfrac{G_4 G_5}{1 + G_4 G_5 G_7}$

c) Serienschaltung: $\frac{G_1G_2}{1+G_1G_2G_7}\cdot\frac{G_4G_5}{1+G_4G_5G_7}G_3 = Z_1$

d) Rüchwirkungsschaltung: $\frac{Z_1}{1+Z_1G_8} = G_{ges}(s)$

**5.4** Netzwerk IV

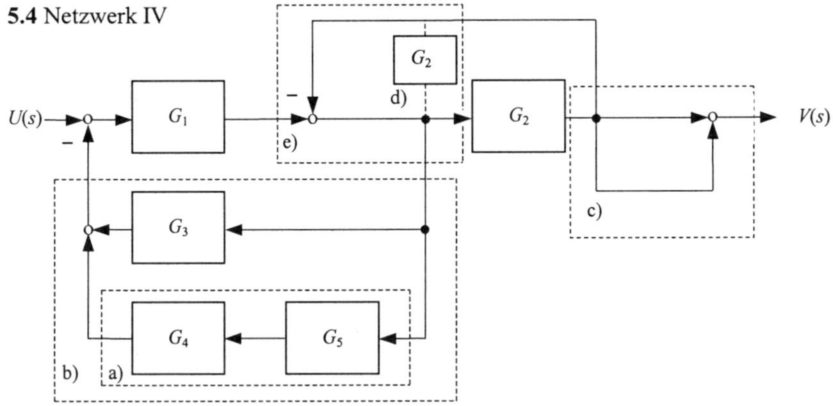


**Bild 5.64:** Netzwerk IV

a) Serienschaltung von $G_4$ und $G_5$: $G_4G_5$
b) Parallelschaltung von $G_3$ und $G_4G_5$: $G_4G_5 + G_3$
c) Ersetzbar durch $G' = 2$
d) Verlegen des Abgriffes vor $G_2$ und Einfügen eines weiteren Blockes mit $G_2$ (gestrichelte Linie)
e) Rückwirkungsschaltung: $1/(1+G_2)$
f) Serienschaltung mit $G_1$: $G_1/(1+G_2)$
g) Rückwirkungsschaltung mit b): $\frac{G_1}{1+G_2+G_1G_3+G_1G_4G_5}$
h) Serienschaltung mit $G_2$ und $G' = 2$: $G_{ges} = \frac{G_1}{1+G_2+G_1G_3+G_1G_4G_5}2G_2$

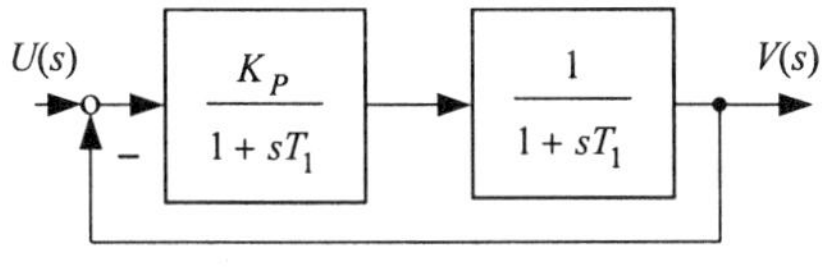


**Bild 5.65:** Rückgekoppeltes System

**5.5** Untersuchung eines Systems, das aus zwei P-$T_1$-Gliedern aufgebaut ist, auf Schwingungsfähigkeit.

Die Übertragungsfunktion ergibt sich aus der Rückwirkungsschaltung:

$$G(s) = \frac{K_P}{K_P + (1+sT_1)^2}$$

Durch Umformen erhält man:

$$G(s) = \frac{K_P}{1+K_P+2T_1s+T_1^2s^2} = \frac{K_P}{T_1^2}\cdot\frac{1}{\frac{1+K_P}{T_1^2}+\frac{2}{T_1}s+s^2} = \frac{K_P}{T_1^2}\cdot\frac{1}{\omega_0^2+\delta s+s^2}$$

Durch einen Koeffizientenvergleich findet man:

Abklingkonstante $\delta = 1/T_1$

Kreisfrequenz des ungedämpften Systems $\omega_0 = \dfrac{\sqrt{1+K_P}}{T_1}$

Kreisfrequenz des real schwingenden Systems $\omega_d = \sqrt{\omega_0^2 - \delta^2} = \dfrac{\sqrt{K_P}}{T_1}$

Dämpfungszahl $D = \delta/\omega_0 = \dfrac{\delta}{\omega_0} = \dfrac{1}{\sqrt{1+K_P}} < 1$

Da die Dämpfungszahl $D < 1$ ist, kann das System gedämpft verlaufende Schwingungen ausführen.

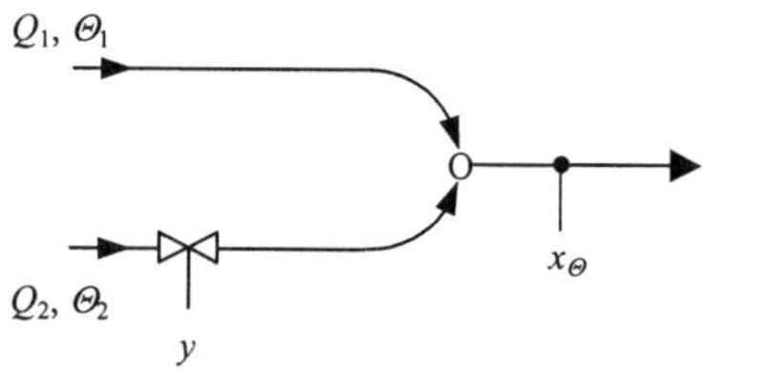


**Bild 5.66:** Mischanlage

| | |
|---|---|
| $Q_1$, $Q_2$ | Durchfluß an Rohr 1 und 2 |
| $\Theta_1$, $\Theta_2$ | Temperatur des Fluids 1 und 2 |
| $x_\Theta$ | Mischtemperatur |
| $y$ | Stellgröße für Fluid 2 |

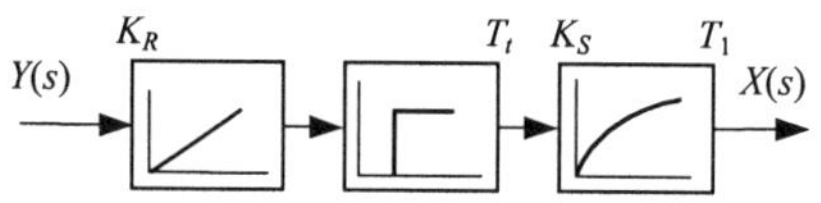


**Bild 5.67:** Blockschaltbild der Mischanlage

**5.6** In der Mischanlage für die beiden Fluids (Temperaturen $\Theta_1$, $\Theta_2$, Durchflüsse $Q_1$, $Q_2$) sollen die beiden Komponenten so gemischt werden, daß am Meßort die Mischtemperatur $x_\Theta = f(Q_1, Q_2, \Theta_1, \Theta_2)$ erreicht wird. Unter Berücksichtigung von gegebenen Randbedingungen läßt sich die Temperatur $x_\Theta$ am Stellort über die Stellgröße $y$ beeinflussen. Es ist anzugeben:

a) Blockschaltbild
b) Übertragungsfunktion
c) Frequenzgang
d) BODE-Diagramm

a) Der erste Block betrifft das Übergangsverhalten eines motorisch angetriebenen Ventils. Evtl. auftretende Verzögerungen werden hier nicht berücksichtigt. Die Totzeit erfaßt die Laufzeit des Massestromes vom Stellort bis zum Meßort. Auftretende Verzögerungen in der Mischanlage, am Meßort oder in der Meßeinrichtung werden durch ein P-$T_1$-Glied berücksichtigt.

b) Die Übertragungsfunktion lautet:

$$G(s) = \frac{X(s)}{Y(s)} = \frac{K_R}{s} \cdot \frac{K_S}{1+sT_1} \cdot e^{-sT_t}$$

c) Der Frequenzgang ergibt sich aus der Übertragungsfunktion, wenn $s = j\omega$ gesetzt wird:

$$G(j\omega) = -K_R K_S \frac{j + \omega T_1}{\omega(1+(\omega T_1)^2)} e^{-j\omega T_t}$$

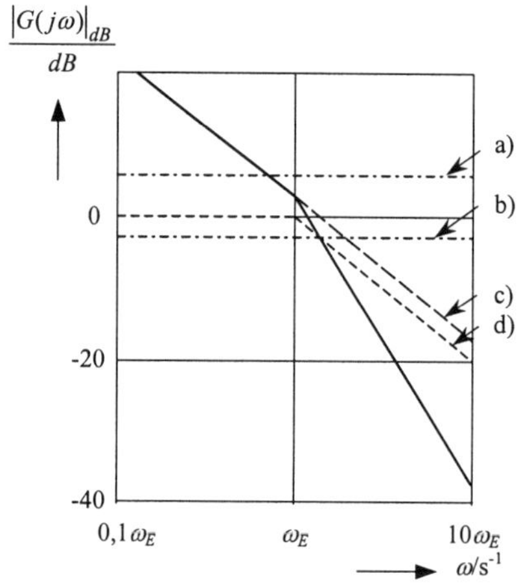


**Bild 5.68:** Teil 1, Amplitudenkennlinien

a) $|K_S|_{dB}$ c) $|\omega/\omega_E|_{dB}$

b) $|K_R/\omega_E|_{dB}$ d) $|G_{P-T_1}(j\omega/\omega_E)|_{dB}$

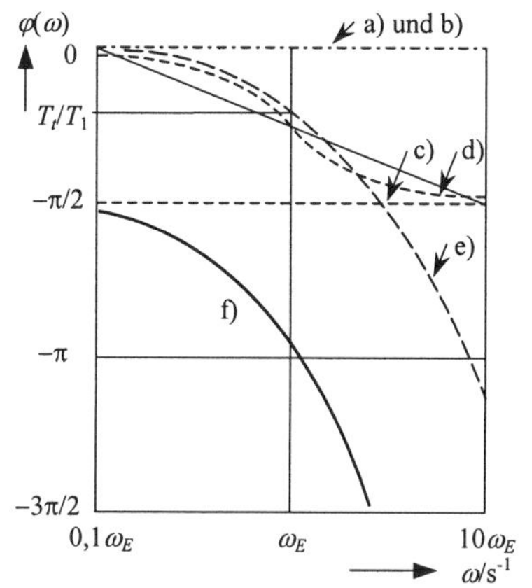


**Bild 5.68:** Teil 2, Phasenkennlinie
a), b) Phasenverlauf der P-Glieder
c) Phasenverlauf des I-Gliedes
d) Phasenverlauf des P-$T_1$-Gliedes
e) Phasenverlauf des Totzeitgliedes
f) Summenkurve

d) Für das BODE-Diagramm (Bild 5.68, Teil 1) wird zunächst die Amplitudenkennlinie berechnet und graphisch durch Addition der Einzelbeträge konstruiert:

$$A(\omega) = K_R K_S \frac{1}{\omega\sqrt{1+(\omega T_1)^2}}$$

$$|G(j\omega)|_{dB} = 20\log K_S \frac{K_R}{\omega} \frac{1}{\sqrt{1+(\omega T_1)^2}}$$

$$|G(j\omega)|_{dB} = 20\log K_S \frac{K_R}{\omega_E} \frac{\omega_E}{\omega} \frac{1}{\sqrt{1+(\frac{\omega}{\omega_E})^2}}$$

$$= 20\log K_S + 20\log \frac{K_R}{\omega_E} - 20\log \frac{\omega}{\omega_E} - 20\log\sqrt{1+\left(\frac{\omega}{\omega_E}\right)^2}$$

In Dezibel ausgedrückt:

$$|G(j\omega)|_{dB} = |K_S|_{dB} + \left|\frac{K_R}{\omega_E}\right|_{dB} - \left|\frac{\omega}{\omega_E}\right|_{dB} + \left|G_{P-T_1}(j\omega/\omega_E)\right|_{dB}$$

Die Phasenkennlinie (Bild 5.68, Teil 2) ergibt sich ebenfalls aus der Addition der Einzelkennlinien c), d) und e). Der Phasenverlauf des Totzeitgliedes ist hierbei unter Berücksichtigung von $\omega_E = 1/T_1$ mit

$$\varphi(\omega) = -\omega T_t = -\frac{\omega}{\omega_E} \cdot \frac{T_t}{T_1}$$

anzusetzen.

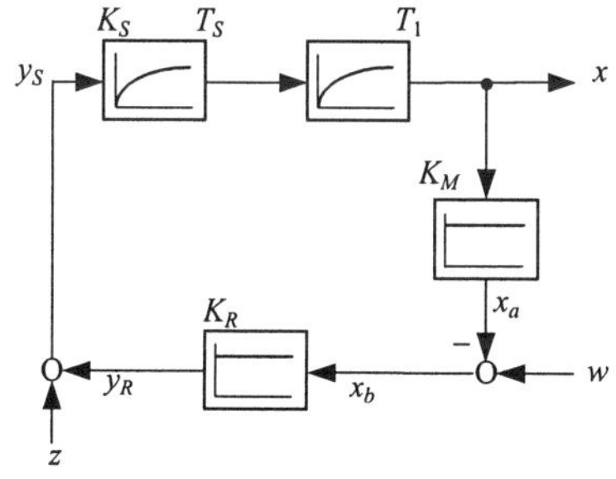


**Bild 5.69:** Blockschaltbild eines Regelkreises mit P-Regler

**5.7** Das folgende Blockschaltbild zeigt einen Regelkreis, der einen P-Regler enthält. Es ist eine Gleichung $x = f(w, z)$ aufzustellen und damit die Änderung $\Delta x$ auszurechnen, die sich im stationären Zustand ergibt, wenn sich die Führungsgröße $w = w_0$ um 2 V und die Störgröße $z = z_0$ um -0,2 V sprungförmig ändern.

Mit den Hilfsvariablen $x_a$ und $x_b$ wird:

$x_b = w - x_a = w - xK_M$ und

$$x = y_S \frac{1}{1+sT_1} \frac{K_S}{1+sT_S} = (z + x_b K_R) \frac{1}{1+sT_1} \frac{K_S}{1+sT_S}$$

Wird die Hilfsvariable $x_b$ aus der ersten Gleichung in die zweite eingesetzt und diese anschließend umgestellt, ergibt sich der gewünschte Zusammenhang:

$$X(s)=\frac{K_R K_S}{(1+sT_S)(1+sT_1)+K_R K_M K_S}W(s)+\frac{K_S}{(1+sT_S)(1+sT_1)+K_R K_M K_S}Z(s)\;=F_w(s)w+F_z(s)z$$

Mit Hilfe des Grenzwertsatzes findet man den stationären Wert:

$$x(\infty)=\lim_{s\to 0} s\frac{w_0}{s}F_w(s)+\lim_{s\to 0} s\frac{z_0}{s}F_z(s)$$

$$=\frac{K_R K_S}{1+K_R K_S K_M}w_0+\frac{K_S}{1+K_R K_S K_M}z_0$$

Da für den Bruch $\frac{K_R K_S}{1+K_R K_S K_M}<1$ gilt, kann bei konstanter Störgröße der stationäre Wert der Regelgröße außer für $K_R\to\infty$ nie den gewünschten Sollwert erreichen. Es verbleibt eine stationäre Regeldifferenz $x_d(\infty)$. Setzt man die folgenden Werte in die Gleichung ein, dann ergibt sich:

$K_R$ = 5
$w_0$ = 2 V
$z_0$ = -0,2 V
$T_S$ = 0,1 s
$T_1$ = 1 s
$K_S$ = 10 mm/V
$K_M$ = 0,05 V/mm

$$x(\infty)=\frac{5\cdot 10\text{ mm/V}}{1+5\cdot 10\text{ mm/V}\cdot 0{,}05\cdot\text{V/mm}}\cdot 2\text{ V}$$

$$+\frac{10\text{ mm/V}}{1+5\cdot 10\text{ mm/V}\cdot 0{,}05\cdot\text{V/mm}}\cdot(-0{,}2\text{ V})=\frac{98}{3{,}5}\text{V}$$

**5.8** Die folgende Differentialgleichung beschreibt das dynamische Verhalten eines Übertragungssystems. Es ist die Sprungantwort des Systems zu berechnen:

$$\ddot{y}+3\dot{y}+2y=4u(t)\quad\text{mit }\dot{y}(0)=y(0)=0\text{ und }u(t)=u_0,\ t>0$$

Die Übertragungsfunktion folgt direkt aus der Differentialgleichung durch LAPLACE-Transformation:

$$G(s)=\frac{4}{2+3s+s^2}$$

Für die Sprungantwort gilt der Ansatz:

$$Y(s)=\frac{u_0}{s}\cdot\frac{4}{2+3s+s^2}=\frac{u_0}{s}\cdot\frac{4}{(s+1)(s+2)}$$

$$=2u_0\left[\frac{1}{s}-\frac{2}{s+1}+\frac{1}{s+2}\right]$$

$$y(t)=2u_0\left[1-2e^{-t}+e^{-2t}\right]$$

**5.9** Von der folgenden Übertragungsfunktion soll die Ortskurve skizziert werden.

$$G(s)=\frac{1}{sT_N}\cdot\frac{1}{1+sT}\cdot\frac{K_S}{1+sT_1}=\frac{K_S}{sT_N}\cdot\frac{1}{1+s(T_1+T)+s^2T_1T}$$

Hieraus folgt der Frequenzgang:

$$G(j\omega)=-\frac{K_S}{T_N}\cdot\frac{\omega^2(T_1+T)-j(\omega^3TT_1-\omega)}{(\omega^2(T_1+T))^2+(\omega^3TT_1-\omega)^2}$$

Getrennt in Realteil und in Imaginärteil:

$$\mathrm{Re}\{G(j\omega)\}=-\frac{K_S}{T_N}\cdot\frac{T_1+T}{\omega^2(T_1+T)^2+(\omega^2T_1T-1)^2}$$ und

$$\mathrm{Im}\{G(j\omega)\}=-\frac{K_S}{T_N}\cdot\frac{\omega^2TT_1-1}{\omega^3(T_1+T)^2+\omega(\omega^2TT_1-1)^2}$$

Mit Hilfe der folgenden Tabellenwerte läßt sich die Kurve konstruieren (Bild 5.70):

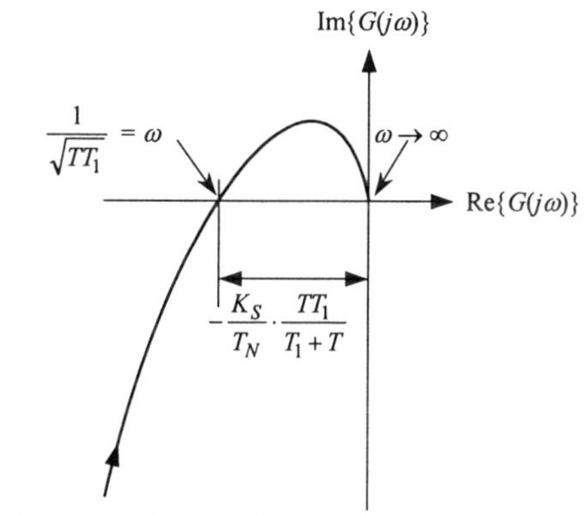


**Bild 5.70:** Ortskurvenverlauf

| $\omega$ | $\mathrm{Re}\{G(j\omega)\}$ | $\mathrm{Im}\{G(j\omega)\}$ |
|---|---|---|
| 0 | $-\infty$ | $-\infty$ |
| $\frac{1}{\sqrt{TT_1}}$ | $-\frac{K_S}{T_N}\cdot\frac{TT_1}{T+T_1}$ | 0 |
| $\infty$ | 0 | 0 |

**Tabelle 5.5:** Zur Konstruktion der Ortskurve

**5.10** Es sind die Übertragungsfunktionen zweier Übertragungsglieder zu vergleichen:

$$G_1(s)=\frac{1+sT_1}{1+sT} \text{ und } G_2(s)=\frac{1-sT_1}{1+sT}.$$

Die Pole sind mit $s_l$ = $-1/T$ bei beiden Funktionen gleich, die Nullstellen dagegen liegen symmetrisch zur imaginären Achse bei $s_l = -1/T$ bzw. $s_r = 1/T$ (Bild 5.71).

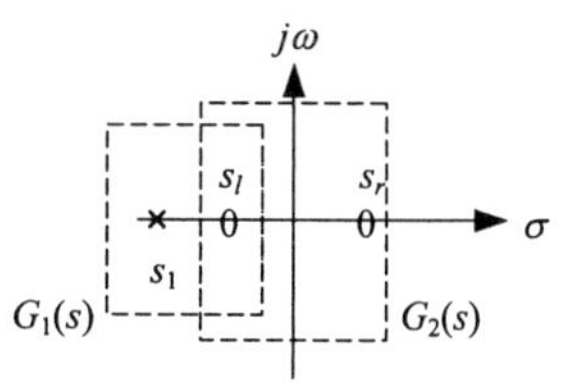


**Bild 5.71:** Pol- Nullstellenverteilung von $G_1(s)$ und $G_2(s)$ in der $s$-Ebene

Die Frequenzgänge der beiden Übertragungsglieder lauten:

$$G_1(j\omega)=\frac{1+j\omega T_1}{1+j\omega T} \text{ und } G_2(j\omega)=\frac{1-j\omega T_1}{1+j\omega T}$$

Die Beträge der beiden Frequenzgänge

$$|G_1(j\omega)| = \frac{\sqrt{(1+\omega^2 TT_1)^2 + \omega^2 (T_1 - T)^2}}{1+\omega^2 T^2} \quad \text{und}$$

$$|G_2(j\omega)| = \frac{\sqrt{(1-\omega^2 TT_1)^2 + \omega^2 (T_1 + T)^2}}{1+\omega^2 T^2}$$

sind wegen

$$|G_{1/2}(j\omega)| = \frac{\sqrt{1+\omega^2 (T_1^2 + T^2) + \omega^4 T^2 T_1^2}}{1+\omega^2 T^2} = \frac{\sqrt{1+(\omega T_1)^2}}{\sqrt{1+(\omega T)^2}}$$

gleich. Der Phasenverlauf der beiden Systeme ist dagegen unterschiedlich:

$$\varphi_1(\omega) = \arctan \omega T_1 - \arctan \omega T \quad \text{und}$$

$$\varphi_2(\omega) = -\arctan \omega T_1 - \arctan \omega T \, .$$

Obwohl beide Übertragungsglieder eine übereinstimmende Amplitudenkennlinie aufweisen, hat das zweite System eine größere Phasennacheilung. Damit ist das zweite System ein Nichtphasenminimumsystem, verursacht durch die Nullstelle in der rechten Hälfte der $s$-Ebene.

Durch Umschreiben der Übertragungsfunktion $G_2(s)$ erhält man mit

$$G_2(s) = \frac{1-sT_1}{1+sT} \cdot \frac{1+sT_1}{1+sT_1} = \frac{1+sT_1}{1+sT} \cdot \frac{1-sT_1}{1+sT_1}$$

$$= G_{PM}(s) \cdot G_A(s)$$

eine Serienschaltung aus einem Phasenminimumsystem $G_{PM}(s) = G_1(s)$ und einem Allpaß 1. Ordnung mit Betrag $|G_A(j\omega)| = 1$ und Phasenkennlinie $\varphi_A(\omega) = -2 \arctan \omega T_1$.

**5.11** Ein Totzeit behaftetes P-$T_1$-Glied mit einer Übertragungsfunktion

$$G(s) = \frac{1}{1+sT_1} e^{-sT_t}$$

ist zu untersuchen.

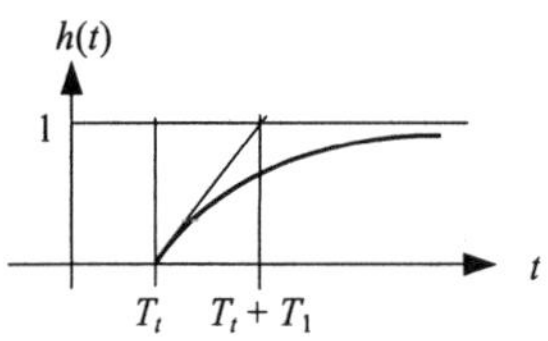


**Bild 5.72:** Übergangsfunktion eines mit einer Totzeit behafteten P-$T_1$-Gliedes

Die Übergangsfunktion lautet:

$$h(t) = \mathcal{L}^{-1}\left\{\frac{1}{s} \cdot \frac{1}{1+sT_1} e^{-sT_t}\right\} = 1 - e^{-\frac{t-T_t}{T_1}} \, , t \geq T_t$$

Die Ortskurve des Systems erhält man aus dem umgeformten Frequenzgang:

$$G(j\omega) = \frac{1}{1 + j\omega T_1} e^{-j\omega T_t}$$

$$= \frac{1 - j\omega T_1}{1 + (\omega T_1)^2} (\cos \omega T_t - j \sin \omega T_t)$$

Die Funktion wird nach Real- und Imaginärteil getrennt:

$$\mathrm{Re}\{G(j\omega)\} = \frac{\cos \omega T_t - \omega T_1 \sin \omega T_t}{1 + (\omega T_1)^2} \text{ und}$$

$$\mathrm{Im}\{G(j\omega)\} = -\frac{\sin \omega T_t + \omega T_1 \cos \omega T_t}{1 + (\omega T_1)^2}$$

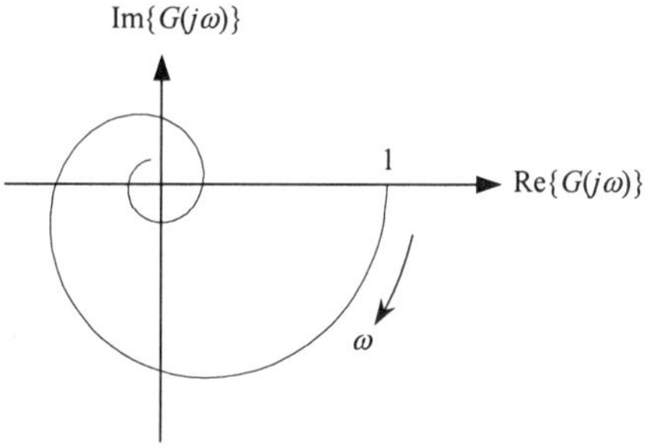


In dem Bild 5.73 ist der Verlauf einer Ortskurve eines Systems 1. Ordnung, das eine Totzeit enthält, dargestellt. Die Kurve beginnt bei einem Parameterwert von $\omega = 0$ auf der reellen Achse und endet bei $\omega \to \infty$ im Ursprung.

**Bild 5.73:** Ortskurve eines mit Totzeit behafteten Systems

# 5.5 Übungsaufgaben

**5.1** Von den folgenden Netzwerken ist die Übertragungsfunktion gesucht:

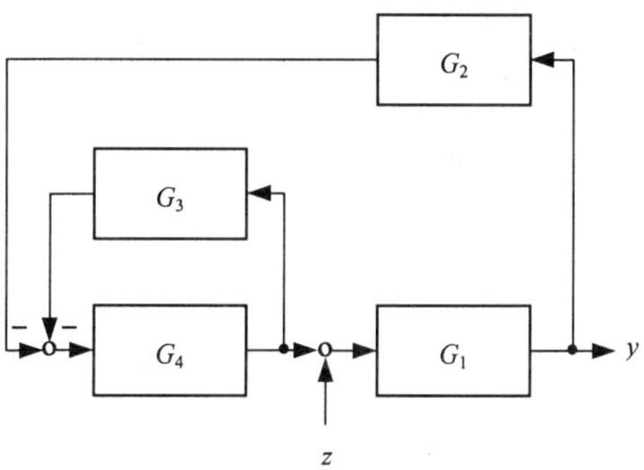


**Bild 5.74:** Netzwerk I

Netzwerk I (Bild 5.74):

$$G(s) = \frac{Y(s)}{Z(s)} = \frac{G_1(1 + G_3 G_4)}{1 + G_3 G_4 + G_1 G_2 G_4}$$

Netzwerk II (Bild 5.75):

$$G(s) = \frac{G_1 G_2 G_3}{1 + G_3 G_4 + G_2 G_6 + G_1 G_2 G_3 G_5}$$

Netzwerk III (Bild 5.76):

$$G(s) = \frac{K_M K_L K_J}{(s + K_L K_3)(s + K_2 K_M) + K_1 K_L K_J K_M}$$

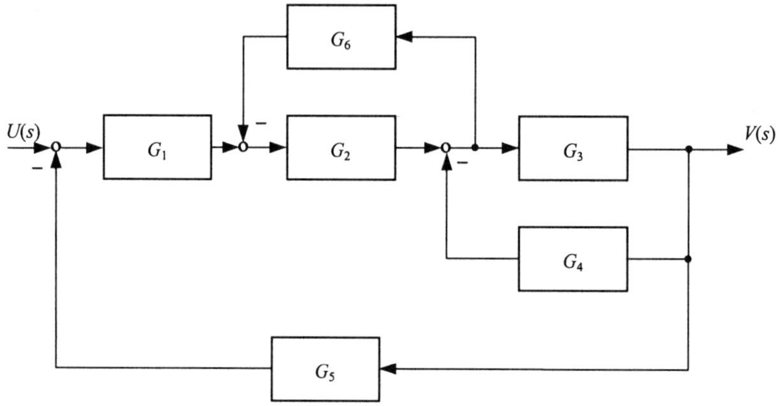


**Bild 5.75:** Netzwerk II

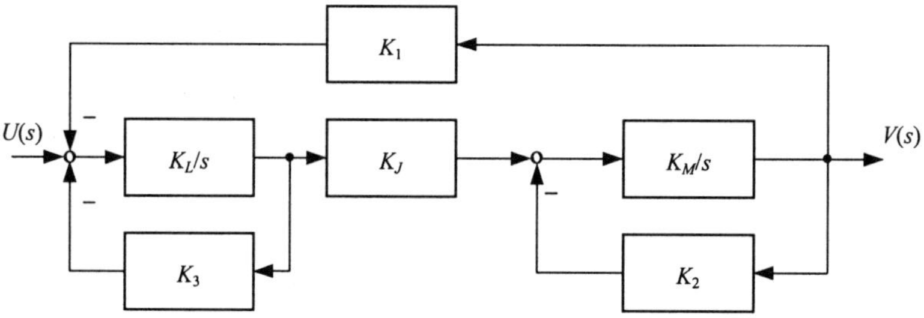


**Bild 5.76:** Netzwerk III

**5.2** Das Übertragungsverhalten eines Systems wird durch eine Differentialgleichung dritter Ordnung $\dddot{y} + 2\ddot{y} + 4\dot{y} = 8u(t)$ mit $\ddot{y}(0) = \dot{y}(0) = y(0) = 0$ beschrieben. Es ist zu bestimmen:

a) Übertragungsfunktion
b) Pol- und Nullstellen
c) Frequenzgang, getrennt nach Real- und Imaginärteil mit Ortskurve
d) Sprungantwort, Übergangsfunktion und Gewichtsfunktion

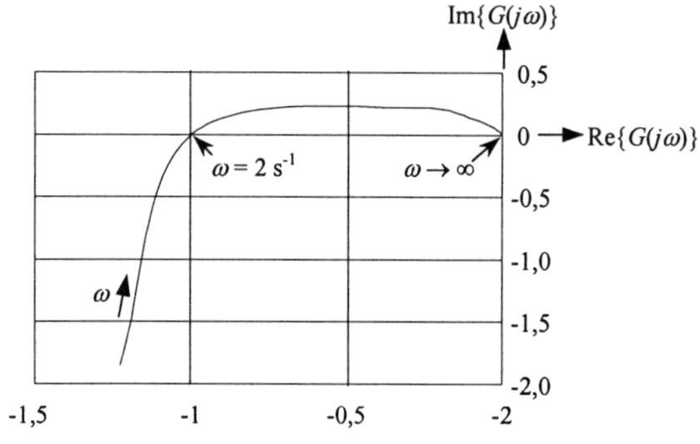


**Bild 5.77:** Ortskurve eines Systems mit I-Verhalten und einer Verzögerung 2. Ordnung

**Lsg.:**

a) $G(s) = \dfrac{Y(s)}{U(s)} = \dfrac{8}{s(s^2 + 2s + 4)}$

b) Nullstellen: keine

Polstellen: $s_1 = 0$, $s_{2/3} = -1 \pm j\sqrt{3}$

c) $G(j\omega) = -j\dfrac{8}{\omega((4-\omega^2) + 2j\omega)}$

$$\Rightarrow \operatorname{Re}\{G(j\omega)\} = -\frac{16}{(4-\omega^2)^2 + 4\omega^2}$$

$$\Rightarrow \operatorname{Im}\{G(j\omega)\} = -\frac{8}{\omega}\,\frac{4-\omega^2}{(4-\omega^2)^2 + 4\omega^2}$$

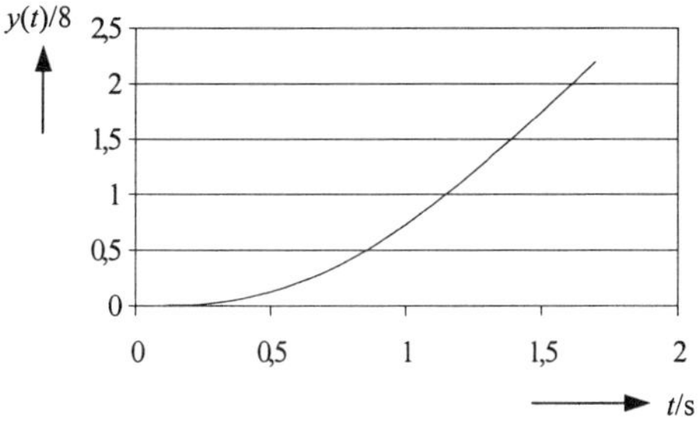


**Bild 5.78:** Übergangsfunktion eines Systems mit I-Verhalten und Verzögerung 2. Ordnung

d) Antwortfunktionen:

$$y(t) = 8\left[-1 + 2t + e^{-t}(\cos\sqrt{3}t - \frac{1}{\sqrt{3}}\sin\sqrt{3}t)\right]$$

$$h(t) = \left[-1 + 2t + e^{-t}(\cos\sqrt{3}t - \frac{1}{\sqrt{3}}\sin\sqrt{3}t)\right]$$

$$g(t) = 2 - 2e^{-t}\left[\cos\sqrt{3}t + \frac{1}{\sqrt{3}}\sin\sqrt{3}t\right]$$

**5.3** Gegeben ist ein Zwei-Speicher-System mit der Übertragungsfunktion

$$G(s) = \frac{1}{1+sT_1}\frac{K}{1+sT_2}\,,\; T_1 > T_2$$

Man berechne und skizziere das BODE-Diagramm!

**Lsg.:** (Bild 5.79):

$$|G(j\omega)|_{dB} = 20\lg K - 20\lg\sqrt{1+(\omega T_1)^2}$$
$$- 20\lg\sqrt{1+(\omega T_2)^2}\,,$$
$$\varphi_1(\omega) = \text{-}\arctan\omega T_1 \text{ und}$$
$$\varphi_2(\omega) = \text{-}\arctan\omega T_2$$

$$\Rightarrow \varphi(\omega) = \text{-}\arctan\omega T_1 - \arctan\omega T_2$$

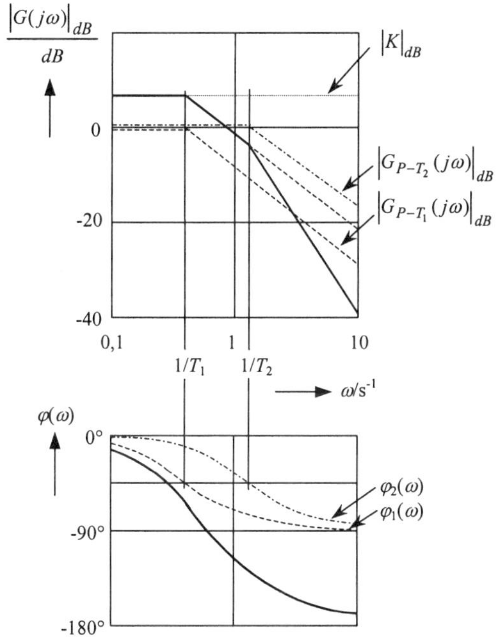


**Bild 5.79:** BODE-Diagramm eines Zwei-Speichersystems

**5.4** Von dem in Bild 5.80 dargestellten Blockschaltbild eines Regelkreises ist die Übertragungsfunktion und der stationäre Wert zu berechnen, der sich ergibt, wenn sich der Sollwert $w(t)$ ab einem Zeitpunkt $t > 0$ sprungförmig um den Betrag $w_0$ ändern würde.

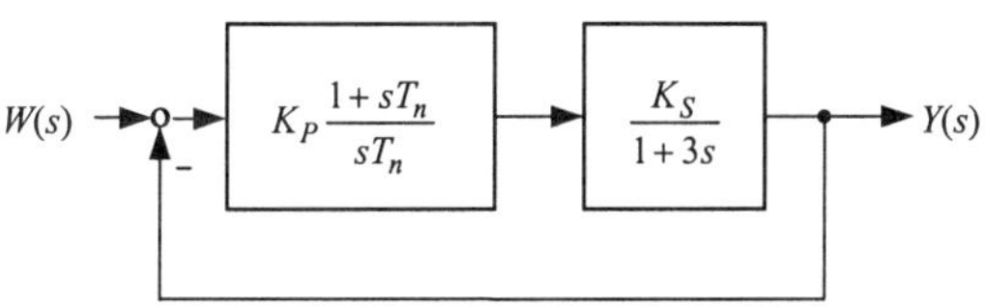


**Bild 5.80:** Regelkreis, bestehend aus einer Strecke 1. Ordnung und einem PI-Regler

**Lsg.:** Übertragungsfunktion:

$$G(s) = \frac{Y(s)}{W(s)} = \frac{K_P K_S(1+sT_n)}{K_P K_S(1+sT_n) + sT_n(1+3s)}$$

Stationärer Wert, wenn $w(t) = w_0$, $t > 0$ gilt:

$$y(\infty) = \lim_{s\to 0} s\frac{w_0}{s}G(s) = w_0$$

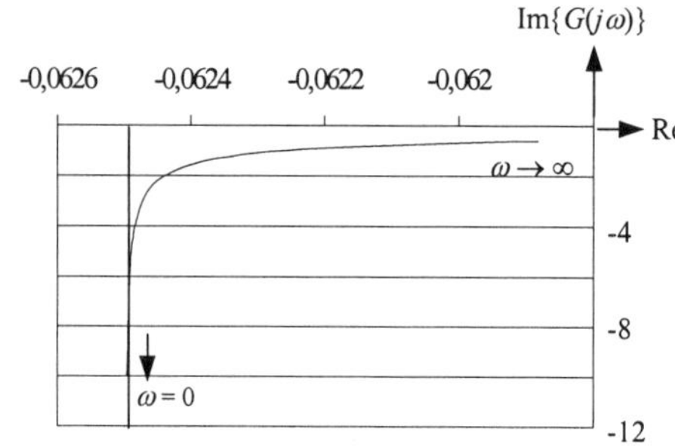


**Bild 5.81:** Ortskurve eines I-Gliedes mit Verzögerung erster Ordnung

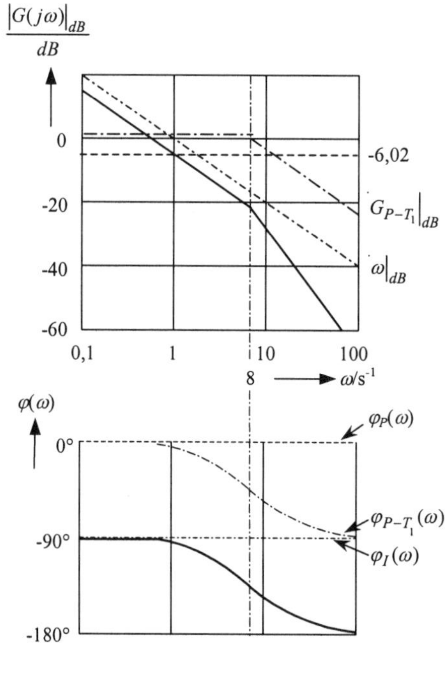


**Bild 5.82:** BODE-Diagramm eines Systems mit I-Verhalten und Verzögerung erster Ordnung

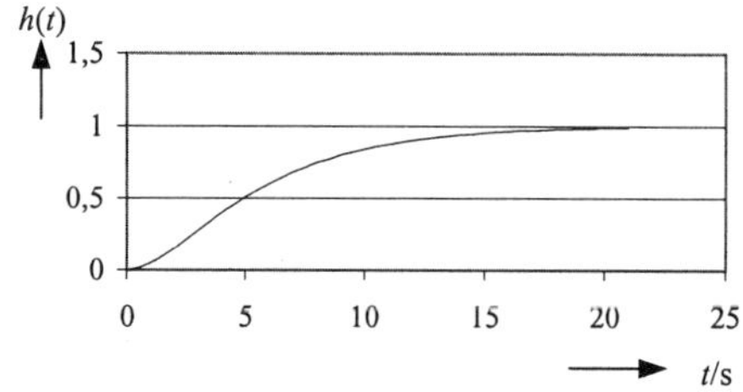


**Bild 5.83:** Übergangsfunktion eines D-$T_2$-Systems

**5.5** Von einem System mit I-Verhalten und Verzögerung erster Ordnung ist die Übertragungsfunktion gegeben:

$$G(s) = \frac{4}{s(s+8)}$$

Die Ortskurve und das BODE-Diagramm sind gesucht.

**Lsg.:** Real- und Imaginärteil der Ortskurve ergeben sich aus dem Frequenzgang:

$$\mathrm{Re}\{G(j\omega)\} = \frac{-4}{\omega^2+64},\ \mathrm{Im}\{G(j\omega)\} = \frac{-32}{\omega(\omega^2+64)}.$$

Die Asymptote der Ortskurve folgt aus $\omega \to 0$ zu $\mathrm{Re}\{G(j\omega)\} = -1/16$ und $\mathrm{Im}\{G(j\omega)\} = 0$ (Bild 5.81).

Die Amplituden- und Phasenkennlinie für das BODE-Diagramm (Bild 5.82) folgen aus dem Frequenzgang, der durch die Grundglieder vom Typ P-, I- und P-$T_1$ ausgedrückt werden kann:

$$G(j\omega) = 0{,}5\frac{1}{j\omega}\frac{1}{1+j\frac{1}{8}\omega} \quad \text{mit } \omega = 1/T_1 = 8\ \mathrm{s}^{-1}$$

$$\Rightarrow |G(j\omega)|_{dB} = 20\lg 0{,}5 - 20\lg\omega - 20\lg\sqrt{(1+\frac{1}{8}\omega)^2}$$

$$= |0{,}5|_{dB} - |\omega|_{dB} - |G_{P-T_1}(j\omega)|_{dB}$$

Für die Phasenkennlinie gilt:

$$\varphi(\omega) = \varphi_P(\omega) + \varphi_I(\omega) + \varphi_{P-T_1}(\omega)$$

$$= 0° - 90° - \arctan(\omega/8)$$

**5.6** Gegeben ist ein System mit der Übertragungsfunktion

$$G(s) = \frac{1+s}{(1+2s)(1+4s)}.$$

Man berechne:

a) Die Differentialgleichung des Systems
b) Die Übergangsfunktion
c) Der Frequenzgang, getrennt nach Real- und Imaginärteil
d) Die Ortskurve
e) Das BODE-Diagramm

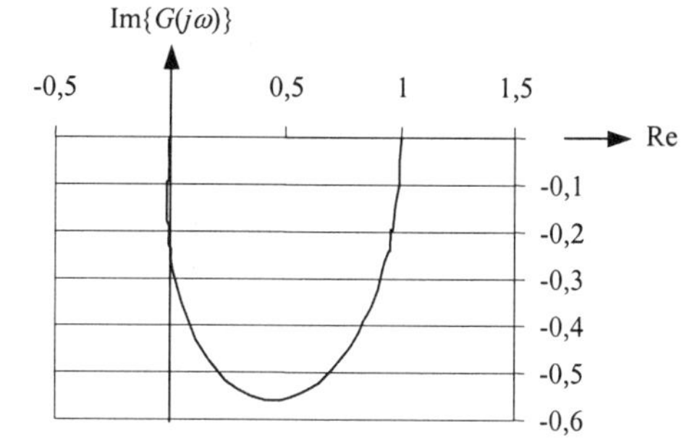


**Bild 5.84:** Ortskurve eines Übertragungssystems zweiter Ordnung

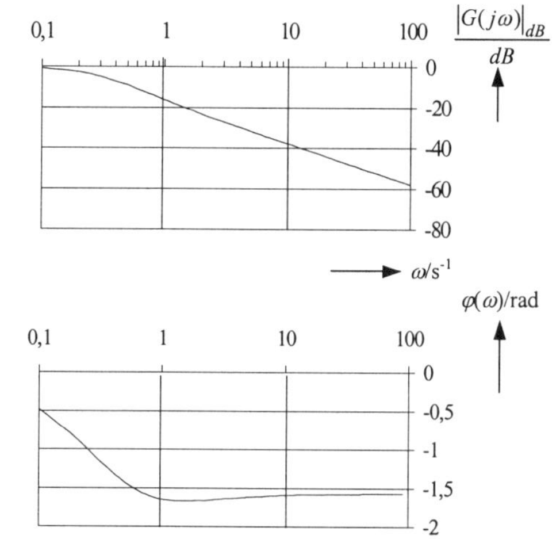


**Bild 5.85:** BODE-Diagramm eines Systems zweiter Ordnung mit $T_1 = 1$ s, $T_{1a} = 2$ s, $T_{1b} = 4$ s von Beispiel 5.6

**Lsg.:**

a) Die Differentialgleichung folgt aus der Übertragungsfunktion durch Rücktransformation:

$$8\ddot{v} + 6\dot{v} + v = u(t) + \dot{u}(t)$$

b) Die Übergangsfunktion setzt sich zusammen aus der Lösung $v_1(t)$ für die sprungförmig verlaufende Eingangsgröße $u(t) = \sigma(t)$ ohne dabei $\dot{u}(t)$ zu berücksichtigen und der Ableitung der Lösung, $\dot{v}_1(t)$:

$$v_1(t) = 1 + e^{-t/2} - 2e^{-t/4}$$
$$\dot{v}_1(t) = -0{,}5e^{-t/2} + 0{,}5e^{-t/4}$$
$$v(t) = v_1(t) + \dot{v}_1(t) = 1 + 0{,}5e^{-t/2} - 1{,}5e^{-t/4}$$

c) Der Frequenzgang, aufgeteilt in Real- und Imaginärteil, lautet:

$$\mathrm{Re}\{G(j\omega)\} = \frac{1 - 2\omega^2}{(1 - 8\omega^2)^2 + 36\omega^2} \quad \text{und}$$

$$\mathrm{Im}\{G(j\omega)\} = -\frac{5\omega + 8\omega^3}{(1 - 8\omega^2)^2 + 36\omega^2}$$

d) Die Ortskurve ist in Bild 5.84 dargestellt

e) Das BODE-Diagramm (Bild 5.85) ergibt sich aus dem Frequenzgang:

$$G(j\omega) = \frac{1 + j\omega}{(1 + 2j\omega)(1 + 4j\omega)}$$

mit den Eckfrequenzen $\omega_a = 1/T_{1a} = 0{,}5\ \mathrm{s}^{-1}$ und $\omega_b = 1/T_{1b} = 0{,}25\ \mathrm{s}^{-1}$.

Die Amplitudenkennlinie berechnet sich aus dem Frequenzgang:

$$|G(j\omega)|_{dB} = 20\lg\sqrt{1 + \omega^2} - 20\lg\sqrt{1 + (2\omega)^2} - 20\lg\sqrt{1 + (4\omega)^2}$$

$$= |G_D(j\omega)|_{dB} - |G_{P-T_{1a}}(j\omega)|_{dB} - |G_{P-T_{1b}}|_{dB}$$

Für die Phasenkennlinie folgt entsprechend:

$$\varphi(\omega) = \arctan\omega - \arctan(2\omega) - \arctan(4\omega)$$

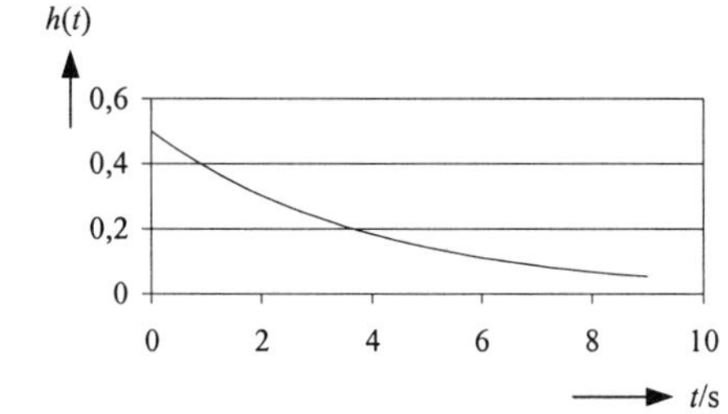


**Bild 5.86:** Übergangsfunktion eines D-$T_1$-Gliedes mit den Parameterwerten $K_D = 2$ s und $T_1 = 4$ s

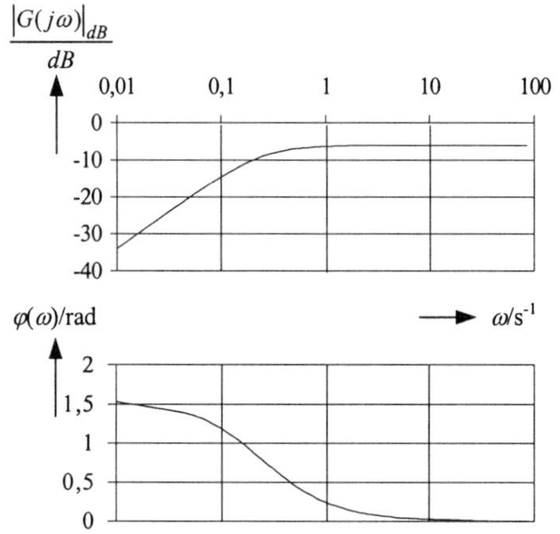


**Bild 5.87:** BODE-Diagramm eines D-$T_1$-Gliedes

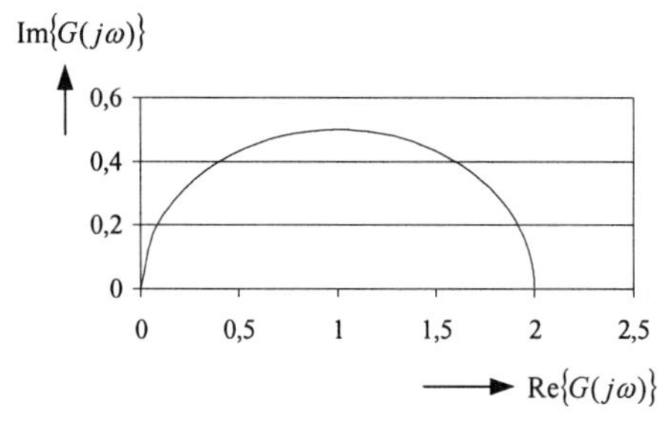


**Bild 5.88:** Ortskurve eines D-$T_1$-Gliedes

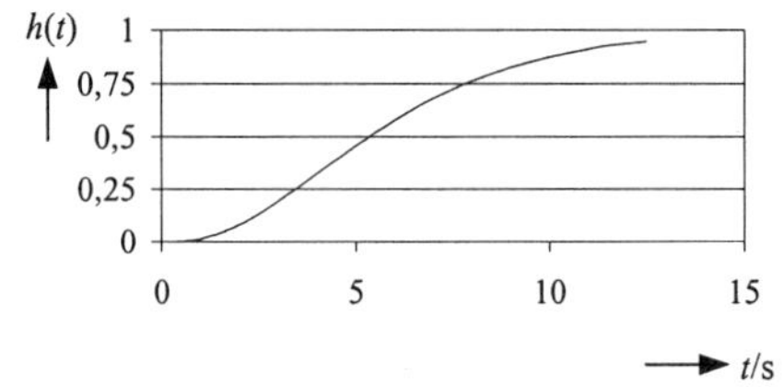


**Bild 5.89:** Übergangsfunktion eines Einspeichersystems dritter Ordnung

**5.7** Gegeben ist die Übertragungsfunktion eines D-$T_1$-Gliedes:

$$G(s) = \frac{sK_D}{1 + sT_1}$$

Zu berechnen und zu skizzieren sind die Übergangsfunktion, das BODE-Diagramm und die Ortskurve.

**Lsg.:** Die Übergangsfunktion lautet (Bild 5.86):

$$h(t) = \frac{K_D}{T_1} e^{-t/T_1}$$

Für die Amplituden- und Phasenkennlinie gelten (Bild 5.87):

$$|G(j\omega)|_{dB} = |\omega K_D|_{dB} - |G_{P-T_1}(j\omega)|_{dB} \text{ und}$$

$$\varphi(\omega) = \pi/2 - \arctan(\omega T_1).$$

Für die Ortskurve wird der Frequenzgang nach Real- und Imaginärteil getrennt dargestellt (Bild 5.89):

$$\mathrm{Re}\{G(j\omega)\} = \frac{\omega^2 T_1 K_D}{1 + (\omega T_1)^2} \text{ und}$$

$$\mathrm{Im}\{G(j\omega)\} = \frac{\omega K_D}{1 + (\omega T_1)^2}$$

**5.8** Berechne von einem System mit Übertragungsfunktion

$$G(s) = \frac{5}{(1 + 2s)^3}$$

die Amplituden- und Phasenkennlinie sowie die Übergangsfunktion.

**Lsg.:** $|G(j\omega)|_{dB} = 20\log 5 - 3 \cdot 20 \log \sqrt{1 + (2\omega)^2}$

$$= |5|_{dB} - 3|G_{P-T_1}(j\omega)|_{dB} \text{ und}$$

$$\varphi(\omega) = -3\arctan(2\omega) \text{ sowie}$$

$$h(t) = 1 - \left[1 + \frac{t}{2} + \frac{t^2}{8}\right] e^{-t/2} \text{ (Bild 5.89).}$$

# 6 Der Regler und sein Zeitverhalten

Der Regler ist ein Teil des Regelkreises und hat die Aufgabe, das statische und dynamische Verhalten des geschlossenen Regelkreises in einem regelungstechnisch definierten Sinne zu beeinflussen. Die Übertragungsfunktion des Reglers ist dabei so zu entwerfen, daß der Regler vorzugsweise ein proportionales, ein integrierendes oder ein differenzierendes Zeitverhalten annimmt.

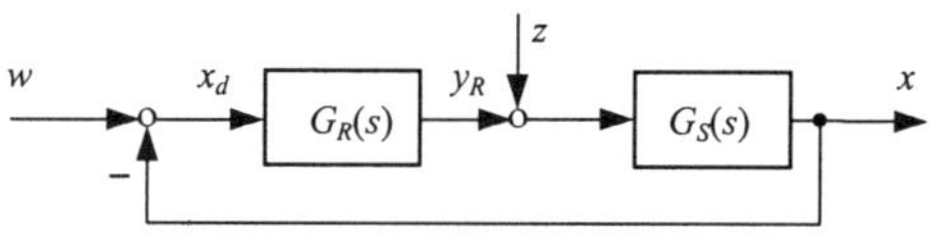


**Bild 6.1:** Standard-Regelkreis mit

| | |
|---|---|
| $w$ | Führungsgröße |
| $x$ | Regelgröße |
| $z$ | Störgröße |
| $x_d$ | Regeldifferenz |
| $y_R$ | Stellgröße |
| $G_R$, $G_S$ | Übertragungsfunktion von Regler und Strecke |

## 6.1 Der ideale PID-Regler

Aus der Grundform I für P-Verhalten, II für D-Verhalten und III für I-Verhalten läßt sich ein mit „ideal" bezeichneter PID-Regler aufbauen. Die Parallelschaltung (Bild 6.2 a) der drei Funktionsblöcke ergibt mit

$$G_R(s) = \frac{Y_R(s)}{X_d(s)} = K_P + \frac{K_I}{s} + K_D s \tag{6.1}$$

eine Übertragungsfunktion, deren Zählergrad größer als der Nennergrad und damit technisch nicht realisierbar ist. Trotzdem kann bei praktischen Anwendungen mit dieser Idealform der PID-Übertragungsfunktion gerechnet werden, um möglicherweise Rechenwege abzukürzen, ohne dabei wesentlich auf Genauigkeit bei den Ergebnissen verzichten zu müssen. Durch Rücktransformation von (6.1) in den Zeitbereich erhält man die Gleichung eines ideal angenommenen PID-Reglers mit Ausgangsgröße $y_R(t)$ und Eingangsgröße $x_d(t)$:

$$y_R(t) = K_P x_d(t) + K_I \int x_d(t) + K_D \dot{x}_d(t) \tag{6.2}$$

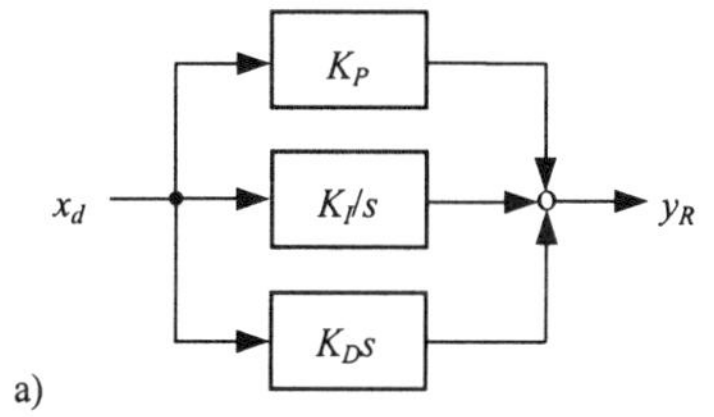


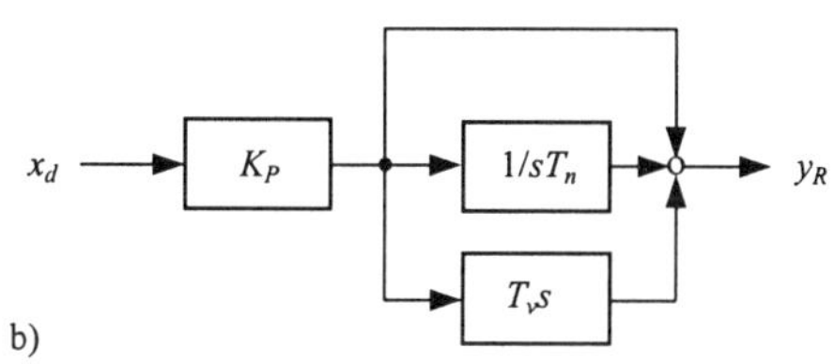


**Bild 6.2:** Varianten eines idealen PID-Reglers
a) Zur Bildung der Übertragungsfunktion (6.1)
b) Zur Bildung der Übertragungsfunktion (6.4)

Führt man die beiden Parameter „*Nachstellzeit* $T_n$“ und „*Vorhaltzeit* $T_v$“,

$$T_n = \frac{K_P}{K_I} \text{ und } T_V = \frac{K_D}{K_P}, \tag{6.3a, b}$$

in die Übertragungsfunktion (6.1) ein, ergibt sich eine modifizierte Form (Bild 6.2 b):

$$G_R(s) = \frac{Y_R(s)}{X_d(s)} = K_P\left[1 + \frac{1}{sT_n} + sT_v\right] \tag{6.4}$$

Innerhalb bestimmter Wertebereiche sind die drei Parameter $K_P$, $T_n$ und $T_v$ einstellbar. Man bezeichnet sie deshalb auch mit *Einstellwerte eines Reglers*. Durch eine geeignete Wahl der Werte für diese Größen läßt sich das Zeitverhalten des Reglers an das der Regelstrecke anpassen, um ein gewünschtes Regelverhalten zu erzielen.

Die Übergangsfunktion des idealen Reglers ergibt sich aus (6.4):

$$h(t) = K_P\left[1 + \frac{t}{T_n} + T_v\delta(t)\right] \tag{6.5}$$

Auch der in dieser Gleichung auftauchende DIRAC-Stoß $\delta(t)$ weist auf die ideal angenommenen Verhältnisse des Reglers hin, die im Bild 6.3 dargestellt sind. Die Übergangsfunktion läßt sich in drei Funktionsanteile gliedern:

- P-Anteil: $h_P(t) = K_P,\ t > 0$
- D-Anteil: $h_D(t) = K_PT_v\delta(t) = K_D\delta(t)$ für $t = 0$
- I-Anteil: $h_I(t) = K_Pt/T_n = K_It$

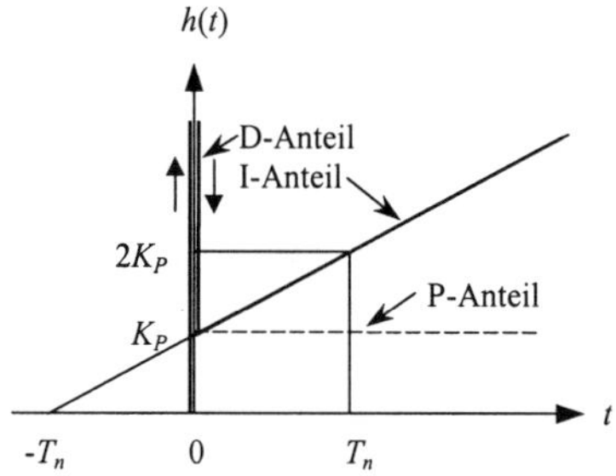


**Bild 6.3:** Übergangsfunktion eines idealen PID-Reglers

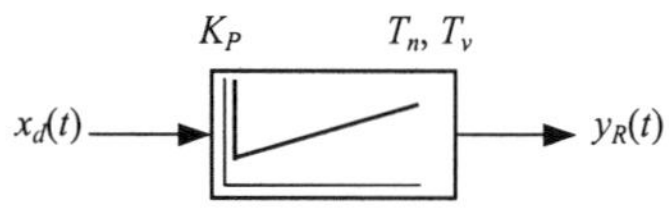


**Bild 6.4:** Symbol eines idealen PID-Reglers

Beim Auftreten des Eingangssprungs $x_d = \sigma(t)$ tritt zunächst der D-Anteil auf, der entsprechend seiner Definition für $t > 0$ wieder verschwindet. Für $t > 0$ überlagert sich danach der I-Anteil dem P-Anteil, was zu der typischen Anstiegsfunktion führt. Der Verlauf der Übergangsfunktion wird auch zur symbolischen Charakterisierung des idealen PID-Reglers benutzt (Bild 6.4).

Die Übertragungsfunktion

$$G_R(s) = K_P\frac{1 + sT_n + s^2T_nT_v}{sT_n} \tag{6.6}$$

besitzt mit $s_P = 0$ einen Pol im Ursprung der $s$-Ebenen. Die beiden Nullstellen

$$s_{N1/2} = -\frac{1}{2T_v}\left[1 \mp \sqrt{\frac{T_n - 4T_v}{T_n}}\right] \tag{6.7a, b}$$

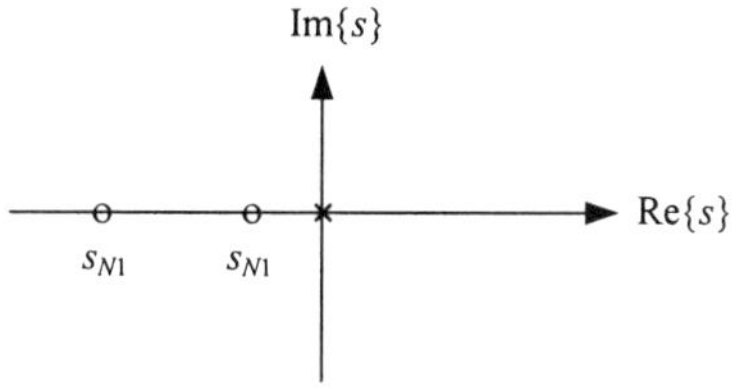


**Bild 6.5:** Pol-, Nullstellenverteilung der Übertragungsfunktion eines idealen PID-Reglers

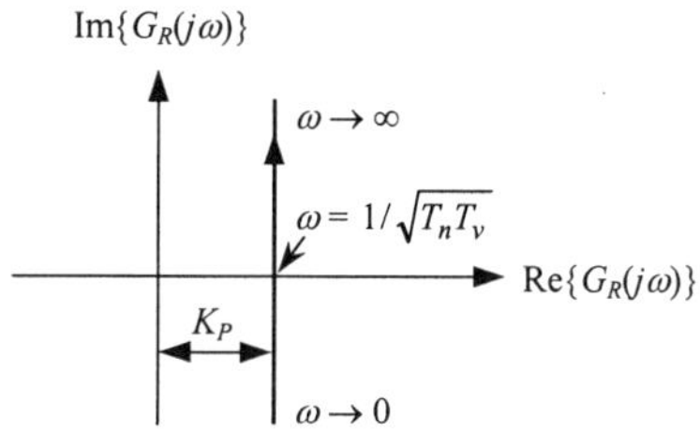


**Bild 6.6:** Ortskurve eines idealen PID-Reglers

sind unter der Bedingung $T_n > 4T_v$ reell. Der Frequenzgang

$$G_R(j\omega) = K_P \left[ 1 + \frac{1}{j\omega T_n} + j\omega T_v \right] \tag{6.8}$$

hat den Real- und Imaginärteil

$$\mathrm{Re}\{G_R(j\omega)\} = K_P \text{ und}$$

$$\mathrm{Im}\{G_R(j\omega)\} = -K_P \frac{1-\omega^2 T_n T_v}{\omega T_n}. \tag{6.9a, b}$$

Die Ortskurve verläuft im Abstand von $K_P$ parallel zu imaginären Achse (Bild 6.6).

Zur Konstruktion des BODE-Diagrammes wird der Zähler in der Übertragungsfunktion in Linearfaktoren zerlegt. Für die Nullstellen werden dabei die Abkürzungen $s_{N1} = -1/T_1$ und $s_{N2} = -1/T_2$ verwendet. Unter diesen Voraussetzungen wird die Übertragungsfunktion (6.6):

$$\begin{aligned} G_R(j\omega) &= K_P \frac{T_n T_v (s - s_{N1})(s - s_{N2})}{sT_n} \\ &= K_P \frac{T_n T_v (sT_1 + 1)(sT_2 + 1)}{sT_n T_1 T_2} \\ &= K_P \frac{T_n T_v (s^2 T_1 T_2 + s(T_1 + T_2) + 1)}{sT_n T_1 T_2} \\ &= K_P \frac{(1 + sT_1)(1 + sT_2)}{sT_n} \end{aligned} \tag{6.10}$$

Ein Koeffizientenvergleich mit der Ausgangsgleichung (6.6) liefert:

$$T_n T_v = T_1 T_2 \text{ und } T_n = T_1 + T_2 \tag{6.11a, b}$$

Hieraus folgen die Einstellwerte:

$$T_n = T_1 + T_2 \text{ und } T_v = \frac{T_1 T_2}{T_1 + T_2} \tag{6.12a, b}$$

Sind also die Einstellwerte $K_P$, $T_n$ und $T_v$ gegeben, lassen sich über die Gleichungen (6.7a, b) die Nullstellen und damit auch die Zeitkonstanten $T_1 = -1/s_{N1}$ und $T_2 = -1/s_{N2}$ berechnen, die im BODE-Diagramm benötigt werden. Die Umkehrung erfolgt bei bekannten $T_1$ und $T_2$ über (6.12a, b).

Der Frequenzgang des idealen PID-Reglers folgt aus der Übertragungsfunktion in der Darstellung nach (6.10):

$$G_R(j\omega) = K_P \frac{(1+j\omega T_1)(1+j\omega T_2)}{j\omega T_n} = K_P \frac{(1+j\omega T_1)(1+j\omega T_2)}{j\omega(T_1+T_2)} \tag{6.13}$$

Die Amplituden- und Phasenkennlinie berechnen sich hieraus zu:

$$\left|G_R(j\omega)\right|_{dB} = 20\log K_P + 20\log\sqrt{1+(\omega T_1)^2} + 20\log\sqrt{1+(\omega T_2)^2} - 20\log(\omega(T_1+T_2)) \text{ und}$$

$$\varphi(\omega) = -\pi/2 + \arctan(\omega T_1) + \arctan(\omega T_2) \tag{6.14a, b}$$

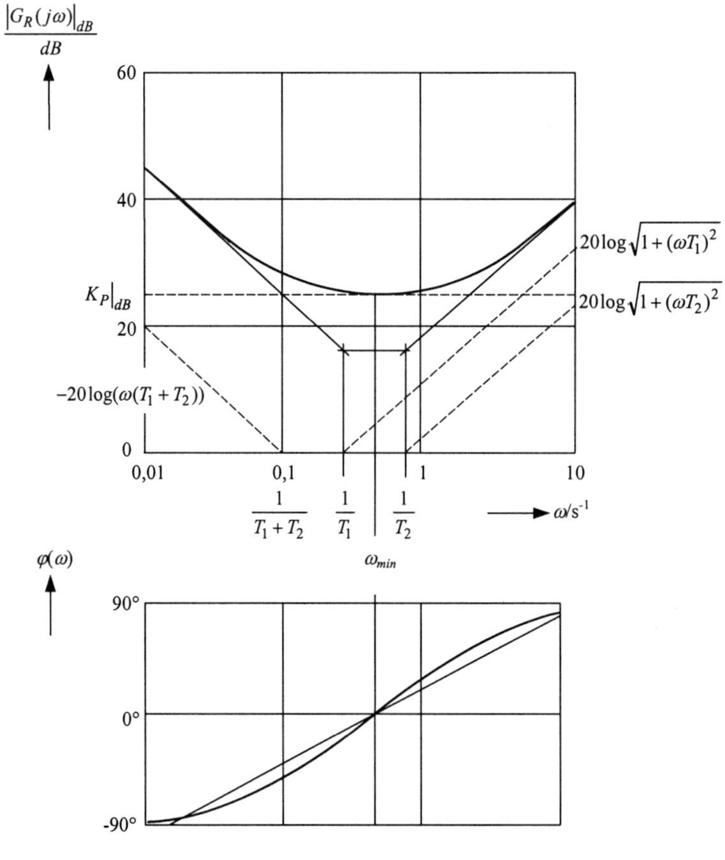


**Bild 6.7:** BODE-Diagramm eines idealen PID-Reglers ($T_n > T_1 > T_2$)

Die Amplitudenkennlinie hat bei der Frequenz $\omega = 1/\sqrt{T_n T_v} = 1/\sqrt{T_1 T_2} = \omega_{\min}$ eine minimale Verstärkung $\left|G_R(j\omega_{\min})\right|_{dB} = \left|K_P\right|_{dB}$. Unterhalb und oberhalb von dieser Frequenz steigt die Verstärkung des Reglers stark an. Für $\omega \to 0$ und für $\omega \to \infty$ ergibt sich theoretisch sogar eine unendlich große Verstärkung. Die Phasenkennlinie beginnt für niedrige Frequenzen bei $\varphi(\omega) \to$ -90°. Bei $\omega_{\min}$ hat sie den Wert $\varphi(\omega_{\min})$ = 0°. Bei höheren Frequenzen wechselt der Winkel in den positiven Bereich und strebt für $\omega \to \infty$ gegen 90°.

# 6.2 Der proportional wirkende Regler (P-Regler)

Der P-Regler reagiert auf eine sprungförmig verlaufende Eingangsgröße mit einem unverzögerten Sprung seiner Ausgangsgröße. Eingangsgröße und Ausgangsgröße sind zueinander proportional. Die Gleichung des P-Reglers lautet deshalb:

$$y_R(t) - y_0 = K_P x_d(t) \tag{6.15}$$

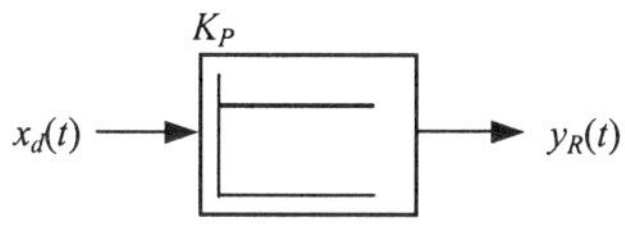


**Bild 6.8:** Symbol eines P-Reglers

Der Regler berechnet nach dieser Gleichung aus der Regeldifferenz $x_d(t)$ die Stellgröße $y_R(t)$. Bei verschwindender Regeldifferenz $x_d$ verharrt die Stellgröße auf dem Wert $y_0$, dem *Arbeitspunkt*. Kenngröße des P-Reglers ist der *Proportionalitätsbeiwert* (*Reglerverstärkung, Reglerproportionalwert*) $K_P$. Die Sprungantwort des P-Reglers

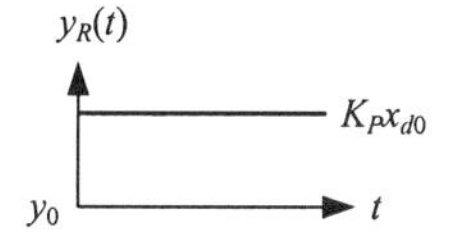


**Bild 6.9:** Sprungantwort eines P-Reglers

$$y_R(t) - y_0 = K_P x_{d0} \tag{6.16}$$

verläuft ebenfalls sprungförmig (Bild 6.9). Man bezeichnet deshalb den P-Regler als „schnellen" Regler. Wegen seines proportionalen Verhaltens benötigt er aber eine bleibende Regelabweichung, $x_d \neq 0$, wenn die Stellgröße zur Behebung eines Störeinflusses dauernd um einen bestimmten Betrag gegenüber $y_0$ geändert werden muß. Aus (6.16) läßt sich auch entnehmen, daß der Regler um so genauer arbeitet, je größer $K_P$ gewählt wird, was allerdings aus Stabilitätsgründen nicht unbegrenzt möglich ist.

Die Kennlinie des P-Reglers zeigt nur im *Proportionalitätsbereich* $X_P$ auch ein proportionales Verhalten (Bild 6.10). Nur innerhalb dieses Bereiches läßt sich die Stellgröße $y_R$ verstellen. Man bezeichnet deshalb diesen Teil der Kennlinie als *Stellbereich* $Y_h$. Unterhalb des Proportionalitätsbereiches wirkt sich eine Ansprechschwelle aus, oberhalb eine Sättigungschwelle. Die Stellgröße verharrt hier auf einem Niedrig- bzw. Höchstwert.

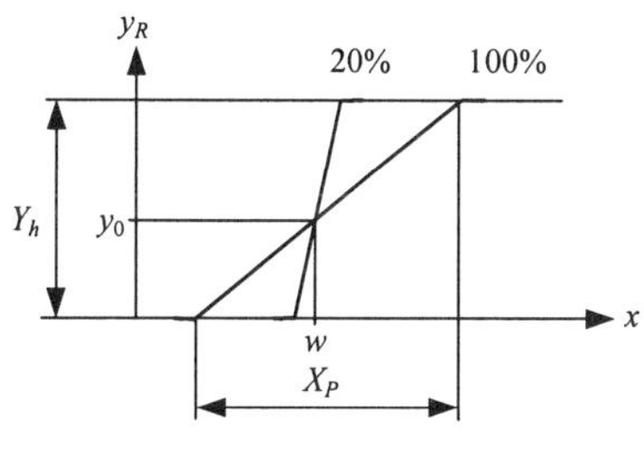


**Bild 6.10:** Kennlinie eines P-Reglers

Der Proportionalbeiwert ist durch den Stellbereich und den Proportionalitätsbereich festgelegt und ist ein Maß für die Steilheit der Kennlinie:

$$K_P = \frac{Y_h}{X_P} \tag{6.17}$$

Die Einstellung der Reglerkennlinie kann anstelle des Proportionalbeiwertes auch durch den Proportionalbereich erfolgen. Dieser Wert wird allerdings prozentual angegeben:

| $X_P$/% | 200 | 100 | 10 | 2 | 1 | 0,5 |
|---|---|---|---|---|---|---|
| $K_P$ | 0,5 | 1 | 10 | 50 | 100 | 200 |

**Tabelle 6.1:** Zuordnung von Proportionalbereich $X_P$ und Proportionalbeiwert $K_P$

$$X_P = \frac{1}{K_P} 100\% \tag{6.18}$$

Der Proportionalbereich ist demnach jener Bereich, um den sich bei festem $K_P$ und Sollwert $w$ die Regelgröße ändern muß, damit bei einem P-Regler die Stellgröße über den gesamten Stellbereich geändert wird.

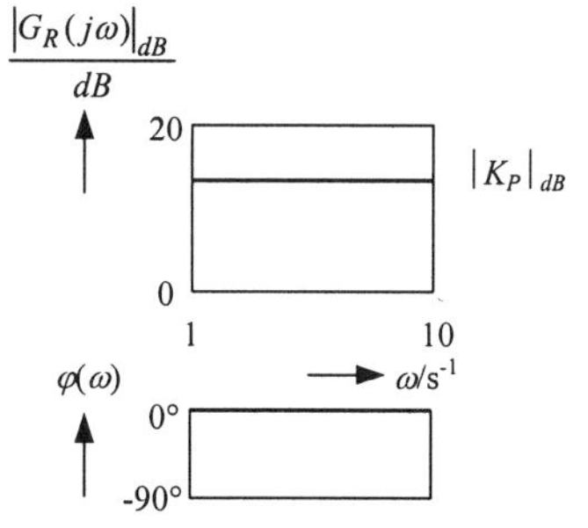


**Bild 6.11:** BODE-Diagramm eines P-Reglers

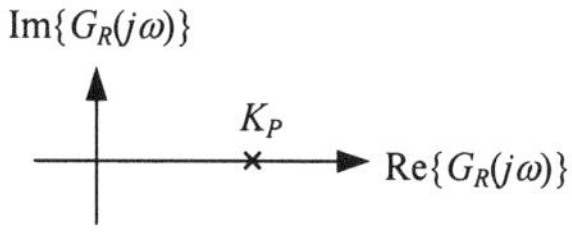


**Bild 6.12:** Ortskurve eines P-Reglers

Die Übertragungsfunktion und der Frequenzgang des P-Reglers führen zu gleichlautenden Ausdrücken:

$$G_R(s) = K_P \text{ und } G_R(j\omega) = K_P \qquad (6.19a, b)$$

Die Frequenzkennlinien

$$|G_R(j\omega)| = K_P \text{ und } \varphi(\omega) = 0 \qquad (6.20a, b)$$

zeigen, daß der P-Regler idealerweise über dem gesamten Frequenzbereich eine konstante Verstärkung aufweist, und daß zudem Eingangs- und Ausgangsgröße gleichphasig verlaufen (Bild 6.11).

Die Ortskurve schrumpft auf einen Punkt auf der reellen Achse (Bild 6.12).

## 6.3 Der integral wirkende Regler (I-Regler)

Beim integral wirkenden Regler sind die Änderungen der Stellgröße proportional dem Integral der Regeldifferenz über der Zeit:

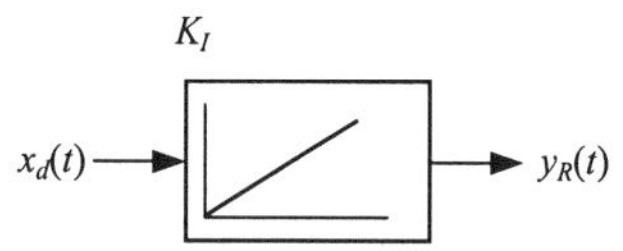


**Bild 6.13:** Symbol eines I-Reglers

$$\boxed{y_R(t) = K_I \int x_d(t)dt} \qquad (6.21)$$

Bei einem konstanten Wert ungleich Null der Eingangsgröße wächst die Stellgröße mit der Zeit immer weiter an bis ein Endwert erreicht ist. Durch Differentiation von (6.21) erhält man die Gleichung der Kennlinie des I-Reglers:

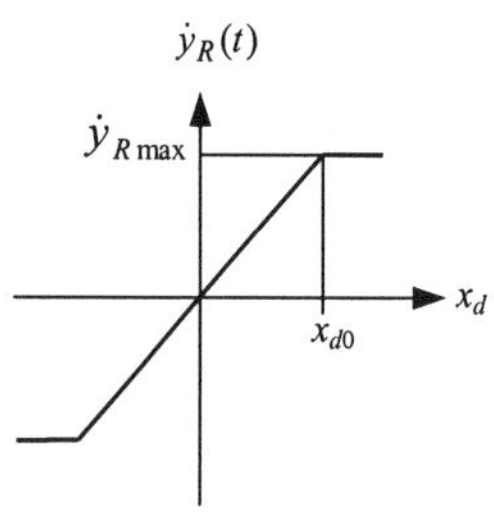


**Bild 6.14:** Kennlinie eines I-Reglers

$$\dot{y}_R(t) = K_I x_d(t) \qquad (6.22)$$

Danach ist die Änderungsgeschwindigkeit der Stellgröße proportional der Regeldifferenz. Je größer deren Wert ist, desto schneller wird die Stellgröße verändert. Die Konstante $K_I$ ist eine Kenngröße des I-Reglers und heißt *Integrierbeiwert*. Sie ist durch die Kennlinie (Bild 6.14) festgelegt:

$$K_I = \frac{|\dot{y}_{R\max}|}{x_{d0}} \qquad (6.23)$$

Unter normierten Bedingungen, wenn die Eingangs- und Ausgangsgröße des Reglers die gleichen Einheiten besitzen, ist der Kehrwert von $K_I$ eine alternative Kenngröße des I-Reglers:

$$T_I = 1/K_I \qquad (6.24)$$

$T_I$ heißt *Integrierzeit*. Ihre Bedeutung läßt sich an Hand der Sprungantwort veranschaulichen:

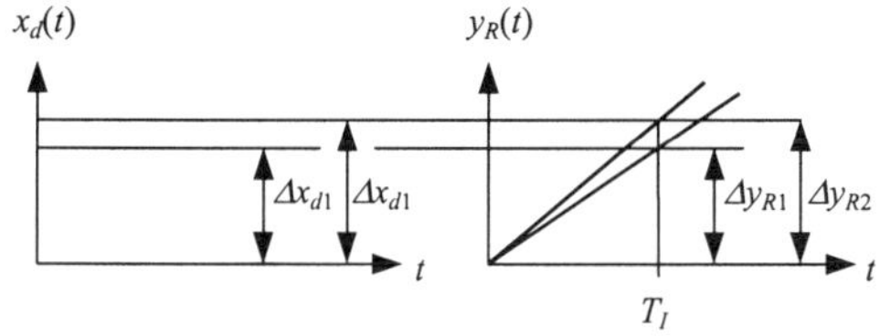


**Bild 6.15:** Sprungantworten eines I-Reglers

$$y_R(t) = x_{d0}\,\frac{t}{T_I} \tag{6.25}$$

Nach Ablauf der Integrierzeit $T_I$ hat die Stellgrößenänderung $\Delta y_R$ einen Wert erreicht, der dem Sprung $\Delta x_d$ der Regeldifferenz entspricht (Bild 6.15).

Vergleicht man den I-Regler mit einem P-Regler, bei dem die Stellgrößenänderung sprungförmig erfolgt, so reagiert er entsprechend der Reglergleichung (6.21) nur „langsam" auf eine Eingangsgröße. Man bezeichnet ihn deshalb auch als „langsamen" Regler. Allerdings verstellt er die Stellgröße so lange, bis seine Eingangsgröße, die Regeldifferenz, zu Null geworden ist. Durch Vergrößern von $K_I$ läßt sich dieser Vorgang beschleunigen. Aus Stabilitätsgründen im Regelkreis sind aber diesem Verfahren Grenzen gesetzt.

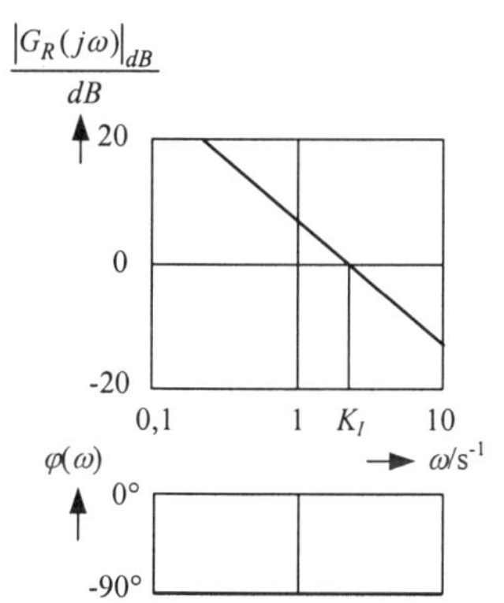


**Bild 6.16:** BODE-Diagramm eines I-Reglers

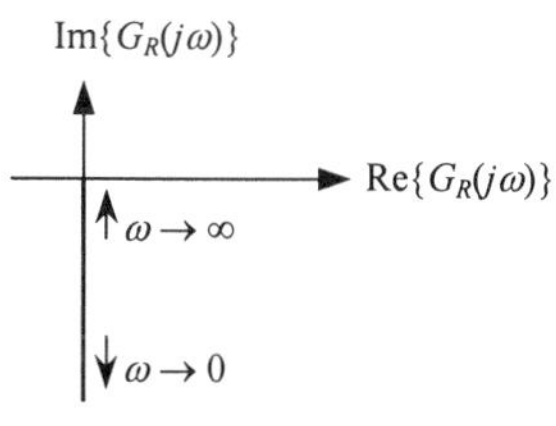


**Bild 6.17:** Ortskurve eines I-Reglers

Die Übertragungsfunktion und der Frequenzgang des I-Reglers entsprechen der Grundform III:

$$G_R(s) = \frac{K_I}{s} \quad \text{und} \quad G_R(j\omega) = \frac{K_I}{j\omega} = -j\,\frac{K_I}{\omega} \tag{6.26a, b}$$

Hieraus ergeben sich die Frequenzkennlinien zu:

$$|G_R(j\omega)|_{dB} = \left|\frac{K_I}{\omega}\right|_{dB} \quad \text{und} \quad \varphi(\omega) = -90° \tag{6.27a, b}$$

Aus dem Verlauf der Amplitudenkennlinie läßt sich entnehmen, daß der I-Regler bei niedrigen Frequenzen, also bei langsamer Änderung der Eingangsgröße, eine hohe Verstärkung aufweist. Bei wachsender Frequenz, wenn eine schnelle Änderung der Regeldifferenz auftritt, dann arbeitet er nur mit einer geringen Verstärkung. Die Phasenkennlinie verläuft konstant bei $\varphi(\omega) = -90°$ (Bild 6.16).

Die Ortskurve verläuft auf der negativen imaginären Achse (Bild 6.17).

## 6.4 Der proportional-integral wirkende Regler (PI-Regler)

Der PI-Regler verknüpft die Eigenschaften des P-Reglers mit denen des I-Reglers: eine schnelle Reaktion beim Auftreten einer Regeldifferenz und eine fortlaufende Verstellung der Stellgröße, solange die Regeldifferenz ungleich Null ist. Die Reglergleichung ist demnach zusammengesetzt aus dem P- und I-Algorithmus:

$$\boxed{y_R(t) = K_P x_d(t) + K_I \int x_d(t)\,dt} \tag{6.28}$$

Durch Ausklammern von $K_P$ erhält man eine weitere Form des PI-Algorithmus:

$$y_R(t) = K_P\left[x_d(t) + \frac{1}{T_n}\int x_d(t)dt\right] \tag{6.29}$$

Die Kennwerte des PI-Reglers sind der Proportionalitätsbeiwert $K_P$ und die Nachstellzeit $T_n$.

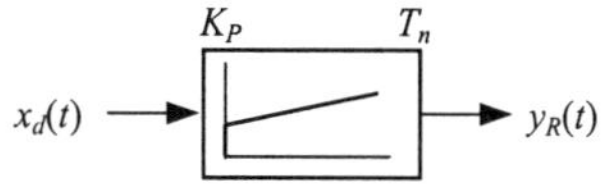


**Bild 6.18:** Symbol eines PI-Reglers

Beim Auftreten einer Regeldifferenz ordnet der P-Anteil in (6.29) der Stellgröße unmittelbar eine sprungförmige Änderung zu, der I-Anteil sorgt für eine weitere, rampenförmig verlaufende Stellgrößenänderung. Erst nach Ablauf der Nachstellzeit $T_n$ hat der I-Anteil die gleiche Stellgrößenänderung vorgenommen, wie sie durch den P-Anteil unmittelbar erfolgt ist (Bild 6.19).

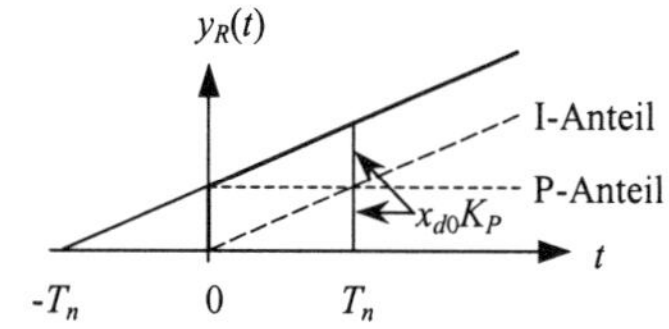


**Bild 6.19:** Sprungantwort eines PI-Reglers

Die Sprungantwort ergibt sich mit $x_d(t) = x_{d0}\sigma(t)$ aus (6.29):

$$y_R(t) = K_P x_{d0} + \frac{1}{T_n}x_{d0}t \tag{6.30}$$

Die Übertragungsfunktion und der Frequenzgang lauten:

$$G_R(s) = K_P\left[1 + \frac{1}{sT_n}\right] = K_P\left[\frac{1 + sT_n}{sT_n}\right] \quad \text{und}$$

$$G_R(j\omega) = K_P\left[\frac{1 + j\omega T_n}{j\omega T_n}\right] \tag{6.31a, b}$$

Hieraus werden die Frequenzkennlinien berechnet:

$$|G_R(j\omega)|_{dB} = |K_P|_{dB} + 20\log\sqrt{1 + (\omega T_n)^2} - |\omega T_n|_{dB} \quad \text{und}$$

$$\varphi(\omega) = \arctan(\omega T_n) - \pi/2 \tag{6.32a, b}$$

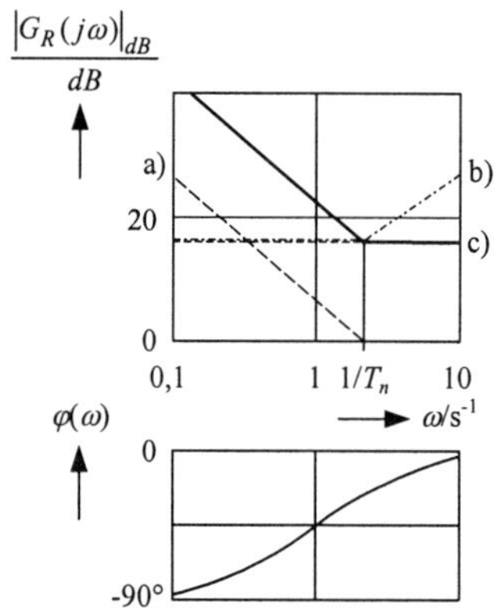


**Bild 6.20:** BODE-Diagramm eines PI-Reglers
a) $|\omega T_n|_{dB}$, b) $20\log\sqrt{1+(\omega T_n)^2}$, c) $|K_P|_{dB}$

Wie die Amplitudenkennlinie zeigt, hat der PI-Regler bei niedrigen Frequenzen eine große Verstärkung, da in diesem Bereich der I-Anteil hervortritt. Bei hohen Frequenzen verhält sich der PI-Regler wie ein P-Regler, die Verstärkung stellt sich auf einen festen Wert ein. Der Phasenverlauf liegt im unteren Frequenzbereich bei $\varphi(\omega) = -90°$, im oberen Frequenzbereich strebt er gegen den Wert Null (Bild 6.20).

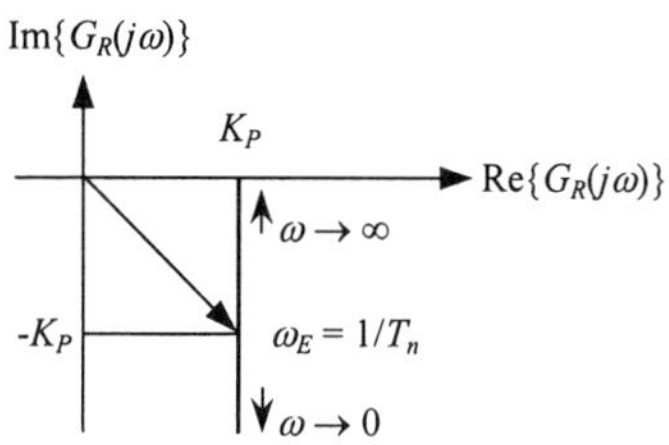


**Bild 6.21:** Ortkurve eines PI-Reglers

Die Ortskurve verläuft im Abstand von $K_P$ parallel zur imaginären Achse im IV Quadranten der komplexen Ebene (Bild 6.21).

# 6.5 Der proportional-differential wirkende Regler (PD-Regler)

Bei diesem Regler wird die Regeldifferenz und deren Ableitung zu Bildung der Stellgröße herangezogen. Deshalb wird schon bei einer langsamen Änderung der Regeldifferenz eine Reaktion des Reglers ausgelöst. Die Reglergleichung lautet für dieses Verhalten:

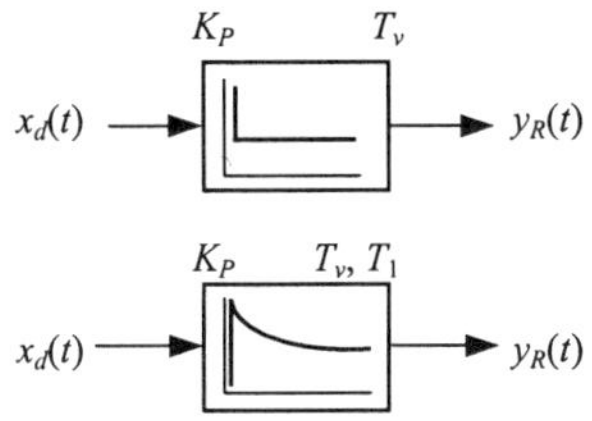


**Bild 6.22:** Symbol eines PD-Reglers und eines $PDT_1$-Reglers

$y_R(t) = K_P x_d(t) + K_D \dot{x}_d(t)$ oder anders geschrieben:

$$\boxed{y_R(t) = K_P\left[x_d(t) + T_v \dot{x}_d(t)\right]} \tag{6.33}$$

Die Sprungantwort weist auf ein „ideales" Verhalten dieser Reglerkonstruktion hin, das so aber nicht realisierbar ist (Bild 6.23a).

$$y_R(t) = x_{d0} K_P\left[1 + T_v \delta(t)\right] \tag{6.34}$$

Bei einem aus realen Bauelementen zusammengesetztem Regler tritt mindestens eine Verzögerung erster Ordnung auf, die bei der mathematischen Beschreibung des Zeitverhaltens berücksichtigt werden muß. Man spricht deshalb auch vom realen PD-Regler oder von einem $PDT_1$-Regler:

$$T_1 \dot{y}_R(t) + y_R(t) = K_P\left[x_d(t) + T_v \dot{x}_d(t)\right] \tag{6.35}$$

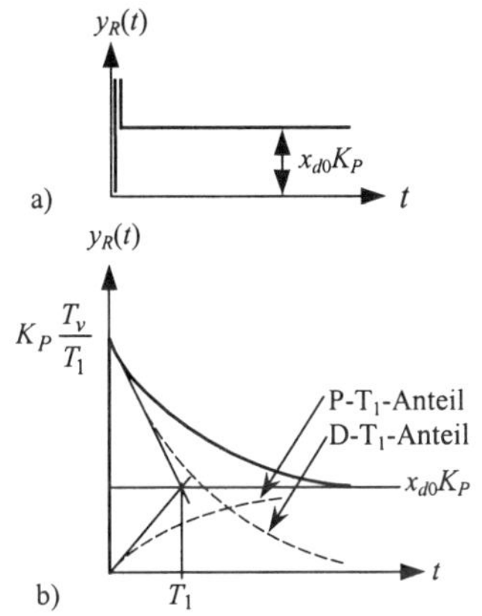


**Bild 6.23:** Sprungantwort eines
a) PD-Reglers und eines
b) $PDT_1$-Reglers

Die Reaktion des $PDT_1$-Reglers auf eine sprungförmige Eingangsgröße zeigt jetzt einen von der Zeitkonstanten $T_1$ geprägten Impulses:

$$y_R(t) = x_{d0} K_P\left[1 - \left(1 - \frac{T_v}{T_1}\right)e^{-t/T_1}\right] \tag{6.36}$$

Er setzt sich zusammen aus den beiden Komponenten $y_{RD}(t) = K_P \frac{T_v}{T_1} e^{-t/T_1}$ für den $D\text{-}T_1$-Anteil und sorgt damit für eine überproportionale Änderung der Stellgröße sowie $y_{RP} = K_P\left(1 - e^{-t/T_1}\right)$ für den $P\text{-}T_1$-Anteil. Bei konstant verlaufender Eingangsgröße verschwindet die D-Komponente, der Regler verhält sich wie ein P-Regler (Bild 6.23b).

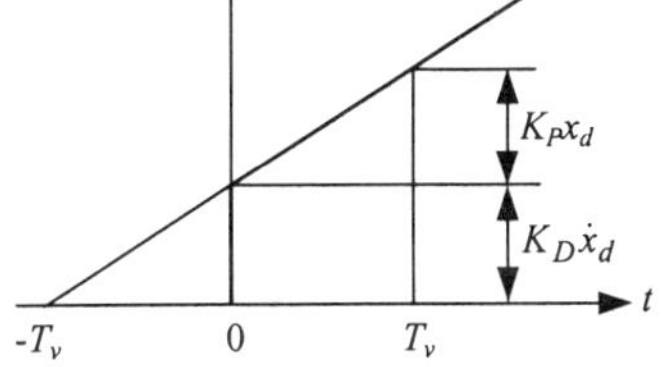


**Bild 6.24:** Anstiegsantwort eines PD-Reglers

Die Kennwerte des PD-Reglers sind der Proportionalitätsbeiwert $K_P$ und die Vorhaltzeit $T_v$. Man benutzt die Anstiegsantwort, um die Einstellwerte zu interpretieren. Für eine Eingangsgröße $x_d(t) = at$ zeigt der Regler als Reaktion nach (6.33):

$$y_R(t) = aK_P\left[t + T_v\right] = aK_P t + aK_D = K_P x_d + K_D \dot{x}_d \tag{6.37}$$

Infolge des D-Verhaltens des Reglers ändert sich die Stellgröße sprunghaft um einen vom Anstieg $a$ abhängigen Wert. Wächst die Regeldifferenz weiter gleichmäßig an, wird auch die Stellgröße fortlaufend im gleichen Sinne verändert. Insgesamt ergibt sich ein Stellgrößenverlauf wie es ein P-Regler mit

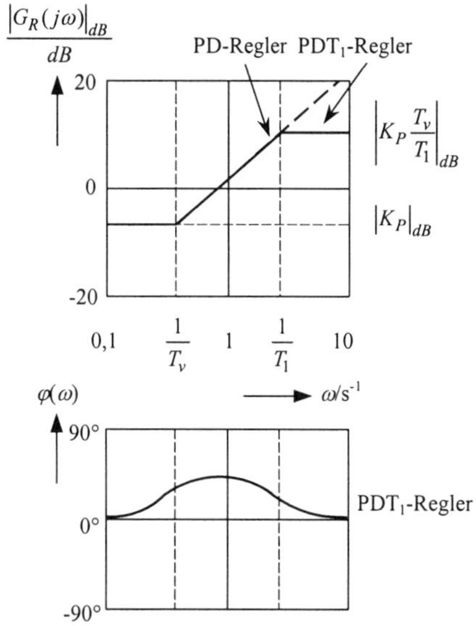


**Bild 6.25:** BODE-Diagramm eines PD-Reglers und eines PDT$_1$-Reglers ($T_v > T_1$).

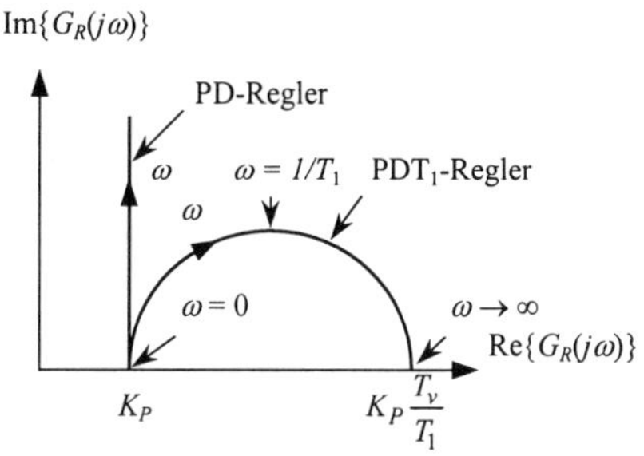


**Bild 6.26:** Ortskurve eines PD-Reglers und eines PDT$_1$-Reglers ($T_v > T_1$).

| $\omega$ | Re | Im |
|---|---|---|
| 0 | $K_P$ | 0 |
| $1/T_1$ | $\frac{K_P}{2}\left[1+\frac{T_v}{T_1}\right]$ | $\frac{K_P}{2}\left[\frac{T_v}{T_1}-1\right]$ |
| $\infty$ | $K_P\frac{T_v}{T_1}$ | 0 |

**Tabelle 6.2:** Zur Konstruktion der Ortskurve eines realen PD-Reglers

einem um die Vorhaltzeit $T_v$ vorverlegten Wirkungsbeginn tun würde.

Die Übertragungsfunktionen der beiden Reglertypen lauten:

$$G_{RPD}(s) = K_P(1 + sT_v) \text{ und}$$

$$G_{RPDT_1}(s) = K_P \frac{1 + sT_v}{1 + sT_1} \tag{6.38a, b}$$

Für die Frequenzgänge erhält man:

$$G_{RPD}(j\omega) = K_P(1 + j\omega T_v) \text{ und}$$

$$G_{RPDT_1}(j\omega) = K_P \frac{1 + j\omega T_v}{1 + j\omega T_1} \tag{6.39a, b}$$

Aufgetrennt nach Real- und Imaginärteil werden:

$$\mathrm{Re}\{G_{RPDT_1}(j\omega)\} = K_P \frac{1 + \omega^2 T_1 T_v}{1 + (\omega T_1)^2} \text{ und}$$

$$\mathrm{Im}\{G_{RPDT_1}(j\omega)\} = K_P \frac{\omega(T_v - T_1)}{1 + (\omega T_1)^2} \tag{6.40a, b}$$

Für die Konstruktion der Ortskurve wird die Tabelle 6.2 angelegt.

Die Frequenzkennlinien errechnen sich zu:

$$|G_R(j\omega)|_{dB} = |K_P|_{dB} + 20\log\sqrt{1 + (\omega T_v)^2} - 20\log\sqrt{1 + (\omega T_1)^2} \text{ und}$$

$$\varphi(\omega) = \arctan(\omega T_v) - \arctan(\omega T_1) \tag{6.41a, b}$$

Die Amplitudenkennlinie (Bild 6.25) hat bei niedrigen Frequenzen, bei nur langsam veränderlicher Eingangsgröße, wie ein P-Regler eine konstante Verstärkung. Bei steigenden Frequenzen wächst auch wegen des D-Anteils die Verstärkung an, diese pendelt sich aber wieder auf einen konstanten Wert ein. Der Phasenverlauf beginnt im unteren Frequenzbereich bei $\varphi(\omega) = 0°$, steigt bei wachsenden Frequenzen auf einen positiven Wert an und geht danach mit zunehmender Frequenz wieder zurück gegen den Wert Null. Die Ortskurve des PD-Reglers verläuft im Abstand von $K_P$ parallel zur imaginären Achse im 1. Quadranten der $G(j\omega)$-Ebene. Durch die Zeitkonstante $T_1$ des PDT$_1$-Reglers erfährt die Ortskurve eine Krümmung. Je größer der Wert von $T_1$ ist, desto stärker tritt sie in Erscheinung. Als Ortskurve entsteht ein Halbkreis im 1. Quadranten mit Mittelpunkt auf der reellen Achse (Bild 6.26).

# 6.6 Der reale proportional-integral-differential wirkende Regler (PIDT$_1$-Regler)

Diese Reglerkombination läßt sich als Parallelschaltung von P-, I- und DT$_1$-Glieder auffassen. Die Übertragungsfunktion der gesamten Anordnung ergibt sich dann durch Addition der Teilübertragungsfunktionen:

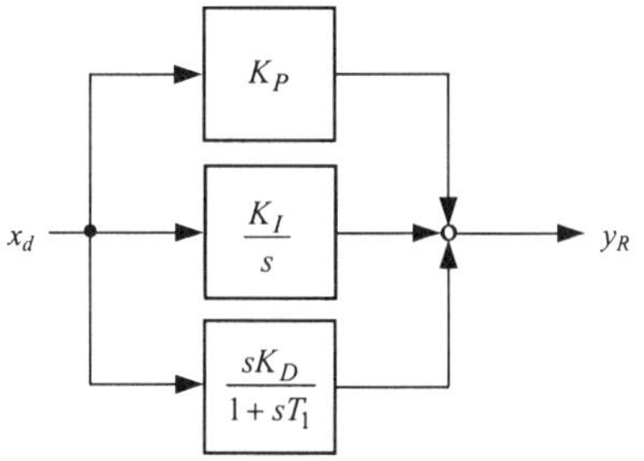


**Bild 6.27:** Modell eines realen PID-Reglers

$$G_R(s) = \frac{Y_R(s)}{X_d(s)} = K_P + \frac{K_I}{s} + \frac{K_D s}{1+sT_1}$$

$$= K_P\left[1 + \frac{1}{sT_n} + sT_v\frac{1}{1+sT_1}\right]$$

$$= K_P\frac{1+s(T_1+T_n)+s^2T_n(T_1+T_v)}{sT_n(1+sT_1)} \qquad (6.42)$$

Formt man die Übertragungsfunktion um und ordnet die Eingangsseite nach Funktionstypen, erhält man die Reglergleichung in der Gestalt einer Bildfunktion:

$$Y_R(s) + sT_1Y_R(s) = K_P\left[\underbrace{\frac{T_1+T_n}{T_n}X_d(s)}_{P-Teil} + \underbrace{\frac{1}{sT_n}X_d(s)}_{I-Teil} + \underbrace{s(T_1+T_v)X_d(s)}_{D-Teil}\right] \qquad (6.43)$$

Durch Rücktransformation in den Zeitbereich folgt hieraus die Differentialgleichung des realen PID-Reglers:

$$T_1\dot{y}_R(t) + y(t) = K_P\left[\underbrace{\frac{T_1+T_n}{T_n}x_d(t)}_{P-Teil} + \underbrace{\frac{1}{T_n}\int x_d(t)dt}_{I-Teil} + \underbrace{(T_1+T_v)\dot{x}_d(t)}_{D-Teil}\right] \qquad (6.44)$$

Die Sprungantwort läßt sich im Zeitbereich, einfacher aber über den Bildbereich berechnen. Für eine Eingangsgröße $X_d(s) = x_{d0}/s$ ergeben sich, wenn P-, I- und D-Teil in der Berechnung getrennt betrachtet werden, jeweils die Ausgangsgrößen:

$$Y_{RP}(s) = K_P x_{d0}\left(1+\frac{T_1}{T_n}\right)\frac{1}{s(1+sT_1)} \quad \Rightarrow \quad y_{RP}(t) = K_P x_{d0}\left(1+\frac{T_1}{T_n}\right)(1-e^{-t/T_1}) \qquad (6.45a, b)$$

$$Y_{RI}(s) = K_P x_{d0}\frac{1}{T_n}\frac{1}{s^2(1+sT_1)} \quad \Rightarrow \quad y_{RI}(t) = K_P x_{d0}\left(\frac{t}{T_n} - \frac{T_1}{T_n}(1-e^{-t/T_1})\right) \qquad (6.46a, b)$$

$$Y_{RD}(s) = K_P x_{d0}(T_1+T_v)\frac{1}{1+sT_1} \quad \Rightarrow \quad y_{RD}(t) = K_P x_{d0}(T_1+T_v)e^{-t/T_1} \qquad (6.47a, b)$$

Werden die einzelnen Zeitfunktionen addiert, erhält man die Sprungantwort des realen PID-Reglers:

$$y(t) = K_P x_{d0}\left[1 + \frac{t}{T_n} + \frac{T_v}{T_1} e^{-t/T_1}\right] \tag{6.48}$$

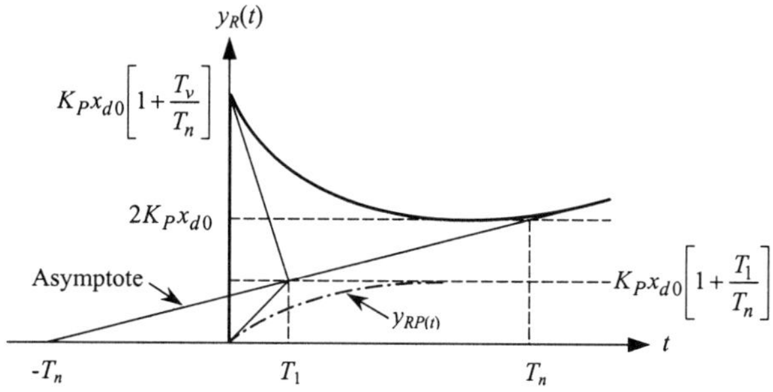


**Bild 6.28:** Sprungantwort eines realen PID-Reglers

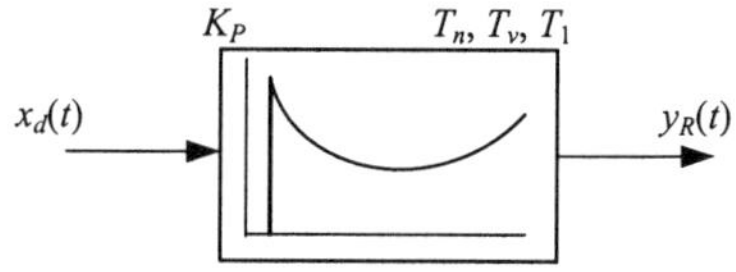


**Bild 6.29:** Symbol eines realen PID-Reglers

In Bild 6.28 ist die Sprungantwort dargestellt. Ändert sich die Regeldifferenz um einen bestimmten Betrag, dann berechnet der Regler zunächst eine Stellgröße, die größer ausfällt, als dies ein reiner P-Regler tun würde. Anschließend verringert sich der D-Einfluß, der P-Teil tritt stärker in Erscheinung. Ist der Wert der Regeldifferenz immer noch ungleich Null, sorgt der I-Anteil dafür, daß die Stellgröße wieder ansteigt. Erst dann, wenn beispielsweise die Regeldifferenz in einem geschlossenen Regelkreis zu Null geworden ist, verharrt die vom Regler berechnete Stellgröße auf ihrem momentanen Wert.

Der PID-Regler vereint damit die Eigenschaften des PD-Reglers mit denen des I-Reglers. Durch den D-Anteil ist er reaktionsfreudiger als es der reine P-Regler ohnehin schon ist, der I-Anteil verhindert aber auch den Nachteil des PD-Reglers bezüglich einer stationären Regeldifferenz.

Der Frequenzgang des realen PID-Reglers folgt aus der Übertragungsfunktion (6.42):

$$\begin{aligned} G_R(j\omega) &= K_P \frac{1-\omega^2 T_n(T_1+T_v) + j\omega(T_1+T_n)}{j\omega T_n(1+j\omega T_1)} \\ &= K_P \frac{1+\omega^2 T_1(T_1+T_v)}{1+\omega^2 T_1^2} - jK_P \frac{1+\omega^2(T_1^2 - T_n T_v)}{\omega T_n(1+\omega^2 T_1^2)} \end{aligned} \tag{6.49}$$

Die Konstruktion der Ortskurve erfolgt mit Hilfe der folgenden Tabellenwerte:

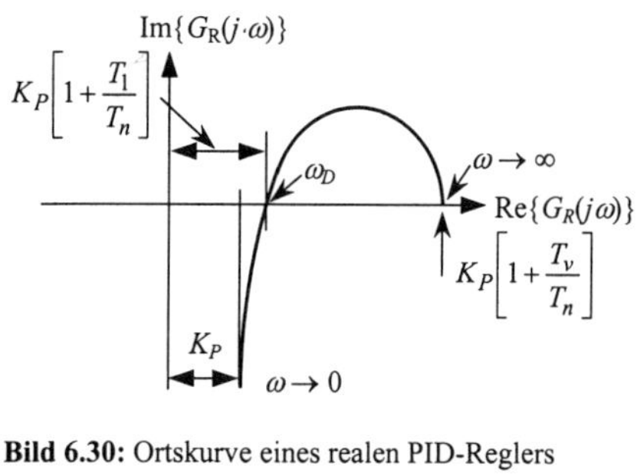


**Bild 6.30:** Ortskurve eines realen PID-Reglers

| $\omega$ | $\mathrm{Re}\{G_R(j\omega)\}$ | $\mathrm{Im}\{G_R(j\omega)\}$ |
|---|---|---|
| 0 | $K_P$ | $-\infty$ |
| $\omega_D = \frac{1}{\sqrt{T_n T_v - T_1^2}}$ | $K_P\left[1+T_1/T_n\right]$ | 0 |
| $\infty$ | $K_P\left[1+T_v/T_1\right]$ | 0 |

**Tabelle 6.3:** Zur Konstruktion der Ortskurve eines $PIDT_1$-Reglers

Die Frequenzkennlinien entstehen aus der Linearform der Übertragungsfunktion (6.42). Die hierfür notwendigen Zählernullstellen lauten:

$$s_{1/2} = -\frac{(T_1 + T_n) \mp \sqrt{(T_1 + T_n)^2 - 4T_n(T_1 + T_v)}}{2T_n(T_1 + T_v)} = -\frac{1}{T_{1/2}^{'}} \tag{6.50}$$

Um reelle Nullstellen zu gewährleisten, muß die Bedingung $(T_1 - T_n)^2 \geq 4T_nT_v$ eingehalten werden. Mit den beiden Ersatzzeitkonstanten $T_{1/2}^{'} = -1/s_{1/2}$, den reziproken Zählernullstellen von (6.42), erhält man die Linearform der Übertragungsfunktion:

$$G_R(s) = K_P \frac{(1 + sT_1^{'})(1 + sT_2^{'})}{sT_n(1 + sT_1)} \tag{6.51}$$

Hieraus folgt für den Frequenzgang:

$$G_R(j\omega) = K_P \frac{(1 + j\omega T_1^{'})(1 + j\omega T_2^{'})}{j\omega T_n(1 + j\omega T_1)} \tag{6.52}$$

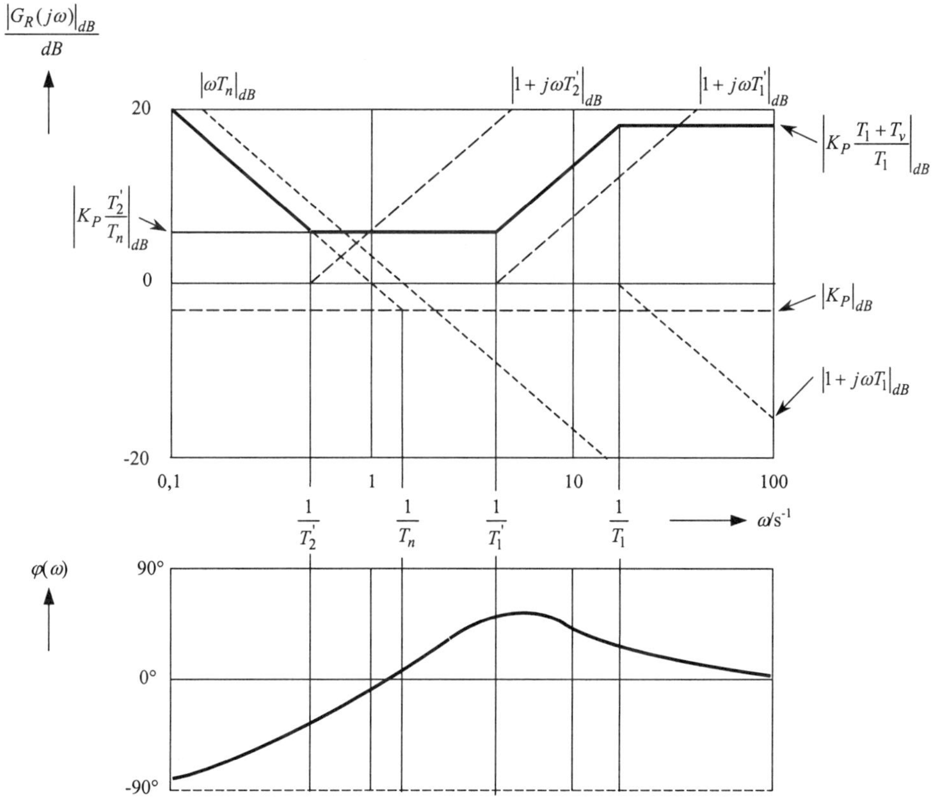


**Bild 6.31:** BODE-Diagramm eines realen PID-Reglers mit den Annahmen: $T_2^{'} > T_n > T_1^{'} > T_1$

Für die Amplituden- und Phasenkennlinie ergeben sich:

$$|G_R(j\omega)|_{dB} = |K_P|_{dB} + 20\log\sqrt{1+(\omega T_1^{'})^2} + 20\log\sqrt{1+(\omega T_2^{'})^2} - |\omega T_n|_{dB} - 20\log\sqrt{1+(\omega T_1)^2} \quad \text{und}$$

$$\varphi(\omega) = \arctan(\omega T_1^{'}) + \arctan(\omega T_2^{'}) - \arctan(\omega T_1) - \pi/2 \qquad (6.53a, b)$$

Einen Zusammenhang zwischen den Rechengrößen $T_1^{'}$ und $T_2^{'}$ mit den Reglereinstellgrößen $T_n$ und $T_v$ sowie der Zeitkonstanten $T_1$ findet man aus einem Koeffizientenvergleich der beiden Zähler von (6.42) und (6.51):

$$1 + s(T_1 + T_n) + s^2 T_n (T_1 + T_v) = 1 + s(T_1^{'} + T_2^{'}) + s^2 (T_1^{'} T_2^{'}) \qquad (6.54)$$

$$T_1 + T_n = T_1^{'} + T_2^{'} \quad \text{und} \quad (T_1 + T_v) T_n = T_1^{'} T_2^{'} \qquad (6.55a, b)$$

Die Amplitudenkennlinie (Bild 6.31) zeigt im unteren Frequenzbereich ein deutliches PI-Verhalten, im oberen dagegen $PDT_1$-Verhalten. Die Phasenkennlinie beginnt bei niedrigen Frequenzen wie beim PI-Regler mit einer Phasennacheilung von $\varphi(\omega) = -90°$. Im mittleren Frequenzbereich, der durch die Zeitkonstanten bestimmt wird, wechselt die Phasenkennlinie in den positiven Bereich, geht dann aber bei weiter wachsenden Frequenzen auf den stationären Wert Null zurück.

## 6.7 Beispiele

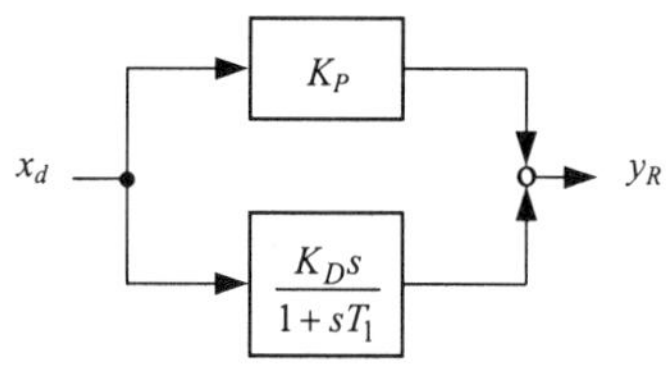


**Bild 6.32:** Modell eines realen PD-Reglers

**6.1** Das nebenstehende Bild 6.32 zeigt eine weitere Möglichkeit, einen realen PD-Regler zu modellieren. Das Zeitverhalten ist zu bestimmen.

Die Übertragungsfunktion lautet:

$$Y_R(s) = K_P \frac{1 + s(T_1 + T_v)}{1 + sT_1}$$

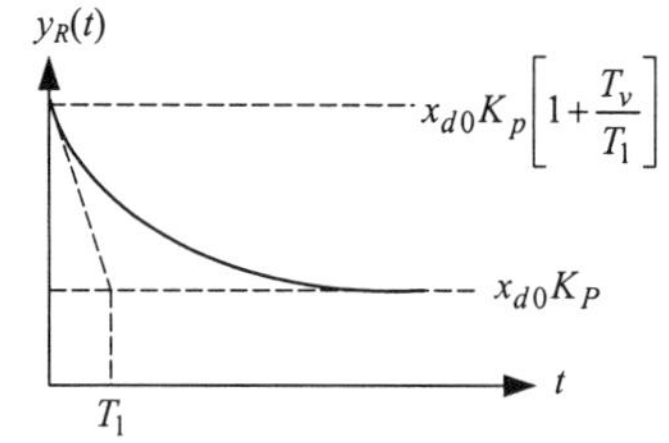


**Bild 6.33:** Sprungantwort eines realen PD-Reglers

Die Differentialgleichung erhält man durch Transformation in den Zeitbereich:

$$T_1 \dot{y}_R(t) + y_R(t) = K_P\left[x_d(t) + (T_1 + T_v)\dot{x}_d(t)\right]$$

Die Sprungantwort (Bild 6.33) berechnet sich hieraus zu:

$$y_R(t) = \underbrace{x_{d0} K_P \left[1 - e^{-t/T_1}\right]}_{P-Teil} + \underbrace{x_{d0} K_P \left[1 + \frac{T_v}{T_1}\right] e^{-t/T_1}}_{D-Teil}$$

$$= x_{d0} K_P \left[1 + \frac{T_v}{T_1} e^{-t/T_1}\right]$$

**6.2** Bei einer ausgefeilteren Modellbildung eines realen PD-Reglers, einem $PDT_2$-Regler, sieht man im Ansatz für die Übertragungsfunktion eine Verzögerung zweiter Ordnung vor. Der Verlauf der Ortskurve ist für diesen Fall zu untersuchen.

Die Übertragungsfunktion sei:

$$G_R(s) = \frac{Y_R(s)}{x_d(s)} = K_P \frac{1 + sT_v}{1 + sT_1 + s^2 T_2^2}$$

Hierzu gehört die Differentialgleichung:

$$y_R(t) + T_1 \dot{y}_R(t) + T_2^2 \ddot{y}_R(t) = K_P \left[ x_d(t) + T_v \dot{x}_d(t) \right]$$

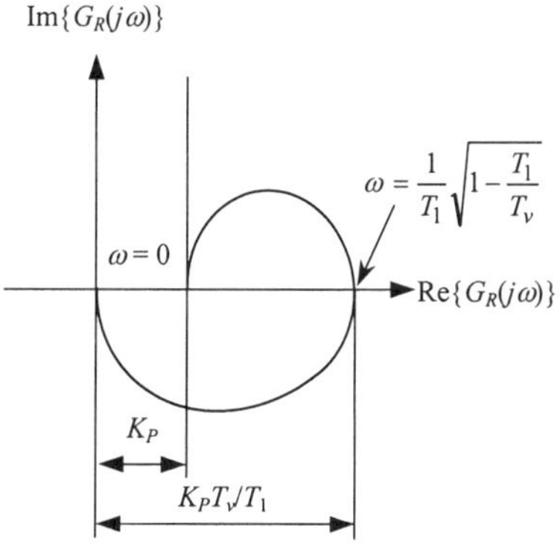


$\omega = \frac{1}{T_1}\sqrt{1-\frac{T_1}{T_v}}$

**Bild 6.34:** Ortskurve eines $PDT_2$-Reglers

Der Frequenzgang hat die Form:

$$G_R(j\omega) = K_P \frac{(1-\omega^2 T_2^2) + \omega^2 T_1 T_v + j\left[\omega T_v (1-\omega^2 T_2^2) - \omega T_1\right]}{(1-\omega^2 T_2^2)^2 + \omega^2 T_1^2}$$

Für die Skizze der Ortskurve (Bild 6.34) wird eine Tabelle erstellt:

| $\omega$ | $\text{Re}\{G_R(j\omega)\}$ | $\text{Im}\{G_R(j\omega)\}$ |
|---|---|---|
| 0 | $K_P$ | 0 |
| $\frac{1}{T_2}\sqrt{1-\frac{T_1}{T_v}}$ | $K_P \frac{T_v}{T_1}$ | 0 |
| $\infty$ | 0 | 0 |

**Tabelle 6.4:** Zur Konstruktion der Ortskurve eines $PDT_2$-Reglers

**6.3** Die Sprungantworten eines $PDT_2$-Reglers mit der Übertragungsfunktion

$$G_R(s) = \frac{Y_R(s)}{X_d(s)} = K_P \frac{1 + sT_v}{1 + 5s + 6s^2}$$

ist für verschiedene Einstellungen von $T_v$ zu berechnen.

Durch Partialbruchzerlegung und Rücktransformation in den Zeitbereich erhält man:

$$Y_R(s) = \frac{x_{d0}}{s} K_P \frac{1 + sT_v}{(1+2s)(1+3s)} = \frac{x_{d0}}{s} K_P \frac{1}{(1+2s)(1+3s)} + x_{d0} K_P \frac{T_v}{(1+2s)(1+3s)}$$

$$= x_{d0} K_P \left[ \frac{1}{s} + \frac{4}{1+2s} - \frac{9}{1+3s} + T_v \left( \frac{3}{1+3s} - \frac{2}{1+2s} \right) \right]$$

$$y_R(t) = 1 + 2e^{-t/2} - 3e^{-t/3} - T_v \left[ e^{-t/2} - e^{-t/3} \right]$$

Nach dem Anfangs- und Endwertsatz ergeben sich:

$$y_R(0) = \lim_{s\to\infty} s y_R(s) = 0 \text{ und } y_R(s) = \lim_{s\to 0} s y_R(s) = K_P x_{d0}$$

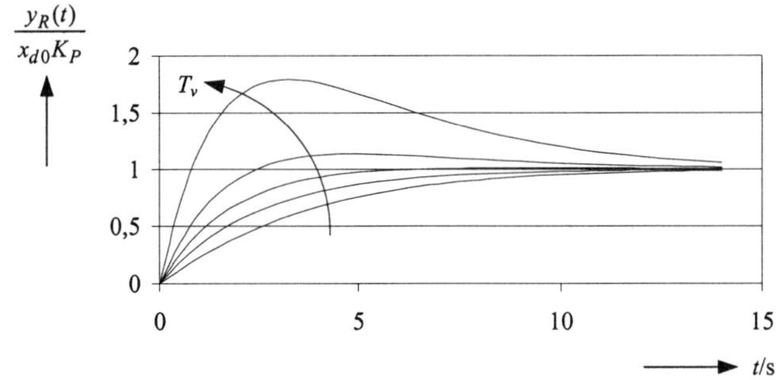


**Bild 6.35:** Sprungantworten eines $PDT_2$-Reglers bei steigenden $T_v$-Werten (z. B.: $T_v$/s = 1,5; 2,5; 3,5; 5; 10)

**6.4** Die Frequenzkennlinien eines $PIDT_1$-Reglers sind zu konstruieren. Folgende Daten sind gegeben:

$T_1 = 0{,}5$ s; $T_v = 2$ s; $T_n = 14$ s; $K_P = 5$

Die Übertragungsfunktion nach (6.42) lautet:

$$G_R(s) = K_P \frac{1 + s(T_1 + T_n) + s^2 T_n (T_1 + T_v)}{s T_n (1 + s T_1)} = 5 \frac{1 + 14{,}5s + 35s^2}{14s\,(1 + 0{,}5s)}$$

Die Berechnung der Zählernullstellen erfolgt nach (6.50). Sie lauten:

$$s_{1/2} = -\frac{(T_1 + T_n) \mp \sqrt{(T_1 + T_n)^2 - 4T_n(T_1 + T_v)}}{2T_n(T_1 + T_v)} = -\frac{1}{T'_{1/2}}$$

$$= -\frac{14{,}5 \mp \sqrt{14{,}5^2 - 4 \cdot 14 \cdot 2{,}5}}{2 \cdot 14 \cdot 2{,}5}\ \mathrm{s}^{-1} = \begin{cases} -0{,}087\ \mathrm{s}^{-1} \\ -0{,}326\ \mathrm{s}^{-1} \end{cases}$$

Damit können die Ersatzzeitkonstanten definiert werden: $T'_1 = 11{,}44$ s und $T'_2 = 3{,}04$ s

Benutzt man die beiden Werte in der Gleichung für den Frequenzgang (6.52), erhält man:

$$G_R(j\omega) = K_P \frac{(1 + j\omega T'_1)(1 + j\omega T'_2)}{j\omega T_n (1 + j\omega T_1)} = 5 \frac{(1 + j\omega\, 11{,}44)(1 + j\omega 3{,}06)}{j\omega\, 14\,(1 + j\omega\, 0{,}5)}$$

Die Kontrolle der Rechnung erfolgt nach (6.55a, b). Es muß gelten:

$$T_1 + T_n = (0{,}5 + 14)\ \mathrm{s} \cong T'_1 + T'_2 = (11.44 + 3{,}06)\ \mathrm{s}\ \text{ und}$$
$$(T_1 + T_v)T_n = (0{,}5 + 2) 14\ \mathrm{s}^2 \cong T'_1 \cdot T'_2 = 11{,}44 \cdot 3{,}06\ \mathrm{s}^2$$

Aus der Frequenzganggleichung lassen sich die Amplituden- und Phasenkennlinie entwickeln:

$$|G_R(j\omega)|_{dB} = |5|_{dB} + |1 + j\omega 11{,}44|_{dB} + |1 + j\omega 3{,}06|_{dB} - |\omega 14|_{dB} - |1 + j\omega 0{,}5|_{dB} \text{ und}$$

$$\varphi(\omega) = \arctan(\omega 11{,}44) + \arctan(\omega 3{,}06) - \arctan(\omega 0{,}5) - \pi/2$$

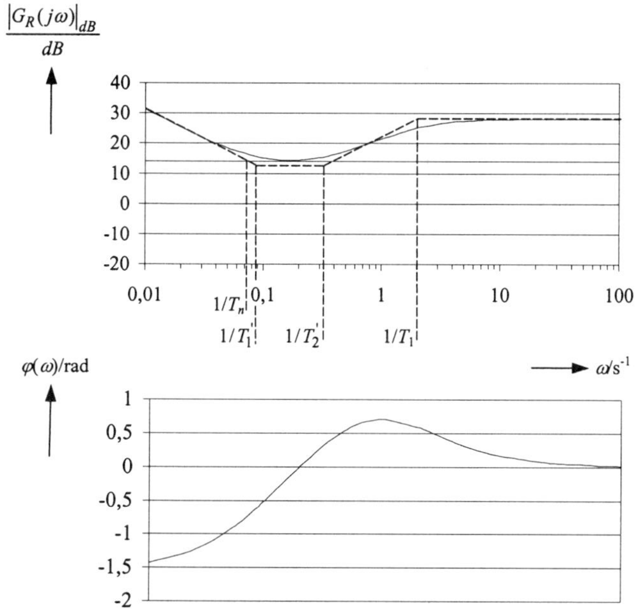


**Bild 6.36:** Frequenzkennlinien eines realen PID-Reglers nach Beispiel 6.4 mit $T_n = 14$ s, $T_1' = 11{,}44$ s, $T_2' = 3{,}06$ s und $T_1 = 0{,}5$ s.

Der P-Anteil hebt die Verstärkung insgesamt um $|K_P|_{dB} = |5|_{dB} = 13{,}98$ dB an. Die stationäre Verstärkung bei hohen Frequenzen beträgt:

$$\left| K_P \frac{T_1 + T_v}{T_1} \right|_{dB} = |25|_{dB} = 27{,}96 \text{ dB}$$

# 6.8 Übungsaufgaben

**6.1** Ein PIDT$_1$-Regler ist durch die folgende Übertragungsfunktion gegeben:

$$G_R(s) = \frac{Y_R(s)}{X_d(s)} = 5\frac{1 + 7s + 12s^2}{s(1 + 2s)}$$

a) Man stelle $G_R(s)$ in einer Produktform dar
b) Die Pol-Nullstellenverteilung ist zu skizzieren
c) Die Sprungantwort ist zu berechnen und graphisch darzustellen

**Lsg.:** a) $G_R(s) = \dfrac{Y_R(s)}{X_d(s)} = 5\dfrac{(1 + 4s)(1 + 3s)}{s(1 + 2s)}$

b) Pole: $s_{P1} = 0$ s$^{-1}$, $s_{P2} = -1/2$ s$^{-1}$ und

Nullstellen: $s_{N1} = -1/4$ s$^{-1}$, $s_{N2} = -1/3$ s$^{-1}$

d) $y_R(t) = 5x_{d0}\left[5 + t + e^{-0{,}5t}\right]$

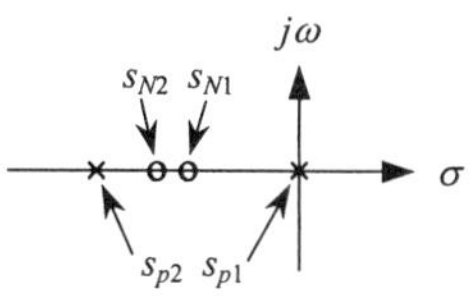


**Bild 6.37:** Pol- Nullstellenverteilung eines ausgewählten PIDT$_1$-Reglers in der $s$-Ebene (Aufgabe 6.1b)

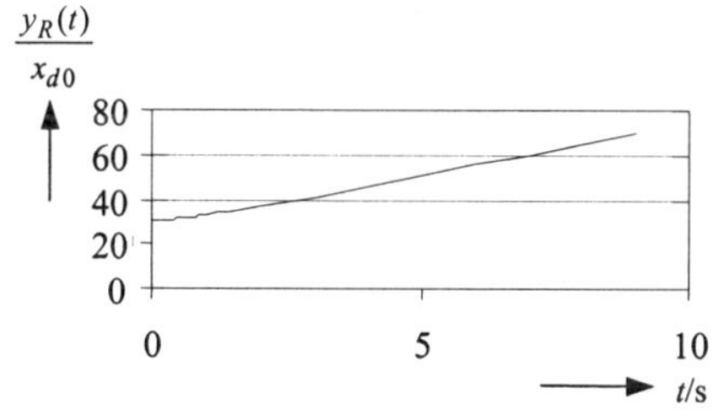


**Bild 6.38:** Sprungantwort eines PIDT$_1$-Reglers (Aufgabe 6.1c)

**6.2** Es ist die Ortskurve des PDT$_2$-Reglers aus dem Beispiel 6.2 zu skizzieren. Real- und Imaginärteil des Frequenzganges sind getrennt darzustellen. Folgende Daten sollen gelten: $T_1 = 1$ s, $T_2 = 1$ s, $K_P = 5$, $T_v = 2$ s

**Lsg.:** $\text{Re}\{G_R(j\omega)\} = K_P \dfrac{(1 - \omega^2 T_2^2) + \omega^2 T_1 T_v}{(1 - \omega^2 T_2^2)^2 + \omega^2 T_1^2}$ und $\text{Im}\{G_R(j\omega)\} = K_P \dfrac{\omega T_v(1 - \omega^2 T_2^2) + \omega T_1}{(1 - \omega^2 T_2^2)^2 + \omega^2 T_1^2}$

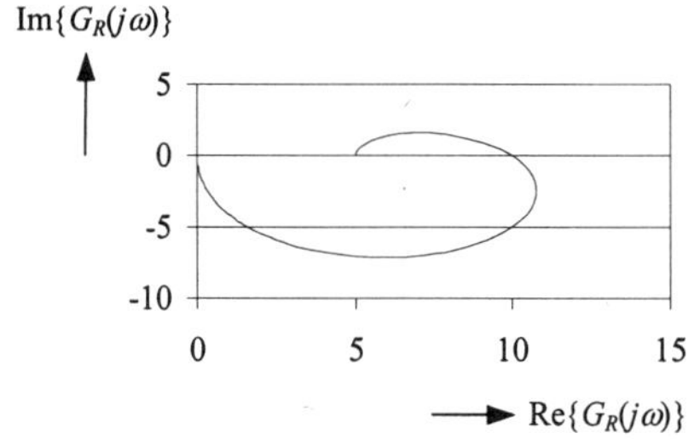


**Bild 6.39:** Ortskurve eines PIDT$_2$-Reglers (Aufgabe 6.2)

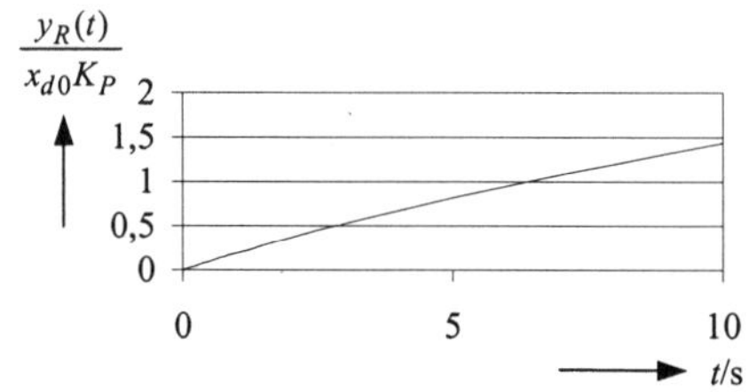


**Bild 6.40:** Sprungantwort eines PIT$_1$-Reglers (Aufgabe 6.3d)

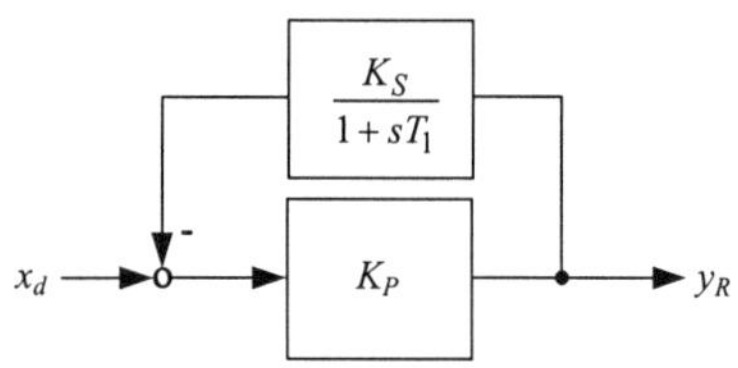


**Bild 6.41:** Blockschaltbild eines PDT$_1$-Reglers (Aufgabe 6.4)

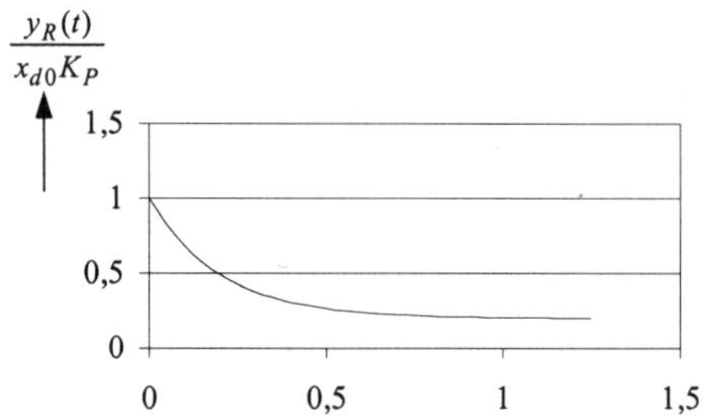


**Bild 6.42:** Sprungantwort eines PDT$_1$-Reglers (Aufgabe 6.4f mit $T_1$ = 1 s, $K_S$ = 2, $K_P$ = 2, $T_1^*$ = 0,2 s)

**6.3** Ein PIT$_1$-Regler mit Übertragungsfunktion

$$G_R(s) = \frac{Y_R(s)}{X_d(s)} = K_P \frac{1+sT_n}{sT_n(1+sT_1)}$$

sei gegeben.

a) Wie lautet die Differentialgleichung des Reglers?
b) Wie lautet die Sprungantwort?
c) Wie lautet die Asymptote für $t >> T_1$?
d) Die Sprungantwort ist für $T_n$ = 10 s und $T_1$ = 5 s zu skizzieren!

**Lsg.:**

a) $T_1\ddot{y}_R(t) + \dot{y}_R(t) = K_P\left[\frac{1}{T_n}x_d(t) + \dot{x}_d(t)\right]$

b) $y_R(t) = x_{d0}K_P\left[\frac{t}{T_n} + \left(1 - \frac{T_1}{T_n}\right)\left(1 - e^{-t/T_1}\right)\right]$

c) $y_{RA}(t) = x_{d0}K_P\left[1 + \frac{t - T_1}{T_n}\right]$ $(t >> T_1)$

d) Skizze: siehe Bild 6.40

**6.4** Ein P-Regler erhält eine Rückführung. Im Rückführzweig liegt eine Verzögerung 1. Ordnung (Bild 6.41).

a) Wie lautet die Übertragungsfunktion der Anordnung?
b) Wie lautet die Differentialgleichung?
c) Welcher Reglertyp ist entstanden?
d) Berechne die Sprungantwort
e) Ermittle den Anfangswert und den Endwert der Sprungantwort
f) Skizziere die Sprungantwort

**Lsg.:**

a) $G_R(s) = \frac{Y_R(s)}{X_d(s)} = K_P \frac{1+sT_1}{1+K_PK_S+sT_1}$

b) $T_1\dot{y}_R(t) + (1+K_PK_S)y_R(t) = K_P\left[x_d(t) + T_1\dot{x}_d(t)\right]$

c) PDT$_1$-Typ

d) $y_R(t) = \frac{K_Px_{d0}}{1+K_PK_S}\left[1 + K_PK_Se^{-t/T_1^*}\right]$ mit

$$T_1^* = \frac{T_1}{1+K_PK_S}$$

e) $y_R(0) = x_{d0}K_P$ und $y_R(\infty) = \frac{x_{d0}}{1+K_PK_S}K_P$

# 7 Der Regelkreis

Eine Basis für die Beschreibung der Eigenschaften eines einschleifigen Regelkreises bildet eine Struktur nach Bild 7.1.

Die Eingangsgrößen des Regelkreises sind die Führungsgröße $w(t)$ sowie die Störgrößen, die an jeder Stelle auf den Informationsfluß im Regelkreis einwirken können. Ersatzweise lassen sich die Störgrößen auf vier Einwirkungsorte konzentrieren: Störungen im Meßkreis des Reglers wie $z_R(t)$ am Reglereingang und $z_F(t)$ am Meßfühler, dann die Versorgungsstörgröße $z_V(t)$ am Streckeneingang und schließlich die Laststörgröße $z_L(t)$ am Streckenausgang.

Die Ausgangsgröße des Regelkreises ist die Regelgröße $x(t)$. Die Regeldifferenz $x_d(t)$ (auch mit $e$ bezeichnet) und die Reglerausgangsgröße $y_R(t)$ bilden interne Größen des Regelkreises. Alle Größen bezeichnen Abweichungen von einem entsprechend definierten Arbeitspunkt. Die Bildfunktionen $G_R(s)$ und $G_S(s)$ sind die Übertragungsfunktionen von Regler und Regelstrecke. Sie bestimmen das dynamische Verhalten des Regelkreises. Da diese beiden Funktionen im Bildbereich definiert sind, treten alle übrigen Größen im Blockbild auch als Bildfunktionen auf.

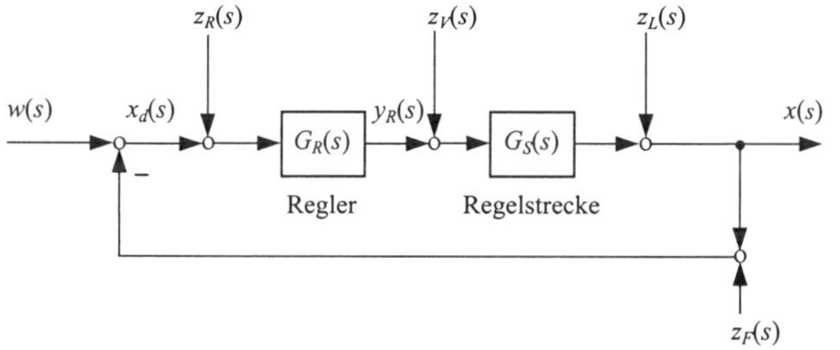


**Bild 7.1:** Standard-Regelkreis mit
$G_R(s)$ Reglerübertragungsfunktion
$G_S(s)$ Streckenübertragungsfunktion
Eingangsgrößen:
$w(s)$ Führungsgröße
$z_R(s)$ Störgröße am Reglereingang
$z_F(s)$ Störgröße auf den Fühler
$z_V(s)$ Versorgungsstörgröße
$z_L(s)$ Laststörgröße
Ausgangsgröße:
$x(s)$ Regelgröße
Interne Größen:
$y_R(s)$ Stellgröße
$x_d(s)$ Regeldifferenz

Oft ist es bei der theoretischen Untersuchung von Regelkreisen ausreichend, die Einflüsse von Störgrößen auf die internen Signale im Regelkreis an einem Ort zusammmenzufassen und als Störgröße $z(t)$ am Streckeneingang konzentriert einwirken zu lassen. Damit ergibt sich ein vereinfachtes Blockbild eines Standard-Regelkreises:

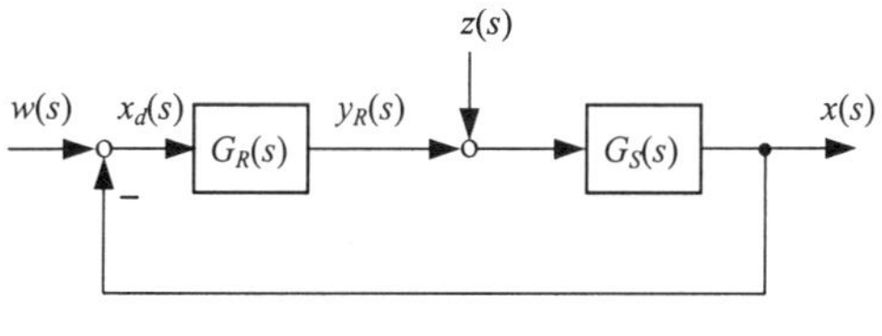


**Bild 7.2:** Standard-Regelkreis in vereinfachter Form
$w(s)$ Führungsgröße
$x_d(s)$ Regeldifferenz
$y_R(s)$ Stellgröße
$z(s)$ Störgröße
$x(s)$ Regelgröße

## 7.1 Die Regelkreisgleichung

Der Zusammenhang zwischen der Regelgröße, der Führungsgröße und den Störgrößen wird durch die *Regelkreisgleichung* hergestellt. Stützt man sich auf den Standard-Regelkreis nach Bild 7.2, dann erhält man unter Verwendung der internen Größe $y_R(s)$:

$$y_R(s) = G_R(s)x_d(s) = G_R(s)[w(s) - x(s)] \qquad (7.1)$$

$$x(s) = G_S(s)y_S(s) = G_S(s)[y_R(s) + z(s)] \qquad (7.2)$$

Eliminiert man die Hilfsgröße $y_R(s)$ aus den beiden Gleichungen, dann erhält man eine Beziehung zwischen den beiden Eingangsgrößen $w(s)$ und $z(s)$ und der Ausgangsgröße $x(s)$, die Regelkreisgleichung:

$$x(s) = \frac{G_R(s)G_S(s)}{1 + G_R(s)G_S(s)} w(s) + \frac{G_S(s)}{1 + G_R(s)G_S(s)} z(s) \qquad (7.3)$$

Den anteiligen Einfluß einer Führungsgrößenänderung auf die Regelgröße bezeichnet man mit *Führungsverhalten*, entsprechend den Anteil aufgrund einer Störgrößenänderung mit *Störverhalten*. Für eine getrennte Betrachtung der beiden Anteile wird die *Führungsübertragungsfunktion*:

$$G_w(s) = \left.\frac{x(s)}{w(s)}\right|_{z(s)=0} = \frac{G_R(s)G_S(s)}{1 + G_R(s)G_S(s)} \qquad (7.4)$$

und die *Störübertragungsfunktion*

$$G_z(s) = \left.\frac{x(s)}{z(s)}\right|_{w(s)=0} = \frac{G_S(s)}{1 + G_R(s)G_S(s)} \qquad (7.5)$$

definiert. Das Produkt der beiden Übertragungsfunktionen

$$G_0(s) = G_R(s)G_S(s) \qquad (7.6)$$

nennt man auch *Übertragungsfunktion des offenen Kreises*, weil in dieser Situation wegen des geöffneten Rückführzweiges eine Kettenschaltung vorliegt.

## 7.2 Das statische Verhalten eines Regelkreises

Eine wesentliche Aufgabe einer Regelung besteht darin, trotz auftretender Störungen die Regelgröße der Führungsgröße anzugleichen oder sie mindestens innerhalb eines um die Führungsgröße gelegten Toleranzbandes zu halten. Daraus läßt sich die Forderung ableiten, daß die Regelgröße weitgehend der Führungsgröße entspricht, also $x(t) \approx w(t)$ gelten soll. Für die Führungsübertragungsfunktion ist deshalb anzusetzen:

$$G_w(s) = \frac{G_0(s)}{1 + G_0(s)} = \frac{x(s)}{w(s)} \approx 1 \qquad (7.7)$$

Eine Bedingung für die Störübertragungsfunktion folgt aus der Forderung nach Unabhängigkeit der Regelgröße von der Störgröße, also $x(t) \neq f(z(t))$:

$$G_z(s) = \frac{G_S(s)}{1+G_0(s)} = \frac{x(s)}{z(s)} \approx 0 \tag{7.8}$$

Beide Forderungen lassen sich allerdings nicht mit jedem Regler vollständig erfüllen. So ergibt sich in einem Regelkreis, bestehend aus einem P-Regler und einer P-$T_n$-Strecke, nach einer sprungförmigen Änderung der Führungsgröße um den Wert $w_0$ nach

$$x(\infty) = \lim_{t\to\infty} x(t) = \lim_{s\to 0} s\frac{w_0}{s}\frac{K_P K_S}{1+K_P K_S + sT_1 + s^2T_2^2 + \ldots + s^nT_n^n}$$

$$= w_0 \frac{K_P K_S}{1+K_P K_S} < w_0 \tag{7.9}$$

ein Wert, der hinter der Sprungamplitude $w_0$ zurückbleibt. Der stationäre Wert der verbleibenden Regeldifferenz

$$x_d(\infty) = w_0 - x(\infty) = w_0 \frac{1}{1+K_P K_S} = f(K_P) \tag{7.10}$$

läßt sich nur durch Vergrößern der Reglerverstärkung $K_P$ verringern, was aber aus Gründen der Kreisstabilität nicht grenzenlos durchführbar ist.

Ähnliche Ergebnisse erhält man, wenn eine sprungförmige verlaufende Störgrößenänderung angenommen wird. Die Regelgröße nimmt in dieser Situation eine neue stationäre Lage $x_2$ ein. Die bleibende Abweichung vom Ausgangswert $x_1$ lautet dann:

$$x_d(\infty) = x_2 - x_1 = \lim_{s\to 0} s\frac{z_0}{s}\frac{K_S}{1+K_P K_S + sT_1 + s^2T_2^2 + \ldots + s^nT_n^n}$$

$$= z_0 \frac{K_S}{1+K_P K_S} = f(K_P) \tag{7.11}$$

Auch diese Differenz, ein stationärer Wert, läßt sich nur durch Vergrößern der Reglerverstärkung $K_P$ bleibend verringern.

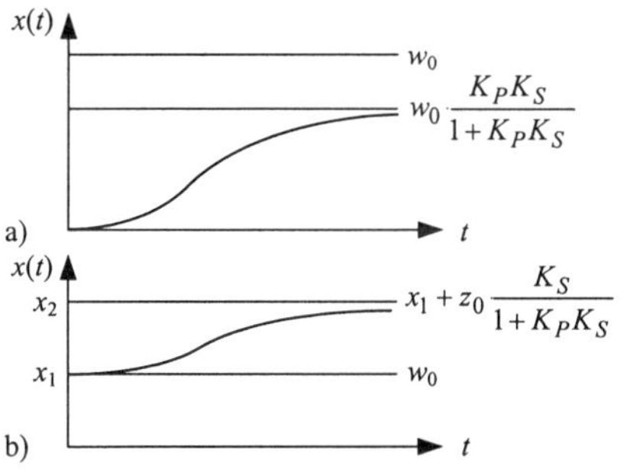


**Bild 7.3:** Stationäres Verhalten eines Regelkreises mit P-Regler und einer P-Strecke höherer Ordnung

a) Führungsverhalten
b) Störverhalten

Im Vergleich hierzu würde ein PI-Regler an der P-$T_n$-Strecke die Bedingungen (7.7) und (7.8) erfüllen, denn in dieser Konfiguration stellen sich die stationären Werte der Regelgröße nach einem Führungs- oder Störsprung mit

$$x(\infty) = \lim_{s \to 0} s \frac{w_0}{s} \frac{K_P K_S (1 + sT_n)}{sT_n (1 + sT_1 + ... + s^n T_n^n) + K_P K_S (1 + sT_n)}$$

$$= w_0 \neq f(K_P, T_n) \text{ und}$$

$$x(\infty) = \lim_{s \to 0} s \frac{z_0}{s} \frac{sT_n K_S}{sT_n (1 + sT_1 + ... + s^n T_n^n) + K_P K_S (1 + sT_n)}$$

$$= 0 \qquad (7.12a, b)$$

erwartungsgemäß ein. Hier sorgt der integrale Anteil im Regler dafür, daß die Stellgröße so lange verändert wird, bis die Regeldifferenz als Eingangsgröße des Reglers zu Null geworden ist. Die Berücksichtigung eines zusätzlichen D-Anteiles im Regler hätte keinen Einfluß auf den stationären Wert, der PD-Regler würde sich wie ein P-Regler verhalten, der PID-Regler wie ein PI-Regler.

## 7.3 Das Führungs- und Störverhalten im Standard-Regelkreis

Das Übergangsverhalten der Regelgröße bei einer Änderung der Führungs- oder Störgröße hängt in starkem Maße von den Einstellwerten des Reglers ab. Für einige typische Regler-Strecken-kombinationen soll diese Abhängigkeit dargestellt werden.

### 7.3.1 P-Regler und P-$T_1$-Strecke

Die Übertragungsfunktionen von Regler und Regelstrecke lauten:

$$G_R(s) = K_P \text{ und } G_S(s) = \frac{K_S}{1 + sT_1} \qquad (7.13a, b)$$

Hiermit wird die Führungsübertragungsfunktion gebildet:

$$G_w(s) = \frac{x(s)}{w(s)} = \frac{K_P K_S}{1 + K_P K_S + sT_1} \qquad (7.14)$$

Nach einem Führungssprung mit $w(t) = w_0 \sigma(t)$ wird die Regelgröße:

$$x(s) = \frac{w_0}{s} \frac{K_P K_S}{1 + K_P K_S + sT_1} = \frac{w_0}{s} \frac{K_P K_S}{1 + K_P K_S} \frac{1}{1 + sT_1^*} \text{ mit } T_1^* = \frac{T_1}{1 + K_P K_S} \qquad (7.15a, b)$$

Da die Ersatzgröße des Regelkreises $T_1^*$ bei $K_P > 0$ kleiner als die Streckenzeitkonstante ist, zeigt die Regelstrecke ein „langsameres" Sprungverhalten als der geschlossene Regelkreis. Durch Rücktransformation von $x(s)$ erhält man die Führungssprungantwort:

$$x(t) = w_0 \frac{K_P K_S}{1 + K_P K_S}\left(1 - e^{-t/T_1^*}\right) \tag{7.16}$$

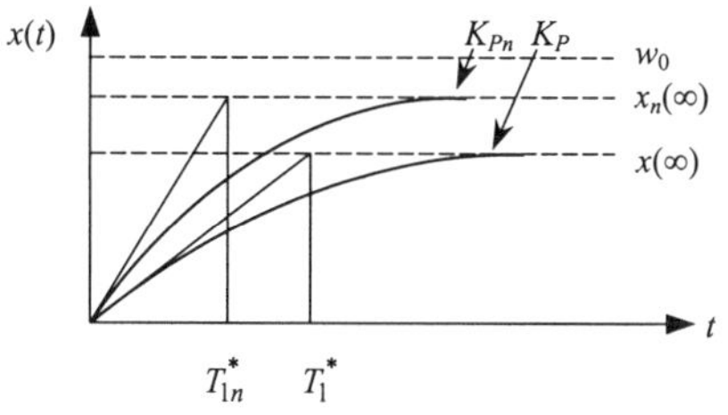


**Bild 7.4:** Einschwingvorgang eines Regelkreises aus P-Regler und P-T$_1$-Strecke bei zwei unterschiedlich angenommenen $K_P$-Werten

Aus der Sprungantwort folgt der stationäre Wert:

$$x(\infty) = \lim_{t\to\infty} x(t) = w_0 \frac{K_P K_S}{1 + K_P K_S} \tag{7.17}$$

Die von der Reglerverstärkung $K_P$ abhängige Regeldifferenz $x_d(\infty) = w_0 /(1 + K_P K_S)$ läßt sich nur durch Vergrößern von $K_P$, z. B. $K_{Pn} > K_P$, verringern. Dadurch ändert sich aber auch das Sprungverhalten des Regelkreises.

Wegen der kleiner gewordenen Zeitkonstante $T_{1n}^* = T_1 /(1 + K_{Pn} K_S) < T_1^*$ erfolgt der Anstieg der Regelgröße steiler und der stationäre Wert $x(\infty)_n = w_0 K_P K_S /(1 + K_{Pn} K_S)$ liegt näher bei dem angestrebten Wert $w_0$ der Führungsgröße (Bild 7.4).

Das Störverhalten liefert ähnliche Ergebnisse wie das Führungsverhalten. Aus der Störübertragungsfunktion

$$G_z(s) = \frac{x(s)}{z(s)} = \frac{K_S}{1 + K_S K_P + sT_1} \tag{7.18}$$

folgt mit $z(t) = z_0 \sigma(t)$ und $T_1^* = T_1 /(1 + K_P K_S)$ die Regelgröße:

$$x(s) = z_0 \frac{K_S}{s(1 + K_P K_S)(1 + sT_1^*)} \tag{7.19}$$

Nach Rücktransformation erhält man:

$$x(t) = z_0 \frac{K_S}{1 + K_P K_S}\left(1 - e^{-t/T_1^*}\right) \tag{7.20}$$

Bis auf den fehlenden Faktor $K_P$ stimmt diese Gleichung mit (7.16) überein. Auch die aus (7.20) abgeleitete stationäre Regeldifferenz $x_d(\infty)$ zeigt die in (7.11) festgestellte Abhängigkeit von der Reglerverstärkung $K_P$ (Bild 7.3b).

### 7.3.2 P-Regler und P-T$_2$-Strecke

In diesem Falle lauten Führungs- und Störübertragungsfunktion:

$$G_w(s) = \frac{K_P K_S}{1 + K_P K_S + sT_1 + s^2 T_2^2} \quad \text{und}$$

$$G_z(s) = \frac{K_S}{1 + K_P K_S + sT_1 + s^2 T_2^2} \tag{7.21a, b}$$

Bei Systemen 2. Ordnung kann die Dämpfungszahl $D$ aus dem Nenner der Übertragungsfunktion abgelesen werden. Durch Umordnen erhält man zunächst für die Streckenübertragungsfunktion:

$$G_S(s) = \frac{x(s)}{y_S(s)} = \frac{K_S}{1 + sT_1 + s^2 T_2^2} = \frac{K_S}{T_2^2\left[\frac{1}{T_2^2} + s\frac{T_1}{T_2^2} + s^2\right]} \tag{7.22}$$

Hieraus folgen die Abklingkonstante $\delta = T_1 / 2T_2^2$ und die Kreisfrequenz des ungedämpft gedachten schwingenden Systems, $\omega_0 = 1/T_2$. Da die Dämpfungszahl als Quotient der beiden Größen definiert ist, gilt für die Strecke:

$$D_{Str} = \frac{\delta}{\omega_0} = \frac{T_1}{2T_2} \tag{7.23}$$

Auf dem gleichen Weg findet man auch die Dämpfungszahl $D$ des geschlossenen Regelkreises. Hierbei wird allerdings unterschieden zwischen *Führungs-* und *Stördämpfung*, jeweils Hinweise auf das dynamische Verhalten des Regelkreises infolge Führungsgrößen- oder Störgrößenänderungen. Da in beiden Übertragungsfunktionen die Nenner übereinstimmen, erhält man auch gleiche Ergebnisse:

$$D = \frac{T_1}{2T_2}\frac{1}{\sqrt{1 + K_P K_S}} = D_{Str}\frac{1}{\sqrt{1 + K_P K_S}} = f(K_P) \tag{7.24}$$

Demnach ist die Kreisdämpfung für $K_P > 0$ immer kleiner als die der ungeregelten Strecke. Das Schließen des Regelkreises führt zu einer „Entdämpfung" der Strecke, sie erscheint labiler geworden zu sein. Eine Führungs- oder Störsprungantwort verläuft mit größeren Ausschlägen als dies die Sprungantwort der ungeregelten Strecke tun würde. Bestenfalls läßt sich über eine entsprechende Wahl der Reglerverstärkung $K_P$ eine Kreisdämpfung $D < D_{Str}$ erreichen, was dann aber zur Einschränkung ihres Einstellbereiches führt:

$$0 < K_P < \frac{1}{K_S}\left[\left(\frac{D_{Str}}{D}\right)^2 - 1\right] \tag{7.25}$$

### 7.3.3 I-Regler und P-$T_1$-Strecke

Ein I-Regler mit der Übertragungsfunktion $G_R(s) = K_I/s$ in Verbindung mit einer P-$T_1$-Strecke führt in der Führungs- und Störübertragungsfunktion wieder auf ein System 2. Ordnung:

$$G_w(s) = \frac{x(s)}{w(s)} = \frac{K_I K_S}{K_I K_S + s + s^2 T_1} = \frac{K_I K_S}{T_1}\frac{1}{\frac{K_I K_S}{T_1} + s\frac{1}{T_1} + s^2} \quad \text{und}$$

$$G_z(s) = \frac{x(s)}{z(s)} = \frac{sK_S}{K_I K_S + s + s^2 T_1} = \frac{K_S}{T_1}\frac{1}{\frac{K_I K_S}{T_1} + s\frac{1}{T_1} + s^2} \tag{7.26a, b}$$

Aus den Nennerpolynomen läßt sich entnehmen: $\delta = 1/2T_1$ und $\omega_0^2 = K_I K_S / T_1$. Damit kann die Dämpfungszahl des Kreises berechnen werden:

$$D = \frac{\delta}{\omega_0} = \frac{1}{2\sqrt{T_1 K_I K_S}} = f(K_I) \qquad (7.27)$$

Sie ist nur vom Reglereinstellwert $K_I$ abhängig. Durch Verringern dieses Wertes wird der Regelkreis stärker bedämpft. Bei einer Wahl von

$$K_I \le \frac{1}{4T_1 K_S} \qquad (7.28)$$

wird ein Führungs- bzw. Störsprung aperiodisch gedämpft verlaufen. Das stationäre Verhalten liegt erwartungsgemäß bei

$$x(\infty) = \lim_{s \to 0} s \frac{w_0}{s} G_w(s) = w_0 \text{ und}$$

$$x(\infty) = \lim_{s \to 0} s \frac{z_0}{s} G_w(s) = 0 \qquad (7.29a, b)$$

Die Regelgröße erreicht die Führungsgröße, die stationäre Regeldifferenz verschwindet und eine auftretende Störgröße wird ausgeregelt.

### 7.3.4 I-Regler und I-Strecke

Beide Regelkreisglieder haben gleiches dynamisches Verhalten. Mit den beiden Übertragungsfunktionen für den Regler und die Regelstrecke,

$$G_R(s) = \frac{K_{IR}}{s} \text{ und}$$

$$G_S(s) = \frac{K_{IS}}{s}, \qquad (7.30a, b)$$

werden Führungs- und Störübertragungsfunktion:

$$G_w(s) = \frac{x(s)}{w(s)} = \frac{K_{IR} K_{IS}}{s^2 + K_{IR} K_{IS}} \text{ und}$$

$$G_z(s) = \frac{x(s)}{z(s)} = \frac{s K_{IS}}{s^2 + K_{IR} K_{IS}} \qquad (7.31a, b)$$

Auffällig ist der fehlende Koeffizient beim linearen Glied des Nennerpolynoms. Deshalb ist auch die Abklingkonstante $\delta = 0$. Der Regelkreis ist ungedämpft. Wird ein solches System von außen angestoßen, z.B. durch einen Führungs- oder Störsprung, ergibt sich für die Regelgröße eine stationäre Dauerschwingung mit der Kreisfrequenz $\omega_0 = \sqrt{K_{IR} K_{IS}}$, das System befindet sich am *Stabilitätsrand*:

$$x(t) = \mathcal{L}^{-1}\left\{\frac{w_0}{s} \frac{K_{IR} K_{IS}}{s^2 + K_{IR} K_{IS}}\right\} = w_0\, \mathcal{L}^{-1}\left\{\frac{1}{s} - \frac{s}{s^2 + K_{IR} K_{IS}}\right\} = w_0\left\{1 - \cos\sqrt{K_{IR} K_{IS}}\, t\right\} \qquad (7.32)$$

Ein Störsprung verursacht eine vergleichbare Dauerschwingung:

$$x(t) = z_0 \mathcal{L}^{-1}\left\{\frac{K_{IR}K_{IS}}{K_{IR}(s^2 + K_{IR}K_{IS})}\right\} = \frac{z_0}{K_{IR}} \sin\sqrt{K_{IR}K_{IS}}\,t \tag{7.33}$$

Deshalb ist ein I-Regler nicht geeignet zur Regelung einer I-Strecke.

### 7.3.5 PI-Regler und I-Strecke

Mit der Übertragungsfunktion des PI-Reglers, $G_R(s) = K_P(1 + sT_n)/sT_n$, werden Führungs- und Störübertragungsfunktion berechnet und in die folgende Form gebracht:

$$G_w(s) = \frac{K_P K_{Is}}{T_n} \frac{1 + sT_n}{\frac{K_P K_{IS}}{T_n} + K_P K_{IS} s + s^2} \quad \text{und}$$

$$G_z(s) = \frac{K_{Is}}{T_n} \frac{sT_n}{\frac{K_P K_{IS}}{T_n} + K_P K_{IS} s + s^2} \tag{7.34a, b}$$

In beiden Fällen liegen Systeme 2. Ordnung vor. Die Nenner der Übertragungsfunktionen stimmen überein. Daraus läßt sich die gemeinsame Dämpfungszahl ableiten:

$$D = \frac{\delta}{\omega_0} = \frac{1}{2}\sqrt{K_P K_{IS} T_n} = f(K_P, T_n) \tag{7.35}$$

Das dynamische Verhalten kann durch zwei Reglereinstellgrößen beeinflußt werden: Die Reglerverstärkung $K_P$ und die Nachstellzeit $T_n$. Die stationären Werte beweisen, die Regelgröße erreicht wegen des I-Anteiles des Reglers die Führungsgröße $w_0$ und eine Störgröße $z_0$ wird vollkommen ausgeregelt:

$$x(\infty) = \lim_{s \to 0} s \frac{w_0}{s} G_w(s) = w_0 \quad \text{und}$$

$$x(\infty) = \lim_{s \to 0} s \frac{z_0}{s} G_z(s) = 0 \tag{7.36a, b}$$

### 7.3.6 PI-Regler und P-T$_1$-Strecke

Die Führungsübertragungsfunktion wird so umgeformt, daß die darin enthaltenen Linearfaktoren hervortreten:

$$G_w(s) = \frac{x(s)}{w(s)} = \frac{K_P K_S (1 + sT_n)}{sT_n(1 + sT_1) + K_P K_S (1 + sT_n)} \tag{7.37}$$

Kann bei gegebener Zeitkonstanten $T_1$ die Nachstellzeit $T_n = T_1$ gewählt werden, kürzen sich die Linearfaktoren in der Übertragungsfunktion heraus. Die Ordnung wird dadurch um Eins verringert. Die ursprüngliche Schwingungsfähigkeit des Ausgangssystems wird durch diese Maßnahme verhindert. Man bezeichnet diese Vorgehensweise auch als *Pol-Nullstellenkompensation*.

Als reduzierte Übertragungsfunktion bleibt:

$$G_w(s) = \frac{x(s)}{w(s)} = \frac{K_P K_S}{sT_1 + K_P K_S} \tag{7.38}$$

Die Führungssprungantwort

$$x(t) = \mathcal{L}^{-1}\left\{\frac{w_0}{s}\frac{1}{1+s\dfrac{T_1}{K_P K_S}}\right\} = w_0\left(1 - e^{-\frac{t}{T_n}K_P K_S}\right) \tag{7.39}$$

nähert sich asymptotisch dem stationären Wert

$$x(\infty) = \lim_{t\to\infty} x(t) = w_0 \tag{7.40}$$

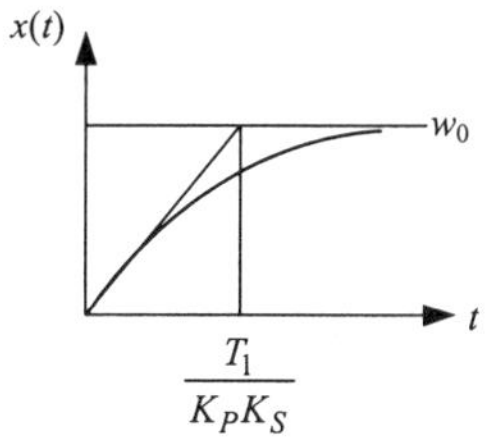


**Bild 7.5:** Führungssprungantwort bei einem Regelkreis aus PI-Regler und P-$T_1$-Strecke für $T_n = T_1$

In der Störübertragungsfunktion

$$G_z(s) = \frac{x(s)}{z(s)} = \frac{sT_n K_S}{(1+sT_1)sT_n + K_P K_S(1+sT_n)} \tag{7.41}$$

lassen sich keine gemeinsamen Linearfaktoren finden, die sich unter der Bedingung $T_n = T_1$ kürzen lassen. Deshalb kann auch die Ordnung der Störübertragungsfunktion nicht reduziert werden. Die Dämpfungszahl

$$D = \frac{1 + K_P K_S}{2\sqrt{K_P K_S}}\sqrt{\frac{T_n}{T_1}} = f(K_P, T_n) \tag{7.42}$$

bleibt eine Funktion beider Reglereinstellgrößen. Wird $T_n = T_1$ gewählt, ist die Stördämpfung

$$D = \frac{1 + K_P K_S}{2\sqrt{K_P K_S}} = f(K_P) \tag{7.43}$$

nur von der Reglerverstärkung abhängig. In einem solchen Fall erfolgt der Störsprung aperiodisch gedämpft:

$$x(t) = \mathcal{L}^{-1}\left\{\frac{z_0}{s}\frac{sT_1 K_S}{(1+sT_1)(sT_1 + K_P K_S)}\right\}$$

$$= \mathcal{L}^{-1}\left\{z_0 \frac{T_1 K_S}{K_P K_S - 1}\left(\frac{1}{1+sT_1} - \frac{1}{sT_1 + K_P K_S}\right)\right\}$$

$$= z_0 \frac{K_S}{K_P K_S - 1}\left(e^{-t/T_1} - e^{-\frac{t}{T_1}K_P K_S}\right) \tag{7.44}$$

### 7.3.7 PID-Regler und P-$T_2$-Strecke

Als Übertragungsfunktion des PID-Reglers wird von seiner idealen Form (6.6) ausgegangen:

$$G_R(s) = \frac{y_R(s)}{x_d(s)} = K_P \frac{1 + sT_n + s^2 T_n T_v}{sT_n} \tag{7.45}$$

Die Regelstrecke sei aperiodisch gedämpft, d. h. für die Dämpfungszahl gilt die Abschätzung: $D = T_1 / 2T_2 \geq 1$.

$$G_S = \frac{x(s)}{y_S(s)} = \frac{K_S}{1 + sT_1 + s^2 T_2^2} \tag{7.46}$$

Zunächst wird die Führungsübertragungsfunktion gebildet:

$$G_w(s) = \frac{x(s)}{w(s)} = \frac{K_P K_S (1 + sT_n + s^2 T_n T_v)}{sT_n(1 + sT_1 + s^2 T_2^2) + K_P K_S (1 + sT_n + s^2 T_n T_v)} \tag{7.47}$$

Da die Streckenparameter $T_1$ und $T_2$ gegeben sind, lassen sich die Einstellwerte des Reglers danach ausrichten. Das dynamische Verhalten ist durch diese Maßnahme weitgehend festgelegt. Setzt man $T_n = T_1$ und $T_n T_v = T_2^2$ bzw. $T_v = T_2^2 / T_1$, dann können die Quadratformen in der Übertragungsfunktion gekürzt werden. Durch diesen Vorgang wird die Ordnung der Übertragungsfunktion rechnerisch auf Eins reduziert. Eine Schwingungsfähigkeit des Systems wird dadurch vermieden. Man erhält:

$$G_w(s) = \frac{x(s)}{w(s)} = \frac{K_P K_S}{sT_1 + K_P K_S} \tag{7.48}$$

Die Führungssprungantwort

$$x(t) = w_0 \left( 1 - e^{-\frac{t}{T_1} K_P K_S} \right) = f(K_P) \tag{7.49}$$

zeigt bei der vorgegebenen Reglereinstellung den in dem folgenden Bild 7.6 dargestellten Verlauf. Je größer $K_P$ gewählt wird, desto schneller erfolgt der Übergang. Der stationäre Wert wird bei $x(\infty) = w_0$ erreicht. Eine bleibende Regelabweichung tritt nicht auf.

Die Störübertragungsfunktion bleibt unter der gemachten Reglereinstellung ein System 3. Ordnung und dieses läßt sich durch die oben durchgeführte Maßnahme nicht weiter reduzieren:

$$G_z(s) = \frac{x(s)}{z(s)} = \frac{sT_n K_S}{sT_n(1 + sT_1 + s^2 T_2^2) + K_P K_S (1 + sT_n + s^2 T_n T_v)}$$

$$= \frac{sT_1 K_S}{(1 + sT_1 + s^2 T_2^2)(K_P K_S + sT_1)} \tag{7.50}$$

Da eine aperiodisch gedämpfte Regelstrecke vorausgesetzt wurde, kann das Polynom 2. Grades der Streckenübertragungsfunktion in Linearfaktoren mit reellen Nullstellen überführen werden:

$$1 + sT_1 + s^2T_2^2 = T_2^2\left(\frac{1}{T_2^2} + s\frac{T_1}{T_2^2} + s^2\right) = (1 + sT_1^*)(1 + sT_2^*) \tag{7.51}$$

Die Nullstellen ergeben sich hierbei zu:

$$s_{1/2} = -\left[\frac{T_1}{2T_2^2} \mp \sqrt{\left(\frac{T_1}{2T_2^2}\right)^2 - \frac{1}{T_2^2}}\right] = -\frac{1}{T_{1/2}^*} \quad , \quad T_2^* < T_1^* \tag{7.52}$$

Die Umrechnungsformeln zwischen den Streckenzeitkonstanten $T_1$ und $T_2$ sowie den Ersatzzeitkonstanten $T_1^*$ und $T_2^*$ folgen aus einem Koeffizientenvergleich in (7.51):

$$T_1 = T_1^* + T_2^* \text{ und}$$
$$T_2^2 = T_1^* T_2^* \tag{7.53a, b}$$

Die Störübertragungsfunktion kann jetzt unter Berücksichtigung von (7.51) neu formuliert werden:

$$G_z(s) = \frac{x(s)}{z(s)} = \frac{sT_1K_S}{(1 + sT_1^*)(1 + sT_2^*)(K_PK_S + sT_1)} \tag{7.54}$$

Alle Nullstellen des Nenners sind reell und voneinander verschieden. Die Störsprungantwort läßt sich hieraus über einen geeigneten Partialbruchansatz berechnen:

$$z(s) = \frac{z_0}{s}\frac{sT_1K_S}{(1 + sT_1^*)(1 + sT_2^*)(K_PK_S + sT_1)}$$

$$= z_0K_S\frac{1}{T_1^*T_2^*\left(\frac{1}{T_1^*} + s\right)\left(\frac{1}{T_2^*} + s\right)\left(\frac{K_PK_S}{T_1} + s\right)}$$

$$= \frac{A}{\frac{1}{T_1^*} + s} + \frac{B}{\frac{1}{T_2^*} + s} + \frac{C}{\frac{K_PK_S}{T_1} + s} \tag{7.55}$$

Mit Hilfe der Residuenrechnung werden die Konstanten $A$, $B$ und $C$ berechnet:

$$A = \lim_{s \to -\frac{1}{T_1^*}} z_0K_S\frac{1}{T_1^*T_2^*\left(\frac{1}{T_2^*} + s\right)\left(\frac{K_PK_S}{T_1} + s\right)} = z_0K_S\frac{1}{\left(T_1^* - T_2^*\right)\left(\frac{K_PK_S}{T_1} - \frac{1}{T_1^*}\right)} \tag{7.56}$$

$$B = \lim_{s \to -\frac{1}{T_2^*}} z_0K_S\frac{1}{T_1^*T_2^*\left(\frac{1}{T_1^*} + s\right)\left(\frac{K_PK_S}{T_1} + s\right)} = z_0K_S\frac{-1}{\left(T_1^* - T_2^*\right)\left(\frac{K_PK_S}{T_1} - \frac{1}{T_2^*}\right)} \tag{7.57}$$

$$C = \lim_{s \to -\frac{K_P K_S}{T_1}} z_0 K_S \frac{1}{T_1^* T_2^* \left(\frac{1}{T_1^*} + s\right)\left(\frac{1}{T_2^*} + s\right)} = z_0 K_S \frac{-1}{\left(1 - T_1^* \frac{K_P K_S}{T_1}\right)\left(1 - T_2^* \frac{K_P K_S}{T_1}\right)} \tag{7.58}$$

Setzt man die Konstanten $A$, $B$ und $C$ in den Ansatz von (7.55) ein und transformiert die Bildfunktion in den Zeitbereich zurück, erhält man als Störsprungantwort eine Funktion, die Terme besitzt, die nicht schwingungsfähig sind:

$$z(t) = \frac{z_0 K_S}{(T_1^* - T_2^*)} \left[ \frac{T_1^* e^{-\frac{t}{T_1^*}}}{\left(\frac{K_P K_S}{T_1} T_1^* - 1\right)} - \frac{T_2^* e^{-\frac{t}{T_2^*}}}{\left(\frac{K_P K_S}{T_1} T_2^* - 1\right)} + \frac{\left(T_1^* - T_2^*\right) e^{-\frac{t}{T_1} K_P K_S}}{\left(\frac{K_P K_S}{T_1} T_1^* - 1\right)\left(\frac{K_P K_S}{T_1} T_2^* - 1\right)} \right] \tag{7.59}$$

Der stationäre Wert liegt bei $z(\infty) = 0$, eine bleibende Regeldifferenz tritt nicht auf. Die Störgröße wird von dem PID-Regler vollkommen „ausgeregelt". Für einen ausgewählten Parametersatz wird die Abhängigkeit der Regelgröße von einem gewählten $K_P$-Wert in dem folgenden Bild 7.6 dargestellt:

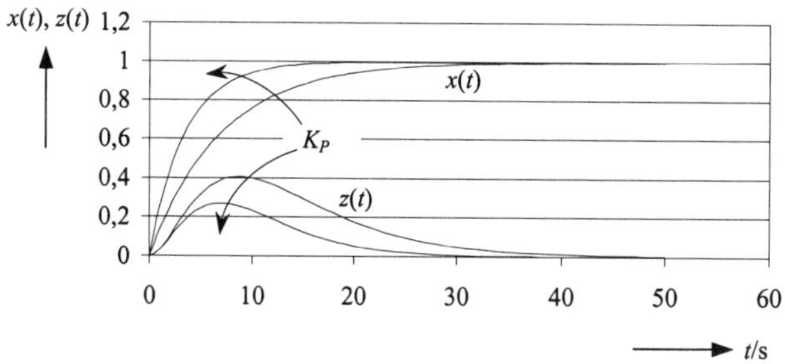


**Bild 7.6:** Führungs- und Störsprungantwort in einem Regelkreis aus PID-Regler und Strecke 2. Ordnung als Funktion der Reglerverstärkung $K_P$.

| | |
|---|---|
| Streckenzeitkonstanten | $T_1 = 7$ s, $T_2^2 = 12\ \text{s}^2$ |
| Reglereinstellungen | $T_n = T_1 = 7$ s |
| | $T_v = 12/7$ s |
| Dämpfungszahl | $D = 1{,}0103$ |
| Nullstellen | $s_{1/2} = 0{,}25\ \text{s}^{-1}$; $1/3\ \text{s}^{-1}$ |
| Ersatzzeitkonstanten | $T_{1/2}^* = 4$ s; 3 s |
| | $z_0 K_S = 1$, $K_S = 1$ |
| | $K_P = 1$, $K_P = 2$ |

Eine Vergrößerung von $K_P$ bewirkt einen „schnelleren" Übergang bei der Führungssprungantwort und eine temporäre Abweichung der Regelgröße infolge einer Störung fällt nicht so stark aus.

## 7.4 Das dynamische Verhalten eines Regelkreises

Aufgrund der Rückführungsstruktur in einem Regelkreis können Instabilitäten auftreten, z. B. Schwingungen, deren Amplituden über alle Grenzen anwachsen. Das Stabilitätsproblem ist deshalb mit dem Aufbau der Regelung als Wirkungskreis verbunden und tritt bei einer Steuerkette nicht in Erscheinung. Das Konzept einer Regelung wird deshalb mit der Forderung nach einem stabilen Verhalten verbunden. Man erwartet, daß der Regelkreis auf jedes beschränkte Eingangssignal zumindest mit einem eingegrenzt verlaufendem Ausgangssignal antwortet, bzw. in seiner Ruhelage verharrt, solange er nicht von außen angeregt wird, und in seine Ruhelage zurückkehrt, wenn alle äußeren Anregungen verschwinden.

Faßt man den Regelkreis als dynamisches System auf, dann läßt sich seine Stabilität als das Verhalten gegenüber Anfangsauslenkungen definieren. Es stellt sich die Aufgabe, den homogenen Teil der Regelkreis-Differentialgleichung auf Eigenbewegungen zu untersuchen, d. h. seine Abhängigkeit von Anfangsbedingungen festzustellen.

Allgemein bezeichnet man ein dynamisches System als *stabil*, wenn seine Gewichtsfunktion asymptotisch auf Null abklingt, wenn gilt:

$$\boxed{\lim_{t\to\infty} g(t) = 0} \tag{7.60}$$

Geht dagegen die Gewichtsfunktion betragsmäßig mit wachsendem $t$ gegen unendlich, nennt man das System *instabil.*

Nach dieser Definition bezeichnet man das dynamische Verhalten eines P-$T_1$-Gliedes als stabil, weil sich als Grenzwert Null ergibt:

$$\lim_{t\to\infty} \mathcal{L}^{-1}\left\{\frac{K_S}{1+sT_1}\right\} = \frac{K_S}{T_1}\lim_{t\to\infty} e^{-t/T_1} = 0 \tag{7.61}$$

Ein I-Glied ist dagegen ein instabiles System, weil die obige Definition (7.60) nicht erfüllt ist:

$$\lim_{t\to\infty} \mathcal{L}^{-1}\left\{\frac{K_I}{s}\right\} = K_I \lim_{t\to\infty} \sigma(t) = K_I \tag{7.62}$$

Beim Doppel-I-Glied ergibt sich sogar als Grenzwert

$$\lim_{t\to\infty} \mathcal{L}^{-1}\left\{\frac{K_I}{s^2}\right\} = K_I \lim_{t\to\infty} t \to \infty \tag{7.63}$$

Das unterschiedliche dynamische Verhalten zeigt sich auch in der Systemreaktion als Folge einer äußeren Erregung z. B. bei einer sprungförmigen Auslenkung der Eingangsgröße:

$$v_{P-T_1}(t) = \mathcal{L}^{-1}\left\{\frac{1}{s}\frac{K_S}{1+sT_1}\right\} = K_S(1-e^{-t/T_1}) \tag{7.64}$$

$$v_I(t) = \mathcal{L}^{-1}\left\{\frac{1}{s}\frac{K_I}{s}\right\} = K_I t \tag{7.65}$$

$$v_{II}(t) = \mathcal{L}^{-1}\left\{\frac{1}{s}\frac{K_I}{s^2}\right\} = K_I \frac{t^2}{2} \tag{7.66}$$

Während die Sprungantwort beim P-$T_1$-Glied einem festen Wert zustrebt, ergeben sich beim I-Glied und beim Doppel-I-Glied Funktionen, die unbegrenzt wachsen, obwohl die Erregerfunktion beschränkt ist. Beide Systeme zeigen ein instabiles Verhalten.

Da die Übertragungsfunktion eines Systems die LAPLACE-Transformierte der Gewichtsfunktion ist, läßt sich die Stabilitätsbedingung (7.60) als Forderung an die Übertragungsfunktion formulieren: Liegt diese in einer gebrochenen rationalen Form vor,

$$G(s) = \frac{Z(s)}{N(s)} = \frac{Z(s)}{a_0 + a_1 s + \ldots + a_n s^n}, \tag{7.67}$$

dann entscheidet die Lage der Pole von $G(s)$ bzw. der Nullstellen der charakteristischen Gleichung $N(s)$ über das Stabilitätsverhalten des betrachteten Systems:

- Liegen alle Pole der Übertragungsfunktion bzw. alle Nullstellen der zugehörigen charakteristischen Gleichung in der linken Hälfte der $s$-Ebene, dann bezeichnet man das System als *stabiles System.*

Demnach gilt für die Realteile der Nullstellen:

$$\mathrm{Re}\{s_i\} < 0, \ (i = 1, \ldots, n) \tag{7.68}$$

Die Güte der Stabilität ist allerdings bei dieser Aussage noch offen. Generell gilt aber, daß die Nullstellen einen „genügend großen" Abstand von der imaginären Achse der $s$-Ebene haben sollen. Diese Forderung nimmt aber einem Regelkreis die Dynamik. Liegen die Nullstellen dagegen zu nahe bei der imaginären Achse, ist die Stabilität gefährdet. Letztlich muß aber ein tragbarer Kompromiß zwischen Schnelligkeit und Stabilität gefunden werden.

In der folgenden Tabelle 7.1 sind einige typische Regelkreisglieder mit ihren Stabilitätsaussagen nach (7.60) zusammengestellt und im nachfolgenden Bild 7.7 interpretiert.

| Kenn-Nr. | Differentialgleichung | Übertragungsfunktion $G(s)$ | Gewichtsfunktion $g(t)$ | Grenzwert | Nullstellen |
|---|---|---|---|---|---|
| 1 | $T_1\dot{v} + v = u$ | $\frac{1}{1+sT_1}$ | $\frac{1}{T_1}e^{-t/T_1}$ | = 0, stabil | $s_1 = -1/T_1$ |
| 2 | $\dot{v} = K_I u$ | $\frac{K_I}{s}$ | $K_I$ | $K_I$, instabil | $s_1 = 0$ |
| 3 | $\ddot{v} = K_I u$ | $\frac{K_I}{s^2}$ | $K_I t$ | ≠ 0, instabil | $s_{1/2} = 0$ |
| 4 | $\ddot{v} - 2\alpha\dot{v} + \alpha^2 v = u$ | $\frac{1}{(s-\alpha)^2}$ | $te^{\alpha t}$ | ≠ 0, instabil | $s_{1/2} = \alpha$ |
| 5 | $\ddot{v} + \alpha^2 v = u$ | $\frac{1}{s^2+\alpha^2}$ | $\frac{1}{\alpha}\sin\alpha t$ | ≠ 0, instabil | $s_{1/2} = \pm j\alpha$ |
| 6 | $\ddot{v} + 2\delta\dot{v} + (\delta^2+\omega^2)v = \omega u$ | $\frac{\omega}{(s+\delta)^2+\omega^2}$ | $e^{-\delta t}\sin\omega t$ | = 0, stabil | $s_{1/2} = -\delta \pm j\alpha$ |
| 7 | $\ddot{v} - 2\delta\dot{v} + (\delta^2+\omega^2)v = \omega u$ | $\frac{\omega}{(s-\delta)^2+\omega^2}$ | $e^{\delta t}\sin\omega t$ | ≠ 0, instabil | $s_{1/2} = \delta \pm j\alpha$ |

**Tabelle 7.1:** Stabilitätsbetrachtungen bei Regelkreisgliedern I. und II. Ordnung

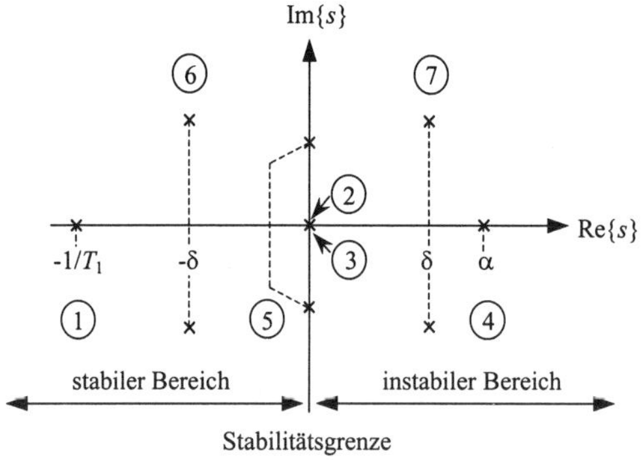


**Bild 7.7:** Lage der Nullstellen der charakteristischen Gleichung von Regelkreisgliedern I. und II. Ordnung entsprechend Tabelle 7.1

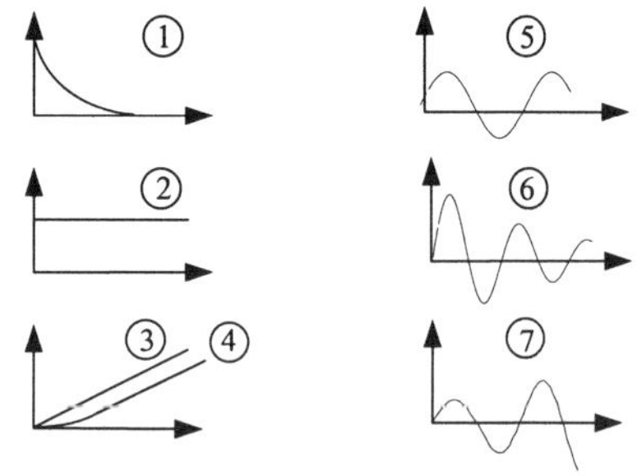


Verlauf der Gewichtsfunktion über der Zeit $t$

Bei der Stabilitätsuntersuchung von Regelkreisen muß die Lage der Pole von der Führungs- und Störübertragungsfunktion ermittelt werden, was im allgemeinen aufwendig sein dürfte, da immerhin die Nullstellen von Polynomen höheren Grades zu berechnen sind. Da aber nur stabile Regelkreise von Interesse sind, genügt es festzustellen, ob alle Nullstellen der charakteristischen Gleichung in der linken Hälfte der $s$-Ebene liegen oder nicht. Um hier auf einem bequemeren Weg zu einer Aussage zu gelangen, benutzt man speziell entwickelte Verfahren, die sogenannten *Stabilitätskriterien*, die sich teils algebraischer, teils graphischer Methoden bedienen.

### 7.4.1 Das Stabilitätskriterium nach HURWITZ

Das Kriterium nach HURWITZ zählt zu den algebraischen Verfahren und beurteilt die Stabilität, ohne den genauen Wert der Nullstellen der charakteristischen Gleichung zu ermitteln. Das Verfahren ist allerdings nur anwendbar, wenn sich das zu untersuchende System durch eine lineare Differentialgleichung beschreiben läßt. Da diese Möglichkeit bei totzeitbehafteten Regelkreisgliedern nicht besteht, lassen sich Regelkreise, die Totzeitelemente enthalten, nach dem HURWITZ-Kriterium nicht auf Stabilität untersuchen. Das HURWITZ-Kriterium besagt:

- Ein System $n$-ter Ordnung ist nur dann stabil, wenn alle Koeffizienten der charakteristischen Gleichung und die folgenden $n$ Determinanten Werte größer Null haben (7.69):

$$D_1 = a_1 > 0\,,\; D_2 = \begin{vmatrix} a_1 & a_3 \\ a_0 & a_2 \end{vmatrix} > 0\,,\; D_3 = \begin{vmatrix} a_1 & a_3 & a_5 \\ a_0 & a_2 & a_4 \\ 0 & a_1 & a_3 \end{vmatrix} > 0\,, \ldots,\; D_n = \begin{vmatrix} a_1 & a_3 & a_5 & \cdots & 0 \\ a_0 & a_2 & a_4 & \cdots & 0 \\ 0 & a_1 & a_3 & \cdots & 0 \\ \vdots & \vdots & \vdots & \cdots & \vdots \\ 0 & 0 & 0 & 0 & a_n \end{vmatrix} > 0$$

Das HURWITZ-Kriterium eignet sich nicht nur zur Überprüfung der Stabilität eines Systems, bei dem die Koeffizienten der charakteristischen Gleichung numerisch vorliegen, sondern auch zur Bereichsabschätzung frei wählbarer Regelparameter wie $K_P$, $T_n$, $T_v$ unter Stabilitätsforderungen.

Bei einem Regelkreis, bei dem das Führungs- und Störverhalten im Mittelpunkt von Stabilitätsbetrachtungen steht, bildet der Nenner von Führungs- und Störübertragungsfunktion die charakteristische Gleichung:

$$\boxed{1 + G_R(s)G_S(s) = 0} \tag{7.70}$$

**Anwendung des HURWITZ-Kriteriums**

Zunächst muß die charakteristische Gleichung (7.70) aufgestellt werden. Hierbei werden die Übertragungsfunktionen eines PI-Reglers und einer P-$T_2$-Strecke vorgesehen. Mit den beiden Funktionen

$$G_R(s) = K_P \frac{1 + sT_n}{sT_n} \quad \text{und}$$

$$G_S(s) = \frac{K_S}{1 + sT_1 + s^2 T_2^2} \tag{7.71a, b}$$

läßt sich die charakteristische Gleichung aufbauen:

$$1+G_R(s)G_S(s)=1+K_P\frac{1+sT_n}{sT_n}\frac{K_S}{1+sT_1+s^2T_2^2}=0 \tag{7.72}$$

Wird die Gleichung umgeformt und nach Potenzen von $s$ geordnet, erhält man ein Polynom 3. Grades in $s$:

$$K_PK_S+s(1+K_PK_S)T_n+s^2T_1T_n+s^3T_2^2T_n=0 \tag{7.73}$$

Die im HURWITZ-Kriterium genannten Koeffizienten ergeben sich hieraus zu:

$$\begin{aligned} a_0&=K_PK_S\\ a_1&=(1+K_PK_S)T_n\\ a_2&=T_1T_n\\ a_3&=T_2^2T_n \end{aligned} \tag{7.74a, d}$$

Die Streckenparameter $T_1, T_2^2$ und $K_S$ sowie die Reglereinstellgrößen $K_P$ und $T_n$ sind alle größer Null. Daraus folgt, daß auch die Determinante $D_1>0$ wird. Für die zweireihige Determinante, die nach dem Schema von (7.69) aufgebaut wird, erhält man die Ungleichung:

$$D_2=\begin{vmatrix} a_1 & a_3\\ a_0 & a_2\end{vmatrix}=a_1a_2-a_0a_3=T_n^2T_1(1+K_PK_S)-T_nT_2^2K_PK_S>0 \tag{7.75}$$

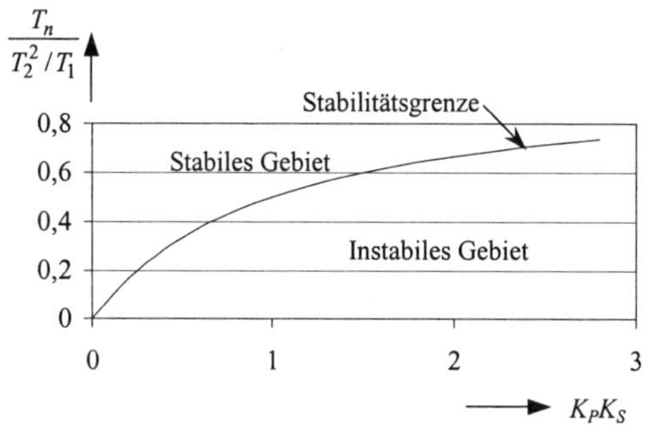


**Bild 7.8:** Stabilitätsgebiet in der $K_P$-$T_n$-Ebene für einen Regelkreis mit PI-Regler und P-$T_2$-Strecke

Aus dieser Beziehung folgt eine Bedingung zur Wahl der Reglerparametereinstellung, um ein stabiles Verhalten des Regelkreises zu gewährleisten. Es muß gelten:

$$\frac{T_n}{T_2^2/T_1}>\frac{K_PK_S}{1+K_PK_S} \tag{7.76}$$

Die graphische Auswertung von (7.76) zeigt das Bild 7.8. Um die Stabilität des Regelkreises zu sichern, muß bei einem gegebenen $K_PK_S$ der Wert des Termes $\frac{T_n}{T_2^2/T_1}$ oberhalb der Stabilitätsgrenze ausgewählt werden.

Wird $\frac{T_n}{T_2^2/T_1}=\frac{K_PK_S}{1+K_PK_S}$ gesetzt, dann befindet sich der Regelkreis an der Stabilitätsgrenze. Geringste Störungen können Dauerschwingungen auslösen. Um die Kreisfrequenz $\omega$ auszurechnen, bei der diese Schwingungen auftreten, wird die komplexe Variable $s$ in (7.73) durch $j\omega$ ersetzt:

$$K_PK_S-\omega^2T_1T_n+j\omega\left[(1+K_PK_S)T_n-\omega^2T_2^2T_n\right]=0 \tag{7.77}$$

Diese Gleichung ist nur zu erfüllen, wenn sowohl der Realteil der komplexen Funktion als auch ihr Imaginärteil durch entsprechende Wahl einer Frequenz $\omega$ Null wird:

Es wird gesetzt

$$\begin{aligned} &\mathrm{Re}\{\text{Gleichung (7.77)}\} = K_P K_S - \omega^2 T_1 T_n = 0 \text{ und} \\ &\mathrm{Im}\{\text{Gleichung (7.77)}\} = \omega\left[(1 + K_P K_S) T_n - \omega^2 T_2^2 T_n\right] = 0 \end{aligned} \qquad (7.78a, b)$$

Aus der ersten Bedingung (7.78a) folgt:

$$\omega = \sqrt{\frac{K_P K_S}{T_1 T_n}} = \sqrt{\frac{a_0}{a_2}} \qquad (7.79)$$

Die zweite Forderung (7.78b) ergibt:

$$\omega_1 = 0 \text{ und } \omega_2 = \sqrt{\frac{1 + K_P K_S}{T_2^2}} = \sqrt{\frac{a_1}{a_3}} \qquad (7.80a, b)$$

Bei $\omega_1 = 0$ ist der Realteil ungleich Null. Die Gleichung (7.77) ist nur für

$$\omega_2 = \sqrt{\frac{K_P K_S}{T_1 T_n}} = \sqrt{\frac{1 + K_P K_S}{T_2^2}} \qquad (7.81)$$

erfüllbar, d. h. der Regelkreis müßte durch die Reglereinstellung $\frac{T_n}{T_2^2 / T_1} = \frac{K_P K_S}{1 + K_P K_S}$ an den Stabilitätsrand „herangeführt" werden. Hier führt er nach entsprechender Erregung bei der Frequenz $\omega_2$ Dauerschwingungen aus.

Untersucht man das Führungsverhalten in einem Regelkreis aus PI-Regler und I-$T_1$-Strecke, dann treten in der Führungsübertragungsfunktion

$$G_w(s) = \frac{K_P K_I (1 + sT_n)}{s^2 T_n (1 + sT_1) + K_P K_I (1 + sT_n)} \qquad (7.82)$$

Faktoren auf, die sich unter der Bedingung $T_n = T_1$ kürzen lassen. Eine solche Maßnahme würde die Ordnung des Systems reduzieren. Es bliebe ein System zweiter Ordnung, also ein schwingungsfähiges System. Da keine Dämpfung vorhanden wäre, könnte das System bei der Frequenz $\omega = \sqrt{K_P K_I / T_1}$ Dauerschwingungen ausführen.

Betrachtet man aber den Regelkreis unter den Stabilitätsbedingungen nach HURWITZ, dann folgt aus der charakteristischen Gleichung

$$1 + G_R(s) G_S(s) = 1 + K_P \frac{1 + sT_n}{sT_n} \frac{K_I}{s(1 + sT_1)} = 0 \qquad (7.83)$$

nach Umstellung ein Polynom dritter Ordnung:

$$K_P K_I + sK_P K_I T_n + s^2 T_n + s^3 T_n T_1 = a_0 + a_1 s + a_2 s^2 + a_3 s^3 = 0 \qquad (7.84)$$

Aus der zweireihigen HURWITZ-Determinante

$$a_1 a_2 - a_0 a_3 = K_P K_I T_n^2 - K_P K_I T_n T_1 > 0 \tag{7.85}$$

folgt die Bedingung für einen stabilen Regelkreis:

$$T_n > T_1 \tag{7.86}$$

### 7.4.2 Das Stabilitätskriterium nach NYQUIST

Das NYQUIST-Kriterium beurteilt die Stabilität eines geschlossenen Regelkreises aus dem Verlauf des Frequenzganges des offenen Regelkreises, wobei auch ein experimentell aufgenommener Kurvenzug ausgewertet werden kann. Das Kriterium kann sowohl für die Ortskurven-Darstellung des Frequenzganges als auch für die Frequenzkennlinien-Darstellung formuliert werden. Im Gegensatz zum HURWITZ-Kriterium lassen sich mit dem NYQUIST-Kriterium auch Totzeit behaftete Regelkreise untersuchen.

#### 7.4.2.1 Das vereinfachte Stabilitätskriterium nach NYQUIST

Die Stabilität eines Regelkreises hängt nicht von dessen Eingangsgrößen, sondern von seiner Struktur ab. Unter dieser Voraussetzung läßt sich eine Bedingung finden, unter welcher der Kreis Dauerschwingungen bei der Kreisfrequenz $\omega_k$ ausführt. Man geht von einem aufgeschnittenen Regelkreis entsprechend Bild 7.9 aus.

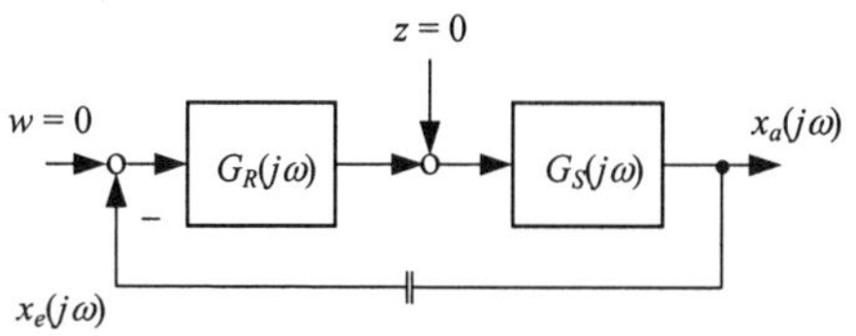


**Bild 7.9:** Regelkreis mit aufgeschnittener Rückführung

Zwischen dem harmonisch angenommenen Eingangssignal $x_e(j\omega)$ und dem Ausgangssignal $x_a(j\omega)$ besteht wegen der Vorzeichenumkehr am Differenzpunkt die Beziehung:

$$x_a(j\omega) = -x_e(j\omega) G_R(j\omega) G_S(j\omega) \tag{7.87}$$

Hieraus läßt sich der Frequenzgang des aufgeschnittenen Kreises ableiten:

$$G_0(j\omega) = G_R(j\omega) G_S(j\omega) = -\frac{x_a(j\omega)}{x_e(j\omega)} \tag{7.88}$$

Ist die Beziehung

$$G_0(j\omega) = G_R(j\omega) G_S(j\omega) = -1 = -\frac{x_a(j\omega)}{x_e(j\omega)} \tag{7.89}$$

erfüllt, wird der geschlossene Regelkreis eine mit der Kreisfrequenz $\omega_k$ ungedämpft verlaufende Schwingung ausführen, die beispielsweise durch ein in den Regelkreis eingekoppeltes Signal angeregt werden kann. In dieser Situation befindet sich der Regelkreis an der Stabilitätsgrenze.

Die Analyse der Dauerschwingung zeigt, daß sich zunächst wegen der Vorzeichenumkehr eine Phasenverschiebung von –180° zwischen den beiden sinusförmig verlaufenden Schwingungen einstellt. Da aber erst bei einer Phasenverschiebung von –360° eine Dauerschwingung eintritt, müssen die noch fehlenden –180° Phasenverschiebung beim Durchlaufen der Schwingung durch die Übertragungskette mit Frequenzgang $G_0(j\omega) = G_R(j\omega)G_S(j\omega)$ hinzugefügt werden. Auch die Verstärkung von $G_0(j\omega)$ muß bei der sich einstellenden Frequenz $\omega_k$ genau bei 1 liegen. Also gilt an dieser Stelle $|G_0(j\omega_k)| = V_0(\omega_k) = 1$. Die Amplituden von $x_e(j\omega_k)$ und $x_a(j\omega_k)$ sind hier genau gleich groß. Man nennt $V_0$ *Kreisverstärkung*.

Aufgrund dieser Umstände lassen sich für den aufgeschnittenen Regelkreis folgende Bedingungen ableiten:

$$|G_0(j\omega_k)| = -1 \text{ und } \angle G_0(j\omega_k) = -180° \tag{7.90}$$

Trägt man die Ortskurve des aufgeschnittenen Regelkreises $G_0(j\omega)$ in die komplexe Ebene ein, ist die Stabilitätsgrenze erreicht, wenn die Ortskurve von $G_0(j\omega)$ durch den Punkt $G_0(j\omega)$ = -1 verläuft. Er spielt damit für die Stabilitätsbeurteilung eines Regelkreises eine entscheidende Rolle. Man bezeichnet ihn deshalb als *kritischen Punkt.*

Auf diesen Überlegungen beruht das vereinfachte NYQUIST-Kriterium. Es ist allerdings nur anwendbar, wenn die charakteristische Gleichung des offenen Regelkreises $G_0(s)$ Nullstellen mit negativem Realteil und bis zu maximal zwei Nullstellen mit Realteil Null besitzen. Formuliert für die *Ortskurvendarstellung* lautet das

**Vereinfachte NYQUIST-Kriterium**

- Ein geschlossener Regelkreis ist stabil, wenn beim Durchlaufen der Ortskurve $G_0(j\omega)$ des offenen Regelkreises in Richtung steigender $\omega$-Werte der kritische Punkt (-1; 0) im Gebiet links von der Ortskurve liegt.

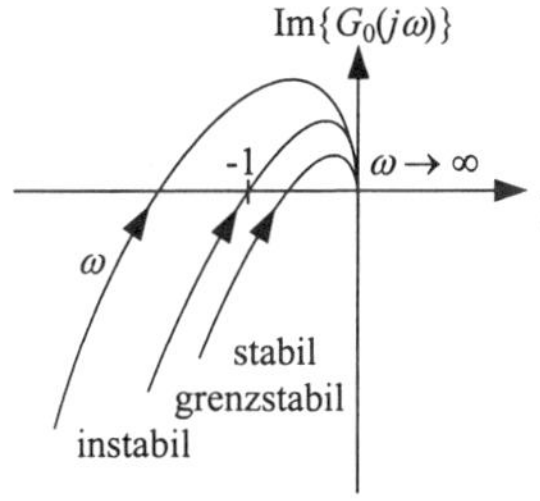


**Bild 7.10:** Stabilitätsbetrachtungen an Hand des Ortskurvenverlaufes eines aufgeschnittenen Regelkreises

Aus dem Ortskurvenverlauf läßt sich nicht nur auf die Stabilität des geschlossenen Regelkreises schließen, auch Aussagen zum Dämpfungsverhalten des Systems sind näherungsweise möglich. Je weiter die Ortskurve vom kritischen Punkt entfernt verläuft, je höher ist im Stabilitätsfalle die *Stabilitätsreserve.*

Als Maß für die Stabilität eines geschlossenen Regelkreises dienen die Begriffe *Amplitudenreserve* und *Phasenreserve* (Bild 7.11).

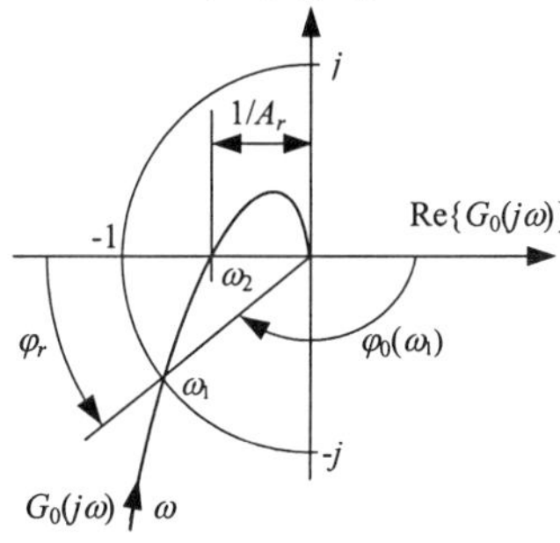


**Bild 7.11:** Zur Definition von Amplituden- und Phasenreserve

Den Abstand vom Ursprung bis zum Schnittpunkt der Ortskurve $G_0(j\omega)$ mit der negativ reellen Achse bezeichnet man mit $1/A_r$ und $A_r$ mit Amplitudenreserve. Die Frequenz $\omega_2$, bei der die Ortskurve die negativ reelle Achse schneidet, heißt *Phasendurchtrittsfrequenz.* Den Winkel zwischen der negativ reellen Achse bis zum Schnittpunkt der Ortskurve mit dem Einheitskreis um den Ursprung bezeichnet man mit *Phasenreserve* $\varphi_r$. Die Frequenz $\omega_1$, bei der die Ortskurve den Einheitskreis schneidet, heißt *Amplitudendurchtrittsfrequenz*.

Für die Amplitudenreserve gilt:

$$A_r = \frac{1}{|G_0(j\omega_2)|} \text{ und } \angle G_0(j\omega_2) = -180° \tag{7.91}$$

Stellt man diese Gleichung um, $A_r|G_0(j\omega_2)| = 1$, dann läßt sie sich so interpretieren: Die Amplitudenreserve ist der Faktor, um den man die Verstärkung des geschlossenen Regelkreises vergrößern kann, bis die Stabilitätsgrenze erreicht ist.

Ebenso läßt sich für die Phasenreserve definieren:

$$\varphi_r = 180° + \varphi_0(\omega_1) \text{ und } |G_0(j\omega_1)| = 1 \tag{7.92}$$

Die Phasenreseve ist so festgelegt, daß sie bei stabilen Systemen positive Werte annimmt. In Anlehnung an die Interpretation der Amplitudenreserve könnte man die Phasenreserve auch so beschreiben: Sie ist der Winkel, um den ein zusätzlich in den Regelkreis eingebautes Totzeitglied die Ortskurve an der Stelle $|G_0(j\omega_1)| = 1$ bis zur Stabilitätsgrenze weiterdrehen darf. Bekanntlich beeinflussen in Serie liegende Totzeitglieder nur die Phasenlage eines Systems, dagegen nicht den Betrag von $G_0(j\omega)$.

Aus dem Bild 7.11 einer Ortskurve erkennt man, je größer die Amplituden- und Phasenreserve ist, desto weiter entfernt vom kritischen Punkt verläuft die Ortskurve, um so stabiler ist der geschlossenen Regelkreis.

Für Werte $A_r > 1$ ist der Regelkreis stabil. Ausreichende Stabilität ist aber erfahrungsgemäß erst ab $A_r > 2$ gegeben. Wird ein Regelkreis vorwiegend auf ein günstiges Störverhalten ausgelegt, sollte $\varphi_r > 30°$ sein, steht aber das Führungsverhalten im Vordergrund, müßte sogar $\varphi_r > 50°$ gewählt werden.

**Anwendung des vereinfachten NYQUIST-Kriteriums in der Ortskurvendarstellung**

Eine I-$T_2$-Strecke mit gegebenen Parameterwerten wird mit einem P-Regler geregelt. Es wird untersucht, welchen Einfluß die Reglerverstärkung $K_P$ auf die Stabilität des Regelkreises hat.

Zunächst wird die Übertragungsfunktion des aufgeschnittenen Kreises aufgestellt:

$$G_0(s) = G_R(s)G_S(s) = K_P \frac{1}{s(3 + 2s + s^2)} \tag{7.93}$$

Die charakteristische Gleichung hat mit $s_1 = 0$ und $s_{2/3} = -1 \pm j\sqrt{2}$ zwei Nullstellen mit negativem Realteil sowie eine Nullstelle auf der imaginären Achse. Damit ist die Anwendung des vereinfachten NYQUIST-Kriteriums zulässig.

Der Frequenzgang, aufgetrennt in Real- und Imaginärteil, der Betrag und der Winkel des Frequenzganges werden berechnet und zusammengestellt:

$$G_0(j\omega) = -K_P \frac{2\omega^2 + j\omega(3 - \omega^2)}{4\omega^4 + \omega^2(3 - \omega^2)^2} \tag{7.94}$$

$$\operatorname{Re}\{G_0(j\omega)\} = -K_P \frac{2\omega^2}{4\omega^4 + \omega^2(3-\omega^2)^2} \tag{7.95}$$

$$\operatorname{Im}\{G_0(j\omega)\} = -K_P \frac{\omega(3-\omega^2)}{4\omega^4 + \omega^2(3-\omega^2)^2} \tag{7.96}$$

$$|G_0(j\omega)| = K_P \frac{1}{\sqrt{4\omega^4 + \omega^2(3-\omega^2)^2}} \tag{7.97}$$

$$\angle G_0(j\omega) = -180° + \arctan\frac{3-\omega^2}{2\omega} \tag{7.98}$$

Skizziert man den Frequenzgang nach (7.94) für die drei Parameterwerte $K_P$ =3, 6 und 9, dann ergeben sich die Kurvenzüge in Bild 7.12.

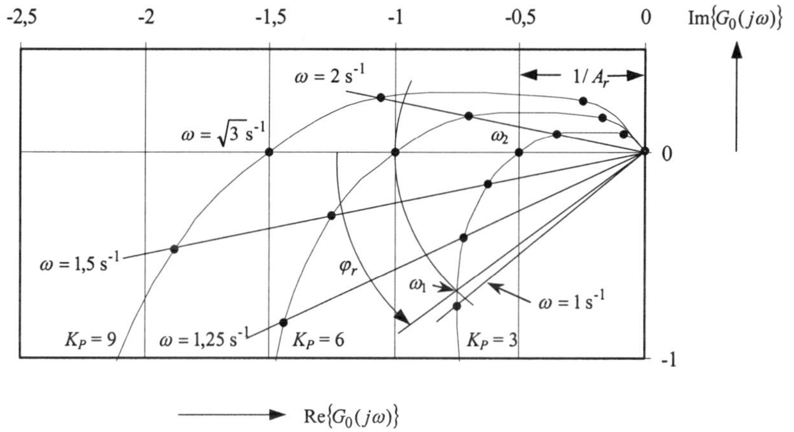


**Bild 7.12:** Stabilitätsbetrachtungen an Hand des NYQUIST-Kriteriums bei einem Regelkreis mit P-Regler und I-$T_2$-Strecke

Näherungsweise lassen sich aus dem Bild 7.12 für die Amplitudenreserve $A_r \approx 2$ und für die Phasenreserve $\varphi_r \approx 40°$ entnehmen. Die Phasendurchtrittsfrequenz liegt bei $\omega_2 = \sqrt{3}\ \mathrm{s}^{-1}$, die Amplitudendurchtrittsfrequenz bei $\omega_1 \approx 1{,}1\ \mathrm{s}^{-1}$. Damit ist der Regelkreis mit der Einstellung $K_P = 3$ stabil.

Eine Überprüfung der aus dem Bild 7.12 entnommenen Werte läßt sich direkt durch Anwenden der Definitionsgleichungen (7.91) und (7.92) durchführen. Die Phasendurchtrittsfrequenz $\omega_2$ ergibt sich aus dem Schnittpunkt der Ortskurve mit der negativ reellen Achse. Hier ist der $\operatorname{Im}\{G_0(j\omega)\} = 0$. Aus dieser Bedingung folgt $\omega_2 = \sqrt{3}\ \mathrm{s}^{-1}$. Die zweite sich formal einstellende Lösung $\omega_3 = 0$ wird in diesem Zusammenhang nicht benötigt. Die Amplitudenreserve läßt sich aus der Gleichung (7.91) berechnen. Sie erreicht bei $\omega = \omega_2$ den Wert $A_r = 1/|G_0(j\omega_2)| = 6/K_P = 2$. Die Phasenreserve muß dagegen in zwei Schritten ermittelt werden. Aus der Bedingung $|G_0(j\omega)| = 1$ folgt zunächst eine Gleichung 6. Grades in $\omega$, die nur eine reelle Lösung bei $\omega_1 \cong 1{,}14\ \mathrm{s}^{-1}$ besitzt. Mit diesem Ergebnis läßt sich die Phasenreserve bestimmen. Nach (7.92) beträgt $\varphi_r = 180° + \angle G_0(j\omega_1) \approx 41°$.

Wird $K_P = 6$ gewählt, dann befindet sich der Regelkreis an der Stabilitätsgrenze. Die Phasenreserve ist hier Null, Amplituden- und Phasendurchtrittsfrequenz fallen zusammen. Eine ausreichende Stabilität des geschlossenen Regelkreises erhält man nur, wenn $K_P < 3$ ist, weil hier $A_r > 2$ und $\varphi_r > 41°$ werden. Erhöht man $K_P$ auf 9, kommt der kritische Punkt (-1; 0) rechts von der Ortskurve $G_0(j\omega)$ zu liegen, der Kreis wird instabil, die Amplitudenreserve erreicht mit $A_r = 2/3$ nur einen Wert kleiner als Eins, die Phasenreserve kehrt sich um und wird mit $\varphi_R \approx -17°$ negativ. Die Amplitudendurchtrittsfrequenz steigt an dieser Stelle auf $\omega_1 = 2{,}07\ s^{-1}$, der geschlossenen Regelkreis ist instabil.

**Das vereinfachte NYQUIST-Kriterium im BODE-Diagramm**

Die beiden Bedingungen (7.91) und (7.92) für die Amplituden- und Phasenreserve müssen in das BODE-Diagramm übertragen werden. Zunächst betrachtet man einen als stabil angenommenen Regelkreis und untersucht die Frequenzkennlinien des offenen Kreises $G_0(j\omega)$ Bild (7.13).

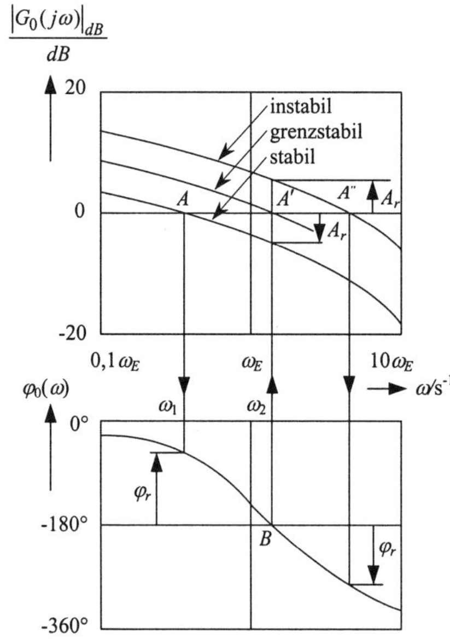


**Bild 7.13:** Vereinfachtes NYQUIST-Kriterium im BODE-Diagramm

Die Amplitudenkennlinie schneidet die 0 dB-Linie bei der Amplitudendurchtrittsfrequenz $\omega_1$ (Punkt A), die Phasenkennlinie die $-180°$-Linie bei der Phasendurchtrittsfrequenz $\omega_2$ (Punkt B).

Projiziert man den Schnittpunkt B der Phasenkennlinie mit der $-180°$-Linie nach oben in die Betragskennlinie, dann läßt sich die Amplitudenreserve $A_r$ als Abstand des Amplitudenwertes $|G_0(j\omega_2)|_{dB}$ zur 0 dB-Linie ablesen. Wird umgekehrt der Nulldurchgang der Betragskennlinie (Punkt A) nach unten in die Phasenkennlinie übertragen, ist die Phasenreserve $\varphi_r$ die Differenz zwischen dem Phasenkennlinienwert $\varphi_0(\omega_1)$ und der $-180°$-Linie.

Beim Anheben der Betragskennlinie wandert der Punkt A nach rechts in Richtung steigender $\omega$-Werte. Amplituden- und Phasenreserve verringern sich. Liegt der neue Schnittpunkt der Amplitudenkennlinie bei der Frequenz $\omega_2$ (Punkt A'), ist die Amplitudenreserve auf 0 dB oder $A_r = 1$ abgesunken, die Phasenreserve ist zu Null geworden. Amplituden- und Phasendurchtrittsfrequenz fallen hier zusammen. Der geschlossene Kreis ist instabil und führt nach entsprechender Erregung bei der Frequenz $\omega_1 = \omega_2 = \omega_k$ Dauerschwingungen aus.

Eine weitere Anhebung der Amplitudenkennlinie läßt den Nulldurchgang weiter nach rechts beispielsweise bis zum Punkt $A''$ wandern, die Amplitudenreserve wird kleiner als Eins, das Vorzeichen der Phasenreserve kehrt sich um und $\varphi_r$ wird negativ. Das System ist instabil.

**Anwendung des vereinfachten NYQUIST-Kriteriums im BODE-Diagramm**

Ein Regelkreis, bestehend aus einem P-Regler und einer I-$T_2$-Strecke, ist in Abhängigkeit der Reglerverstärkung $K_P$ auf Stabilität zu untersuchen. Folgende Übertragungsfunktionen liegen vor:

$$G_R(s) = K_P \text{ und } G_S(s) = K_S \frac{1}{s(s+2)^2} \qquad (7.99a, b)$$

Zuerst wird die Übertragungsfunktion des aufgeschnittenen Regelkreises gebildet:

$$G_0(s) = K_P K_S \frac{1}{s(2+s)^2} \tag{7.100}$$

Eine Untersuchung der charakteristischen Gleichung auf Nullstellen ergibt, daß das vereinfachte NYQUIST-Kriterium angewendet werden darf, denn $s_1 = 0$ liegt im Ursprung und $s_{2/3} = -2$ in der linken Hälfte der $s$-Ebene.

Anschließend muß das BODE-Diagramm erstellt werden. Aus dem Frequenzgang

$$G_0(j\omega) = K_P \frac{1}{j\omega}\left(\frac{0{,}5}{1 + j0{,}5\omega}\right)^2 \tag{7.101}$$

werden die Frequenzkennlinien berechnet:

$$|G_0(j\omega)|_{dB} = |K_P|_{dB} - |\omega|_{dB} + 2|0{,}5|_{dB} - 2|1 + j0{,}5\omega|_{dB} \quad \text{und}$$

$$\angle G_0(j\omega) = \varphi_0(\omega) == -90° - 2\arctan(0{,}5\omega) \tag{7.102a, b}$$

Die Frequenzkennlinien lassen sich analytisch aber auch graphisch durch Addition der Einzelkennlinien zusammensetzen, denn wegen des logarithmischen Maßstabes im BODE-Diagramm wird letztlich das Produkt dieser Komponenten gebildet.

Im BODE-Diagramm (Bild 7.14) sind für drei Reglereinstellungen $K_P = 5$, 16 und 50 die Amplituden- und Phasenkennlinien eingezeichnet.

Die Auswertung der Amplitudenkennlinie mit $K_P = 5$ zeigt einen Nulldurchgang bei der Amplitudendurchtrittsfrequenz $\omega_1 = 1\,\text{s}^{-1}$. Untersucht man bei dieser Frequenz die Phasenkennlinie, besteht hier eine Phasenreserve von $\varphi_r = 35°$. Der Nulldurchgang der Phasenkennlinie erfolgt bei der Phasendurchtrittsfrequenz $\omega_2 = 1\,\text{s}^{-1}$. Die Amplitudenkennlinie hat bei dieser Frequenz eine Amplitudenreserve von

$$|A_r|_{dB} = 0\,\text{dB} - (-10)\,\text{dB} = 10\,\text{dB} \tag{7.103}$$

Wegen $|A_r|_{dB} = 20\log A_r = 10\,\text{dB}$ läßt sich hieraus $A_r = 3{,}16$ berechnen. Demnach ist bei der Einstellung des Reglers mit $K_P = 5$ der Regelkreis stabil.

Erhöht man die Reglerverstärkung auf $K_P = 16$, steigt die Amplitudendurchtrittsfrequenz auf $\omega_1 = 2\,\text{s}^{-1}$ und die Phasenreserve sinkt auf den Wert Null. Die Amplitudenreserve beträgt an dieser Stelle $|A_r|_{dB} = 0\,\text{dB}$ oder $A_r = 1$. Der Regelkreis befindet sich am Stabilitätsrand und kann bei der Frequenz $\omega_1 = \omega_2 = \omega_k = 2\,\text{s}^{-1}$ Dauerschwingungen ausführen.

Eine weitere Vergrößerung der Reglerverstärkung über den Wert $K_P = 16$ hinaus, bringt Stabilitätsprobleme. Bei $K_P = 50$ liegt die Amplitudendurchtrittsfrequenz bei $\omega_1 \approx 3{,}3\,\text{s}^{-1}$ und die Phasenreserve wird mit $\varphi_r \approx -30°$ negativ.

Für die Amplitudenreserve läßt sich an dieser Stelle

$$|A_r|_{dB} = 0\,\text{dB} - 10\,\text{dB} = -10\,\text{dB} \tag{7.104}$$

ablesen, was $A_r = 0{,}31$ entspricht.

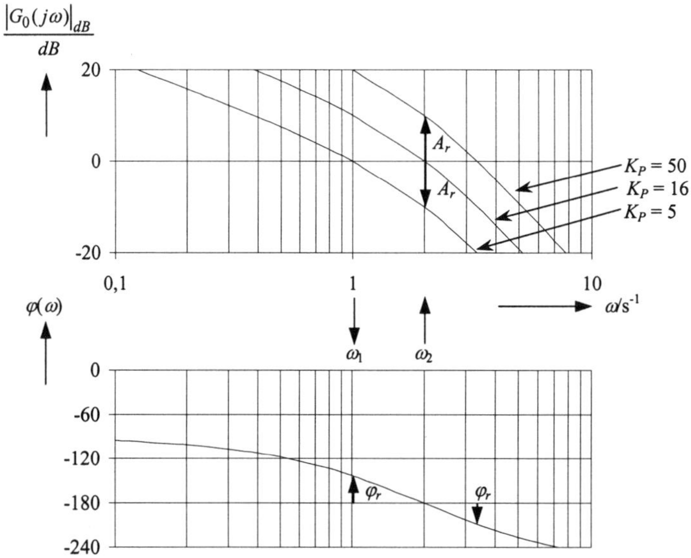


**Bild 7.14:** Stabilitätsuntersuchung mittels vereinfachtem NYQUIST-Kriterium

### 7.4.2.2 Das allgemeine Stabilitätskriterium nach NYQUIST

Wenn die Voraussetzungen des vereinfachten NYQUIST-Kriteriums bei einem Regelkreis nicht erfüllt sind, muß auf die verallgemeinerte Form des Kriteriums zurückgegriffen werden. Es benötigt für eine Stabilitätsaussage die Anzahl $n_p$ der Nullstellen mit positivem Realteil sowie die Anzahl $n_0$ der Nullstellen mit verschwindendem Realteil der charakteristischen Gleichung.

Das vollständige NYQUIST-Kriterium wertet die stetige Winkeländerung $\Delta\Phi$ aus, die der Fahrstrahl vom Punkt (-1; 0) zum laufenden Punkt der Ortskurve des offenen Kreises $G_0(j\omega)$ im Bereich $0 \le \omega < \infty$ beschreibt. Das allgemeine Stabilitätskriterium nach NYQUIST lautet dann:

- Besitzt die charakteristische Gleichung des offenen Kreises $G_0(s)$ $n_p$ Nullstellen mit positivem Realteil und $n_0$ Nullstellen mit verschwindendem Realteil, dann ist der geschlossene Kreis genau dann stabil, wenn der vom kritischen Punkt (-1; 0) an die Ortskurve $G_0(j\omega)$ gezogenen Fahrstrahl beim Durchlaufen der Ortskurve im Bereich $0 \le \omega < \infty$ eine Winkeländerung von

  $$\Delta\Phi = (2n_p + n_0)\frac{\pi}{2} \tag{7.105}$$

  beschreibt.

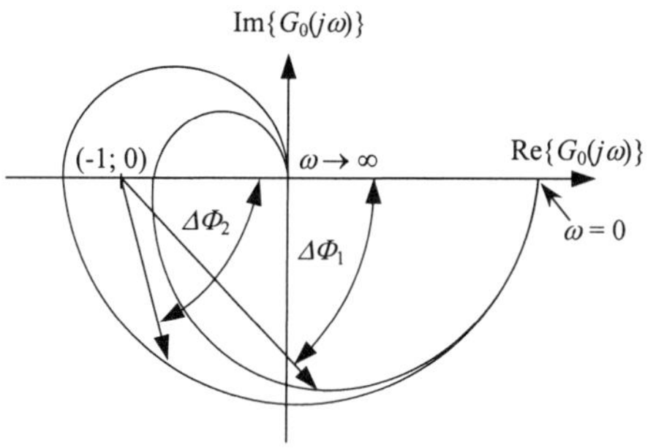


**Bild 7.15:** Ortskurven mit Winkeländerung $\Delta\Phi_1 = 0$ und $\Delta\Phi_2 = 2\pi$ für $0 \leq \omega < \infty$

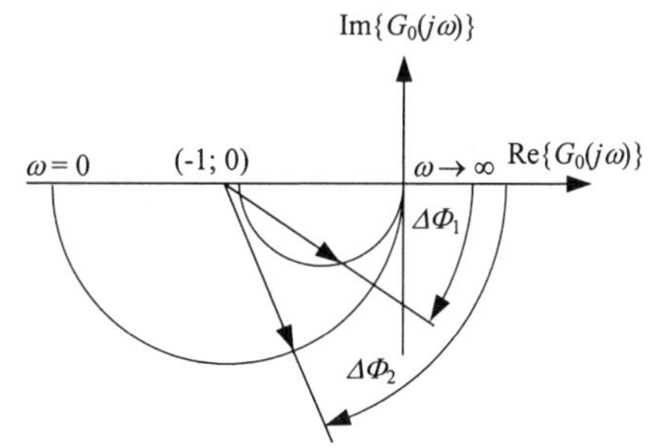


**Bild 7.16:** Ortskurvenverlauf von $G_0(j\omega)$ eines Systems mit $n_p = 1$ und $n_0 = 0$

## Anwendung des verallgemeinerten NYQUIST-Kriteriums

Eine instabile Regelstrecke mit Übertragungsfunktion

$$G_S(s) = \frac{K_S}{sT_1 - 1} \tag{7.106}$$

soll mit einem P-Regler geregelt werden. Es ist das Stabilitätsverhalten in Abhängigkeit der Reglerverstärkung $K_P$ zu untersuchen.

Die Übertragungsfunktion des aufgeschnittenen Regelkreises lautet:

$$G_0(s) = K_P \frac{K_S}{sT_1 - 1} \tag{7.107}$$

Die charakteristische Gleichung $\varphi(s) = sT_1 - 1 = 0$ hat mit $s_1 = 1/T_1$ eine Nullstelle mit positivem Realteil, also gilt $n_p = 1$. Weitere Nullstellen liegen nicht vor, damit ist auch $n_0 = 0$. Das vereinfachte NYQUIST-Kriterium läßt sich wegen der dort gemachten Einschränkungen nicht anwenden. Der Regelkreis ist nach dem allgemeinen NYQUIST-Kriterium stabil, wenn die Winkeländerung des Fahrstrahls

$$\Delta\Phi = (2n_p + n_0)\frac{\pi}{2} = \pi \tag{7.108}$$

beträgt. Die Untersuchung der Ortskurve

$$G_0(j\omega) = -K_P K_S \frac{1 + j\omega T_1}{1 + (\omega T_1)^2} \tag{7.109}$$

zeigt aber, daß die Winkeländerung im Bereich $0 \leq \omega < \infty$ des Zeigers $1+G_0(j\omega)$ von $K_P$ abhängig ist (Bild 7.16). Für Werte $K_P < 1/K_S$ ist die Winkeländerung $\Delta\Phi_1 = 0$ (innere Ortskurve). Bei $K_P > 1/K_S$ wird dagegen $\Delta\Phi_2 = \pi$ (äußere Ortskurve). Nur für diesen Fall stimmt die Winkeländerung mit dem berechneten Wert (7.108) überein, der geschlossene Regelkreis ist also stabil.

## 7.5 Beispiele

**7.1** Gegeben ist eine I-Strecke mit Verzögerung 1. Ordnung, die mit einem P-Regler geregelt werden soll.

a) Wie müßte $K_P$ gewählt werden, wenn die Führungsübertragungsfunktion mit der Dämpfungszahl $D = 1/\sqrt{2}$ gedämpft verlaufen soll?

Die Führungsübertragungsfunktion lautet mit $G_R(s) = K_P$ und $G_S(s) = \dfrac{0{,}5}{s(1+0{,}1s)}$

$$G_w(s) = \frac{0{,}5K_P}{0{,}5K_P + s + 0{,}1s^2} = \frac{0{,}5K_P}{0{,}1(5K_P + 10s + s^2)}$$

Hieraus läßt sich $\omega_0^2 = 5K_P$ und $2\delta = 10$ ablesen und die Reglereinstellung $K_P$ berechnen:

$$D = \frac{\delta}{\omega_0} = \frac{5}{\sqrt{5K_P}} = \frac{1}{\sqrt{2}} \Rightarrow K_P = 10$$

b) Wie lautet der stationäre Wert unter der gewählten Einstellung?

Aus $G_w(s) = \dfrac{x(s)}{w(s)}$ folgt mit $w(s) = \dfrac{w_0}{s}$ nach dem Grenzwertsatz:

$$x(\infty) = \lim_{s\to 0} s\frac{w_0}{s}\frac{0{,}5K_P}{0{,}5K_P + s + 0{,}1s^2} = w_0 \neq f(K_P)$$

c) Welchen stationären Wert nimmt die Regelgröße nach einem Störsprung an?

Aus der Störsprungantwort folgt mit $z = z_0 / s$:

$$x(\infty) = \lim_{s\to 0} s\frac{z_0}{s}\frac{0{,}5}{0{,}5K_P + s + 0{,}1s^2} = \frac{z_0}{K_P} = f(K_P)$$

d) Berechne und skizziere die Führungssprungantwort

Mit der Reglereinstellung $K_P$ = 10 folgt aus der Führungsübertragungsfunktion nach einer Partialbruchzerlegung:

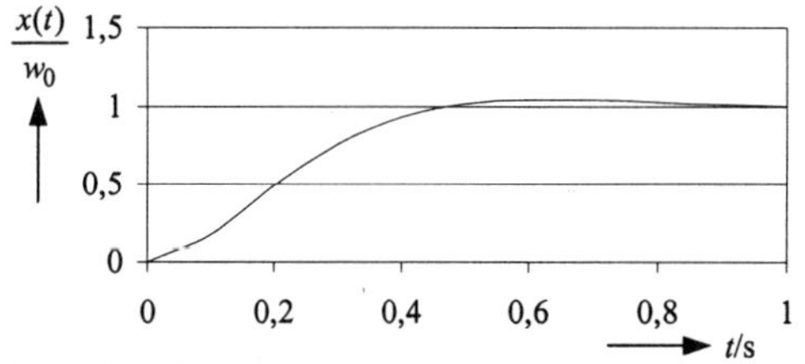


**Bild 7.17:** Führungsprungantwort

$$\frac{x(s)}{5w_0} = \frac{1}{s}\frac{1}{5+s+s^2} = \frac{1}{5}\left[\frac{1}{s} - 10\frac{1+0{,}1s}{s^2+10s+50}\right]$$

Mit den beiden Transformationen (3.26) und (3.27) ergibt sich für die Sprungantwort:

$$\frac{x(t)}{w_0} = \left[1 - e^{-5t}\{\cos 5t + \sin 5t\}\right]$$

**7.2** Es ist die Stabilität eines Regelkreises aus P-Regler und P-$T_3$-Strecke zu untersuchen. Die Übertragungsfunktionen sind:

$$G_R(s) = K_P \text{ und } G_S(s) = \frac{1}{1+2s+6s^2+s^3}$$

a) Ist der Regelkreis nach HURWITZ stabil, wenn $K_P = 21$ beträgt?

Zunächst wird die charakteristische Gleichung nach (7.70) aufgestellt:

$$1+G_R(s)G_S(s) = 1 + K_P + 2s + 6s^2 + s^3 = 0$$

Nach dem HURWITZ-Kriterium (7.69) muß gelten: $a_0 = 1+ K_P > 0$. Mit $K_P > 0$ ist diese Forderung erfüllt. Die zweireihige Determinante $D_2 = a_1a_2 - a_0a_3 = -10$ ist allerdings negativ. Daraus folgt, das System ist nicht stabil.

b) Wie müßte der Bereich von $K_P$ gewählt werden, damit der Kreis stabil wird?

Aus der Bedingung $D_2 > 0$ folgt: $K_P < 11$. Deshalb gilt: $0 < K_P < 11$

**7.3** Gegeben ist ein P-Regler mit Verzögerung 1. Ordnung und eine P-$T_2$-Strecke mit den Übertragungsfunktionen:

$$G_R(s) = K_P \frac{1}{1+s} \text{ und } G_S(s) = \frac{1}{1+3s+5s^2}$$

a) Ist der Regelkreis nach NYQUIST stabil, wenn $K_P = 6$ beträgt?

Die Übertragungsfunktion des aufgeschnittenen Regelkreises lautet:

$$G_0(j\omega) = K_P \frac{1}{1+4s+8s^2+5s^3}$$

Untersucht man die Nullstellen der charakteristischen Gleichung, so befindet sich mit $s_1 = 0$ eine Nullstelle auf der imaginären Achse, die beiden anderen liegen mit $s_{2/3} = -0{,}3 \pm 0{,}1j\sqrt{11}$ in der linken Hälfte der $s$-Ebene. Im nächsten Schritt wird der Frequenzgang $G_0(j\omega)$ gebildet und Realteil sowie Imaginärteil getrennt dargestellt:

$$\mathrm{Re}\{G_0(j\omega)\} = K_P \frac{1-8\omega^2}{(1-8\omega^2)^2 + \omega^2(4-5\omega^2)^2}$$

$$\mathrm{Im}\{G_0(j\omega)\} = -K_P \frac{\omega(4-5\omega^2)}{(1-8\omega^2)^2 + \omega^2(4-5\omega^2)^2}$$

| $\omega$ | $\mathrm{Re}\{G_0(j\omega)\}$ | $\mathrm{Im}\{G_0(j\omega)\}$ |
|---|---|---|
| 0 | $K_P = 6$ | 0 |
| $1/2\sqrt{2}$ | 0 | $-K_P\frac{16\sqrt{2}}{27}$ |
| $2/\sqrt{5}$ | $-K_P\frac{5}{27}$ | 0 |
| $\infty$ | 0 | 0 |

**Tabelle 7.2:** Zur Konstruktion der Ortskurve

Für den gegebenen Wert von $K_P = 6$ ist entsprechend der Tabelle $-5K_P/27 = -10/9 < -1$. Der Regelkreis ist instabil!

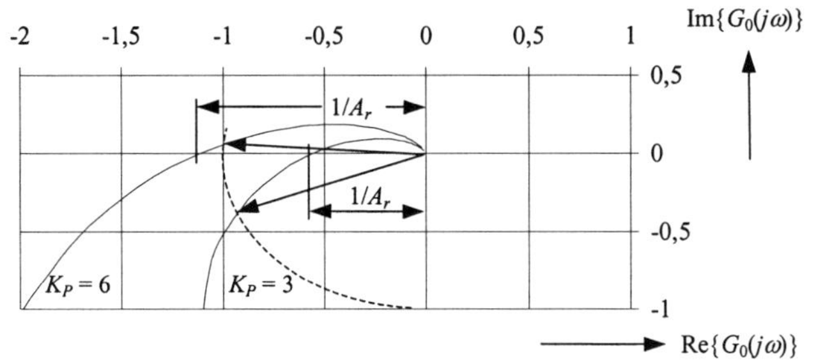


**Bild 7.18:** Stabilitätsbetrachtung nach NYQUIST
Aus dem Bild lassen sich die Werte für die Amplituden- und Phasenreserve entnehmen:

$K_P = 6$: $A_r \cong 0{,}8$; $\varphi_r \cong -5°$
$K_P = 3$: $A_r \cong 1{,}8$; $\varphi_r \cong 30°$

b) Wie müßte man $K_P$ wählen, damit der Regelkreis Stabilität besitzt?

Aus $\text{Im}\{G_0(j\omega)\} = 0$ folgt $\omega_0 = \sqrt{4/5}\ \text{s}^{-1}$ und $\text{Re}\{G_0(j\omega_0)\} = -5K_P/27$. Die Bedingung $-5K_P/27 > -1$ ergibt den Einstellbereich $0 < K_P < 27/5$.

**7.4** Ein Regelkreis, aufgebaut aus einem PI-Regler und einer P-T₂-Strecke, ist auf Stabilität zu untersuchen. Die Übertragungsfunktionen lauten:

$$G_R(s) = K_P \frac{1 + sT_n}{sT_n} \text{ und } G_S(s) = \frac{2}{s^2 - 0{,}9s - 1}$$

a) Wie muß $T_n$ gewählt werden, damit die Ordnung der Führungsübertragungsfunktion reduziert wird?

$$G_w(s) = \frac{2K_P(1 + sT_n)}{sT_n(s + 0{,}1)(s - 1) + 2K_P(1 + sT_n)} = \frac{2K_P(1 + sT_n)}{sT_n 0{,}1(10s + 1)(s - 1) + 2K_P(1 + sT_n)}$$

Wird $T_n = 10$ s gesetzt, dann lassen sich die Linearfaktoren im Zähler und im Nenner kürzen. Die reduzierte Form der Übertragungsfunktion ist dann von zweiter Ordnung:

$$G_w(s) = \frac{2K_P}{s(s - 1) + 2K_P} = \frac{2K_P}{s^2 - s + 2K_P}$$

b) Läßt sich der Kreis unter entsprechender Wahl von $K_P$ stabilisieren?

Aus $s^2 - s + 2K_P = 0$ folgen die Nullstellen: $s_{1/2} = 0{,}5 \pm \sqrt{0{,}25 - 2K_P}$. Für $K_P > 0$ liegen alle Nullstellen in der rechten Hälfte der $s$-Ebene. Der Kreis ist damit instabil!

**7.5** Ein Regelkreis mit den folgenden Daten ist auf Stabilität zu untersuchen:

$$G_R(s) = K_P\left[1 + \frac{1}{sT_n} + sT_v\right] \text{ und } G_S(s) = \frac{K_S}{(1 + sT_1)^2}$$

a) Mit dem HURWITZ-Kriterium ist nachzuprüfen, ob der Kreis stabil ist, wenn folgende Werte gegeben sind: $K_P = 2$; $T_n = 3$ s; $T_v = 0{,}5$ s; $K_S = 1$ und $T_1 = 10$ s.

Aus der charakteristischen Gleichung

$$1 + G_R(s)G_S(s) = 1 + \frac{K_S}{(1+sT_1)^2} K_P \frac{1 + sT_n + s^2 T_n T_v}{sT_n} = 0$$

folgt nach Umstellung:

$$K_S K_P + s(1 + K_S K_P)T_n + s^2(2T_1 + K_S K_P T_v)T_n + s^3 T_1^2 T_n = 0 .$$

Mit $a_0 = K_S K_P = 2$

$a_1 = (1 + K_S K_P)T_n = 9\text{ s}$

$a_3 = (2T_1 + K_S K_P T_v)T_n = 63\text{ s}^2$

$a_3 = T_1^2 T_n = 300\text{ s}^3$

wird die zweireihige Determinante

$$D_2 = a_1 a_2 - a_0 a_3 = (9 \cdot 63 - 2 \cdot 300)\text{ s}^3 = -33\text{ s}^3$$

negativ. Bei dieser gewählten Reglerparametrierung ist der Kreis instabil!

b) Wie müßte man $T_v$ unter sonst gleichen Bedingungen wählen, um den Kreis in einen stabilen Bereich zu überführen?

Aus der Forderung $D_2 > 0$ folgt für die Vorhaltzeit:

$$T_v > \frac{K_S K_P T_1^2 - T_n 2T_1(1 + K_S K_P)}{K_S K_P T_n (1 + K_S K_P)} = 1{,}11\text{ s}$$

c) Welcher Bereich gilt entsprechend für die Nachstellzeit?

$$T_n > \frac{K_S K_P T_1^2}{(2T_1 + K_S K_P T_v)(1 + K_S K_P)} = 3{,}17\text{ s}$$

d) Wie müßte sie Einstellung durch $K_P$ erfolgen, um Stabilität zu erreichen?

Aus $D_2 = 0$ folgt eine quadratische Gleichung mit der Variablen $K_P K_S$. Die Lösung lautet:

$$(K_P K_S)_{1/2} = -\frac{1}{2T_v}\left(T_V + 2T_1 - \frac{T_1^2}{T_n}\right) \pm \frac{1}{2T_v}\sqrt{\left(T_V + 2T_1 - \frac{T_1^2}{T_n}\right)^2 - 8T_1 T_v} \approx \begin{cases} 1{,}67 \\ 24 \end{cases}$$

Wegen der Stabilitätsforderung $D_2 > 0$ ergeben sich zwei Bereiche für $K_P K_S$:

$0 < K_P K_S < 1{,}67$ und $K_P K_S > 24$

e) Mit welcher Frequenz $\omega$ würde der Regelkreis am Stabilitätsrand Dauerschwingungen ausführen?

Wird in der charakteristischen Gleichung $G(s) = 1 + G_R(s)G_S(s) = 0$ für $s = j\omega$ gesetzt, dann muß die Variable $\omega$ in den beiden Bedingungen $\text{Re}\{G(j\omega)\} = 0$ und $\text{Im}\{G(j\omega)\} = 0$ gleiche Werte annehmen:

Es ergibt sich als Lösung der beiden Forderungen:

$$\omega = \sqrt{\frac{K_S K_P}{(2T_1 + K_S K_P T_v)T_n}} = \sqrt{\frac{a_0}{a_2}}$$
$$= \sqrt{\frac{1 + K_S K_P}{T_1^2}} = \sqrt{\frac{a_1}{a_3}}$$

| Einstellung | | | Frequenz |
|---|---|---|---|
| $K_P$ | $T_n$/s | $T_v$/s | $\omega$/s$^{-1}$ |
| 1,66 | 3 | 0,5 | 0,163 |
| 24 | 3 | 0,5 | 0,5 |
| 2 | 3,17 | 0,5 | 0,173 |
| 2 | 3 | 1,11 | 0,173 |

**Tabelle 7.3:** Reglerparametrierung am Stabilitätsrand

Führt man den Regelkreis durch entsprechende Wahl von $K_P$ oder $T_n$ oder $T_v$ an den Stabilitätsrand heran, dann lassen sich die Frequenzen berechnen, bei denen der Regelkreis Dauerschwingungen ausführt. Die Ergebnisse der Berechnung sind in der nebenstehenden Tabelle 7.3 zusammengestellt.

**7.6** Ein P-Regler wird verwendet, um eine Strecke mit Übertragungsfunktion

$$G(s) = \frac{(1 + T_1 s)(1 + T_2 s)}{T_I^3 s^3}$$

zu regeln. Die Stabilität ist nach NYQUIST zu untersuchen, wenn gilt: $T_1 = 2$ s, $T_2 = 3$ s, $T_I = 6$ s und $K_P = 4$.

Zunächst wird die Übertragungsfunktion des aufgeschnittenen Regelkreises gebildet:

$$G_0(s) = K_P \frac{(1 + sT_1)(1 + sT_2)}{T_I^3 s^3}$$

Sie besitzt für $s = 0$ einen dreifachen Pol. Damit ist $n_p = 0$, $n_0 = 3$ und $n_n = 0$. Da $n_0 > 2$ ist, wird die Stabilitätsuntersuchung mit dem allgemeinen NYQUIST-Kriterium durchgeführt.

Um den Verlauf der Ortskurve skizzieren zu können, wird der Frequenzgang $G_0(j\omega)$ in Real- und Imaginärteil aufgespaltet:

$$G_0(j\omega) = K_P \frac{-\omega(T_1 + T_2) + j(1 - \omega^2 T_1 T_2)}{T_I^3 \omega^3} = -K_P \frac{T_1 + T_2}{T_I^3 \omega^2} + jK_P \frac{(1 - \omega^2 T_1 T_2)}{T_I^3 \omega^3}$$

In der folgenden Tabelle sind die zur Konstruktion der Ortskurve erforderlichen Daten zusammengestellt:

| $\omega$/s$^{-1}$ | Re{$G_0(j\omega)$} | Im{$G_0(j\omega)$} |
|---|---|---|
| 0 | $-\infty$ | $\infty$ |
| $1/\sqrt{T_1 T_2} = 1/\sqrt{6}$ | $-K_P \frac{(T_1 + T_2)T_1 T_2}{T_I^3} = -0{,}55$ | 0 |
| $\infty$ | 0 | 0 |

**Tabelle 7.4:** Zur Konstruktion der Ortskurve

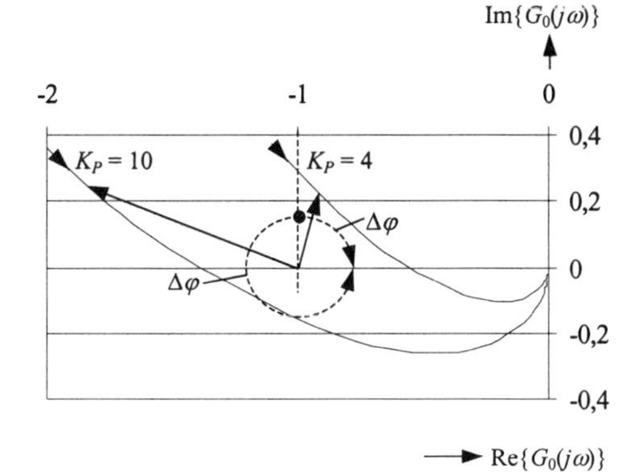


**Bild 7.19:** Stabilitätsbetrachtung nach dem vollständigen NYQUIST-Kriterium

Nach dem vollständigen NYQUIST-Kriterium müßte aufgrund der gegebenen Übertragungsfunktion die Winkeländerung nach (7.105)

$$\Delta\varphi = (2n_p + n_0)\frac{\pi}{2} = 3\frac{\pi}{2}$$

betragen. Tatsächlich liegt diese aber nach Bild 7.19 bei der gegebenen Reglereinstellung von $K_P = 4$ bei $\Delta\varphi = -\pi/2$ Der Regelkreis ist deshalb instabil. Erhöht man beispielsweise $K_P$ von 4 auf 10, dann führt dieser Wert zu $\Delta\varphi = 3\pi/2$ und damit zu einem stabilen Regelkreis.

# 7.6 Übungsaufgaben

**7.1** Ein Regelkreis wird mit einem P-Regler geregelt. Die Übertragungsfunktion der Strecke lautet

$$G_S(s) = \frac{1}{1 + 2s + 6s^2 + s^3}$$

a) Ist der Regelkreis nach dem HURWITZ-Kriterium stabil, wenn $K_P = 21$ beträgt?
b) Wie müßte $K_P$ gewählt werden, um den Regelkreis in einen stabilen Bereich zu überführen?

**Lsg.:**
a) $D_2 = 12 - (K_P + 1) = -10 < 0 \Rightarrow$ Kreis instabil!
b) $D_2 = 12 - (K_P + 1) > 0$ und $D_1 = a_1 = K_P + 1 > 0 \Rightarrow 0 < K_P < 11 \Rightarrow$ Stabilität!

**7.2** Ein Regelkreis, bestehend aus einem PI-Regler und einer I-$T_1$-Strecke ist nach dem HURWITZ-Kriterium auf Stabilität zu untersuchen. Es liegen folgende Übertragungsfunktionen vor:

$$G_S(s) = \frac{K_S}{sT_I(1 + sT_1)} \text{ und } G_R(s) = K_P\frac{1 + sT_n}{sT_n} \text{ mit } K_S = 1,\ T_I = 20\text{ s},\ T_1 = 8\text{ s},\ K_P = 10 \text{ und } T_n = 5\text{ s}.$$

a) Ist der Regelkreis bei der vorgegebenen Reglereinstellung stabil?
b) Wie müßte $K_P$ gewählt werden, damit der Kreis stabil wird?
c) Wie müßte $T_n$ entsprechend gewählt werden?
d) Mit welcher Kreisfrequenz schwingt der Kreis an der Stabilitätsgrenze?

**Lsg.:**
a) $D_3 = 800(5000 - 8000)\ \text{s}^3 < 0 \Rightarrow$ instabil!
b) Da $a_3 = T_1 T_I T_n > 0$ und $D_2 = K_P(K_S T_n^2 T_I - K_S T_1 T_I T_n) > 0 \Rightarrow$ mit einem $K_P > 0$ läßt sich der Regelkreis nicht stabilisieren!
c) Aus $D_2 = K_P(K_S T_n^2 T_I - K_S T_1 T_I T_n) > 0 \Rightarrow T_n > T_1 \Rightarrow T_n > 8$ s.
d) Bei $T_n = T_1 = 8\text{ s} \Rightarrow \omega = 0{,}25\ \text{s}^{-1}$

**7.3** Das Sprungverhalten eines Regelkreises ist zu untersuchen. Die Übertragungsfunktion der Strecke lautet:

$$G_S(s) = \frac{K_I}{s(1+sT_1)} = \frac{0{,}5}{s(1+0{,}1s)}$$

a) Wie müßte $K_P$ gewählt werden, wenn die Führungssprungantwort mit $D = 0{,}5\sqrt{2}$ gedämpft verlaufen soll?

b) Berechne den stationären Wert der Führungssprungantwort, wenn $w(t) = w_0$, $t > 0$ gilt.

**Lsg.:**

a) Aus $D = \dfrac{\delta}{\omega_0} = \dfrac{1}{2\sqrt{K_I K_P T_1}} = 0{,}5\sqrt{2} \Rightarrow K_P = 10$

b) $x(\infty) = \lim\limits_{s \to 0} s \dfrac{w_0}{s} \dfrac{K_I K_P}{K_I K_P + s(1+sT_1)} = w_0$

**7.4** Die Stabilität eines Regelkreises ist mit Hilfe des NYQUIST-Kriterium zu untersuchen. Es ist ein P-Regler vorgesehen. Die Übertragungsfunktion der Strecke lautet:

$$G_S(s) = \frac{4}{s(10+4s+s^2)}$$

a) Es ist zu prüfen, ob das vereinfachte NYQUIST-Kriterium verwendet werden darf.

b) Trenne die Übertragungsfunktion des aufgeschnittenen Regelkreises in Real- und Imaginärteil auf!

c) Für welche $K_P$ ist der Kreis stabil?

**Lsg.:**

a) $G_0(s) = K_P \dfrac{4}{s(10+4s+s^2)}$

$\Rightarrow$ Nullstellen der charakteristischen Gleichung: $s_1 = 0$, $s_{1/2} = -2 \pm j\sqrt{6}$

$\Rightarrow$ Wegen $n_0 = 1 < 2$ darf das vereinfachte NYQUIST-Kriterium verwendet werden.

b) $G_0(j\omega) = -\dfrac{16K_P}{16\omega^2 + (16-\omega^2)^2} + j\dfrac{4K_P(\omega^2-16)}{16\omega^3 + \omega(16-\omega^2)^2}$

c) Für $\omega_1 = 4\ \text{s}^{-1}$ ist $\text{Im}\{G_0(j\omega)\} = 0$ und $\text{Re}\{G_0(j\omega)\} = -\dfrac{K_P}{16} \Rightarrow -1 < -\dfrac{K_P}{16} \Rightarrow 0 < K_P < 16$

**7.5** Der Regelkreis mit $G_S(s) = \dfrac{2}{1+3s+4s^2}$ und $G_R(s) = \dfrac{K_P}{1+2s}$ ist auf Stabilität zu untersuchen.

a) Ermittle von $G_0(j\omega)$ den Real- und Imaginärteil!

b) Skizziere für $K_P = 4$ die Ortskurve. Ist der Kreis stabil?

c) Wie ändert sich das Stabilitätsverhalten, wenn $K_P = 2$ gewählt wird? Schätze die Amplituden- und Phasenreserve ab!

**Lsg.:**

a) $G_0(j\omega) = \dfrac{2K_P(1-10\omega^2)}{(1-10\omega^2)^2 + (5\omega - 8\omega^3)^2} - j\dfrac{2K_P(5\omega - 8\omega^3)}{(1-10\omega^2)^2 + (5\omega - 8\omega^3)^2}$

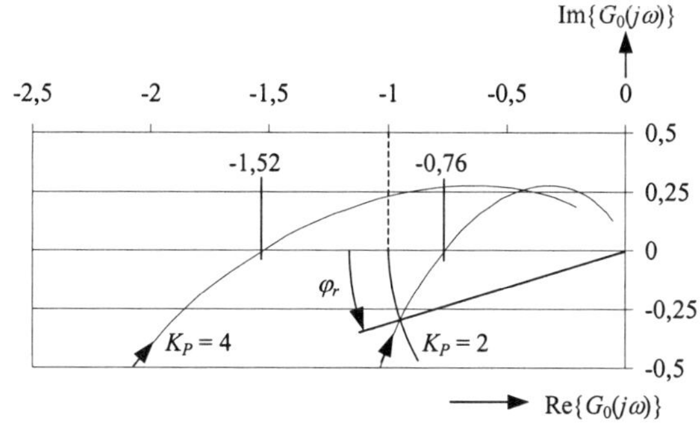


**Bild 7.20:** Zur Stabilitätsbetrachtung nach dem NYQUIST-Kriterium

b) Aus $\mathrm{Im}\{G_0(j\omega)\} = 0 \Rightarrow \omega_0 = 0\ \mathrm{s}^{-1}$ und

$\omega_2 = \sqrt{5/8}\ \mathrm{s}^{-1} \approx 0{,}8\ \mathrm{s}^{-1} \triangleq$ Phasendurchtrittsfrequenz

$\Rightarrow \mathrm{Re}\{G_0(j\omega_0)\} = 2K_P = 4$

$\Rightarrow \mathrm{Re}\{G_0(j\omega_2)\} = -0{,}38K_P = -1{,}52$

$\Rightarrow$ Kreis bei $K_P = 4$ instabil!

c) Schnittpunkt der Ortskurve mit der negativ reellen Achse:

$\mathrm{Re}\{G_0(j\omega_2)\} = -0{,}38K_P = -0{,}76$

$\Rightarrow$ Kreis bei $K_P = 2$ stabil!

$\Rightarrow \varphi_r \approx 20°$, $A_r \approx 1{,}31$ und Amplitudendurchtrittsfrequenz $\omega_1 \approx 0{,}75\ \mathrm{s}^{-1}$

**7.6** Die Übertragungsfunktion eines Aufgeschnittenen Regelkreises sei:

$$G_0(s) = K_P \frac{1 + sT_v}{s(s-1)},\ T_v > 0$$

Die Stabilität ist nach dem NYQUIST-Kriterium zu überprüfen.

a) Welche Form des Kriteriums muß hier angewandt werden?
b) Die Stabilitätsbetrachtung ist an Hand der Ortskurve durchzuführen.

**Lsg.:**

a) $s_1 = 0$ und $s_2 = 1 \Rightarrow n_n = 0,\ n_0 = 1,\ n_p = 1$

$\Rightarrow$ Die Stabilitätsprüfung muß nach dem allgemeinen Kriterium erfolgen!

$$\Rightarrow \Delta\Phi = (2n_p + n_0)\frac{\pi}{2} = 3\frac{\pi}{2}$$

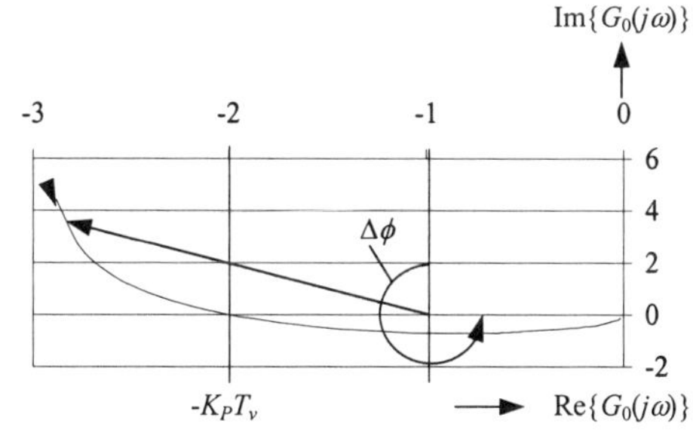


**Bild 7.21:** Stabilitätsbetrachtung nach dem allgemeinen NYQUIST-Kriterium

b) $$G_0(j\omega) = K_P \frac{-\omega(1 + T_v) + j(1 - \omega^2 T_v)}{\omega(\omega^2 + 1)}$$

Die Auswertung ergibt: $\Delta\phi = 3\pi/2$, falls $-K_P T_v < -1$ oder $K_P T_v > 1$ ist.

$\Rightarrow$ Stabilität!

# 8 Entwurf einer Regelung im Zeitbereich

In einem Standard-Regelkreis ist normalerweise die Regelstrecke mit ihrem Übertragungsverhalten unveränderbar vorgegeben. Das statische und dynamische Verhalten des Regelkreises wird dann nur noch durch die Reglerstruktur und die Reglerparameterwerte bestimmt. Der *Entwurf einer Regelung* besteht nun darin, eine geeignete Reglerstruktur auszuwählen und die Reglerparameter entsprechend den vorgegebenen Anforderungen an den Regelkreis zu bestimmen.

Idealerweise erwartet man von einem Regler, daß er die Regelgröße der Führungsgröße möglichst „exakt" anpaßt, Auswirkungen von Störgrößen auf die Regelgröße unterdrückt und den Regelkreis stabil hält. Mit einfachen Reglerstrukturen, wie P-, PI- oder PID-Algorithmen lassen sich alle diese Forderungen nicht gleichzeitig erfüllen, da sie sich teilweise gegenläufig verhalten. Wird beispielsweise die Reglerverstärkung verringert, um die Überschwingweite zu verkleinern, so werden die Anstiegs- und die Ausregelzeit vergrößert und der Regelkreis wird „langsamer".

Diesen Ausgleich zwischen gegenläufigen Anforderungen herauszufinden ist eine Problemstellung der *Optimierung von Regelkreisen*. Voraussetzung hierbei ist die Bereitstellung eines übergeordneten *Optimierungskriteriums* wie beispielsweise die *Integralkriterien*.

Die Lösung der Optimierungsaufgabe, sofern eine solche überhaupt existiert, liefert auf der Basis der angenommenen Reglerstruktur die Reglereinstellwerte. Man bezeichnet deshalb die Optimierung der Einstellwerte des Reglers bei gegebener Reglerstruktur als *Parameteroptimierung*. Wird der Regler mit den gefundenen Werten parametriert, verhält sich der Regelkreis so, daß das benutzte Kriterium den optimalen – größten oder kleinsten – Wert annimmt. Im Sinne des gewählten Kriteriums verhält sich dann die Regelung optimal.

## 8.1 Statische und dynamische Kenngrößen eines Regelkreises

Im stationären Zustand soll die Regelgröße eine vorgegebene Genauigkeit aufweisen, was bedeutet, daß die Regeldifferenz innerhalb genau festgelegter Schranken liegen sollte. Diese Forderung dient im wesentlichen dazu, eine geeignete Reglerstruktur auszuwählen. Als Maß zur Beurteilung der stationären Verhältnisse im geschlossenen Regelkreis wird die bleibende Regeldifferenz $x_d(\infty)$ herangezogen, wenn als Führungs- oder auch als Störgröße spezielle Testfunktionen angelegt werden. Bezüglich des Führungsverhaltens wird definiert:

### Positionsfehler

Die stationäre Regeldifferenz, die nach einer sprungförmig verlaufenden Änderung der Führungsgröße verbleibt, nennt man *Positionsfehler*, gekennzeichnet mit $x_d(\infty)$ oder $e(\infty)$. Er läßt sich aus der Übertragungsfunktion $G_0(s)$ eines aufgeschnittenen Regelkreises herleiten:

$$\begin{aligned} x_d(s) &= w(s) - x(s) = w(s) - w(s)\frac{G_0(s)}{1+G_0(s)} \\ &= w(s)\frac{1}{1+G_0(s)} \end{aligned} \tag{8.1}$$

Mit $w(s) = w_0/s$ und mit Hilfe des Grenzwertsatzes läßt sich die stationäre Regeldifferenz berechnen:

$$x_d(\infty) = \lim_{s\to 0} s x_d(s) = w_0 \lim_{s\to 0} s \frac{1}{s}\frac{1}{1+G_0(s)}$$

$$= w_0 \lim_{s\to 0}\frac{1}{1+G_0(s)} = e(\infty) \tag{8.2}$$

Der Positionsfehler gibt also an, wie groß die Abweichung der Regelgröße von der vorgegebenen konstanten Sollposition $w_0$ ist.

In einem Regelkreis aus P-Regler und P-$T_n$-Strecke ist der Positionsfehler ungleich Null und abhängig von dem Reglerparameter $K_P$:

$$e(\infty) = w_0 \lim_{s\to 0}\frac{1}{1+K_P\dfrac{K_S}{1+sT_1+s^2T_2^2+\ldots+s^nT_n^n}} = w_0\frac{1}{1+K_PK_S} = f(K_P) \tag{8.3}$$

Im Vergleich hierzu kann durch Hinzufügen einer I-Komponente im Regler, beispielsweise durch Verwenden eines PID-Reglers, der Positionsfehler zu Null gemacht werden, die Regelgröße nimmt dann im stationären Falle den Wert der Führungsgröße an:

$$e(\infty) = \lim_{s\to 0}\frac{1}{1+K_P\dfrac{1+sT_n+s^2T_nT_v}{sT_n}\dfrac{K_S}{1+sT_1+s^2T_2^2+\ldots+s^nT_n^n}}$$

$$= \lim_{s\to 0}\frac{(1+sT_1+s^2T_2^2+\ldots+s^nT_n^n)sT_n}{(1+sT_1+s^2T_2^2+\ldots+s^nT_n^n)sT_n+K_PK_S(1+sT_n+s^2T_nT_v)} = 0 \tag{8.4}$$

**Geschwindigkeitsfehler**

Die stationäre Regeldifferenz, die sich nach einer rampenförmigen Änderung der Führungsgröße ergibt, heißt *Geschwindigkeitsfehler*. Auch hierfür wird das Symbol $x_d(\infty)$ oder $e(\infty)$ verwendet. In der Gleichung (8.1) wird mit $w(t) = w_0\dfrac{t}{T}\sigma(t)$ eine rampenförmig verlaufende Führungsgröße verwendet:

$$x_d(\infty) = \lim_{s\to 0} s w_0 \frac{1}{Ts^2}\frac{1}{1+G_0(s)}$$

$$= \frac{w_0}{T}\lim_{s\to 0}\frac{1}{s(1+G_0(s))} \tag{8.5}$$

Unter dem Geschwindigkeitsfehler versteht man also die sich ergebende Differenz zwischen Führungs- und Regelgröße, wenn sich die Führungsgröße mit konstanter Geschwindigkeit, $\dot{w}(t) = w_0/T, t>0$, ändert. Man benutzt deshalb auch den Geschwindigkeitsfehler als Gütemaß für das Führungsverhalten bei Antriebssystemen, wie das folgende Beispiel zeigt.

Die Übertragungsfunktion eines Stellantriebes sei:

$$G_S(s) = \frac{K_S}{s(1+T_M s)} \tag{8.6}$$

Zur Regelung wird ein P-Regler eingesetzt. Die Übertragungsfunktion des offenen Kreises ist demnach

$$G_0(s) = K_P \frac{K_S}{s(1+T_M s)} \tag{8.7}$$

Der Geschwindigkeitsfehler berechnet sich nach (8.5):

$$x_d(\infty) = \frac{w_0}{T} \lim_{s \to 0} \frac{1}{s\left[1 + \frac{K_P K_S}{s(1+T_M s)}\right]} = \frac{w_0}{T} \frac{1}{K_P K_S} = f(K_P) \tag{8.8}$$

Das folgende Bild 8.1 zeigt, im eingeschwungenem Zustand „hinkt" die Regelgröße $x(t)$ dem Verlauf der Führungsgröße $w(t)$ im Abstand des Geschwindigkeitsfehlers hinterher.

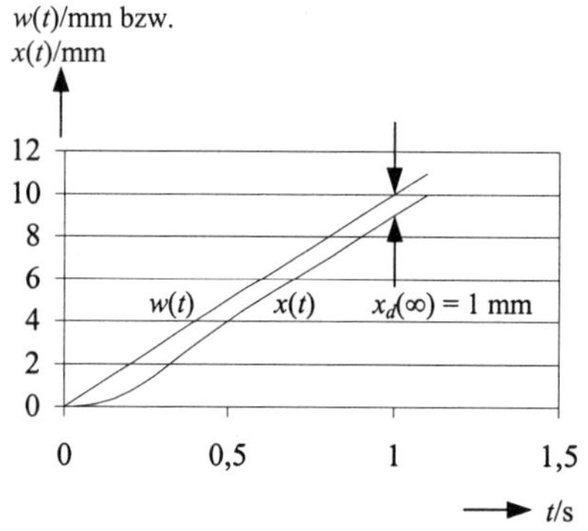


**Bild 8.1:** Zur Berechnung des Geschwindigkeitsfehlers.
Es seien $w_0 = 10$ mm, $T = 1$ s, $K_P K_S = 10\ \text{s}^{-1}$.
Der Verlauf der Führungsgröße sei $w(t) = 10t\ \text{mms}^{-1}$.
Die Rampenantwort der Führungsübertragungsfunktion lautet:

$$x(t) = -1 + 10t + \frac{e^{-5t}}{\sqrt{75}}\left(-5\sin\sqrt{75}t + \sqrt{75}\cos\sqrt{75}t\right).$$

Die Asymptote obiger Gleichung für große $t$-Werte ist:
$x_d(t) \approx (-1 + 10t)$
Der Geschwindigkeitsfehler nach (8.8) beträgt: $x_d(\infty) = 1$ mm oder über die Asymptotengleichung nach $t = 1$ s berechnet:
$x_d(t = 1\ \text{s})/\text{mm} = w(t = 1\ \text{s}) - x(t = 1\ \text{s}) = 10 - (-1 + 10) = 1 \approx x_d(\infty)$

Bezüglich des Störverhaltens wird nur der Positionsfehler nach einem Störsprung mit $z(t) = z_0\sigma(t)$ definiert, der ebenfalls mit $x_d(\infty)$ oder mit $e(\infty)$ bezeichnet wird:

$$x_d(s) = w(s) - x(s) = 0 - z(s)\frac{G_S(s)}{1+G_0(s)} \tag{8.9}$$

Im Beharrungszustand wird hieraus:

$$x_d(\infty) = -z_0 \lim_{s \to 0} \frac{G_S}{1+G_0(s)} \tag{8.10}$$

Ein P-Regler an einer Strecke $n$-ter Ordnung würde nach einer sprungförmig verlaufenden Störung gemäß $x_d(\infty) = -z_0 \frac{K_S}{1+K_P K_S} = f(K_P)$ einen von $K_P$ abhängigen Fehler verursachen, eine integrale Komponente im Regler würde diesen aber vollständig beseitigen.

Zur Kennzeichnung des dynamischen Verhaltens des geschlossenen Regelkreises werden Kenngrößen an Hand der Führungs- und Störsprungantwort definiert. Die Stabilität des Regelkreises wird hierbei vorausgesetzt, da nur in diesem Zustand die beiden Sprungantworten einem festen Wert zustreben. Um Vergleichbarkeit der Kenngrößen zu erreichen, werden die Sprungantworten jeweils auf die zugehörigen Sprunghöhen $w_0$ und $z_0$ bezogen. Typische Einschwingvorgänge zeigen die beiden Bilder 8.2 und 8.3:

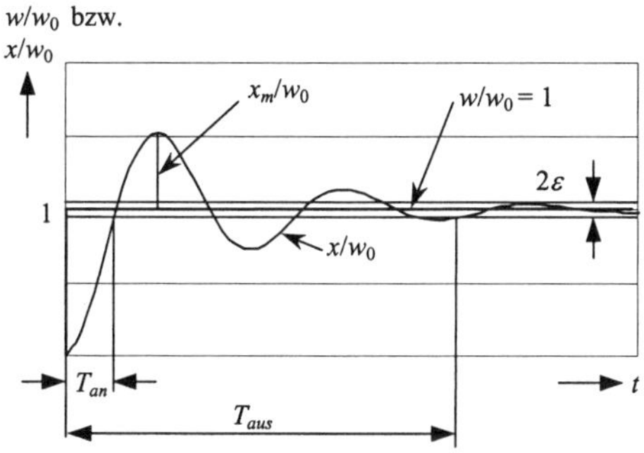


**Bild 8.2:** Verlauf einer Regelgröße nach einem Sollwertsprung $w(t) = w_0\sigma(t)$ bei $z(t) = 0$

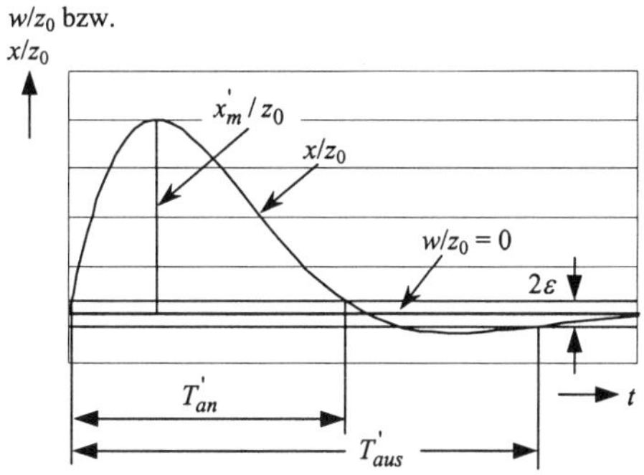


**Bild 8.3:** Verlauf einer Regelgröße nach einem Störsprung $z(t) = z_0\sigma(t)$ bei $w(t) = 0$

Folgende Kenngrößen werden an Hand der beiden Übergangsfunktionen definiert:

- Die *Überschwingweite* $x_m$ gibt den Betrag der größten Regeldifferenz an, die nach erstmaligem Erreichen des Sollwertes auftritt.
- Die *Anregelzeit* $T_{an}$ ist der Zeitpunkt, ab dem die Regelgröße erstmalig das Toleranzband um den Sollwert erreicht.

  $T'_{an}$ ist die Zeitspanne zwischen erstmaligem Austritt der Regelgröße aus dem Toleranzband und Wiedereintritt in das Toleranzband.
- Die *Ausregelzeit* $T_{aus}$ ist der Zeitpunkt, ab dem der Betrag der Regeldifferenz kleiner als eine vorgegebene Schranke $2\varepsilon$ ist.

  $T'_{aus}$ ist die Zeitspanne zwischen erstmaligem Verlassen des Toleranzbandes und endgültigem Verbleib im Toleranzband.
- Die Schranke $2\varepsilon$ definiert einen symmetrisch um den Sollwert gelegten Toleranzbereich

## 8.2 Parameteroptimierung im Zeitbereich

Ist die Führungsübertragungsfunktion und die Störübertragungsfunktion analytisch vorgegeben, dann lassen sich die statischen und dynamischen Kenngrößen aus der Führungs- und Störübergangsfunktion berechnen. Näherungsweise lassen sich diese Kenngrößen aber auch graphisch aus den gemessenen Einschwingvorgängen ermitteln. Offensichtlich ist ein Regelkreis dann optimal ausgelegt, wenn die Kenngrößen „ausreichend klein“ sind oder zumindest wegen ihres teilweise gegenläufigen Charakters in einem als optimal angesehenen Verhältnis zueinander stehen.

Eine Möglichkeit, die Kennwerte in einem Optimierungsverfahren aufeinander abzustimmen, bietet das parameterabhängige *Güteintegral*

$$J(P) = \int_0^\infty f(x_d(t))dt \tag{8.11}$$

Das Integral erfaßt die Fläche zwischen dem Sollwert $w(t)$ und der Regelgröße $x(t)$ über der Zeit. Bei einer gegebenen Reglerstruktur, beispielsweise einem PID-Standard-Regler, würde dann die Optimierungsvorschrift für die Reglerparameter lauten:

$$J(P) = \int_0^\infty f(x_d(K_P, T_n, T_v, t))dt \rightarrow \text{Min} \tag{8.12}$$

Das Integral konvergiert nicht in jedem Falle. Tritt beispielsweise bei einem Regelsystem eine bleibende Regeldifferenz auf, muß der Integrand so modifiziert werden, daß die Konvergenz des Integrals gesichert ist. Je nach Anforderung an das Optimierungsergebnis benutzt man neben der linearen, absoluten oder quadratischen Regelfläche auch solche, die mit weiteren Funktionen gewichtet sind.

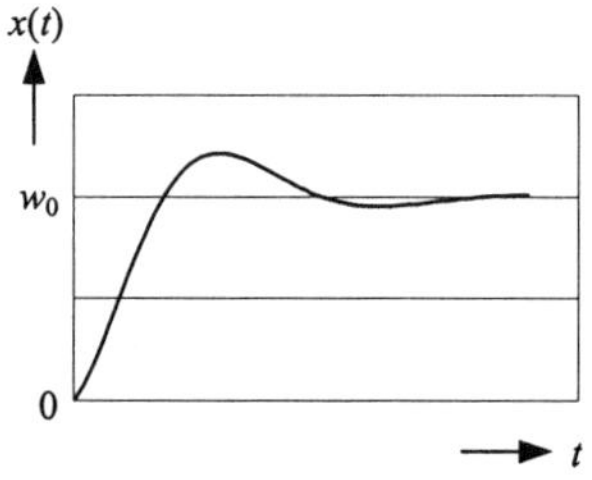

**Bild 8.4:** Verlauf der Regelgröße bei einer sprungförmigen Änderung der Führungsgröße

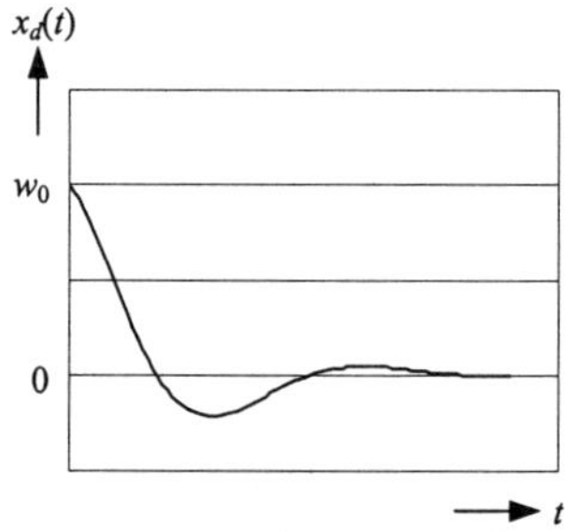

**Bild 8.5:** Verlauf der Regeldifferenz bei $x_d(\infty) = 0$

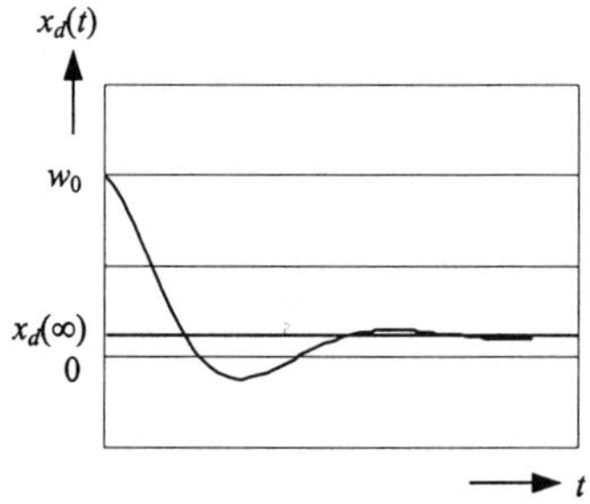

**Bild 8.6:** Verlauf der Regeldifferenz bei $x_d(\infty) \neq 0$

## 8.2.1 Die Lineare Regelfläche

Das Integral über der Differenz von Regeldifferenz $x_d(t)$ und der bleibenden Regeldifferenz $x_d(\infty)$ bei Führungs- und Störsprung bezeichnet man als *Lineare Regelfläche* $A_{Lin}$:

$$A_{Lin} = \int_0^\infty [x_d(t) - x_d(\infty)]dt \rightarrow \text{Min} \tag{8.13}$$

Bei einem Regelkreis mit oszillierendem Einschwingvorgang setzt sich die Regelfläche aus positiven und negativen Flächenanteilen zusammen. Das Integral kann deshalb einen sehr kleinen Wert annehmen, bei einer Dauerschwingung sogar den Wert Null. Aus diesem Grunde wird dieses Kriterium nur bei stark gedämpftem Regelverlauf ein optimales Ergebnis liefern.

Die Berechnung des Integrals kann unter Umständen aufwendig sein, da die Regeldifferenz im Zeitbereich ermittelt werden muß. Durch Transformation des Integrals in den Bildbereich läßt sich aber der Rechenaufwand vermindern:

$$A_{Lin} = \lim_{t\to\infty} A_{Lin}(t) = \lim_{t\to\infty} \int [x_d(t) - x_d(\infty)]dt$$

$$= \lim_{s\to 0} sA_{Lin}(s) = \lim_{s\to 0} s\,\mathcal{L}\left\{ \int [x_d(t) - x_d(\infty)]dt \right\} \tag{8.14}$$

Eine Integration im Zeitbereich bedeutet eine Multiplikation mit 1/s im Bildbereich. Deshalb wird:

$$A_{Lin} = \lim_{s \to 0} s \left[ \frac{1}{s} x_d(s) - \frac{1}{s} \frac{x_d(\infty)}{s} \right] \tag{8.15}$$

Damit ergibt sich gegenüber (8.13) eine äquivalente Formel im Bildbereich, um die lineare Regelfläche zu berechnen:

$$\boxed{A_{Lin} = \lim_{s \to 0} \left[ x_d(s) - \frac{x_d(\infty)}{s} \right]} \tag{8.16}$$

**Anwendung des Kriteriums der Linearen Regelfläche**

Der Berechnungsweg für das Kriterium der Linearen Regelfläche zeigt das folgende Beispiel. Ein P-Regler soll für eine Strecke zweiter Ordnung im Sinne einer minimalen Regelfläche optimal eingestellt werden. Als Übertragungsfunktionen werden vorgesehen:

$$G_S(s) = \frac{K_S}{(1+sT_1)(1+sT_2)} \quad \text{und} \quad G_R(s) = K_P \quad (T_1 \neq T_2)$$

Die Regeldifferenz berechnet sich nach (8.1) zu

$$x_d(s) = w(s) \frac{1}{1 + G_R(s) G_S(s)}$$

$$= w(s) \frac{1 + s(T_1 + T_2) + s^2 T_1 T_2}{1 + K_P K_S + s(T_1 + T_2) + s^2 T_1 T_2} \tag{8.17}$$

Im stationären Zustand ist nach (8.2) die bleibende Regeldifferenz:

$$x_d(\infty) = \lim_{s \to 0} s x_d(s) = \lim_{s \to 0} s \frac{w_0}{s} \frac{1 + s(T_1 + T_2) + s^2 T_1 T_2}{1 + K_P K_S + s(T_1 + T_2) + s^2 T_1 T_2}$$

$$= w_0 \frac{1}{1 + K_P K_S} \tag{8.18}$$

Mit $x_d(s)$ und $x_d(\infty)$ kann jetzt nach (8.16) die lineare Regelfläche berechnet werden:

$$A_{Lin} = \lim_{s \to 0} \left[ x_d(s) - \frac{x_d(\infty)}{s} \right]$$

$$= \lim_{s \to 0} \frac{w_0}{s} \left[ \frac{1 + s(T_1 + T_2) + s^2 T_1 T_2}{1 + K_P K_S + s(T_1 + T_2) + s^2 T_1 T_2} - \frac{1}{1 + K_P K_S} \right]$$

$$= w_0 \frac{K_P K_S (T_1 + T_2)}{(1 + K_P K_S)^2} \tag{8.19}$$

Die positiv angenommene lineare Regelfläche $A_{Lin}$ hat offenbar bei $K_P = 0$ und $K_P \to \infty$ ein Minimum, beide Einstellungen sind aber nicht praktikabel. Bei $K_P K_S = 1$ hat sie einen maximalen Wert. Wählt man als Randbedingung beispielsweise einen aperiodisch verlaufenden Einschwingvorgang, also eine Dämpfungszahl $D = 1$, läßt sich eine optimale Einstellung finden. Aus dem Nenner der Führungsübertragungsfunktion folgt für die Dämpfungszahl:

$$D = \frac{T_1 + T_2}{2\sqrt{T_1 T_2}} \frac{1}{\sqrt{1 + K_P K_S}} \tag{8.20}$$

Mit der Bedingung $D = 1$ läßt sich hieraus $K_P K_S$ berechnen:

$$K_P K_S = \frac{(T_1 - T_2)^2}{4 T_1 T_2} \tag{8.21}$$

Die lineare Regelfläche erreicht unter dieser Einstellung ihren minimalen Wert:

$$A_{Lin} = w_0 \frac{(T_1 - T_2)^2 \, 4 T_1 T_2}{(T_1 + T_2)^3} \tag{8.22}$$

### 8.2.2 Die Betragsregelfläche

Bei diesem Kriterium werden die Beträge der Regelfläche gebildet. Dadurch wird der Nachteil des Kriteriums der Linearen Regelfläche, daß positive und negative Flächenanteile sich aufheben, vermieden. Das Kriterium der *Betragsregelfläche* $A_{abs}$ bildet das Integral über den Betrag der Regeldifferenz:

$$\boxed{A_{abs} = \int_0^\infty \left| x_d(t) - x_d(\infty) \right| dt \to \text{Min}} \tag{8.23}$$

Das Kriterium kann bei nichtmonotonen Einschwingvorgängen verwendet werden. Beim Aufstellen des Integrals muß der Integrationsbereich so aufgetrennt werden, daß über positive und negative Flächenanteile gesondert integriert und anschließend aufsummiert werden kann. Da aber die festzulegenden Integrationsgrenzen Funktionen der Reglerparameter darstellen, kann der Rechenaufwand unter Umständen sehr umfangreich werden.

### 8.2.3 Die Zeitgewichtete Betragsregelfläche

Beim Kriterium der *Zeitgewichteten Betragsregelfläche* $A_{abst}$ wird der Betrag der Regeldifferenz mit der Zeit multipliziert:

$$\boxed{A_{abs\,t} = \int_0^\infty \left| x_d(t) - x_d(\infty) \right| t\,dt \to \text{Min}} \tag{8.24}$$

Durch die Betragsbildung wirken sich positive und negative Flächenanteile gleichermaßen erhöhend auf den Wert des Gütekriteriums aus, dabei werden durch die Multiplikation mit dem Faktor Zeit die Flächenanteile noch zunehmend gewichtet. Ein nach diesem Kriterium optimierter Regelkreis ist so eingestellt, daß nur wenige Überschwingungen auftreten.

### 8.2.4 Die Quadratische Regelfläche

Bei diesem Kriterium wird das Quadrat der Differenz von Regeldifferenz und bleibender Regeldifferenz gebildet. Das Kriterium der *Quadratischen Regelfläche* $A_{sqr}$ lautet:

$$A_{sqr} = \int_0^{\infty} [x_d(t) - x_d(\infty)]^2 \, dt \rightarrow \text{Min} \tag{8.25}$$

Wegen der quadratischen Form des Integranden werden die beim Kriterium der Betragsregelfläche geschilderten Probleme vermieden, so daß sich das Integral leichter auswerten läßt. Das Quadrieren bewirkt, daß große Werte der Regeldifferenz stärker in die quadratische Regelfläche eingehen als kleinere. Bei einem nach diesem Kriterium optimierten Regelkreis erreicht die Führungssprungantwort schnell ihren Endwert.

**Anwendung des Kriteriums der Quadratischen Regelfläche**

Der I-Regler in einem Regelkreis mit P-$T_1$-Strecke soll nach dem Kriterium der Quadratischen Regelfläche optimal eingestellt werden.

Zunächst wird die Regeldifferenz $x_d(s)$ nach (8.1) berechnet:

$$x_d(s) = w(s)\frac{1}{1+G_0(s)} = w_0 \frac{1+sT_1}{K_I K_S + s + s^2 T_1} \tag{8.26}$$

Für die Rücktransformation in den Zeitbereich wird der Nenner in Linearfaktoren zerlegt, damit sich eine Partialbruchzerlegung durchgeführt läßt.

$$x_d(s) = \frac{w_0}{T_1}\frac{1+sT_1}{\frac{K_I K_S}{T_1} + \frac{1}{T_1}s + s^2} = \frac{w_0}{T_1}\frac{1+sT_1}{(s-s_1)(s-s_2)} \tag{8.27}$$

Als Einschränkung sollen die Wurzeln

$$s_{1/2} = -\frac{1}{2T_1} \pm \sqrt{\frac{1}{4T_1^2} - \frac{K_I K_S}{T_1}} \tag{8.28a, b}$$

verschieden und reell sein. Aus dieser Forderung ergibt sich zwangsläufig eine Bedingung für den Parameter $K_I$, der von den Streckenparametern abhängig ist:

$$K_I < \frac{1}{4T_1 K_S} \tag{8.29}$$

Nach der Partialbruchzerlegung erhält man:

$$x_d(s) = \frac{w_0}{T_1}\frac{1}{s_2 - s_1}\left[\frac{1+T_1 s_2}{s-s_2} - \frac{1+T_1 s_1}{s-s_1}\right] \tag{8.30}$$

Die Bildfunktion kann jetzt in den Zeitbereich zurücktransformiert werden:

$$x_d(t) = \frac{w_0}{T_1}\frac{1}{s_2 - s_1}\left[(1+T_1 s_2)e^{s_2 t} - (1+T_1 s_1)e^{s_1 t}\right] \tag{8.31}$$

Die stationäre Regeldifferenz $x_d(\infty)$ ist wegen der I-Regler und P-$T_1$-Streckenkombination erwartungsgemäß Null und tritt deshalb unter dem Integral für die quadratische Regelfläche nicht auf.

$$x_d(\infty) = w_0 \lim_{s\to 0}\frac{1}{1+G_0} = w_0 \lim_{s\to 0}\frac{s(1+sT_1)}{K_I K_S + s + s^2 T_1} = 0 \tag{8.32}$$

Nach (8.25) gilt für die Quadratische Regelfläche:

$$A_{sqr} = \left(\frac{w_0}{T_1}\right)^2 \frac{1}{(s_2 - s_1)^2}\int_0^\infty \left[(1+T_1 s_2)e^{s_2 t} - (1+T_1 s_1)e^{s_1 t}\right]^2 dt \tag{8.33}$$

Das Binom im Integranden wird ausmultipliziert und die Integration gliedweise durchgeführt. Da die Exponenten bei den *e*-Funktionen negativ sind, konvergieren die Integrale. Als Ergebnis der Integration erhält man:

$$A_{sqr} = -\left(\frac{w_0}{T_1}\right)^2 \frac{1 + s_1 s_2 T_1^2}{2 s_1 s_2 (s_1 + s_2)}$$

$$= w_0^2 \frac{1 + K_I K_S T_1}{2 K_I K_S} = f(K_I) \tag{8.34}$$

Die Quadratische Regelfläche hat für $K_I \to \infty$ ein Minimum bei Null. Gegen die beliebige Vergrößerung der $K_I$-Werte steht aber die zuvor gemachte Einschränkung (8.29). Ein Grenzfall liegt bei $K_I = 1/4K_S T_1$. Unter dieser Bedingung fallen die beiden Pole der Übertragungsfunktion zusammen. Die Führungssprungantwort hat hier mit $D = 1$ die geringste Dämpfung und zeigt einen monotonen Verlauf.

Die Anwendung des Kriteriums der Quadratischen Regelfläche läßt erahnen, daß der Rechenweg im Zeitbereich bei zunehmender Systemordnung immer beschwerlicher wird. Hier bietet die PARSEVAL-Gleichung einen Ausweg. Mit dieser Beziehung kann ein Integral im Zeitbereich mit Integrand $e(t)^2$ durch ein Integral im Frequenzbereich bestimmt werden:

$$\int_0^\infty e(t)^2\, dt = \frac{1}{2\pi}\int_{-\infty}^{\infty} \left|e(j\omega)\right|^2 d\omega = \frac{1}{2\pi}\int_{-\infty}^{\infty} e(j\omega)e(-j\omega)\, d\omega \tag{8.35}$$

Zunächst muß die Zeitfunktion $e(t)$ in den Frequenzbereich überführt und in eine spezielle Form gebracht werden. Setzt man für

$$e(t) = x_d(t) - x_d(\infty), \tag{8.36}$$

dann erhält man im Bildbereich den Ausdruck

$$e(s) = x_d(s) - \frac{1}{s} x_d(\infty). \tag{8.37}$$

Für die Regeldifferenz $x_d(s)$ gilt bei einer sprungförmig angenommene Führungsgrößenänderung mit der Sprungamplitude $w_0 = 1$:

$$x_d(s) = \frac{1}{s} \frac{1}{1 + G_0(s)}. \tag{8.38}$$

Ebenso erhält man bei einer sprungförmigen Störgrößenänderung mit Störamplitude $z_0 = 1$:

$$x_d(s) = -\frac{1}{s} \frac{G_S(s)}{1 + G_0(s)}. \tag{8.39}$$

Geht man von realisierbaren Übertragungsfunktionen $G_R(s)$ und $G_S(s)$ aus, ist $x_d(s)$ eine echt gebrochene rationale Funktion, der Zählergrad ist kleiner als der Nennergrad. Formal läßt sich schreiben:

$$x_d(s) = \frac{Z(s)}{N(s)} = \frac{1}{s} \frac{a_{n-1}s^n + \ldots + a_0 s + a_{00}}{b_n s^n + \ldots + b_1 s + b_0} \tag{8.40}$$

Hieraus berechnet sich für die bleibende Regeldifferenz:

$$x_d(\infty) = \lim_{s \to 0} s x_d(s) = \frac{a_{00}}{b_0} \tag{8.41}$$

Bildet man die Differenz, $e(s) = x_d(s) - \frac{1}{s} x_d(\infty)$, dann läßt sich diese ebenfalls auf eine echt gebrochene rationale Funktion der Form bringen:

$$e(s) = \frac{a_{n-1}s^{n-1} + a_{n-2}s^{n-2} + \ldots + a_0}{b_n s^n + b_{n-1}s^{n-1} + \ldots + b_1 s + b_0} \tag{8.42}$$

Wird in dieser Funktion $s$ durch $j\omega$ ersetzt,

$$e(j\omega) = \frac{a_{n-1}(j\omega)^{n-1} + a_{n-2}(j\omega)^{n-2} + \ldots + a_0}{b_n(j\omega)^n + b_{n-1}(j\omega)^{n-1} + \ldots + b_1(j\omega) + b_0}, \tag{8.43}$$

kann der Wert des Integrals, die Quadratische Regelfläche,

$$A_{sqr} = \int_0^\infty [x_d(t) - x_d(\infty)]^2 \, dt = \frac{1}{2\pi} \int_{-\infty}^{\infty} e(j\omega) e(-j\omega) d\omega = f(a_i, b_j), \tag{8.44}$$

als Funktion der Zähler- und Nennerkoeffizienten formal berechnet werden. Die Ergebnisse sind in der folgenden Tabelle für $n = 1, 2$, und 3 zusammengestellt:

| | $n=1$ | $n=2$ | $n=3$ |
|---|---|---|---|
| $A_{sqr}$ | $\dfrac{a_0^2}{2b_0b_1}$ | $\dfrac{a_1^2b_0+a_0^2b_2}{2b_0b_1b_2}$ | $\dfrac{a_2^2b_0b_1+(a_1^2-2a_0a_2)b_0b_3+a_0^2b_2b_3}{2b_0b_3(b_1b_2-b_0b_3)}$ |

**Tabelle 8.1:** Quadratische Regelfläche für n = 1, 2 und 3 nach [10]

Sind die Sprungamplituden $w_0 \neq 1$ und $z_0 \neq 1$, müssen die Tabellenwerte für die Quadratische Regelfläche mit den Faktoren $w_0^2$ bzw. $z_0^2$ multipliziert werden.

Die Quadratische Regelfläche $A_{sqr}$ ist eine Funktion der Systemparameter. Setzt man die Streckenparameter als gegeben voraus, so hängt die Funktion nur noch von den Regelerparametern ab:

$$A_{sqr} = f(K_P, T_n, T_v) \tag{8.45}$$

Jeder dieser Parameter hat einen gewissen Einstellbereich. Hat die Funktion innerhalb ihres Definitionsbereiches ein Extremwert, dann läßt sich diese Stelle durch Nullsetzen aller partiellen Ableitungen nach den Reglerparametern finden:

$$\frac{\partial A_{sqr}}{\partial K_P} = 0\,, \quad \frac{\partial A_{sqr}}{\partial T_n} = 0\,, \quad \frac{\partial A_{sqr}}{\partial T_v} = 0 \tag{8.46}$$

Die Lösungen der Gleichungen sind Stellen, wo die Quadratische Regelfläche ein Extremum hat. Welche Art von Extremum vorliegt, wäre über die zweiten Ableitungen von $A_{sqr}$ nach den Parametern $K_P$, $T_n$ und $T_v$ ausfindig zu machen. Bei praktischen Anwendungen ist aber dieser Weg wegen des hohen Rechenaufwandes nicht mehr gangbar. Als Alternative bietet sich aber an, die Stellen eines Extremums durch Variation der gefundenen Parameter auf ein Maximum oder Minimum abzusuchen.

Wird der Regler mit den gefundenen Parameterwerten eingestellt, bei denen die Quadratische Regelfläche ein lokales Minimum aufweist, arbeitet der Regler im Sinne des gewählten Gütekriteriums optimal.

**Anwendung des Kriteriums Quadratische Regelfläche nach der PARSEVAL-Gleichung**

Als Muster dient ein Regelkreis aus I-Regler und P-$T_2$-Strecke. Der $K_I$ -Wert des Reglers soll optimiert werden.

Für die Regeldifferenz gilt:

$$\begin{aligned} x_d(s) &= \frac{1}{s}\frac{1}{1+G_0(s)} = \frac{1}{s}\frac{1}{1+\dfrac{K_I}{s}\dfrac{K_S}{1+sT_1+s^2T_2^2}} \\ &= \frac{1+sT_1+s^2T_2^2}{K_IK_S+s+s^2T_1+s^3T_2^2} \end{aligned} \tag{8.47}$$

Eine bleibende Regeldifferenz ist wegen des vorgesehenen I-Reglers nicht vorhanden. Es gilt:

$$x_d(\infty) = \lim_{s\to 0} s x_d(s) = 0 \tag{8.48}$$

Die unter dem Integral stehende Funktion $e(s)$ ist damit identisch mit der Funktion $x_d(s)$:

$$e(s) = x_d(s) = \frac{a_0 + a_1 s + a_2 s^2}{b_0 + b_1 s + b_2 s^2 + b_3 s^3} \tag{8.49}$$

Durch einen Koeffizientenvergleich von (8.47) mit (8.49) findet man:

$a_0 = 1$, $a_1 = T_1$, $a_2 = T_2^2$ und $b_0 = K_I K_S$, $b_1 = 1$, $b_2 = T_1$, $b_3 = T_2^2$

Aus der Tabelle 8.1 läßt sich jetzt aus der Spalte für $n = 3$ der Ausdruck für die Quadratische Regelfläche entnehmen. Er lautet:

$$A_{aqr} = \frac{K_I K_S \left[T_1^2 - T_2^2\right] + T_1}{2K_I K_S T_1 - 2(K_I K_S)^2 T_2^2} \tag{8.50}$$

Bildet man die Ableitung nach $K_I$ und setzt diese Null, erhält man eine quadratische Gleichung:

$$(K_I K_S)^2 T_2^2 (T_1^2 - T_2^2) + 2(K_I K_S) T_2^2 T_1 - T_1^2 = 0 \tag{8.51}$$

Die beiden Lösungen hierfür lauten:

$$K_{I1} = \frac{T_1}{K_S T_2 (T_1 + T_2)} \quad \text{und} \quad K_{I2} = \frac{T_1}{K_S T_2 (T_2 - T_1)} \tag{8.52a, b}$$

Die Quadratische Regelfläche hat an diesen Stellen Extrema:

$$A_{sqr}(K_{I1}) = \frac{(T_1 + T_2)^2}{2T_1} \quad \text{und} \quad A_{sqr}(K_{I2}) = \frac{(T_2 - T_1)^2}{2T_1} \tag{8.53a, b}$$

Die Reglereinstellung muß nun so erfolgen, daß der geschlossene Regelkreis stabil ist. Nach dem HURWITZ-Kriterium ergibt sich deshalb eine Einschränkung für den Parameterwert $K_I$. Aus

$$1 + G_0(s) = 1 + \frac{K_I}{s} \frac{K_S}{1 + sT_1 + s^2 T_2^2} = 0 \tag{8.54}$$

läßt sich für Stabilität ableiten:

$$D = \begin{vmatrix} a_1 & a_3 \\ a_0 & a_2 \end{vmatrix} = T_1 - K_I K_S T_2^2 > 0 \tag{8.55}$$

Eine Wahl für $K_I$ kann deshalb nur unter der Bedingung

$$K_I < \frac{T_1}{K_S T_2^2} \tag{8.56}$$

erfolgen. Nach dieser Einschränkung ist nur die Lösung $K_{I1}$ zulässig, da $K_{I2}$ die obige Bedingung (8.56) nicht erfüllt. An dieser Stelle hat die quadratische Regelfläche ein lokales Minimum.

## 8.3 Analytische Bestimmung der Reglerparameter

Bei dieser Methode der Reglerparameterbestimmung versucht man, in der Regelstrecke vorkommende Verzögerungen durch gezielt ausgewählte Reglerterme zu kompensieren, denn Verzögerungen in der Regelstrecke, gekennzeichnet durch $(1+sT_1)$- oder $\left(1+s\frac{2D}{\omega_0}+\frac{s^2}{\omega_0^2}\right)$-Terme im Nenner der Streckenübertragungsfunktion, destabilisieren den geschlossenen Regelkreis.

Zur Erhöhung der Stabilität des geschlossenen Regelkreises wird deshalb angestrebt, eine Reglerstruktur zu wählen, mit der solche Verzögerungen zumindest teilweise kompensiert werden können. Man benutzt hierbei PD-Terme im Zähler der Reglerübertragungsfunktion und gleicht diese durch entsprechende Wahl der Zeitkonstanten den Verzögerungstermen in der Streckenübertragungsfunktion an, d. h. Nullstellen des Zählers in der Übertragungsfunktion des aufgeschnittenen Regelkreises $G_0(s)$ werden durch Polstellen des Nenners kompensiert. Man spricht deshalb bei diesem Verfahren von der *Pol-/Nullstellenkompensation*.

Mathematisch bedeutet diese Rechenoperation das Kürzen von gleichen Faktoren aus dem Zähler und Nenner von $G_0(s)$. Physikalisch versteht man unter Kompensation, daß die Wirkung eines durch einen Zähler-Term gekennzeichneten Speichers durch die Gegenwirkung eines durch einen Verzögerungs-Term charakterisierten Speichers aufgehoben wird. Allerdings sind die Speicher technisch immer noch vorhanden, jedoch ist ihre Wirkung von außen nicht mehr unmittelbar einsehbar.

In der Regelstecke hat der Klammerausdruck mit der größten Zeitkonstanten den stärksten Anteil an der Destabilisierung. Es ist deshalb zweckmäßig, diesen Term vorzugsweise gegen den PD-Term des Reglers zu kompensieren, wobei nur stabile Terme betrachtet werden, also solche mit positiven Zeitkonstanten.

Das resultierende Zeitverhalten ist aber in einem entsprechend definierten Sinne nicht immer optimal. Es läßt sich aber durch eine nachträgliche Parametervariation verbessern.

Betrachtet man beispielsweise die Übertragungsfunktion einer Strecke zweiter Ordnung und wählt zur Regelung dieser Strecke einen PI-Regler aus, dann erhält man als Übertragungsfunktion des aufgeschnittenen Kreises:

$$G_0(s) = G_R(s)G_S(s) = K_P\frac{1+sT_n}{sT_n}\frac{K_S}{(1+sT_1)(1+sT_2)} \tag{8.57}$$

Angenommen, $T_2$ sei die dominierende Streckenzeitkonstante, dann müßte die Nachstellzeit $T_n$ gleich dieser Zeitkonstanten gewählt werden. Die Entwurfsvorschrift lautet für diesen Fall:

$$T_n = T_2, \text{ für } T_2 > T_1 \tag{8.58}$$

Die verbleibende Übertragungsfunktion ist durch diese Maßnahme von geringerer Ordnung als die Ausgangsfunktion $G_0(s)$. Sie lautet jetzt:

$$G_0(s) = K_P K_S\frac{1}{sT_2(1+sT_1)} \tag{8.59}$$

Die Führungsübertragungsfunktion

$$G_w(s) = \frac{K_P K_S}{K_P K_S + sT_2 + s^2 T_1 T_2} \tag{8.60}$$

und die Störübertragungsfunktion

$$G_z(s) = \frac{sT_2 K_S}{K_P K_S + sT_2 + s^2 T_1 T_2} \tag{8.61}$$

hängen noch vom Reglerparameter $K_P$ ab. Entscheidet man sich bei einem Führungs- oder Störsprung für ein bestimmtes Einschwingverhalten, dann kann dieses Ziel durch Vorgabe einer entsprechend gewählter Dämpfungszahl $D$ erreicht werden. Sei diese beispielsweise $D = 1/2\sqrt{2}$, dann läßt sich aus der Beziehung

$$D = \frac{\sqrt{T_1 T_2}}{2T_1 \sqrt{K_P K_S}} = \frac{1}{2}\sqrt{2} \tag{8.62}$$

die Reglerverstärkung berechnen:

$$K_P = \frac{T_2}{2T_1 K_S} \tag{8.63}$$

Verzögerungsstrecken höherer Ordnung lassen sich nach diesem Entwurfsverfahren ebenfalls kompensieren. Allerdings muß man in Kauf nehmen, daß jeder im Regler realisierte PD-Term einen Verzögerungs-Term nach sich zieht. Der Vorteil einer Pol-/Nullstellenkompensation liegt dann darin, daß große Streckenzeitkonstanten kompensiert werden können und damit die Systemdynamik wesentlich verbessert wird, denn die neu eingebrachten Verzögerungs-Terme entfalten wegen ihren kleinen Zeitkonstanten ihre Wirkung erst bei hohen Frequenzen. Die Einschwingvorgänge im Regelkreis werden demnach nicht mehr stark beeinflußt.

## 8.4 Praktische Einstellregeln

Die analytische Bestimmung der Reglerparameter erfordert besonders bei zunehmender Streckenordnung einen erheblichen mathematischen Aufwand bei der Auswertung der Integralkriterien. Die praktischen Einstellregeln gehen dagegen von experimentell ermittelten Kenngrößen aus und vermeiden deshalb aufwendige Rechenoperationen. Hierbei benutzt das Verfahren von ZIEGLER und NICHOLS [11] Kenngrößen eines sich an der Stabilitätsgrenze befindenden Regelkreises. CHIEN, HRONES und RESWICK [12] werten dagegen Kenngrößen der Sprungantwort einer Regelstrecke aus.

### 8.4.1 Die Einstellregeln von ZIEGLER und NICHOLS

Regelstrecken höherer Ordnung wie in der Verfahrenstechnik lassen sich oft durch ein Totzeitglied mit der Totzeit $T_t$ und einem in Reihe geschaltetem Verzögerungsglied 1. Ordnung mit Übertragungsbeiwert $K_S$ und der Verzögerungszeitkonstanten $T_1$ näherungsweise darstellen:

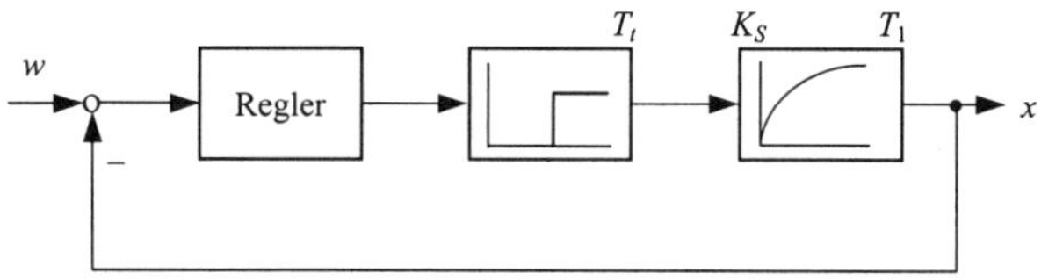


Bild 8.7: Regelkreis mit Ersatzstrecke aus Totzeit und Verzögerungsglied 1. Ordnung

Die Gesamtübertragungsfunktion der Anordnung ist:

$$G_S(s) \approx G(s) = \frac{K_S}{1+sT_1} e^{-sT_t} \qquad (8.64)$$

Das Totzeitglied im Streckenmodell erfaßt die in der Regelstrecke auftretenden Transportvorgänge von Materie und Energie, das Verzögerungselement beschreibt näherungsweise das Verhalten von Energie- und Materiespeichern. Sind die Werte für $T_t$, $K_S$ und $T_1$ der Strecke bekannt, dann schlagen ZIEGLER und NICHOLS die Berechnung der Einstellwerte nach der Tabelle 8.2 vor.

| Regler-Typ | $K_P$ | $T_n$ | $T_v$ |
|---|---|---|---|
| P-Regler | $\frac{T_1}{K_S T_t}$ | | |
| PI-Regler | $0{,}9\frac{T_1}{K_S T_t}$ | $3{,}33T_t$ | |
| PID-Regler | $1{,}2\frac{T_1}{K_S T_t}$ | $2T_t$ | $0{,}5T_t$ |

**Tabelle 8.2:** Regleroptimierung nach ZIEGLER und NICHOLS auf der Basis einer Ersatzstrecke

Liegen die Daten der Strecke nicht vor, empfehlen ZIEGLER und NICHOLS die Reglereinstellwerte durch Messungen an einem Regelkreis zu ermitteln, wenn dieser sich an der Stabilitätsgrenze befindet, sofern dieser Vorgang überhaupt eingeleitet werden darf:

- Der im Regelkreis vorhandene Regler wird als P-Regler betrieben. ($T_v = 0$ und $T_n \to \infty$)
- Die Verstärkung $K_P$ des Reglers wird von kleinen Werten ausgehend so lange erhöht, bis der Regelkreis Dauerschwingungen ausführt.
- Der erreichte $K_P$-Wert ist die kritische Verstärkung $K_{Pkrit}$. Die sich einstellende Periodendauer $T_{krit}$ der Schwingung wird gemessen.
- Nach der folgenden Tabelle 8.2 werden je nach vorgesehener Reglerstruktur aus $K_{Pkrit}$ und $T_{krit}$ die Einstellwerte für den Regler berechnet.

| Reglertyp | Reglerparameter | | |
|---|---|---|---|
| | $K_P$ | $T_n$ | $T_v$ |
| P | $0{,}5K_{Pkrit}$ | | |
| PD | $0{,}8K_{Pkrit}$ | | $0{,}12T_{krit}$ |
| PI | $0{,}45K_{Pkrit}$ | $0{,}85T_{krit}$ | |
| PID | $0{,}6K_{Pkrit}$ | $0{,}5T_{krit}$ | $0{,}12T_{krit}$ |

**Tabelle 8.3:** Reglereinstellung nach ZIEGLER und NICHOLS durch Messungen an der Stabilitätsgrenze

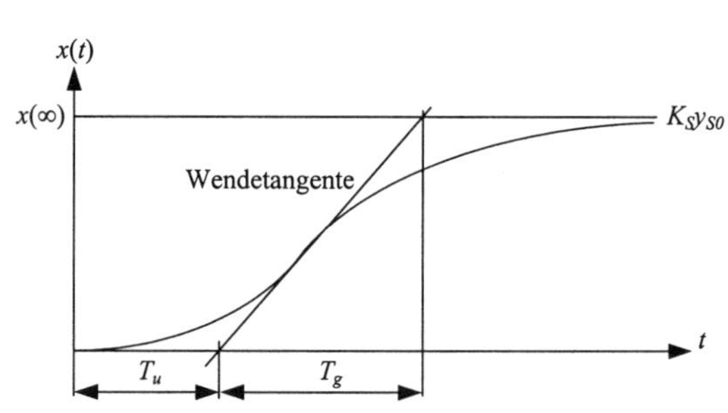


**Bild 8.8:** Aperiodisch verlaufende Sprungantwort einer Strecke höherer Ordnung mit Ausgleich: Wendetangenteverfahren
$T_u$ Verzugszeit
$T_g$ Ausgleichzeit

Falls es nicht möglich ist, den Regelkreis an der Stabilitätsgrenze zu betreiben, kann man auf eine Methode zurückgreifen, dem *Wendetangentenverfahren*, das ebenfalls auf der Übergangsfunktion der Regelstrecke basiert, denn obwohl die Einstellregeln nach Tabelle 8.2 für eine P-$T_1$-$T_t$-Strecke entworfen wurden, können sie auch für reine Verzögerungsstrecken höherer Ordnung verwendet werden.

In der Übergangsfunktion wird entsprechend Bild 8.8 durch Einzeichnen der Wendetangente die Verzugszeit und die Ausgleichzeit ermittelt. Anstelle der in Tabelle 8.2 vorgesehenen Totzeit wird die Verzugszeit und für die Zeitkonstante die Ausgleichzeit benutzt, man setzt also in den Formeln für $T_t = T_u$ und $T_1 = T_g$. Die Streckenverstärkung ergibt sich aus dem stationären Wert und der Eingangsamplitude: $K_S = x(\infty)/y_{s0}$. Ein nach diesen Regeln eingestellter Regelkreis verhält sich ähnlich wie die Sprungantwort eines P-$T_2$-Gliedes, dessen Dämpfungszahl $D$ zwischen 0,2 und 0,3 liegt.

## 8.4.2 Die Einstellregeln nach CHIEN, HRONES und RESWICK

Für die Regelung von Strecken mit Ausgleich und Verzögerungen höherer Ordnung haben CHIEN, HRONES und RESWICK gegenüber ZIEGLER und NICHOLS verbesserte Einstellregeln angegeben. Dabei unterscheiden sie einerseits zwischen Führungs- und Störverhalten und andererseits zwischen aperiodischem Übergang und 20 % Überschwingen. Die Einstellregeln sind anwendbar ab $T_g/T_u > 3$.

| Reglertyp | Aperiodischer Regelvorgang | | Regelvorgang mit 20 % Überschwingen | |
|---|---|---|---|---|
| | Führung | Störung | Führung | Störung |
| P | $K_P = \frac{0{,}3T_g}{K_S T_u}$ | $K_P = \frac{0{,}3T_g}{K_S T_u}$ | $K_P = \frac{0{,}7T_g}{K_S T_u}$ | $K_P = \frac{0{,}7T_g}{K_S T_u}$ |
| PI | $K_P = \frac{0{,}35T_g}{K_S T_u}$<br>$T_n = 1{,}2T_g$ | $K_P = \frac{0{,}6T_g}{K_S T_u}$<br>$T_n = 4T_u$ | $K_P = \frac{0{,}6T_g}{K_S T_u}$<br>$T_n = T_g$ | $K_P = \frac{0{,}7T_g}{K_S T_u}$<br>$T_n = 2{,}3Tu$ |
| PID | $K_P = \frac{0{,}6T_g}{K_S T_u}$<br>$T_n = T_g$<br>$T_v = 0{,}5T_u$ | $K_P = \frac{0{,}95T_g}{K_S T_u}$<br>$T_n = 2{,}4T_u$<br>$T_v = 0{,}42T_u$ | $K_P = \frac{0{,}95T_g}{K_S T_u}$<br>$T_n = 1{,}35T_g$<br>$T_v = 0{,}47T_u$ | $K_P = \frac{1{,}2T_g}{K_S T_u}$<br>$T_n = 2{,}3T_u$<br>$T_v = 0{,}42T_u$ |

**Tabelle 8.4:** Einstellwerte für Führungs- und Störverhalten nach CHIEN, HRONES und RESWICK für Strecken mit Ausgleich

Bei Regelstrecken ohne Ausgleich wird anstelle der Wendetangente die Asymptote an die Sprungantwort angelegt. Ihr Schnittpunkt mit der Zeitachse liefert die Verzugszeit $T_u$ (Bild 8.9). Die Steigung der Asymptote läßt sich durch Messen der Ordinaten- und Abszissenabschnitte $\Delta x$ und $\Delta T$ ermitteln. Die Integrationszeitkonstante $T_I$ berechnet sich dann aus einem Vergleich der beiden Geradengleichungen:

$$x(t) = \frac{y_{s0}}{T_I}(t - T_u) = \frac{\Delta x}{\Delta T}(t - T_u) \;\Rightarrow\; T_I = \frac{\Delta T}{\Delta x} y_{s0} \tag{8.65}$$

Mit den beiden Werten für $T_I$ und $T_u$ können die Reglerparameter nach der folgenden Tabelle 8.5 bestimmt werden:

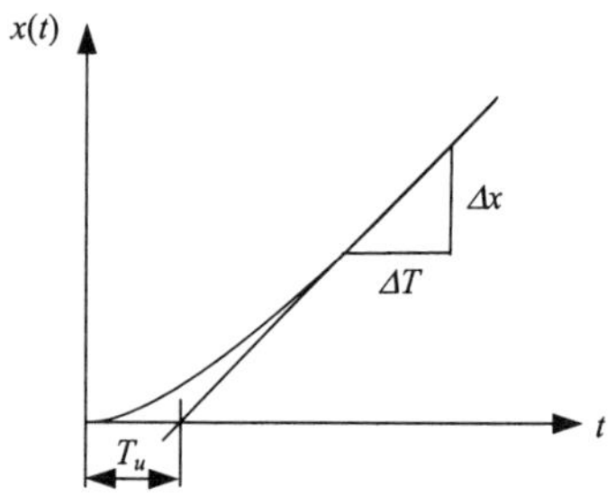


**Bild 8.9:** Sprungantwort einer Strecke ohne Ausgleich und Verzögerung 1. Ordnung

| Reglertyp | Reglerparameter | | |
|---|---|---|---|
| | $K_P$ | $T_n$ | $T_v$ |
| P | $0{,}5T_I / T_u$ | | |
| PD | $0{,}5T_I / T_u$ | | $0{,}5T_u$ |
| PI | $0{,}4T_I / T_u$ | $5T_u$ | |
| PID | $0{,}4T_I / T_u$ | $3{,}2T_u$ | $0{,}8T_u$ |

**Tabelle 8.5:** Reglereinstellung nach CHIEN, HRONES und RESWICK für Strecken ohne Ausgleich

Nicht immer erzielt man beim Anwenden der vorgestellten „praktischen Einstellregeln" den erwarteten Erfolg. Das hängt damit zusammen, daß beim Erstellen der Formeln von ausgewählten Streckenstrukturen ausgegangen worden ist, die sich so in der Praxis kaum wiederholen. Deshalb ist es fast zwangsläufig, daß „vor Ort" Korrekturen an den Einstellungen der Regler erforderlich sind.

## 8.5 Beispiele

**8.1** Man bestimme für die folgenden Übertragungsfunktionen des offenen Regelkreises jeweils den Positionsfehler und den Geschwindigkeitsfehler

a) $G_0(s) = \dfrac{K_P K_S}{1 + sT_1}$ (P-Regler und P-$T_1$-Strecke)

$$(8.2) \Rightarrow e(\infty) = w_0 \lim_{s\to 0} \frac{1}{1+G_0(s)} = w_0 \lim_{s\to 0} \frac{1+sT_1}{1+sT_1+K_P K_S} = w_0 \frac{1}{1+K_P K_S} \quad \text{(Positionsfehler)}$$

$$(8.5) \Rightarrow e(\infty) = \frac{w_0}{T} \lim_{s\to 0} \frac{1}{s} \frac{1}{1+G_0(s)} = \frac{w_0}{T} \lim_{s\to 0} \frac{1}{s} \frac{1+sT_1}{1+sT_1+K_P K_S} \to \infty \quad \text{(Geschwindigkeitsfehler)}$$

b) $G_0(s) = \dfrac{K_P K_S}{s(1 + sT_1)}$ (P-Regler und I-$T_1$-Strecke)

$$e(\infty) = w_0 \lim_{s\to 0} \frac{s(1+sT_1)}{s(1+sT_1)+K_P K_S} = 0 \quad \text{(Positionsfehler)}$$

$$e(\infty) = \frac{w_0}{T} \lim_{s\to 0} \frac{1}{s} \frac{s(1+sT_1)}{s(1+sT_1)+K_P K_S} = \frac{w_0}{T} \frac{1}{K_P K_S} \quad \text{(Geschwindigkeitsfehler)}$$

c) $G_0(s) = \dfrac{s^2 + 4s + 7}{(s+1)(s^2 + 5s + 1) + 12(s+3)}$

$$e(\infty) = w_0 \lim_{s\to 0} \frac{(s+1)(s^2+5s+1)+12(s+3)}{(s+1)(s^2+5s+1)+12(s+3)+(s^2+4s+7)} = w_0 \frac{37}{44} \quad \text{(Positionsfehler)}$$

$$e(\infty) = \frac{w_0}{T} \lim_{s\to 0} \frac{1}{s}\frac{37}{44} \to \infty \quad \text{(Geschwindigkeitsfehler)}$$

d) $$G_0(s) = \frac{Z_n(s)}{N_m(s)} = \frac{a_0 + a_1 s + \ldots + a_n s^n}{b_0 + b_1 s + \ldots + b_m s^m}$$

$$e(\infty) = w_0 \lim_{s\to 0} \frac{N_m(s)}{Z_n(s) + N_m(s)} = w_0 \frac{b_0}{a_0 + b_0} \quad \text{(Positionsfehler)}$$

$$e(\infty) = \frac{w_0}{T} \lim_{s\to 0} \frac{1}{s} \frac{N_m(s)}{Z_n(s) + N_m(s)} \to \infty \quad \text{(Geschwindigkeitsfehler)}$$

**8.2** Gegeben ist ein Regelkreis entsprechend dem folgenden Blockschaltbild

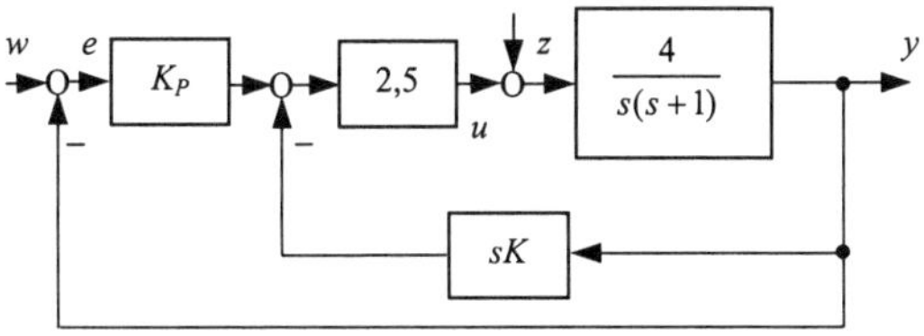


**Bild 8.10:** Regelkreis: I-$T_1$-Strecke mit einer differenzierenden Rückführung

a) Man ermittle die Führungs- und die Störübertragungsfunktion $G_w(s) = \frac{y(s)}{w(s)}$ und $G_z(s) = \frac{y(s)}{z(s)}$

Aus dem Bild läßt sich entnehmen:

$$y = (u + z)\frac{4}{s(s+1)} \quad \text{mit } u = 2{,}5\left[K_P(w-y) - syK\right].$$

Ersetzt man in der Gleichung für $y$ die Hilfsgröße $u$, erhält man die Regelkreisgleichung im Bildbereich:

$$y\left[1 + \frac{10K_P}{s(s+1)} + \frac{10K}{s+1}\right] = \frac{10K_P}{s(s+1)} w + \frac{4}{s(s+1)} z$$

Hieraus ergeben sich bei $z = 0$ die Führungsübertragungsfunktion und bei $w = 0$ die Störübertragungsfunktion:

$$G_w(s) = \frac{y(s)}{w(s)} = \frac{10K_P}{s^2 + s(1+10K) + 10K_P} \quad \text{und}$$

$$G_z(s) = \frac{y(s)}{z(s)} = \frac{4}{s^2 + s(1+10K) + 10K_P}$$

b) Die Reglerverstärkung $K_P$ und die Rückführkonstante $K$ sind so zu bestimmen, daß die Dämpfungszahl $D = 0{,}5$ beträgt und die Ausgangsgröße $y(t)$ nach erfolgter Störgrößenänderung $z(t) = \sigma(t)$ den stationären Wert $y(\infty) = 0{,}04$ annimmt.

Aus der Führungs- oder Störübertragungsfunktion folgt mit $2\delta = 1+10K$ und $\omega_0^2 = 10K_P$:

$$D = \frac{\delta}{\omega_0} = \frac{1+10K}{2\sqrt{10K_P}} = 0{,}5$$

Der stationäre Wert berechnet sich aus der Störübertragungsfunktion:

$$y(\infty) = \lim_{s\to 0} s\frac{1}{s}\frac{4}{s^2+s(1+10K)+10K_P} = 0{,}04$$

Die beiden Gleichungen liefern:

$K_P = 10$ und $K = 0{,}9$

c) Wie groß ist der Positions- und Geschwindigkeitsfehler nach einem Führungssprung $w(t) = \sigma(t)$?

Mit $G_0(s) = \dfrac{10K_P}{s^2+s(1+10K)}$ wird der Positionsfehler:

$$e(\infty) = \lim_{s\to 0}\frac{1}{1+G_0(s)} = \lim_{s\to 0}\frac{s(s+(1+10K))}{s^2+s(1+10K)+10K_P} = 0$$

Und der Geschwindigkeitsfehler lautet:

$$e(\infty) = \frac{1}{T}\lim_{s\to 0}\frac{1}{s}\frac{1}{1+G_0(s)} = \frac{1}{T}\lim_{s\to 0}\frac{1}{s}\frac{s(s+(1+10K))}{s^2+s(1+10K)+10K_P} = \frac{1}{T}\frac{1+10K}{10K_P} = 0{,}1\frac{1}{T}$$

**8.3** Es ist zu untersuchen, ob der $K_P$-Wert eines P-Reglers nach dem Kriterium der Quadratischen Regelfläche für das Führungsverhalten optimiert werden kann. Die Regelstrecke sei von 2. Ordnung.

Für die Regeldifferenz gilt:

$$x_d(s) = \frac{w_0}{s}\frac{1}{1+G_0(s)}$$

$$= \frac{w_0}{s}\frac{1+sT_1+s^2T_2^2}{1+K_PK_S+sT_1+s^2T_2^2}$$

Der stationäre Wert der Regeldifferenz ist wegen der fehlenden I-Komponente im Regler ungleich Null:

$$x_d(s) = \lim_{s\to 0} s x_d(s) = w_0\frac{1}{1+K_PK_S}$$

Als Differenz der beiden Regeldifferenzen erhält man:

$$
\begin{aligned}
e(s) &= x_d(s) - \frac{1}{s} x_d(\infty) \\
&= \frac{w_0}{s}\left[\frac{1 + sT_1 + s^2 T_2^2}{1 + K_P K_S + sT_1 + s^2 T_2^2} - \frac{1}{1 + K_P K_S}\right] \\
&= w_0 \frac{K_P K_S T_1 + K_P K_S T_2^2 s}{(1 + K_P K_S)^2 + T_1(1 + K_P K_S)s + T_2^2 (1 + K_P K_S)s^2}
\end{aligned}
$$

Mit den Abkürzungen

$$
a_0 = K_P K_S T_1,\; a_1 = K_P K_S T_2^2,\; b_0 = (1 + K_P K_S)^2,\; b_1 = T_1(1 + K_P K_S),\; b_2 = T_2^2(1 + K_P K_s)
$$

läßt sich aus der Tabelle 8.1 für $n = 2$ die Quadratische Regelfläche entnehmen:

$$
A_{sqr} = w_0^2 \frac{1}{2T_1}(K_P K_S)^2 \frac{(T_1^2 + T_2^2) + T_2^2 (K_P K_S)}{(1 + K_P K_S)^3}
$$

Der Ausdruck für die Quadratische Regelfläche läßt erkennen, daß bei $(K_P K_S) = 0$ ein Minimum liegt. Für $(K_P K_S) \to \infty$ nimmt er den stationären Wert $A_{sqr} = w_0^2 T_2^2 / 2T_1$ an. Beide $(K_P K_S)$-Werte gehören aber nicht zum Einstellbereich. Das Kriterium liefert in diesem Falle keine Aussage für eine optimale Einstellung des Reglers.

Als Alternative biete sich die Vorgabe einer Dämpfungszahl für das Führungsverhalten an. Legt man diese beispielsweise auf $D = \frac{1}{2}\sqrt{2}$,

$$
D = \frac{\delta}{\omega_0} = \frac{T_1}{2T_2} \frac{1}{\sqrt{1 + K_P K_S}} = \frac{1}{2}\sqrt{2},
$$

dann erhält man für das Produkt der beiden Verstärkungsfaktoren:

$$
(K_P K_S) = \frac{T_1^2 - 2T_2^2}{2T_2^2} \quad \text{mit } 0 < \sqrt{2}T_2 < T_1
$$

Die quadratische Regelfläche hat an dieser Stelle den Wert

$$
A_{sqr} = 1{,}5 w_0^2 (T_1^2 - 2T_2^2)^2 \frac{T_2^2}{T_1^5}.
$$

Liegen beispielsweise die Zeitkonstanten $T_1$ = 5 s und $T_2$ = 2 s vor, werden $(K_P K_S)$ = 17/8 und $A_{sqr} = 0{,}554 w_0^2$ s.

**8.4** Bei einem Regelkreis aus I-Regler und Strecke 2. Ordnung soll der Reglerparameter $K_I$ bezüglich des Störverhaltens nach dem Kriterium der Quadratischen Regelfläche optimal gewählt werden.

Für die Regeldifferenz gilt nach einem Störsprung $z(t) = z_0\sigma(t)$:

$$x_d(s) = \frac{z_0}{s}\frac{G_S(s)}{1+G_0(s)} = z_0\frac{K_S}{K_I K_S + s + s^2 T_1 + s^3 T_2^2}$$

Wegen der I-Komponente im Regler hat die bleibende Regeldifferenz erwartungsgemäß den Wert Null:

$$x_d(\infty) = \lim_{s\to 0} s\frac{z_0}{s}G_z(s) = 0$$

Die Differenz der beiden Funktionen ist die Ausgangsfunktion zur Berechnung der quadratischen Regelfläche:

$$e(s) = x_d(s) - \frac{1}{s}x_d(\infty) = x_d(s)$$

Mit den Abkürzungen, $a_0 = K_S$, $b_0 = K_I K_S$, $b_1 = 1$, $b_2 = T_1$ und $b_3 = T_2^2$ wird die quadratische Regelfläche nach Tabelle 8.1 für $n = 3$:

$$A_{sqr} = z_0^2\frac{K_S^2 T_1}{2K_I K_S(T_1 - K_I K_S T_2^2)}$$

Wird diese Funktion nach ($K_I K_S$) differenziert und Null gesetzt, erhält man als mögliche Stelle eines Extremums:

$$K_I K_S = \frac{T_1}{2T_2^2}.$$

Ob die Funktion $A_{sqr}$ hier ein Minimum oder Maximum hat, folgt aus der zweiten Ableitung:

$$\frac{d^2 A_{sqr}}{d(K_I K_S)^2} = 16 z_0^2 K_S\frac{T_2^6}{T_1^2} > 0$$

Da der Ausdruck positiv ist, liegt bei $K_I K_S = \frac{T_1}{2T_2^2}$ ein Minimum. Die Quadratische Regelfläche nimmt hier den Wert

$$A_{sqr}\left(\frac{T_1}{2T_2^2}\right) = z_0^2 K_S^2\frac{2T_2^2}{T_1}$$

an. Eine Überprüfung mit dem Stabilitätskriterium nach HURWITZ ergibt, daß die gefundene Lösung zulässig ist. Es gilt:

$$K_I K_S = \frac{T_1}{2T_2^2} < \frac{T_1}{T_2^2}$$

**8.5** Eine Strecke 3. Ordnung wird mit einem I-Regler geregelt. Die Zeitkonstanten der Regelstrecke sind mit $T_1$ = 10 s, $T_2$ = 2 s und $T_3$ = 1 s gegeben. Die Streckenverstärkung beträgt $K_S = 1$. Die Reglerparameter $K_P$ und $T_n$ sind nach der Methode „Pol-/Nullstellenkompensation" sowie nach dem Kriterium der Quadratischen Regelfläche optimal zu wählen.

Die Übertragungsfunktion des aufgeschnittenen Regelkreises lautet:

$$G_0(s) = K_P \frac{1+sT_n}{sT_n} \frac{1}{(1+10s)(1+2s)(1+s)}$$

Es liegt nahe, die dominierende Zeitkonstante $T_1$ = 10 s gleich der Nachstellzeit $T_n$ des Reglers zu setzen und damit die Ordnung von $G_0(s)$ zu reduzieren. Mit $T_n = T_1$ = 10 s wird:

$$G_0(s) = K_P \frac{1}{10s} \frac{1}{(1+2s)(1+s)}$$

Die noch freie Reglerverstärkung wird nach dem Kriterium der Quadratischen Regelfläche optimiert. Für die Regeldifferenz gilt:

$$x_d(s) = \frac{w_0}{s} \frac{1}{1+G_0(s)} = 10w_0 \frac{1+3s+2s^2}{K_P + 10s + 30s^2 + 20s^3}$$

Der stationäre Wert der Regeldifferenz,

$$x_d(\infty) = \lim_{s \to 0} s x_d(s) = 0\,,$$

ist wegen der I-Komponente im Regler Null. Mit den Abkürzungen $a_0$ = 1, $a_1$ = 3, $a_2$ = 2 sowie $b_0 = K_P$, $b_1$ = 10, $b_2$ = 30 und $b_3$ = 20 ergibt sich nach Tabelle 8.1 für $n$ = 3 die Quadratische Regelfläche zu:

$$A_{sqr} = 10w_0^2 \frac{7K_P + 30}{4K_P(15-K_P)}$$

Setzt man die Ableitung von $A_{sqr}$ nach $K_P$ gleich Null, erhält man als Lösung einer quadratischen Gleichung:

$$K_P = 4{,}8$$

Die Quadratische Regelfläche hat hier den Wert $A_{sqr} = 3{,}247 w_0^2$. Bei $K_P$ = 4,8 ist die HURWITZ-Determinante

$$\begin{vmatrix} a_1 & a_3 \\ a_0 & a_2 \end{vmatrix} = a_1 a_2 - a_0 a_3 = 300 - 20K_P > 0 \Rightarrow \text{Stabilität!}$$

Der Wert $K_P$ = 4,8 gehört damit zum Einstellbereich.

## 8.6 Übungsaufgaben

**8.1** Berechne den Positions- und Geschwindigkeitsfehler für einen Führungssprung bei den folgenden Übertragungsfunktionen:

a) $G_0(s) = \dfrac{10(2s+1)}{s(s^2+1)}$, b) $G_0(s) = K_P \dfrac{1+sT_n}{sT_n} e^{-sT_t}$, c) $G_0(s) = \dfrac{K_P(1+sT_n)}{sT_n(1+s)(1+2s)}$

**Lsg.:** a) $e(\infty) = 0$, $e(\infty) = 1/10$, b) $e(\infty) = 0$, $e(\infty) = \dfrac{w_0}{T}\dfrac{T_n}{K_P}$, c) $e(\infty) = 0$, $e(\infty) = \dfrac{w_0}{T}\dfrac{T_n}{K_P}$

**8.2** Gegeben sind die Übertragungsfunktionen eines Regelkreises:

$$G_S(s) = \frac{1}{(s+10)(s+2)} \text{ und } G_R(s) = K_P \frac{1+sT_V}{1+sT_1}$$

Die Vorhaltzeit $T_V$ ist nach dem Pol-/Nullstellenkompensations-Verfahrens festzulegen. Die Reglerverstärkung $K_P$ ist so zu wählen, daß nach einem Führungssprung $w(t) = \sigma(t)$ der Positionsfehler $e(\infty) = 0{,}4$ beträgt. Wie lautet unter Berücksichtigung der gefundenen Lösungen der Geschwindigkeitsfehler bei einem Führungssprung? Welchen Wert nimmt der Positionsfehler nach einem Störsprung an?

**Lsg.:** $T_V = 0{,}5$ s und $K_P = 30$. Positionsfehler $e(\infty) = \rightarrow \infty$, Geschwindigkeitsfehler $e(\infty) = -z_0 2/43$

**8.3** Gegeben ist ein P-Regler und eine I-Strecke mit Übertragungsfunktionen $G_R = K_P$ und $G_S(s) = K_I / s$. Der Reglerparameter $K_I$ soll nach dem Kriterium der Quadratischen Regelfläche für das Führungsverhalten optimiert werden. Wie lautet die Quadratische Regelfläche $A_{sqr}$ und welchen Wert nimmt $K_P$ nach einer Optimierung an?

**Lsg.:** $A_{sqr} = \dfrac{w_0^2}{2K_P K_I}$ und $K_P \rightarrow \infty$

**8.4** Ein Regelkreis mit der Streckenübertragungsfunktion $G_S(s) = \dfrac{1+s}{s(1+3s)^2}$ und einem P-Regler soll optimiert werden.

a) Die Stabilität ist nach dem HURWITZ-Kriterium zu überprüfen
b) Die Quadratische Regelfläche ist zu berechnen
c) Wie lautet der optimale $K_P$-Wert?
d) Welchen Wert nimmt die optimale Regelfläche an?

**Lsg.:** a) $K_P < 2$, b) $A_{sqr} = w_0^2 \dfrac{1+4{,}5K_P + 1{,}5K_P^2}{2K_P - K_P^2}$, c) $K_P = 0{,}4$ und $A_{sqr} = w_0^2 4{,}75$

**8.5** Gegeben ist ein P-Regler und eine I-Strecke mit Übertragungsfunktion $G_S(s) = K_{IS} / s$. Der Reglerparameter $K_P$ soll nach dem Kriterium der Quadratischen Regelfläche für einen Führungssprung optimiert werden.

a) Wie lautet die Quadratische Regelfläche?
b) Für welche $K_P$-Werte wird die Quadratische Regelfläche zu einem Minimum?

**Lsg.:** a) $A_{sqr} = \dfrac{w_0^2}{2K_I K_P}$, b) $K_P \to \infty$

**8.6** In einem Regelkreis soll die Reglerverstärkung $K_P$ nach dem Kriterium der Quadratischen Regelfläche optimal eingestellt werden. Die Übertragungsfunktion der Regelstrecke lautet: $G_S(s) = \dfrac{1}{s(s^2+s+4)}$. Die Optimierung ist für das Führungsverhalten mit $w(t) = t\sigma(t)$ durchzuführen.

a) Wie muß $K_P$ unter Stabilitätsbetrachtungen (HURWITZ-Kriterium) gewählt werden?
b) Wie lautet die Quadratische Regelfläche?
c) Welchen optimalen $K_P$-Wert erhält man?
d) Welchen Wert nimmt die Quadratische Regelfläche beim optimalen $K_P$-Wert an?

**Lsg.:** a) $K_P < 4$, b) $A_{sqr} = w_0^2 \dfrac{256 - 80K_P + K_P^2 + K_P^3}{2K_P^3(4-K_P)}$, c) $K_P = 3{,}5$ d) $A_{sqr}(0{,}35) = w_0^2\, 0{,}73$

**8.7** Gegeben ist ein Regelkreis mit PID-Regler und einer Strecke 3. Ordnung. Die Übertragungsfunktion der Regelstrecke lautet: $G_S(s) = \dfrac{2}{(1+s)(1+2s)(1+3s)}$. Die Reglerparameter sollen nach dem Kriterium von ZIEGLER-NICHOLS (Schwingungsversuch) gewählt werden.

a) Berechne aus der charakteristischen Gleichung die Werte für $K_{Pkrit}$, $\omega_{krit}$ und $T_{krit}$.
b) Wie müßten die Reglerparameter im Falle eines P-, PI-, PID-Reglers gewählt werden?
c) Wie lauten die Übertragungsfunktionen der vorgesehenen Regler?

**Lsg.:**
a) $K_{Pkrit} = 10$, $\omega_{krit} = 1\ \text{s}^{-1}$, $T_{krit} = 2\pi$ s
b) P-Regler: $K_P = 5$,
PI-Regler: $K_P = 4{,}5$, $T_n = 5{,}34$ s
PID-Regler: $K_P = 6$, $T_n = 3{,}14$ s, $T_v = 0{,}75$ s

c) P-Regler: $G_R(s) = 5$
PI-Regler: $G_R(s) = 5\dfrac{1+5{,}34s}{5{,}34s}$
PID-Regler: $G_R(s) = 5\dfrac{1+3{,}14s+2{,}35s^2}{3{,}14s}$

**8.8** Von einer I-$T_1$-Strecke wurde die Sprungantwort aufgenommen. Der Regelkreis soll nach dem Kriterium von CHIENS-HRONES-RESWICK optimiert werden.

a) Ermittle aus dem nebenstehenden Bild 8.11 die Verzugszeit $T_u$, die Zeit $\Delta T$ und den Wert $\Delta x$. Berechne hieraus die Integrationszeitkonstante $T_I$.
b) Wie lauten die Reglereinstellungen für die Reglertypen P, PI und PID?

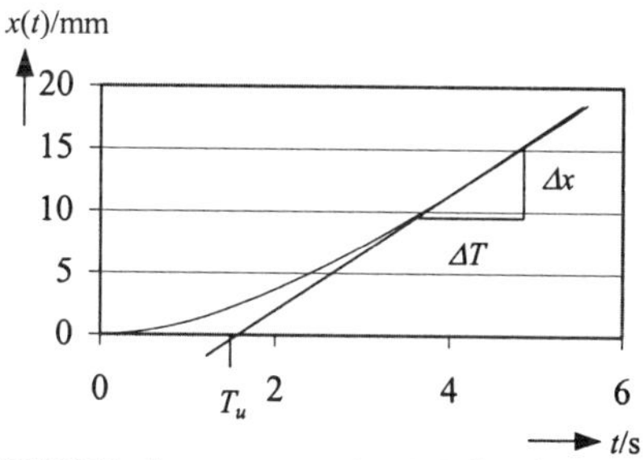

**Bild 8.11:** Sprungantwort einer I-$T_1$-Strecke

**Lsg.:**
a) $T_n = 1{,}33$ s, $\Delta T = 1{,}22$ s, $\Delta x = 5$ mm, $T_I = 1{,}04$ s, 8
b) $T_I/T_n = 0{,}78$ mit Einstellung: P-Regler: $K_P = 0{,}39$ oder
PI-Regler: $K_P = 0{,}31$, $T_n = 6{,}65$ s oder
PID-Regler: $K_P = 0{,}31$, $T_n = 4{,}25$ s, $T_v = 0{,}62$ s

# 9 Entwurf einer Regelung im Frequenzbereich

Bei diesem Entwurfsverfahren für eine Regelung geht man vom Frequenzgang des aufgeschnittenen Regelkreises $G_0(j\omega)$ im BODE-Diagramm aus. Hierbei wird vorausgesetzt, daß der Frequenzgang der Regelstrecke $G_S(j\omega)$ unveränderbar fest vorgegeben ist, der Frequenzgang des Reglers $G_R(j\omega)$ aber noch – in gewissen Grenzen – wählbar ist.

Das Ziel bei diesem Entwurfsverfahren im BODE-Diagramm ist, die Frequenzkennlinien des offenen Regelkreises $G_0(j\omega)$ durch die Frequenzkennlinien $G_R(j\omega)$ eines geeignet gewählten Reglers derart zu verändern, daß der geschlossene Regelkreis eine als optimal angesehene Regelung repräsentiert.

Deshalb ist es erforderlich, Anforderungen an die Kennwerte für statisches und dynamisches Verhalten einer Regelung wie asymptotische Stabilität, Einhalten einer stationären Genauigkeit, ausreichende Dämpfung oder hinreichende Schnelligkeit als Bedingungen für den Verlauf der Frequenzkennlinien des offenen Regelkreises zu formulieren.

## 9.1 Die Kennwerte im offenen Regelkreis

In einem geschlossenen Regelkreis übernimmt der Regler die Aufgabe, die Regelgröße $x(t)$ der Führungsgröße $w(t)$ anzugleichen oder zumindest in ein um die Führungsgröße gelegtes Toleranzband hineinzuführen und da zu halten. Also soll gelten: $x(t) \approx w(t)$ oder $x_d(t) = w(t) - x(t) \approx 0$. Überträgt man diese Forderung auf die Regelkreisgleichung,

$$x(s) = G_w(s)w(s) + G_z(s)z(s)\,, \tag{9.1}$$

ergeben sich für die Führungs- und Störübertragungsfunktion die Bedingungen: $G_w(s) \approx 1$ und $G_z(s) \approx 0$. Mit dem Frequenzgang der Regelstrecke $G_S(j\omega)$ und dem Frequenzgang des Reglers $G_R(j\omega)$ läßt sich für den Führungs- und Störfrequenzgang somit schreiben:

$$G_w(j\omega) = \frac{G_0(j\omega)}{1 + G_0(j\omega)} \approx 1 \text{ und}$$

$$G_z(j\omega) = \frac{G_S(j\omega)}{1 + G_0(j\omega)} = \frac{G_0(j\omega)}{1 + G_0(j\omega)}\,\frac{1}{G_R(j\omega)} = \frac{G_w(j\omega)}{G_R(j\omega)} \approx 0 \tag{9.2a, b}$$

Nimmt man für den Frequenzgang des aufgeschnittenen Regelkreises $G_0(j\omega)$ ein Tiefpaßverhalten an, dann läßt sich für den Betrag von $G_0(j\omega)$ die folgende Abschätzung durchführen:

$$|G_w(j\omega)| = \frac{|G_0(j\omega)|}{|1 + G_0(j\omega)|} \approx \begin{cases} 1, \text{ wenn } |G_0(j\omega)| >> 1 \\ |G_0(j\omega)|, \text{ wenn } |G_0(j\omega)| << 1 \end{cases} \tag{9.3}$$

Die Abschätzung zeigt, $G_w(j\omega) \approx 1$ wird nur für diejenigen Frequenzen $\omega$ erfüllt, für die $|G_0(j\omega)| >> 1$ ist, also eine große Verstärkung vorhanden ist.

Aus der Abschätzung (9.3) lassen sich die Frequenzkennlinien ableiten:

$$|G_w(j\omega)|_{dB} \approx \begin{cases} 0\,\text{dB, wenn } |G_0(j\omega)|_{dB} >> 0\,\text{dB} \\ |G_0(j\omega)|_{dB}\text{, wenn } |G_0(j\omega)|_{dB} << 0\,\text{dB} \end{cases} \quad \text{und}$$

$$\varphi(\omega) \approx \begin{cases} 0°\text{, wenn } |G_0(j\omega)|_{dB} >> 0\,\text{dB} \\ \angle G_0(j\omega)\text{, wenn } |G_0(j\omega)|_{dB} << 0\,\text{dB} \end{cases} \qquad (9.4a, b)$$

Die Betragskennlinie in (9.4a) hat dann 0 dB, solange $|G_0(j\omega)|_{dB} >> 0$ dB gilt. Eine Grenze bildet die *Durchtrittsfrequenz* $\omega_D$. An dieser Stelle ist $|G_0(j\omega_D)|_{dB} = 0\,\text{dB}$ oder $|G_0(j\omega_D)| = 1$. Die Durchtrittsfrequenz symbolisiert ein Maß für die Bandbreite des Systems und kennzeichnet die Schnelligkeit einer Signalübertragung in einem System mit dem Frequenzgang $G_0(j\omega)$. Ein großes $\omega_D$ bedeutet ein rasches Reagieren der Ausgangsgröße des Systems, ein kleiner Wert von $\omega_D$ weist dagegen auf Signalverzögerungen hin.

Näherungsweise erhält man die Betragskennlinie, $|G_w(j\omega)|_{dB}$, indem man ihren Verlauf auf der 0 dB-Linie am Schnittpunkt der Betragskennlinie des offenen Kreises $|G_0(j\omega)|_{dB}$ mit der 0-dB-Linie abschneidet (Bild 9.1).

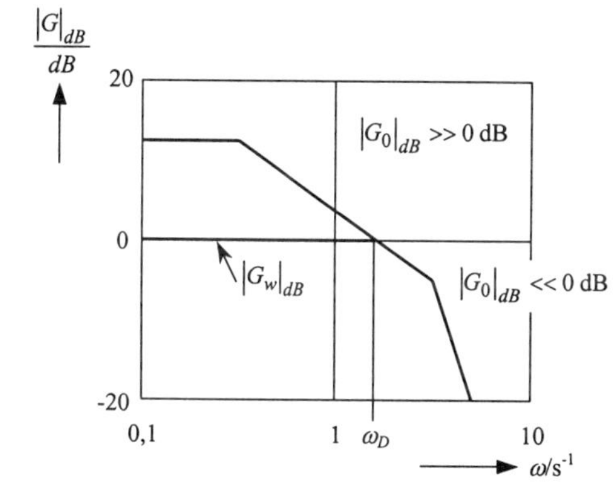


**Bild 9.1:** Zum Ermitteln der Betragskennlinie des Führungsfrequenzganges eines geschlossenen Regelkreises $|G_w|_{dB}$ bei gegebener Betragskennlinie des offenen Kreises $|G_0|_{dB}$

Die Betragskennlinie des Störfrequenzganges $|G_z(j\omega)|_{dB}$ erhält man wegen (9.2b) durch eine Differenzbildung der beiden Betragskennlinien von Führungsfrequenzgang und Reglerfrequenzgang, $|G_w(j\omega)|_{dB}$ und $|G_R(j\omega)|_{dB}$:

$$|G_z(j\omega)|_{dB} = |G_w(j\omega)|_{dB} - |G_R(j\omega)|_{dB} \qquad (9.5)$$

Die Forderung $G_z(j\omega) \approx 0$ läßt sich wegen der logarithmischen Darstellung der Betragskennlinien nur für $|G_z|_{dB} \rightarrow -\infty$ erfüllen, also näherungsweise nur durch ein starkes Absenken der Betragskennlinie $|G_w(j\omega)|_{dB}$ durch die Betragskennlinie des Reglers $|G_R(j\omega)|_{dB}$ (Bild 9.2).

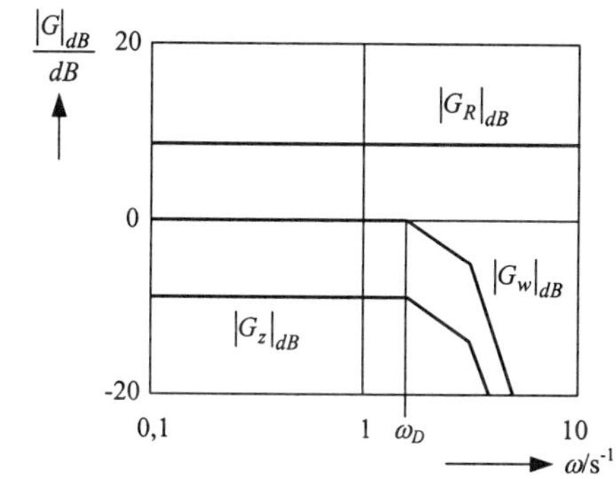


**Bild 9.2:** Konstruktion der Betragskennlinie eines Störfrequenzganges $|G_z|_{dB}$ durch die Differenzbildung der Betragskennlinien von Führungsfrequenzgang und Frequenzgang eines P-Reglers, $|G_w|_{dB}$ und $|G_R|_{dB}$.

Wie aus dem Bild 9.2 ersichtlich ist, läßt sich bei noch so groß gewähltem $K_P$ die Betragskennlinie des Führungsfrequenzganges $|G_w|_{dB}$ nicht so weit absenken, daß die Betragskennlinie des Störfrequenzganges $|G_z|_{dB} \rightarrow -\infty$, zumindest sehr kleine Werte annimmt. Besser geeignet für eine Korrektur ist dagegen ein Regler mit einer I-Komponente. Das Bild 9.3 zeigt eine Kennlinienkorrektur mit einem PI-Regler. Im Frequenzbereich $\omega << \omega_D$ ermöglicht die I-Komponente des Reglers ein kräftiges Absenken der Betragskennlinie $|G_z|_{dB}$. Im stationären Zustand $\omega \rightarrow 0$ wird sogar $|G_z|_{dB} \rightarrow -\infty$ bzw. $|G_z(j\omega)| = 0$ erreicht. Dadurch wird im eingeschwungenem Zustand die Regelgröße $x(t) = w_0$, sofern die Führungsgröße $w(t) = w_0$ konstant ist.

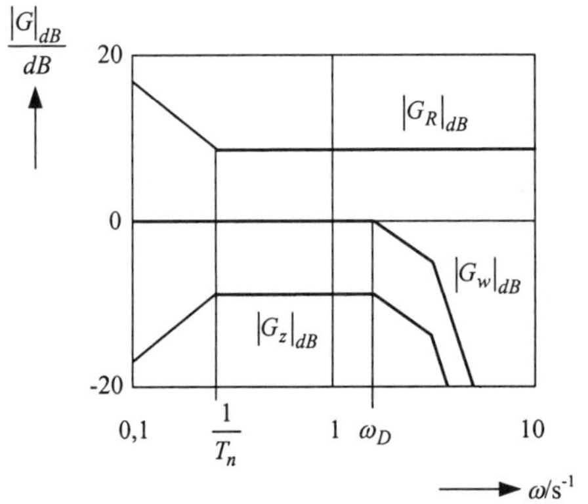


**Bild 9.3:** Konstruktion der Betragskennlinie eines Störfrequenzganges $|G_z|_{dB}$ durch die Differenzbildung der Betragskennlinien von Führungsfrequenzgang und Frequenzgang eines PI-Reglers, $|G_w|_{dB}$ und $|G_R|_{dB}$.

Amplituden- und Phasenreserve sind die Kennwerte für das dynamische Verhalten eines geschlossenen Regelkreises. Bei einem angenommenen Verlauf der Ortskurve eines offenen Regelkreises $G_0(j\omega)$ ist die Regelung schwingungsanfälliger, je näher die Ortskurve dem Punkt $P(-1; 0)$ kommt (Bild 7.10). Verläuft die Ortskurve aber weiter entfernt von diesem Punkt, ist die Dämpfung stärker ausgeprägt. Erfahrungsgemäß sollen deshalb für einen „gut" gedämpften Einschwingvorgang mit geringer Überschwingweite und nicht zu großer Ausregelzeit Phasen- und Amplitudenreserve in den folgenden Bereichen liegen:

- Beim Entwurf auf Führungsverhalten: $50° \leq \varphi_r \leq 70°$ und $-12\ \text{dB} \leq A_{rdB} \leq -20\ \text{dB}$
- Beim Entwurf auf Störverhalten: $20° \leq \varphi_r \leq 50°$ und $-4\ \text{dB} \leq A_{rdB} \leq -10\ \text{dB}$ (9.6)

Die Bedingungen für die Amplitudenreserve $A_{rdB}$ lassen sich erfahrungsgemäß dann einhalten, wenn die Betragskennlinie des offenen Kreises $|G_0|_{dB}$ im Bereich der Durchtrittsfrequenz $\omega_D$ mit etwa 20 dB/Dekade abnimmt. Damit bleibt die Phasenreserve des offenen Kreises $\varphi_r$ ein Entwurfsparameter, der entsprechen den obigen Bedingungen (9.6) festgelegt werden kann. Sie muß aus Stabilitätsgründen positiv gewählt werden.

Das Bild 9.4 zeigt, wie sich gezielt auf den Kurvenverlauf der Frequenzkennlinien eines offenen Regelkreises mit Frequenzgang $G_0(j\omega)$ einwirken läßt, um ein vorgesehenes statisches und dynamisches Verhalten des geschlossenen Regelkreises zu erreichen.

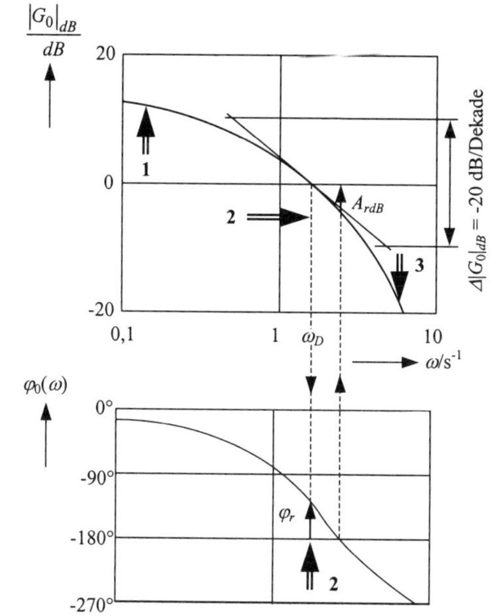


**Bild 9.4:** Einfluß der Kennwerte auf den Verlauf der Frequenzkennlinien des offenen Kreises $G_0(j\omega)$

**Zu 1:** Im unteren Frequenzbereich $\omega << \omega_D$ sollte der Wert von $|G_0|_{dB}$ und damit die Kreisvertärkung $K_0$ sehr groß sein, um im stationären Zustand $\omega = 0$ eine bleibende Regeldifferenz möglichst klein zu halten. Sie läßt sich vermeiden, wenn im Regler eine I-Komponente vorgesehen wird, weil dann im eingeschwungenem Zustand $|G_0|_{dB} \to \infty$ gilt. Niederfrequente Meßstörungen müssen allerdings vermieden werden, weil sie in diesem Frequenzbereich nach (9.3) voll auf die Regelgröße übertragen werden.

**Zu 2:** Der mittlere Frequenzbereich liegt um die Durchtrittsfrequenz $\omega_D$ und kennzeichnet im wesentlichen das dynamische Verhalten des geschlossenen Regelkreises. Die Phasenreserve $\varphi_r$ muß hier den Bedingungen (9.6) genügen. Die Amplitudenreserve $A_{rdB}$ läßt sich etwa in den angegebenen Grenzen halten, wenn die Steigung der Betragskennlinie im Bereich um die Durchtrittsfrequenz nicht mehr als –20 dB/Dekade beträgt. Eine Anhebung von $\omega_D$ bewirkt ein schnelleres Einschwingen der Regelgröße.

**Zu 3:** Im oberen Frequenzbereich $\omega >> \omega_D$ sollte die Betragskennlinie rasch abfallen, damit unvermeidbare hochfrequente Meßstörungen unterdrückt werden und nicht zur Regelgröße gelangen.

# 9.2 Anwendung des Frequenzkennlinienverfahrens

Beim praktischen Entwurf einer Regelung nach dem Frequenzkennlinienverfahren geht man schrittweise vor:

- Zunächst zeichnet man die Frequenzkennlinien des unkorrigierten offenen Kreises $G_0(j\omega)$
- Anschließend wird ein geeignetes Korrekturglied ausgewählt und seine Parameter so bestimmt, daß die Anforderungen an den geschlossenen Kreis auch erfüllt werden können.

Als Korrekturglieder stehen je nach Aufgabenstellung und Korrekturwunsch drei Grundformen zur Verfügung:

*Absenken der Betragskennlinie*: Man benutzt hierfür P- und PI-Regler bzw. ein PD-$T_1$-Glied („*Lag-Glied*"). Dadurch erreicht man eine größere Phasenreserve, was zu einer stärkeren Dämpfung des korrigierten Regelkreises führt. Nachteilig wirkt sich aber die Verschiebung der Amplitudendurchtrittsfrequenz zu kleineren Werten hin aus, was zu einer Verschlechterung der statischen Eigenschaften und zu einem langsameren Regelkreis führt.

Die Übertragungsfunktion, der Frequenzgang und die Frequenzkennlinien des Lag-Gliedes lauten:

$$G_{Lag}(s) = \frac{1 + sT_I}{1 + sT_1} \quad \text{mit } T_1 > T_I \tag{9.7}$$

$$G_{Lag}(j\omega) = \frac{1 + j\omega T_I}{1 + j\omega T_1} \tag{9.8}$$

$$\left|G_{Lag}(j\omega)\right|_{dB} = 10\log\frac{1 + (\omega T_I)^2}{1 + (\omega T_1)^2}\,\text{dB} = \begin{cases} 0\,\text{dB}, \omega T_I \ll 1 \text{ und } \omega T_1 \ll 1 \\ \left|T_I / T_1\right|_{dB}, \omega T_I \gg 1 \text{ und } \omega T_1 \gg 1 \end{cases} \tag{9.9}$$

$$\varphi_{Lag}(\omega) = \arctan\omega T_I - \arctan\omega T_1 \tag{9.10}$$

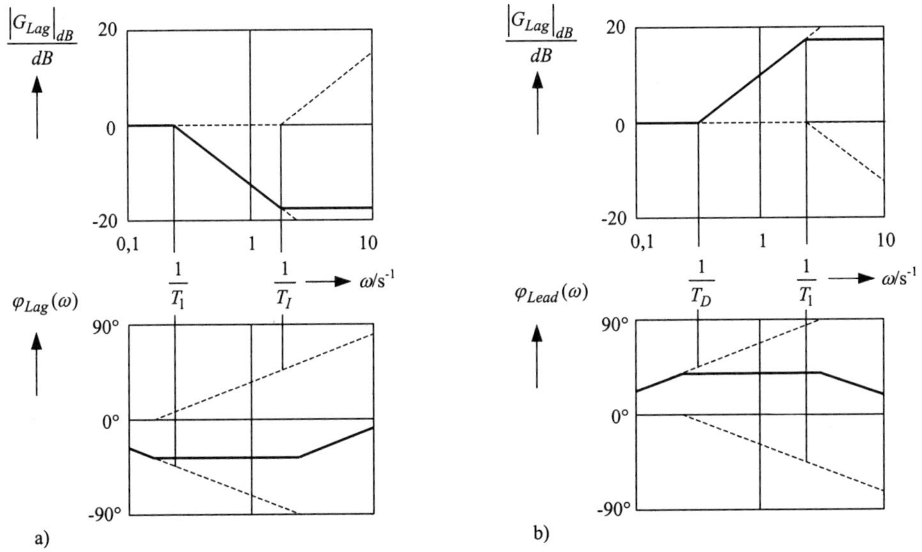


**Bild 9.5:** Frequenzkennlinien (Polygonzug) eines
a) Lag-Gliedes und eines
b) Lead-Gliedes

*Anheben der Phasenkennlinie*: Für diese Maßnahme wird ein PD-Regler bzw. ein PD-$T_1$-Glied („*Lead-Glied*") verwendet. Man erreicht mit diesem Korrekturglied bei annähernd konstanter Amplitudendurchtrittsfrequenz eine größere Phasenreserve.

Die Übertragungsfunktion, der Frequenzgang und die Frequenzkennlinien des Lead-Gliedes lauten:

$$G_{Lead}(s) = \frac{1 + sT_D}{1 + sT_1} \text{ mit } T_1 < T_D \tag{9.11}$$

$$G_{Lead}(j\omega) = \frac{1 + j\omega T_D}{1 + j\omega T_1} \tag{9.12}$$

$$\left|G_{Lead}(j\omega)\right|_{dB} = 10\log\frac{1 + (\omega T_D)^2}{1 + (\omega T_1)^2}\,\text{dB} = \begin{cases} 0\,\text{dB}, \omega T_D \ll 1 \text{ und } \omega T_1 \ll 1 \\ \left|T_D / T_1\right|_{dB}, \omega T_D \gg 1 \text{ und } \omega T_1 \gg 1 \end{cases} \tag{9.13}$$

$$\varphi_{Lead}(\omega) = \arctan\omega T_D - \arctan\omega T_1 \tag{9.14}$$

Eine Kombination der beiden Maßnahmen wird durch ein PID-Regler bzw. PD-$T_1$-PD-$T_1$-Glied („*Lag-Lead-Glied*") ermöglicht. Man hebt die Phasenkennlinie an und senkt die Amplitudenkennlinie in zwei unterschiedlichen Frequenzbereichen.

Aus einer Reihenschaltung zweier PD-$T_1$-Glieder mit unterschiedlichen Zeitkonstanten folgen die Übertragungsfunktion, der Frequenzgang und die Frequenzkennlinien dieses Korrekturgliedes:

$$G_{LL}(s) = \frac{(1+sT_D)}{(1+sT_{1D})}\frac{(1+sT_I)}{(1+sT_{1I})} \text{ mit } T_{1D} < T_D \text{ und } T_{1I} > T_I \tag{9.15}$$

$$G_{LL}(j\omega) = \frac{(1+j\omega T_D)}{(1+j\omega T_{1D})}\frac{(1+j\omega T_I)}{(1+j\omega T_{1I})} \tag{9.16}$$

$$|G_{LL}(j\omega)|_{dB} = 10\log\frac{(1+(\omega T_D)^2)(1+(\omega T_I)^2)}{(1+(\omega T_{1D})^2)(1+(\omega T_{1I})^2)}\,\text{dB} = \begin{cases} 0\,\text{dB}, \omega T_{1,D,I} \ll 1 \\ \left|\dfrac{T_D T_I}{T_{1D} T_{1I}}\right|_{dB}, \omega T_{1,D,I} \gg 1 \end{cases} \tag{9.17}$$

$$\varphi_{LL}(\omega) = \arctan\omega T_D + \arctan\omega T_I - \arctan\omega T_{1D} - \arctan\omega T_{1I} \tag{9.18}$$

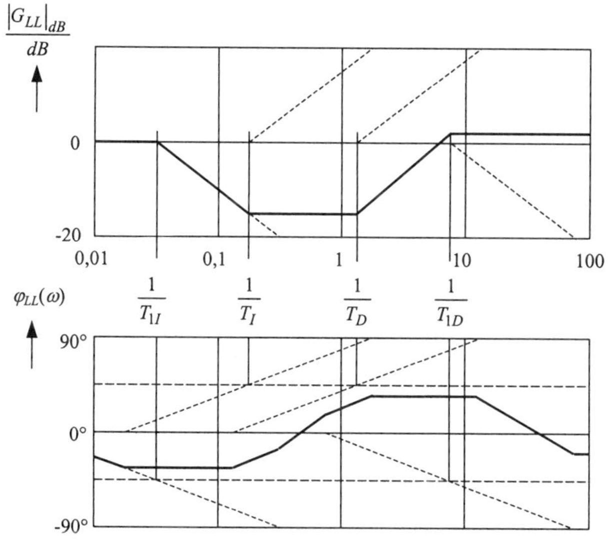


**Bild 9.6:** Die Frequenzkennlinien eines Lag-Lead-Gliedes mit $T_{1D} < T_D < T_I < T_{1I}$

Das Bild 9.6 zeigt den Amplituden- und Phasenverlauf für ein Lag-Lead-Glied. Im unteren Frequenzbereich ist die phasennacheilende Wirkung des Lag-Gliedes zu erkennen. Der Phasenwinkel und die Amplitude nehmen negative Werte an. Zu wachsenden Frequenzen hin steigt die Amplitudenkennlinie durch die Wirkung des Lead-Gliedes wieder an. Gleichzeitig geht der Phasenwinkel in den positiven Bereich. Hier zeigt das Lead-Glied seine phasenanhebende Wirkung, die Stabilitätsreserve wird größer. Bei großen Frequenzen nehmen die Kennlinien die von den Zeitkonstanten abhängigen stationären Werte an.

## 9.3 Beispiele

**9.1** *Korrektur mittels eines Lead-Gliedes*: Eine I-Strecke mit Verzögerung 1. Ordnung wird mit einem P-Regler geregelt. Die Regelung ist so zu entwerfen, daß die Phasenreserve $\varphi_r \approx 50°$ beträgt. Die Übertragungsfunktion und der Frequenzgang des offenen Kreises lauten:

$$G_0(s) = G_R(s)G_S(s) = \frac{20}{s(1+0{,}5s)} \quad \text{und}$$

$$G_0(j\omega) = \frac{20}{j\omega(1+0{,}5j\omega)}$$

Hieraus lassen sich die Frequenzkennlinien ableiten:

$$|G_0(j\omega)|_{dB} = |20|_{dB} - |\omega|_{dB} - |1 + j0{,}5\omega|_{dB} \quad \text{und}$$

$$\varphi_0(\omega) = -90° - \arctan(0{,}5\omega)$$

Beide Kurven sind in Bild 9.7 dargestellt.

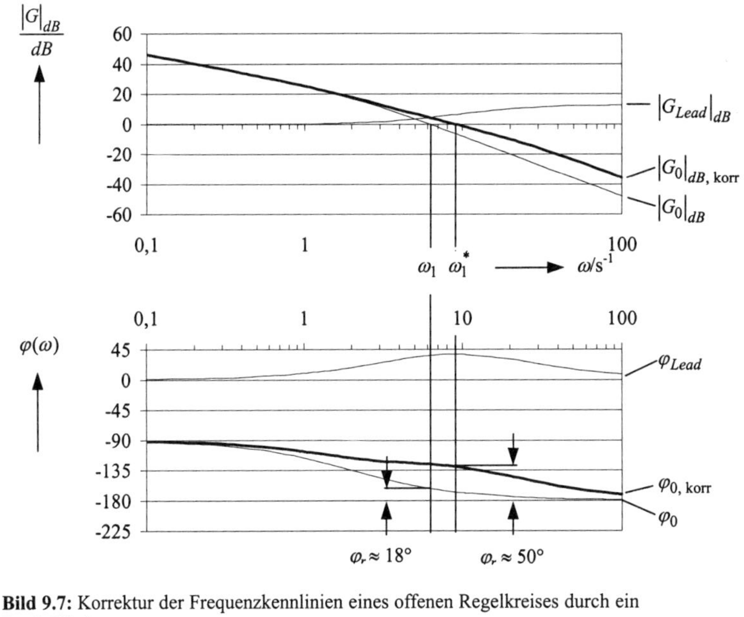


**Bild 9.7:** Korrektur der Frequenzkennlinien eines offenen Regelkreises durch ein Lead-Glied

Die Amplitudenkennlinie schneidet die 0-dB-Linie bei der Amplitudendurchtrittsfrequenz $\omega_1 \approx 6{,}1\ s^{-1}$ (Bild 9.7). An dieser Stelle beträgt die aus dem Phasendiagramm abgelesene Phasenreserve $\varphi_r \approx 18°$. Um den Wert wunschgemäß zu vergrößern, müßte ein phasenanhebendes Lead-Glied die Phase um mindestens $\Delta\varphi = 50° - 18° = 32°$ anheben. Allerdings würde sich bei der Addition der beiden Betragskennlinien die Amplitudendurchtrittsfrequenz $\omega_1$ nach rechts zu höheren Werten hin verschieben.

Wählt man z.B. ein $\Delta\varphi_m \approx 38°$, kann das gesteckte Ziel von $\varphi_r \approx 50°$ erreicht werden. Die maximale Phasenanhebung des Lead-Gliedes findet man aus einer Extremwertberechnung. Setzt man für die Zeitkonstanten $T_D = T$ und für $T_1 = \alpha T$ mit $0 < \alpha < 1$, dann wird

$$\varphi_{Lead}(\omega) = \arctan(\omega T) - \arctan(\omega\alpha T)$$

Aus $\varphi'_{Lead}(\omega) = 0$ folgt bei der Frequenz $\omega = \frac{1}{T\sqrt{\alpha}} = \omega_m$ die größte Phasenverschiebung:

$$\varphi_{Lead}(\omega_m) = \arctan\frac{1-\alpha}{2\sqrt{\alpha}}$$

Bei einer angenommenen Phasenverschiebung von $\Delta\varphi(\omega) \approx 38°$ folgen aus dieser Gleichung die Werte für $\alpha$ und $T$:

$$38° = \arctan\frac{1-\alpha}{2\sqrt{\alpha}} \Rightarrow \alpha = 0{,}238 \text{ und}$$

$$\omega_m = \frac{1}{T\sqrt{\alpha}} \Rightarrow T = 0{,}228$$

Für $\varphi_r \approx 50°$ ergibt sich eine Amplitudendurchtrittsfrequenz von $\omega_1^* = 9\,s^{-1}$. Die Amplitudenkennlinie hat an dieser Stelle den Wert

$$\left|G_0(j\omega_1^*)\right|_{dB} = |20|_{dB} - |9|_{dB} - |1 + j9\cdot 0{,}5|_{dB} = -6{,}33\text{ dB}$$

Das Lead-Glied bringt bei der Frequenz $\omega_1^*$ eine Amplitudenanhebung von

$$\left|G_{Lead}(j\omega_1^*)\right|_{dB} = 10\log\frac{1}{\alpha} = 6{,}215\text{ dB}$$

Die Differenz von $\Delta = 0{,}113$ dB wird als Verstärkungsfaktor beim Lead-Glied bereitgestellt:

$$20\log k = 0{,}113\text{ dB} \Rightarrow k = 1{,}013$$

Mit diesem Wert lautet die Übertragungsfunktion des korrigierten Reglers:

$$G_R(s) = kG_{Lead}(s) = 1{,}013\frac{1 + s0{,}227}{1 + s0{,}054}$$

Die korrigierten Frequenzkennlinien $|G_0|_{dB,\,korr} = |G_0|_{dB} + |G_{Lead}|_{dB} + |k|_{dB}$ und $\varphi_{0,\,korr} = \varphi_0 + \varphi_{Lead}$ sind in Bild 9.7 eingezeichnet.

**9.2** *Korrektur mittels eines Lag-Gliedes*: In diesem Beispiel soll ein gegebener offener Kreis mit der Übertragungsfunktion

$$G_0(s) = \frac{100}{s(1+0{,}1s)^2}$$

so durch ein Lag-Glied korrigiert werden, daß eine Phasenreserve von $\varphi_r \approx 45°$ entsteht.

Zunächst wird das BODE-Diagramm erstellt. Aus dem Frequenzgang

$$G_0(j\omega) = \frac{100}{j\omega(1+0{,}1j\omega)^2}$$

lassen sich die Frequenzkennlinien herleiten (Bild 9.8):

$$|G_0(j\omega)|_{dB} = |100|_{dB} - |\omega|_{dB} - 2|1+0{,}1j\omega|_{dB}$$

$$\varphi_0(\omega) = -90° - 2\arctan(0{,}1\omega)$$

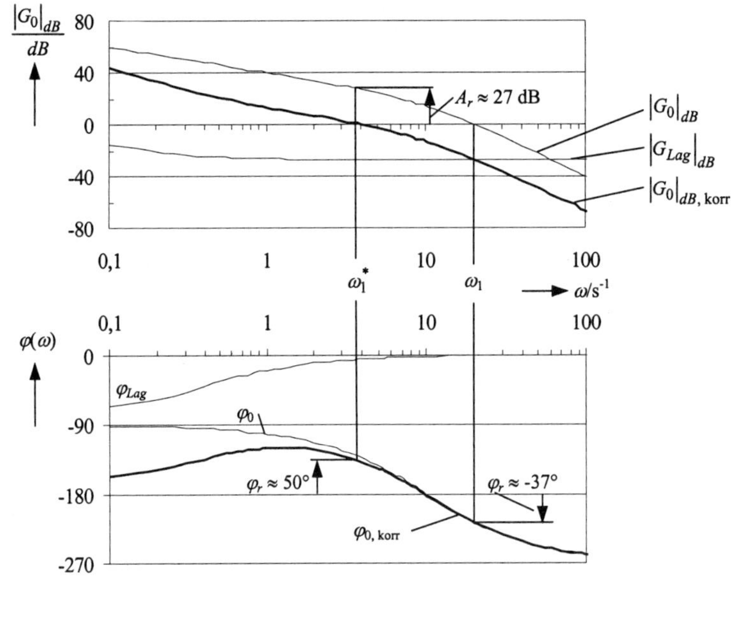


**Bild 9.8:** Korrektur der Frequenzkennlinien eines offenen Regelkreises durch ein Lag-Glied

Aus dem Amplitudendiagramm liest man die Amplitudendurchtrittsfrequenz bei $\omega_1 \approx 20\ s^{-1}$ ab. Im Phasendiagramm findet man bei dieser Frequenz eine Phasenreserve von $\varphi_r \approx -37°$. Das System wäre unter diesen Bedingungen instabil.

Ein betragsabsenkendes Lag-Glied wird nun so in die Übertragungskette eingebaut, daß die Amplitudendurchtrittsfrequenz $\omega_1$ nach links zu kleineren Werten hin verschoben wird, um die Phasenreserve zu vergrößern. Zu dem vorgesehenen Wert von $\varphi_r \approx 45°$ addiert man noch eine Reserve von z.B. 5°, um die phasenabsenkende Wirkung des Lag-Gliedes zu berücksichtigen.

Bei $\varphi_r \approx 50°$ liest man bei $\omega_1^* = 3{,}6\,s^{-1}$ im Amplitudendiagramm einen Wert von $A_r \approx 27$ dB ab. Um diesen Betrag muß das Lag-Glied bei der so definierten Amplitudendurchtrittsfrequenz $\omega_1^*$ die Betragskennlinie absenken. Die maximal mögliche Betragsabsenkung des Lag-Gliedes ist nach (9.9) mit dem Zeitkonstantenverhältnis $1/\beta = T_I / T_1$ und $\beta > 1$:

$$\left|G_{Lag}(j\omega)\right|_{dB} = \left|T_I / T_1\right|_{dB} = \left|1/\beta\right|_{dB} = -20 \log \beta$$

Aus dieser Gleichung läßt sich der Wert für $\beta$ berechnen:

$$A_r = -27 \text{ dB} = 20 \log \beta \Rightarrow \beta = 22{,}4$$

Erfahrungsgemäß sollte die Eckfrequenz $1/T$ etwa eine Größenordnung kleiner als $\omega_1^*$ gewählt werden, also $1/T \approx 0{,}36\ \text{s}^{-1}$ oder $T = 2{,}8$ s.

Mit diesen Angaben läßt sich die Übertragungsfunktion des Korrekturgliedes formulieren:

$$G_{Lag}(s) = \frac{1 + 2{,}8s}{1 + 62{,}2s} \quad \text{bzw.}$$

$$G_{0,\,\text{korr}} = \frac{100(1 + 2{,}8s)}{s(1 + 0{,}1s)^2 (1 + 62{,}2s)}$$

Eine Nachprüfung der Ergebnisse liefert:

$$\left|G_{Lag}(j3{,}6)\right|_{dB} = -26{,}89 \text{ dB}$$
$$\left|G_0(j3{,}6)\right|_{dB} = 27{,}83 \text{ dB} \Rightarrow \Delta\left|G\right|_{dB} = 0{,}94 \text{ dB}$$

$$\varphi_{Lag}(3{,}6) = -5{,}41°$$
$$\varphi_0(3{,}6) = -126{,}52° \Rightarrow \Delta\varphi = -131{,}93° \Rightarrow \varphi_r = 48{,}07°$$

Zusammenfassend ist zu bemerken, daß die Ergebnisse überwiegend grafisch ermittelt worden sind und unter Umständen durch einen weiteren Lösungsgang korrigiert werden müssen.

# Literaturverzeichnis


[1] *Wolfschlag, C.*: Einheiten, Größen und Formelzeichen der Elektroindustrie
Carl Hanser Verlag München Wien
Siemens AG Berlin und München

[2] *Fieger, K.*: Regelungstechnik, Grundlagen und Geräte
Hartmann & Braun · Meß- und Regelungstechnik

[3] *Böhme, G.*: Algebra, Anwendungsorientierte Mathematik, 7. Auflage
Springer-Verlag, Berlin Heidelberg New York 1992

[4] *Kreul, M.*, *Kreul, H.*: Mathematik in Beispielen, Band 1
Verlag Harri Deutsch, Thun Frankfurt 1988

[5] *Stöcker, H.*: Taschenbuch mathematischer Formeln und moderner Verfahren
Verlag Harri Deutsch, Thun Frankfurt 1993

[6] *Murray R. Spiegel*: Laplace-Transformation, Schaum's Outline
McGraw-Hill Book Company GmbH

[7] *Doetsch, G.*: Anleitung zum Gebrauch der Laplace-Transfomation und der z-Transformation
R. Oldenburg Verlag München Wien 1989

[8] *Ameling, W.*: Laplace-Transformation
Vieweg Braunschweig/Wiesbaden 1984

[9] *Profos, P.*: Einführung in die Systemdynamik
B. G. Teubner Stuttgart 1982

[10] *Drenick, R. F.*: Die Optimierung linearer Regelkreise
R. Oldenburg Verlag, Wien München 1967

[11] *Ziegler, J. G.*, *Nichols, N. B.*: Optimum settings for automatic controller
Transactions of the ASME 74, (1952), S. 175-185

[12] *Chien, K. L.*, *Hrones, J. A.*, *Reswick, J. B.*: On the automatic control of generaliized passive systems Transactions of the ASME 64, (1942), S. 759


Weiterführende Literatur:


[13] *Barth. H. R.*: Arbeitsbuch der Regelungstechnik
Carl Hanser Verlag, München Wien 1974

[14] *Böttiger. A.*: Regelungstechnik
R. Oldenburg Verlag, Wien München 1988

[15] *Cremer*, M.: Regelungstechnik
Springer, Berlin Heidelberg New York 1995

[16] *Dörrscheidt, R.*, *Latzel, W.*: Grundlagen der Regelungstechnik
B. G. Teubner Stuttgart 1989

[17] *Föllinger, O.*: Regelungstechnik
Hüthig Buch Verlag Heidelberg 1992

[18] *Gassmann. H.*: Einführung in die Regelungstechnik, Band 1
Verlag Harri Deutsch, Thun Frankfurt 1993

[19] *Geering, H. P.*: Meß- und Regelungstechnik
Springer, Berlin Heidelberg New York 1988

[20] *Jörgl, H. P.*: Repetitorium Regelungstechnik, Band 1 und Band 2
R. Oldenburg Verlag, München Wien 1995

[21] *Kaspar, W., Küfner, H.-J., Heinrich, B., Vogt, W.*: Steuern-Regeln-Austomatisieren
Friedr. Vieweg&Sohn Verlagsgesellschaft, Braunschweig/Wiesbaden 1994
[22] *Kaufmann, H.*: Dynamische Vorgänge in linearen Systemen der Nachrichten- und Regelungstechnik
R. Oldenburg Verlag, München Wien 1959
[23] *Krist, T.*: Meß- Steuerungs- Regelungstechnik
Hoppenstedt Technik Tabellen Verlag, Darmstadt 1989
[24] *Lenz, W., Oberst, E., Koegst, M.*: Grundlagen der Steuerungs- und Regelungstechnik
Hüthig Buch Verlag Heidelberg 1984
[25] *Lutz H., Wendt W.*: Taschenbuch der Regelungstechnik
Verlag Harri Deutsch, Thun Frankfurt 1995
[26] *Mann, H., Schiffelgen, H., Froriep, R.*: Einführung in die Regelungstechnik
Carl Hanser Verlag, München Wien 1997
[27] *Olsson, G., Piani, G.*: Steuern, Regeln, Automatisieren
Carl Hanser und Pretice-Hall International, München Wien London 1993
[28] *Reuter. M.*: Regelungstechnik für Ingenieure
Friedr. Vieweg&Sohn Verlagsgesellschaft, Braunschweig/Wiesbaden 1989
[29] *Schneider, W.*: Regelungstechnik für Maschinenbauer
Friedr. Vieweg&Sohn Verlagsgesellschaft, Braunschweig/Wiesbaden 1991
[30] *Schönfeld, R.*: Grundlagen der automatischen Steuerung
Hüthig Buch Verlag Heidelberg 1984
[31] *Schulz, G.*: Regelungstechnik
Springer, Berlin Heidelberg New York 1995
[32] *Töpfer, H., Besch, P.*: Grundlagen der Automatisierungstechnik
Carl Hanser Verlag, München Wien 1987
[33] *Unbehauen, H.*: Regelungstechnik I
Friedr. Vieweg&Sohn Verlagsgesellschaft, Braunschweig/Wiesbaden 1984
[34] *Weber, D.*: Elektronische Regler
JUMO Meß- und Regeltechnik

# Sachwortverzeichnis